소방전기회로

윤 석 호 저

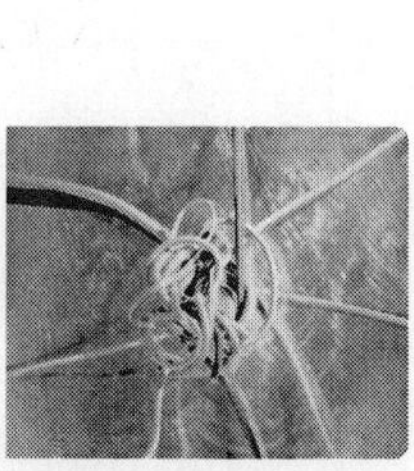

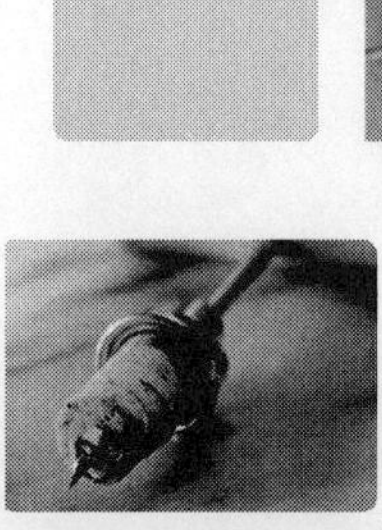

도서출판 상 학 당

欲爲大者 當爲人役

크고자 하거든 남을 섬기라

머·리·말

이 책은 전기공학을 처음으로 접하는 학생들에게 전기공학의 기초적인 이론 체계를 확립할 수 있도록 구성하였다. 전기 · 전자를 공부하는 학생은 물론 소방설비공학을 전공하는 학생들에게도 쉽게 접근할 수 있도록 하였다.

도입 부분에서 전기의 기본현상, 자계와 전계, 교류회로, 전력회로, 3상 회로 등 기초적인 전기회로를 이해하도록 하여 방재전원에서 필요한 비상발전기와 축전지, 전압강하를 고려한 전력간선을 설계할 수 있도록 하였다. 또한 소방설비 동작을 위해 필요한 동력설비와 시퀀스를 이해할 수 있도록 하였다.

이 책에서 설명하는 내용들은 소방전기설비를 설계하고 시공 · 감리하기 위해 요구되는 최소한의 소방전기설비 내용이라 할 수 있다.
특히 소방설비(전기분야)기사를 준비하는 수험생들을 위해서 각 장마다 예제 문제를 수록하여 이해도를 향상시키도록 하였으며, 각 장의 마지막에는 과년도 국가기술자격시험 기출문제를 수록하여 학습내용을 정리할 수 있도록 하였다.

대부분의 내용을 비전공인도 이해하기 쉽게 집필하도록 노력하였으나 미흡한 점도 많이 있으리라 생각된다. 미흡한 점은 추후 계속해서 보완해 나갈 것임을 약속드리며, 이 책을 통하여 대학교 및 산업체에서 국가자격시험을 준비하는 학생들에게 많은 도움이 되었으면 하는 바람이 간절하다.

끝으로 출판을 위해 많은 도움을 주신 도서출판 상학당의 남승우 사장님을 비롯한 임직원 여러분께 진심으로 감사드리며, 소방전기과목을 공부하는 학생들에게 전기공학을 이해하는데 많은 도움이 되기를 바란다.

저 자 씀

차 · 례

제1장 전기회로 입문

제2장 자계와 전계

제3장 교류회로

제4장 R-L-C 회로

제5장 전력회로

第6장 3상 회로

第7장 회로망 정리

第8장 시퀀스 제어

제9장 반도체 회로

제10장 계측이론

제11장 배선공사

제12장 전력간선 구성

제13장 방재 전원설비

제14장 동력설비

1장

전기회로 입문

1 전 하

전하는 에너지의 최소량으로서 전기적인 양을 표시하는 가장 기본적인 양을 의미한다. 전하는 양전하와 음전하로 이루어져 있다. 모든 전기적 효과는 전하간의 운동과 상호작용에 의해 생긴다. 특히 전하의 상호작용에 의하여 생기는 전기적인 힘을 **정전력**이라 한다. 전자 1개가 가지는 전하량은 1.602×10^{-19}쿨롱(C : Coulomb)이다.

[예제 1] 전하 1[C]에는 몇 개의 전자가 있는가?

풀이 $1[\text{C}] = \dfrac{1}{1.602\times10^{-19}} = 6.25\times10^{18}$[개]

---

2 전 류

전하는 전위가 높은 곳에서 낮은 곳으로 이동하는데, 전하의 이동을 전류(Electric current)라 한다. 일반적으로 전류의 방향은 양전하가 이동하는 방향으로 정하며, 전류의 방향과 전자의 이동방향은 반대이다.

전류의 단위로서는 암페어(A : Ampere)를 사용하며, 1[A]는 1[sec] 동안에 1[C]의 전하가 이동할 때의 전류량이다. 그러므로 t[sec] 동안에 Q[C]의 전하가 일정한 비율로 이동하였다면 이때 전류 I(Indensity)는 다음과 같다.

$$I[\text{Ampere}] = \frac{Q[\text{Coulomb}]}{t[\text{second}]}[\text{A}] \qquad (1\cdot1)$$

만일 이동하는 전하의 비율이 시간에 따라 변화한다면 전류 I는 전하 Q의 시간적 변화율로 나타낼 수 있다.

$$I = \frac{dQ}{dt}[\text{A}] \quad \text{또는} \quad Q = \int I dt\,[\text{C}] \qquad (1\cdot2)$$

[예제 2] 어떤 도선에 10[A]의 전류가 5[sec] 동안 흐르면 그 도선에는 약 몇 개의 전자가 이동하였는가?

풀이 이동한 총전하 $Q = I \times t = 10 \times 5 = 50$[C]이며, 1[C]$=6.25 \times 10^{18}$[개]이므로 총이동전자 숫자는 312.5×10^{18}[개]이다.

---

3 전 압

물은 수위가 높은 곳에서부터 낮은 곳으로 흐르며 두 점 사이의 수위가 클수록 물흐름의 세기가 크다. 물이 흘러 수위가 변화될 때 에너지 변환이 되듯이 전기회로에 전류가 흐를 때도 에너지 변환이 수반되어 전위차가 발생된다.

전위차는 수압차와 같은 의미이며, 전위차가 있는 두 점을 도선으로 이어주면 높은 쪽에서 낮은 쪽으로 전하가 이동하여 전류가 발생한다. 전위차를 계속 유지하기 위해서는 전지나 발전기 같은 기전력(Electromotive force) 장치가 필요한데, 이러한 전위차를 **전압**(Voltage)이라 한다.

전압의 단위로는 볼트(V : Volt)를 사용하며, 1[V]는 1[C]의 전하가 두 점 사이를 이동할 때 소비되는 에너지가 1[J]인 때의 값을 말한다. 따라서 Q[C]의 전하가 두 점 사이를 이동할 때 소비되는 에너지를 W[J]이라 하면 두 점 사이의 전압 V는 다음과 같다.

$$V = \frac{W[\mathrm{J}]}{Q[\mathrm{C}]} \quad \text{또는} \quad W[\mathrm{J}] = V[\mathrm{V}]\,Q[\mathrm{C}] \qquad (1 \cdot 3)$$

그리고 미소전하 dQ[C]이 이동할 때 발생하는 에너지가 dW[J]이라면 두 점 사이의 전압은 다음과 같다.

$$V = \frac{dW}{dQ} \qquad (1 \cdot 4)$$

$$\text{또는} \quad W = \int V dQ\,[\mathrm{J}] \qquad (1 \cdot 5)$$

[예제 3] 15[C]의 전하가 이동하여 한 일이 300[J]이었다. 이때의 전압은 몇 [V]인가?

풀이 $V = \frac{W}{Q} = \frac{300}{15} = 20$[V]

---

4 전 력

단위시간당 소모되거나 흡수되는 에너지 또는 전류와 전압의 곱을 전기회로에서는 **전력**이라 한다. 저항회로에 전류가 흐르면 열이 발생하는 이유는 전기가 일을 하였기 때문이다. 전기에 의해 발생되는 작업량 W[J]는 전위차에 의해 전하가 이동한 양이므로 다음과 같이 구할 수 있다.

$$W[\mathrm{J}] = V[\mathrm{V}]\,Q[\mathrm{C}] \tag{1·6}$$

그러나 VQ[J]만으로는 어느 정도의 시간을 소비한 작업량인가 분명하지 않으므로 단위시간에 한 일을 전력이라 하고, 와트[W]=[J/S] 단위를 사용한다.

1[W]란 1[sec] 동안에 변환 또는 전송되는 에너지가 1[J]일 때의 전력을 말한다. 따라서 변환되는 에너지 W[J]이 시간에 대한 전력은 다음과 같다.

$$P = \frac{W}{t}[\mathrm{W}] \tag{1·7}$$

$W = VQ,\ Q = It$이므로 다음과 같이 표시할 수 있다.

$$P = VI[\mathrm{W}] \tag{1·8}$$

이로부터 t[s] 동안 변환되는 에너지 또는 전력량은 다음과 같다.

$$W = Pt = VIt[\mathrm{J}] \tag{1·9}$$

[예제 4] 어떤 회로에 1분간 220[V]의 기전력을 가했을 때 10[C]의 전하가 이동되었다. 이 회로의 전력은?

풀이 $P = \dfrac{W}{t} = \dfrac{Q \times V}{t} = \dfrac{220 \times 10}{60} \fallingdotseq 36[\mathrm{W}]$

---

5 줄의 법칙

영국의 과학자 줄(Joule, J.P. : 1818~1889)은 도체에 흐르는 전류에 의하여 단위시간에 도체에서 발생하는 열량은 I^2R에 비례한다고 주장하였다. 이 법칙을 **줄의 법칙**(Joule's law)이라 하고, 이때 발생하는 열을 줄열이라 한다.

저항 R의 도체 속에 전류 I[A]가 t[sec] 동안 흐를 때 발생하는 열량 H는 다음과 같이 표시된다.

$$H = I^2 Rt[\mathrm{J}] = 0.24 I^2 Rt[\mathrm{cal}] (\because 1[\mathrm{J}] = 0.24[\mathrm{cal}]) \qquad (1 \cdot 10)$$

따라서 1[A]의 전류가 1[Ω]의 저항에 1[sec] 동안 흐를 때 발생하는 열량을 1[J]이라 한다.

[예제 5] 어떤 저항 R에 1분간 200[V]의 전압을 가했을 때 20[A]의 전류가 흘렀다. 이 저항 R에서 발생하는 열량은 몇 [J]인가?

풀이 $R = \dfrac{V}{I} = \dfrac{200}{20} = 10[\Omega]$

$\therefore\ H = I^2 Rt = 20^2 \times 10 \times 60 = 240000[\mathrm{J}]$

([cal]로 환산하면 0.24×240[kcal]로 계산하면 된다)

---

6 옴의 법칙

회로에 흐르는 전류의 크기는 전압에 비례한다. 이때 비례상수를 저항이라 하고, 다음과 같이 쓸 수 있다.

$$I = \frac{V}{R} \quad \text{또는} \quad V = IR \qquad (1 \cdot 11)$$

여기서 R은 하나의 비례상수로서 이를 **전기저항**(Electric resistance) 또는 저항이라 한다. 독일의 옴(Ohm, G.S. : 1787~1854)은 도체에 흐르는 전류는 가해진 전압에 비례하고 도체의 저항에 반비례한다는 관계를 실험적으로 밝혔는데 이것을 **옴의 법칙**(Ohom's law)이라 한다. 저항의 단위로는 옴(Ω : Ohm)을 사용하며, 1[A]의 전류를 흘리는 데 1[V]의 전압을 필요로 하는 저항을 1[Ω]이라 한다.

[예제 6] 10[Ω]의 저항에 30[A]의 전류를 흘리는 데 필요한 전압을 몇 [V]인가?

풀이 $V = IR = 30 \times 10 = 300[\mathrm{V}]$

---

7 키르히호프의 법칙

7.1 제1의 법칙(전류법칙)

키르히호프의 전류법칙은 도선의 임의의 마디에 유입되고 유출되는 전류의 대수적 합은 각 순간에서 0이다. 즉 마디에 유출되는 총전류는 유입되는 총전류와 같다. [그림 1-1]에서 중심점으로 유입하는 전류를 (+), 유출하는 전류를 (−)로 하면

$$i_1 + i_3 - i_2 - i_4 - i_5 = 0 \qquad (1 \cdot 12)$$

전류법칙을 대수적으로 나타내면 다음과 같다.

$$\sum_{k=1}^{n} i_k = 0 \qquad (1 \cdot 13)$$

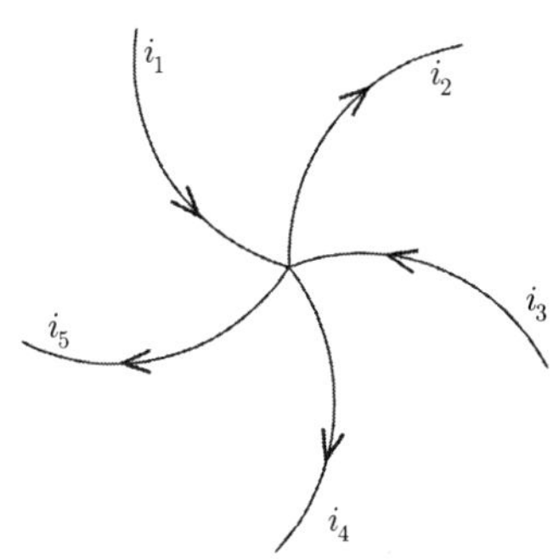

[그림 1-1] 전류법칙

7.2 제2법칙(전압법칙)

회로 내에서 임의의 폐회로를 일주하면서 계산한 전압강하의 합은 그 회로에서의 공급전압의 합과 같다. [그림 1-2]에서 폐로의 전류방향을 시계방향으로 하면 다음과 같은 식으로 표현할 수 있다.

$$\sum_{k=1}^{n} R_k i_k = \sum_{k=1}^{n} V_k \qquad (1 \cdot 14)$$

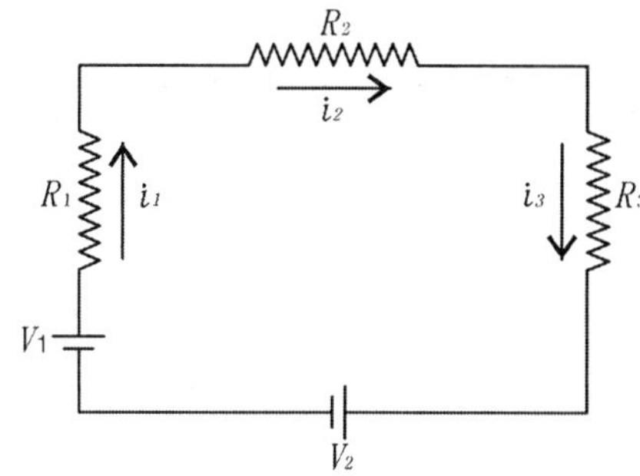

[그림 1-2] 전압법칙

[예제 7] 그림과 같은 직류회로에서 전류 I를 구하여라.

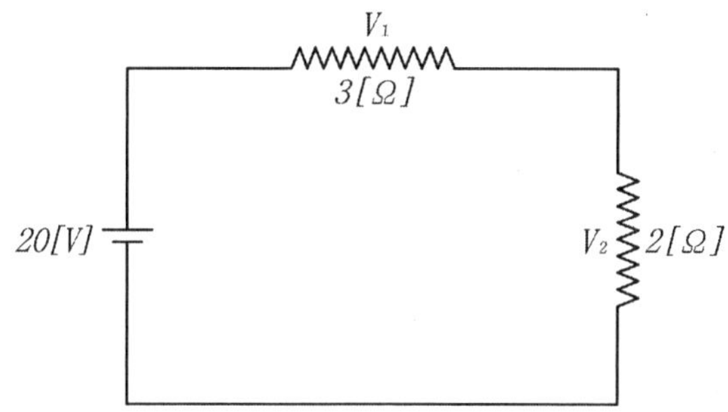

(풀이) 20[V]$= V_1 + V_2$, $V_1 = 3I$, $V_2 = 2I$

$3I + 2I = 20$이므로 $I = 4$[A]

---

8 저항의 접속

8.1 직렬접속

2개 이상의 저항을 [그림 1-3]과 같이 직렬로 접속하면 각 저항에는 같은 크기의 전류가 흐른다.

[그림 1-3] 저항의 직렬접속

직렬회로에서 합성저항값은 다음과 같다.

$$R = R_1 + R_2 + R_3 + \ldots\ldots + R_n = \sum_{i=1}^{n} R_i \qquad (1 \cdot 15)$$

8.2 병렬접속

2개 이상의 저항을 [그림 1-4]와 같이 병렬로 접속할 경우에는 각 저항에 걸리는 전압은 일정하다. 이때 합성저항 R 및 콘덕턴스 G는 다음과 같다.

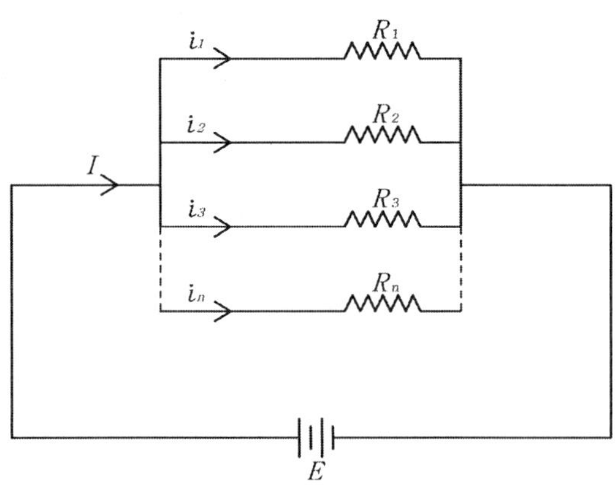

[그림 1-4] 저항의 병렬접속

$$R = \frac{1}{\frac{1}{R_1} + \frac{1}{R_2} + \frac{1}{R_3} + \cdots + \frac{1}{R_n}} = \frac{1}{\sum_{i=1}^{n} \frac{1}{R_i}} \qquad (1 \cdot 16)$$

$$G = \frac{1}{R} = \sum_{i=1}^{n} \frac{1}{R_i} = \sum_{i=1}^{n} G_i (\text{단위는 mho : ℧ 이다}) \qquad (1 \cdot 17)$$

8.3 병렬회로 합성저항 및 지로전류

[그림 1-5]와 같이 병렬로 2개의 저항을 접속할 때 합성저항 R 및 각 지로전류 I_1, I_2는 다음과 같다.

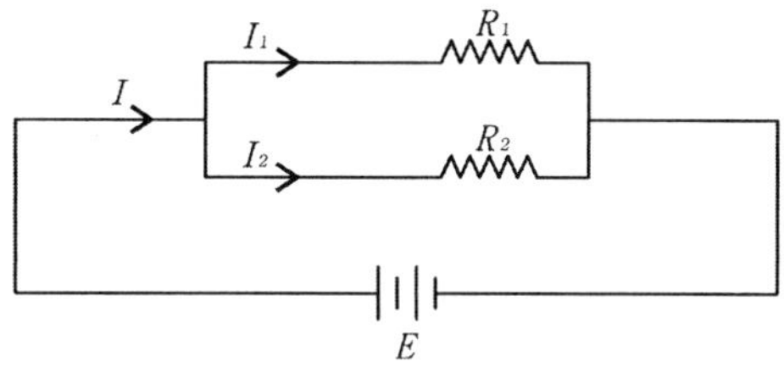

[그림 1-5] 저항 직·병렬 접속

$$R = \frac{1}{\frac{1}{R_1} + \frac{1}{R_2}} = \frac{R_1 \times R_2}{R_1 + R_2} \ [\Omega] \qquad (1 \cdot 18)$$

$$I_1 = \frac{R_2}{R_1 + R_2} \times I, \quad I_2 = \frac{R_1}{R_1 + R_2} \times I \qquad (1 \cdot 19)$$

[예제 8] 그림과 같은 회로에서 10[Ω]의 저항에 흐르는 전류는 몇 [A]인가?

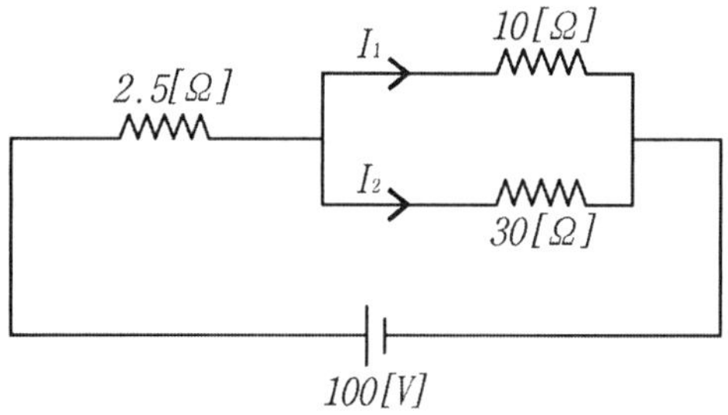

풀이 합성저항$(R) = 2.5 + \frac{10 \times 30}{10 + 30} = 10[\Omega]$

전체전류$= \frac{V}{R} = \frac{100}{10} = 10[A]$

그러므로 10[Ω]에 흐르는 전류 I_1은 다음과 같다.

$I_1 = \frac{30}{10 + 30} \times 10 = 7.5[A]$

---

9 회로소자

회로소자는 능동소자와 수동소자로 크게 구분할 수 있다. 능동소자는 전기적 에너지를 공급하는 전압원, 전류원 장치를 말하며, 수동소자는 외부에서 전기에너지를 받지 못하면 어떤 전기적 효과도 발휘하지 못하는 소자(저항, 코일, 콘덴서)를 말한다.

9.1 능동소자

(1) 정전압원

부하의 조건에 관계없이 단자에 일정한 전압을 발생하는 전원을 **정전압원**(Constant voltage source)이라 한다. 정전압원은 내부 임피던스가 0이므로 부하를 단락시키면 전류는 ∞가 된다. 정전압원의 일반적인 기호 표시는 다음 [그림 1-6]과 같다.

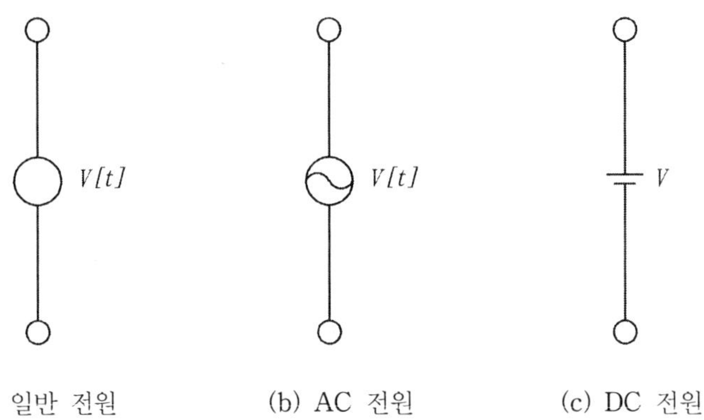

[그림 1-6] 정전압원 기호

발생되는 전압이 정현파인 경우에는 [그림 1-6](b)와 같이 표시하며, 직류전압인 경우에는 [그림 1-6](c)와 같이 표시한다.

(2) 정전류원

부하상태에 관계없이 일정한 전류를 흘려주는 전원을 **정전류원**(Constant current source)이라 한다. 정전류원은 내부 임피던스가 무한대이므로 단자를 개방하면 단자전압이 ∞로 된다. 정전류원의 기호는 [그림 1-7]과 같다.

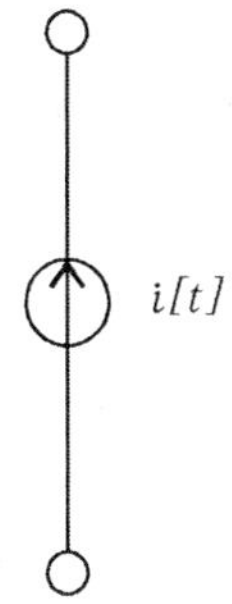

[그림 1-7] 정전류원 기호

9.2 수동소자

(1) 저 항

일정전압을 도체에 인가하여 전류를 측정하면 도체의 성질에 따라서 여러 가지 전압 · 전류의 관계를 알 수 있다. [그림 1-8]은 어느 도체에 전압을 인가한 경우 나타나는 전압 · 전류의 특성이다.

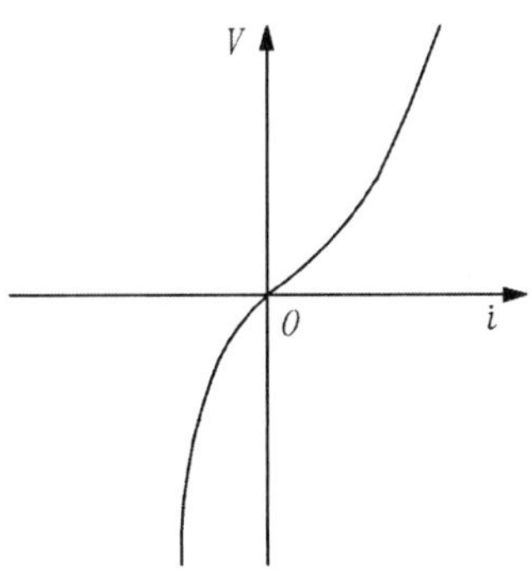

(a) 단방향성 소자

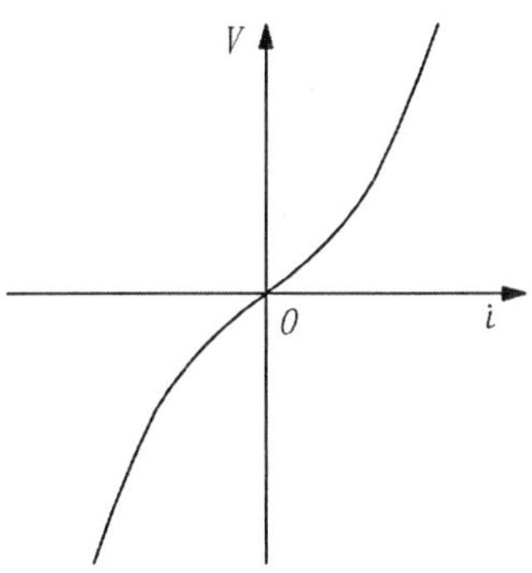

(b) 쌍방향성 소자

[그림 1-8] 도체의 전압 · 전류 관계

금속 정류기 등은 전압 · 전류 곡선이 한 방향에 대한 특성과 반대방향에 대한 특성이 매우 다르다. [그림 1-8](a)와 같이 대칭성을 갖지 않는 소자를 단방향성 소자라 하고, [그림 1-8](b)와 같이 대칭성을 갖는 소자를 쌍방향성 소자라 한다. 여기서 전류가 크지 않은 범위에서는 곡선이 거의 직선이므로 전압 · 전류 관계를 다음과 같이 표시한다.

$$V = IR \text{ [V]} \tag{1·20}$$

여기서 R은 곡선의 기울기이고, **도체의 저항**이라 한다. 구체적인 실물을 저항기(Resistor)라고 하며, 저항의 단위는 옴[Ω]이다. 1[Ω]은 도체 양단 전위차 1[V]에 의하여 흐르는 전류가 1[A]일 때의 저항이다.

(2) 인덕턴스

도선에 전류가 흐르면 그 주위에 자장(Magnetic field)이 형성된다. 전류의 방향이 나사가 진행하는 방향이면 자장은 나사가 돌아가는 방향으로 형성된다. 이것을 암페어의 오른나사 법칙이라 한다.

자력선의 집합을 자속(Magnetic flux)이라 하며 단위는 **웨버**(Weber : Wb)이다. 자속이 전류와 쇄교하는 수를 자속쇄교수라 할 때 코일권수 N, 자속을 Φ라 하면 총 자속쇄교수 (λ)는 다음과 같다.

$$\lambda = N\Phi \text{ [Wb · turn]} \tag{1·21}$$

어떤 회로에서 자속쇄교수가 변하면 시간적 변화율에 비례하는 유기전력이 코일에 유기되는데 이를 패러데이 법칙이라 한다.

$$V = -N\frac{d\Phi}{dt} \text{[V]} = -\frac{d\lambda}{dt} \text{[V]} \tag{1·22}$$

전류변화에 따라 자속쇄교수의 변화를 [그림 1-9]와 같이 나타낸다.

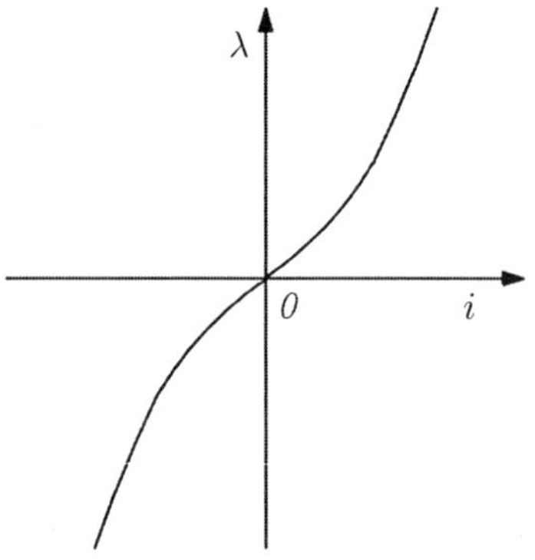

[그림 1-9] 전류 - 자속 쇄교곡선

직선 부분에서 자속쇄교수는 전류에 비례하므로 $\lambda = Li$[Wb · turn]이며, 비례상수 L을 회로의 인덕턴스라 하고, 단위는 **헨리**(H : Henry)를 사용한다.

1[H]는 1[A]의 전류에 의하여 생기는 자속쇄교수가 1[Wb · turn]일 때의 인덕턴스를 말한다. 이때 인덕턴스 회로에서 전류의 시간적 변화율에 따라 나타나는 유기전압은 다음과 같다.

$$V = -L\frac{di}{di}[\text{V}] \qquad (1 \cdot 23)$$

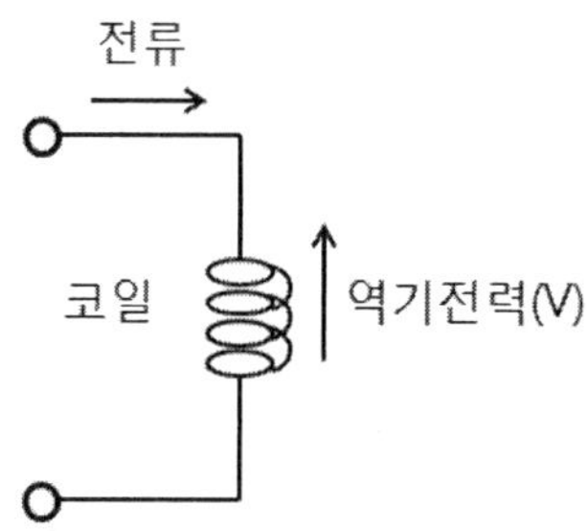

[그림 1-10] 인덕턴스 회로

[예제 9] 250[mH]의 코일에 전류가 매초 1.2[A] 변화하면, 유도기전력은 몇 [V]인가?

풀이 $V_L = -L\frac{di}{dt}[\text{V}] = 250 \times 10^{-3}\frac{1.2}{1} = 0.3[\text{V}]$

전기적 성질이 인덕턴스로 나타나는 기기를 **유도기**(Inductor) 또는 **코일**(coil)이라고 한다. 코일에 유입하는 전력은 다음과 같다.

$$P = Vi = \left(-L\frac{di}{dt}\right)i = -Li\frac{di}{dt} \qquad (1 \cdot 24)$$

그러므로 어느 일정 시간 t_1에서 t_2 동안 인덕터에 유입한 에너지는 식 (1 · 24)를 적분하면 얻을 수 있다.

$$W = \int_{t_1}^{t_2} P(t)dt = \int_{t_1}^{t_2} Li\frac{di}{dt}dt = \int_{t_1}^{t_2} Li\,di$$

$$= \frac{1}{2}Li_2^2 - \frac{1}{2}Li_1^2 \qquad (1 \cdot 25)$$

여기서 i_1, i_2는 각각 t_1, t_2에서의 전류로서 그 값이 정(+)일수도 있고 부(−)일 수도 있다. 정인 경우 코일 내부로의 에너지 유입을 의미하며, 부인 경우 코일 외부로의 에너지 유출을 의미한다. t_1에서 전류가 0이라면 임의의 시간 t에서의 전류 i에 의한 코일에 전기적 에너지로 축적된 에너지는 다음과 같다.

$$W = \frac{1}{2}Li^2[\mathrm{J}] \tag{1·26}$$

[예제 10] 자기 인덕턴스 10[mH]의 코일에 직류 10[A]를 흘릴 때 축적되는 에너지[J]는?

풀이 $W = \frac{1}{2}Li^2[\mathrm{J}]$에서

$$= \frac{1}{2} \times 10 \times 10^{-3} \times 10^2 = 0.5[\mathrm{J}]$$

---

(3) 커패시턴스

절연체를 사이에 두고 두 도체 사이에 전위차가 존재하면 전위가 높은 도체에 정전하, 전위가 낮은 도체에 같은 양의 부전하가 축적된다. 이때 축적되는 전하와 전위차는 [그림 1-11]과 같다.

전위차 증가에 따라 전하는 직선 부분에서 C값에 비례함을 알 수 있다.

$$Q = CV[\mathrm{C}] \tag{1·27}$$

여기서 비례상수 C를 두 도체 사이의 **커패시턴스**(Capacitance)라고 하며, 단위는 **패럿**(F : Farad)이다.

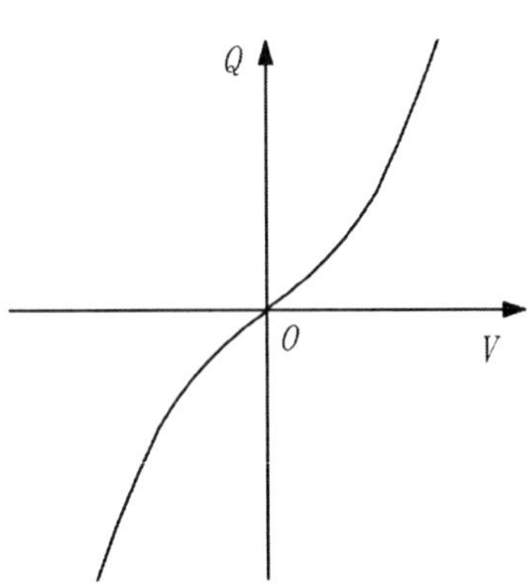

[그림 1-11] 커패시터 전하 · 전압관계

1[F]은 1[V]의 전위차에 의해 1[C]의 전하가 축적될 때의 커패시턴스를 말한다. $Q=\int i\,dt\left(i=\frac{dQ}{dt}\right)$이므로 위 식에 대입하면 다음의 전압식이 나온다.

$$V=\frac{1}{C}\int i\,dt \qquad (1\cdot 28)$$

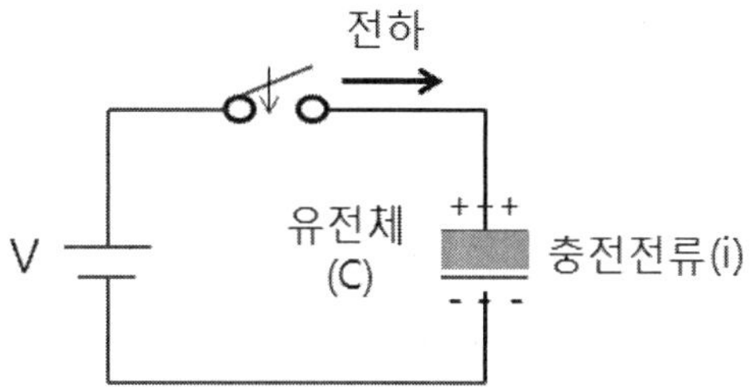

[그림 1-12] 커패시터 회로

위 식의 양변을 미분하면 다음과 같은 관계식을 얻을 수 있다.

$$i=C\frac{dv}{dt} \qquad (1\cdot 29)$$

전기적 성질이 주로 커패시턴스인 기기를 **용량기**(Capacitor) 또는 **콘덴서**(Condenser)라고 한다.

[예제 11] 0.1[μF]인 콘덴서에 V=2sin[2π100t]의 전압을 인가했을 때 t=0에서의 전류는 몇 [mA]인가?

풀이 $i=C\frac{dv}{dt}$[A]에서

$=0.1\times10^{-6}\times\frac{d}{dt}2\sin(2\pi100t)=4\pi\times10^{-5}\ \cos(2\pi100t)$

여기서 t=0이면

$i=4\pi\times10^{-5}\ \cos0°=4\pi\times10^{-5}\times1[A]=12.56\times10^{-5}\times10^{3}[mA]$

$=0.1256[mA]$

커패시터에 유입하는 전력은 다음과 같다.

$$P = VI = VC\frac{dv}{dt} \tag{1·30}$$

그러므로 t_1과 t_2 사이에 유입한 에너지는 다음과 같다.

$$W_C = \int_{t1}^{t2} P(t)dt = \int_{t1}^{t2} CV\frac{dv}{dt}dt = \int_{t1}^{t2} CVdv$$

$$= \frac{1}{2}CV_2^2 - \frac{1}{2}CV_1^2 \tag{1·31}$$

여기서, V_1, V_2는 t_1과 t_2에서 전압이다. 식에서 알 수 있듯이 에너지가 커패시터에 유입할 수도 유출할 수도 있다. 그 값이 정인 경우 에너지 유입을 의미한다. t_1에서 전압이 0인 경우 임의의 시간 t에서 커패시터 충전전압을 V라 할 때 커패시터에 축적되는 에너지는 다음과 같다.

$$W_C = \frac{1}{2}CV^2[\mathrm{J}] \tag{1·32}$$

[예제 12] 3[㎌]의 콘덴서를 4[kV]로 충전하면 저장되는 에너지는 몇 [J]인가?

풀이 $W = \frac{1}{2}CV^2 = \frac{1}{2}\times\frac{Q^2}{C}[\mathrm{J}]$에서

$W = \frac{1}{2}\times 3\times 10^{-6}\times(4\times 10^3)^2 = 24[\mathrm{J}]$

---

10 고유저항과 온도계수

10.1 고유저항

도체의 저항은 그 길이 l[m]에 비례하고 단면적 S[mm^2]에 반비례한다.

$$R = \rho\frac{l}{S}[\Omega] \tag{1·33}$$

여기서 ρ(rho)는 단위길이에 대한 도체가 가지는 고유저항이다. 고유저항의 단위는 [Ωm]이며, ρ의 역수는 σ(sigma)로 표시하여 **도전율**이라 하고, 단위는

[℧ · m]이다. 전선의 고유저항은 연동선 $\frac{1}{58}$, 경동선 $\frac{1}{55}$, 알루미늄 $\frac{1}{35}$, 철선 $\frac{1}{7}$이다. 표준연동의 도전율은 100[%]로서 비교백분율의 퍼센트 도전율을 C[%]라고 하면, $\rho = \frac{1}{58} \cdot \frac{100}{C}$[Ωm]이 된다(퍼센트 도전율 C : 경동선 97[%], 경알루미늄선 67[%]).

10.2 온도계수와 저항

도체의 도전율 또는 고유저항은 모두 20[℃]를 기준으로 하고 있는데 그 온도가 상승함에 따라 저항값은 증가한다. 기준온도 t_0[℃]에서 R_{t0}[℃]인 전선저항이 t[℃]로 상승하면 저항값은 다음과 같이 증가한다.

$$R_t = R_{t0}[1 + \alpha_{20}(t - t_0)][\Omega] \qquad (1 \cdot 34)$$

α_{20} : 저항온도계수, α_0 : 0.0043, α_{20} : 0.00381, α_{30} : 0.0037

[예제 13] 7/3.2[mm] 경동 연선이 20[℃]에서 저항은 0.32[Ω/1km]이며 30[℃]에서 온도계수는 0.00367이다. 40[℃]에서 이 전선의 저항은?

(풀이) 20[℃]에서 온도계수로 환산하면 $\alpha_{20} = \dfrac{1}{\dfrac{1}{0.00367} - (30 - 20)} = 0.00381$

$$R_t = R_{t0}[1 + \alpha_{20}(t - t_0)] = 0.32[1 + 0.00381(40 - 20)] = 0.345[\Omega/\text{km}]$$

연선의 저항은 단선보다 저항값이 줄어들며 소선수가 많을수록 그 값은 더욱 감소되고 소선구성을 나타내는 연입률에 따라 변화한다.

$$R = \frac{r(1 + k)}{N} \qquad (1 \cdot 35)$$

r : 소선저항[Ω], N : 소선수, k : 연입률[2%]

[예제 14] 7/3.2[mm] 경동선 20[℃]에서의 도전율은 97%이다. 40℃에서 연선의 저항 [Ω/km]은?

풀이 20[℃]에서 소선저항 : $R=\rho\frac{l}{S}=\frac{1}{58}\times\frac{100}{97}\times\frac{1000[\text{m}]}{\pi\left(\frac{3.2}{2}\right)^2}=2.21[\Omega/\text{km}]$

연선의 저항 : $R=\frac{r(1+k)}{N}=\frac{2.21(1+0.02)}{7}=0.322[\Omega/\text{km}]$

20℃에서 온도계수는 0.00381이므로 40°[C]에서의 저항값은

$R_t=0.322[1+0.00381(40-20)]=0.347[\Omega/\text{km}]$

11 전기회로의 물리적 법칙

11.1 플레밍의 왼손법칙

[그림 1-13]에 나타낸 바와 같이 자계 내에 전류가 흐르는 도체를 놓아두면 도체에는 전자력이 작용한다.

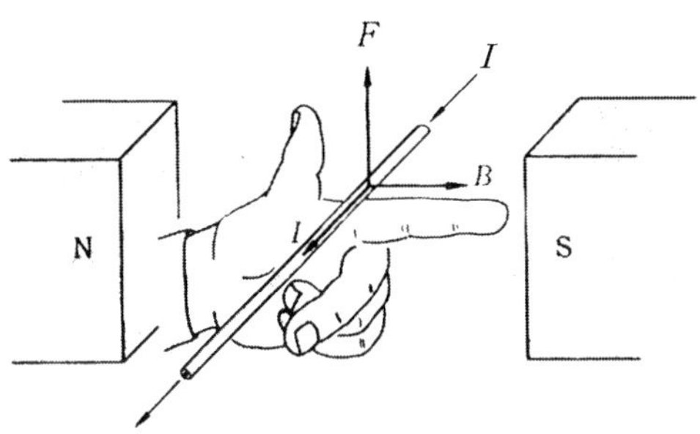

[그림 1-13] 플레밍의 왼손법칙

즉, 자속밀도 $B[\text{Wb/m}^2]$의 자계에 직교하는 길이 l[m]의 도체에 i[A]의 전류가 흐를 때 이 도체에 작용하는 힘 F[N]는 다음과 같다.

$$F=Bil[\text{N}] \tag{1·36}$$

이 법칙을 **플레밍(Fleming)의 왼손법칙**이라 한다.

자속밀도 $B[\text{Wb/m}^2]$의 자계중에 길이 l[m]인 도체가 자계에 직각인 방향으로 v[m/s]의 속도로 운동하였을 때에 이 도체에 유도되는 기전력 e는

$$e=Blv[\text{V}] \tag{1·37}$$

이고, 그 방향은 **플레밍의 오른손법칙**에 의한다. 즉, 오른손 인지를 자계 B의 방향으로 엄지를 도체의 운동 v의 방향으로 하였을 때, 중지의 지시방향이 기전력 e의 방향으로 된다.

따라서 이 기전력 e에 의해서 전류 i가 흐르면 [그림 1-14]에서 알 수 있는 바와 같이 이 전류에 의한 플레밍의 왼손법칙에 의한 전자력은 전류 i가 원인이 되어 운동 v를 방해하는 방향으로 작용한다.

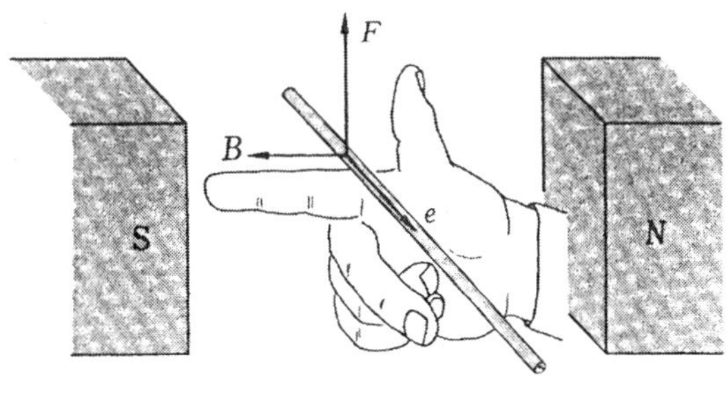

[그림 1-14] 플레밍의 오른손법칙

11.2 패러데이의 법칙

[그림 1-15]에서 코일에 쇄교하는 자속 ϕ가 시간적으로 변화하면 이 코일에는

$$e = -N\frac{d\phi}{dt}\,[\mathrm{V}] \qquad (1 \cdot 38)$$

인 기전력 e가 유기된다. 이것을 **패러데이(Farady)의 법칙**이라 하고, 자속을 방해하는 방향으로 기전력이 생기므로 역기전력이라 하며 (−)부호로 표시한다.

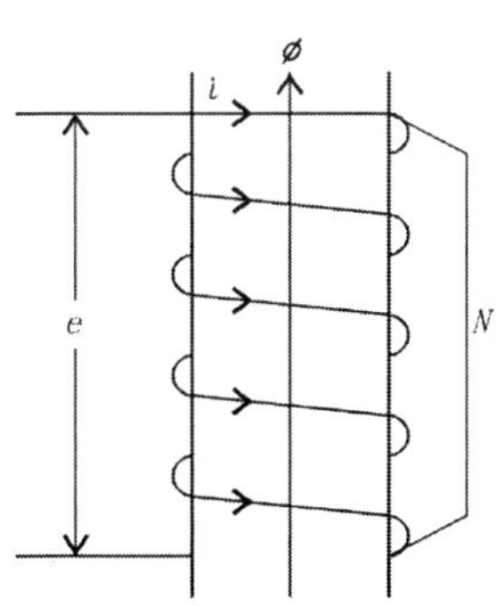

[그림 1-15] 패러데이의 법칙

여기에서 화살표의 방향으로 전류 i가 흐를 때에 이 전류에 의해서 생기는 자속이 ϕ와 같은 방향으로 되도록 한 것에 주의해야 한다. 전압 또는 전류의 방향과 ϕ의 방향이 위에서와 같은 관계가 유지될 때 이것을 **암페어의 오른나사법칙**이라 한다.

11.3 렌츠의 법칙

코일에 교류전압을 인가하면 전류변화를 방해하는 방향으로 유도전압(역기전력)이 발생한다. 역기전력의 극성은 전류변화분의 방향에 따라 좌우된다. $\frac{di}{dt}$가 증가하면 역기전력은 전류증가에 역으로 발생하고, $\frac{di}{dt}$가 감소하면 역기전력은 전류감소에 반대방향으로 기전력이 발생된다. 이를 렌츠의 법칙이라 한다.

제1장 전기회로 입문

연습문제

1. I[A]의 전류가 t[s] 동안 흘렀을 때 이동된 전기량은 몇 [C]인가?

㉮ $\frac{t}{I}$　　㉯ $\frac{I}{t}$　　㉰ I^2t　　㉱ It

2. $i=2t^2+8t$[A]로 표시되는 전류가 도선에 3[s] 동안 흘렀을 때 통과한 전하량은 몇 [C]인가?

㉮ 18　　㉯ 48　　㉰ 54　　㉱ 61

3. 200[V], 60[W] 전등 2개를 매일 5시간씩 점등하고, 600[W] 전열기 1개를 매일 1시간씩 사용할 경우 1개월(30일)의 소비전력량은 몇 [kWh]인가?

㉮ 18　　㉯ 36　　㉰ 180　　㉱ 360

4. 0.5[kVA]의 수신기용 변압기가 있다. 변압기의 철손이 7.5[W], 전부하 동손이 16[W]이다. 화재가 발생하여 처음 2시간은 전부하 운전되고 다음 2시간은 $\frac{1}{2}$의 부하가 걸렸다고 한다. 이 4시간에 걸친 전손실 전력량은 몇 [Wh]인가?

㉮ 70　　㉯ 76　　㉰ 82　　㉱ 94

5. 정전계와 반대방향으로 전하를 2[m] 이동시키는 데 300[J]의 에너지가 소모되었다. 이 두 점 사이의 전위차가 150[V]이면 전기량 [C]은?

㉮ 15　　㉯ 7.5　　㉰ 3　　㉱ 2

정답

1. ㉱ 2. ㉰ 3. ㉯ 4. ㉮ 5. ㉱

6. 평등전계 속에 2[C]의 전하를 전계와 반대방향으로 8[cm]만큼 이동시키는 데 240[J]을 요했다. 이 두 점간의 전위차 [V]는?

㉮ 120 ㉯ 60 ㉰ 30 ㉱ 15

7. [J/C]와 같은 단위는 어느 것인가?

㉮ [A] ㉯ [V] ㉰ [H] ㉱ [F]

8. 전력은?

㉮ 열량으로 환산됨 ㉯ 전기장치가 행한 일
㉰ 전기적 힘의 진행속도 ㉱ 전기적 일의 진행속도

9. 1[Wh]는 몇 [cal]인가?

㉮ 240 ㉯ 420 ㉰ 736 ㉱ 860

10. 부하저항 R[Ω]에 5[A]의 전류가 흐를 때 소비전력이 500[W]이었다. 부하저항 R은 몇 [Ω]인가?

㉮ 5 ㉯ 10 ㉰ 20 ㉱ 100

11. 일정한 저항치에 가해지고 있는 전압을 3배로 하면 소비전력은 몇 배가 되는가?

㉮ 1/3배 ㉯ 3배 ㉰ 6배 ㉱ 9배

12. 200[V] 전원에 접속하면 1[kW]의 전력을 소비하는 저항을 100[V] 전원에 접속하면 소비전력은 몇 [W]인가?

㉮ 250 ㉯ 500 ㉰ 750 ㉱ 900

정답

6. ㉮ 7. ㉯ 8. ㉱ 9. ㉱ 10. ㉱ 11. ㉱ 12. ㉮

13. 저항 10[Ω]인 도체에 10[A]의 전류를 10분간 흘릴 때 발열량은 몇 [kcal]인가?

㉮ 100 ㉯ 122 ㉰ 144 ㉱ 188

14. 정격전압에서 1[kW]의 전력을 소비하는 저항에 정격의 70[%] 전압을 가할 때의 전력은 몇 [W]인가?

㉮ 320 ㉯ 490 ㉰ 580 ㉱ 640

15. 100[V]용 500[W]의 전열기에 90[V] 전압을 인가할 때 전열기의 소비전력은 몇 [W]가 되는가?

㉮ 90 ㉯ 100 ㉰ 205 ㉱ 405

16. 그림과 같은 회로에서 a, b간의 전압이 60[V]일 때 저항에서 소비되는 전력이 960[W]라 하면 저항 [Ω]의 값은?

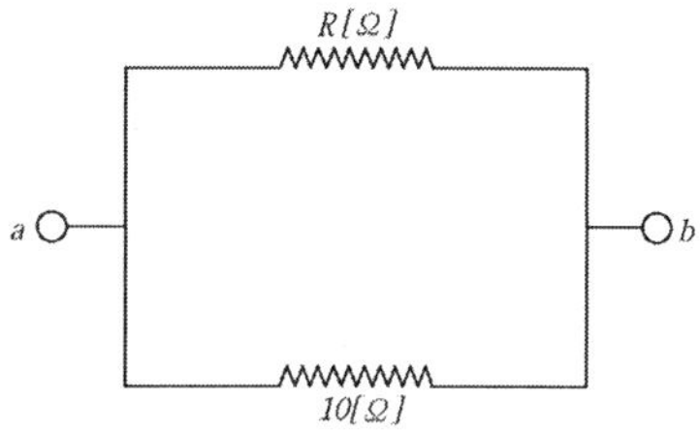

㉮ 2 ㉯ 4
㉰ 6 ㉱ 9

17. 100[V]의 전압에 10[Ω]의 저항을 가진 2개의 전열기를 직렬로 연결하여 사용하였다면 1개만을 사용할 때와 비교되는 소비전력은 어떻게 되는가?

㉮ 같다 ㉯ 1/2배이다 ㉰ 1/4배이다 ㉱ 4배이다

18. 100[V]용 100[W]의 전구와 200[W]의 전구가 있다. 이것을 직렬로 접속하여 100[V]전원에 접속하면 어느 것이 더 밝은가?

㉮ 100[W] 전구가 더 밝다. ㉯ 200[W] 전구가 더 밝다.
㉰ 두 전구의 밝기가 같다. ㉱ 두 전구 모두 켜지지 않는다.

19. 일정 전압의 직류전원에 저항을 접속하고 전류를 흘릴 때, 이 전류의 값을 50[%] 증가시키려면 저항값은 몇으로 해야 하는가?

㉮ 0.5 ㉯ 0.56 ㉰ 0.67 ㉱ 1.50

정답

13. ㉰ 14. ㉯ 15. ㉱ 16. ㉰ 17. ㉯ 18. ㉮ 19. ㉰

20. 다음과 같은 회로에 있어 ab단자에 24[V]의 전압을 인가하면 3[A]의 전류가 흐른다. 이때 R_1, R_2에 흐르는 전류를 2 : 3의 비로 하려면 R_1, R_2의 저항값은 각각 몇 [Ω]인가?

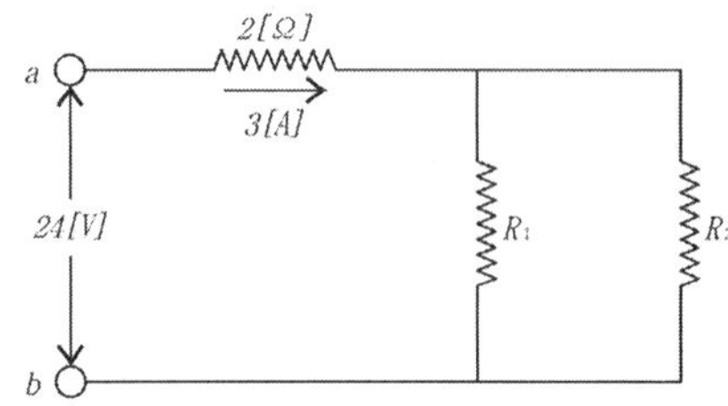

㉮ $R_1=10$, $R_2=15$
㉯ $R_1=15$, $R_2=10$
㉰ $R_1=8$, $R_2=12$
㉱ $R_1=12$, $R_2=8$

21. $R_1 < R_2 < R_3 < R_4$일 때 그림에서 전류가 최소인 것은?

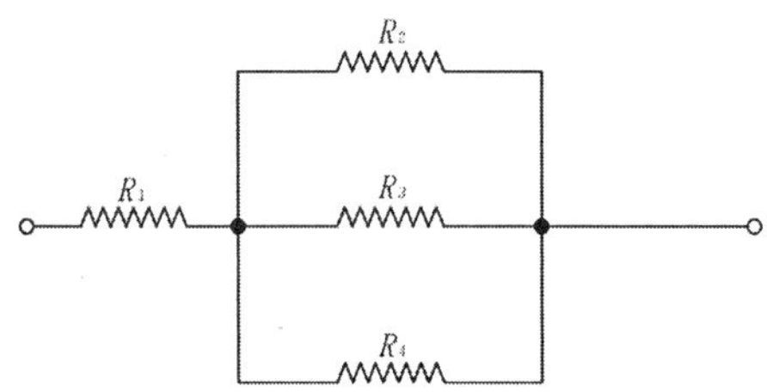

㉮ R_1
㉯ R_2
㉰ R_3
㉱ R_4

22. 그림과 같이 저항 r[Ω]인 도체 12개를 정입방체로 하였을 때 A, B 사이의 합성저항은 몇 [Ω]인가?

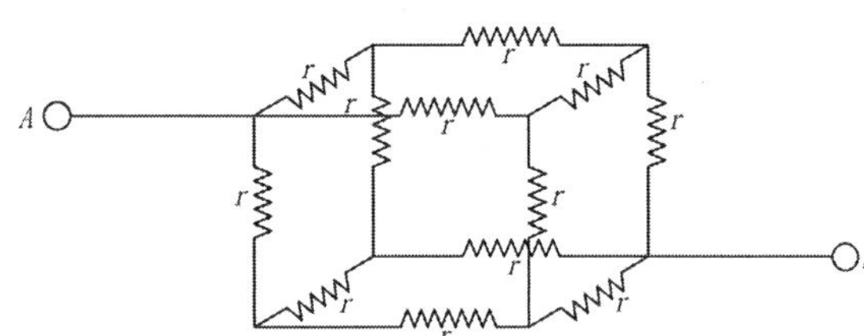

㉮ $12r$
㉯ $\frac{5}{6}r$
㉰ $\frac{r}{3}$
㉱ $4r$

23. 다음 브리지 회로의 합성저항은 몇 [Ω]인가?

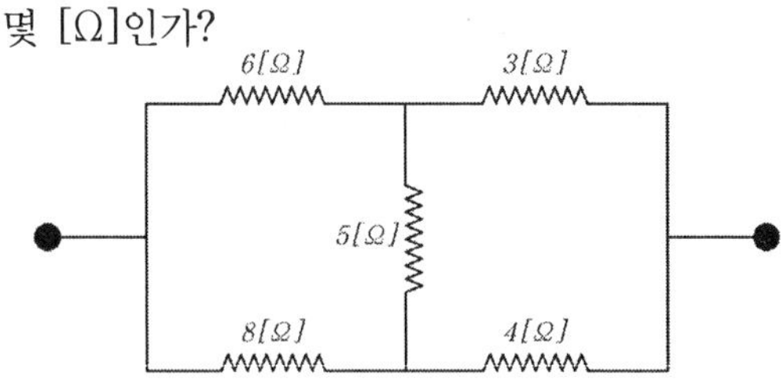

㉮ 0.19
㉯ 1.28
㉰ 2.57
㉱ 5.14

정답

20. ㉯ 21. ㉱ 22. ㉯ 23. ㉱

24. 다음과 같은 브리지 회로에서 단자 a, b 사이에 전압이 100[V]인 경우 단자에 흐르는 전 전류는 몇 [A]인가?

㉮ 4
㉯ 8
㉰ 12
㉱ 25

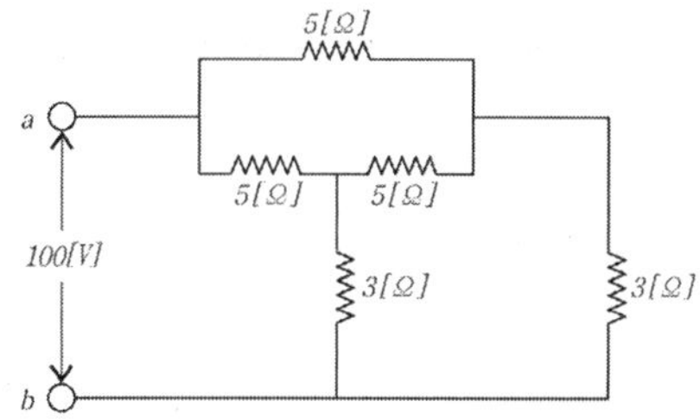

25. 그림과 같은 브리지 회로에서 검류계의 한 단자가 AC : CB가 2 : 3이 되는 점 C에서 검류계의 눈금이 0을 가리켰다. 저항 X는 몇 [Ω]인가? (단, AB는 저항이 균일한 도선이다)

㉮ 10[Ω]
㉯ 15[Ω]
㉰ 20[Ω]
㉱ 30[Ω]

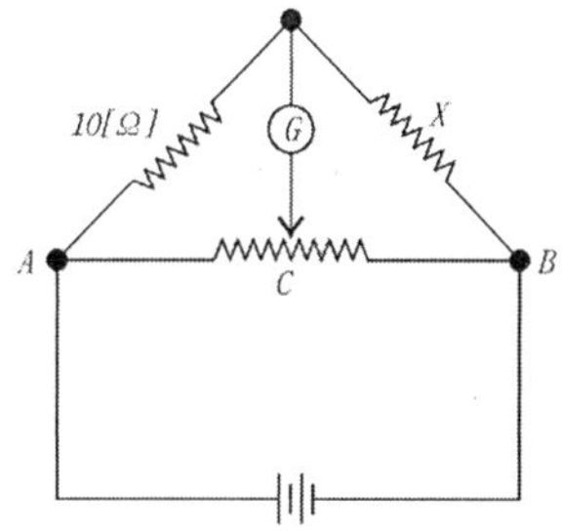

26. 그림과 같은 회로에서 I는 몇 [A]인가? (단, 저항의 단위는 [Ω]이다)

㉮ 1 ㉯ $\frac{1}{2}$

㉰ $\frac{1}{4}$ ㉱ $\frac{1}{8}$

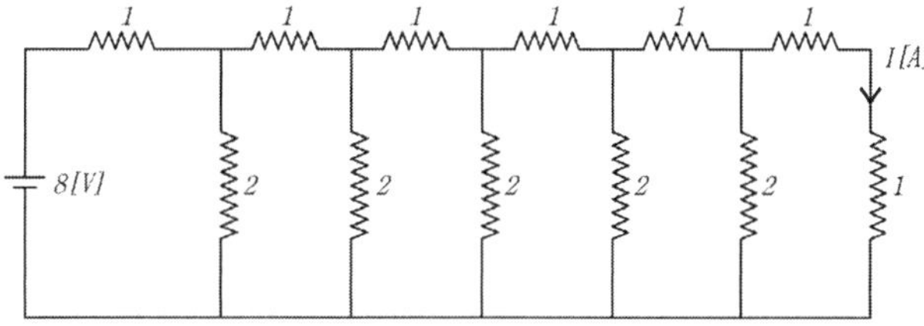

27. 그림과 같은 회로에 일정한 전압이 걸릴 때 전원에 R_1 및 100[Ω]을 접속하였다. R_1에 흐르는 전류를 최소로 하기 위한 R_2의 값 [Ω]은?

㉮ 30
㉯ 50
㉰ 70
㉱ 100

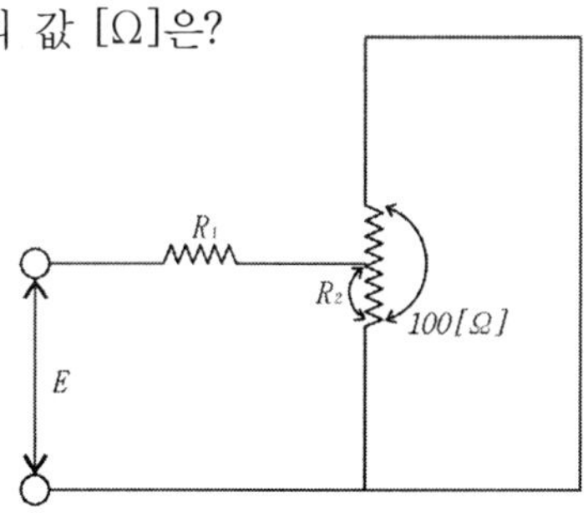

정답

24. ㉱ 25. ㉯ 26. ㉱ 27. ㉯

28. A, B 두 코일이 있다. 여기에 동일 주파수, 동일 전압을 가하면 두 코일의 전류는 같고, A는 역률이 0.96, B는 역률이 0.80이라 한다. 두 코일의 저항비$\left(\frac{R_B}{R_A}\right)$는 얼마인가?

㉮ 0.833　　㉯ 1.544　　㉰ 3.211　　㉱ 7.621

29. 전류에 의한 자계의 방향을 결정하는 법칙은?

㉮ 렌츠의 법칙　　㉯ 비오사바르의 법칙
㉰ 암페어의 오른나사법칙　　㉱ 플레밍의 오른손법칙

30. 전자유도 현상에 의하여 코일에 생기는 유도기전력의 방향을 정의한 법칙은?

㉮ 플레밍의 오른손법칙　　㉯ 플레밍의 왼손법칙
㉰ 렌츠의 법칙　　㉱ 패러데이의 법칙

31. 1회 감은 코일에서 지나가는 자속이 1/100[s] 동안에 0.3[Wb]에서 0.5[Wb]로 증가하였다면 유도되는 기전력은 몇 [V]가 되는가?

㉮ 5　　㉯ 10　　㉰ 20　　㉱ 40

32. 정전용량 C[F]의 콘덴서에 W[J]의 에너지를 축적하려면 인가전압은 몇 [V]인가?

㉮ $\sqrt{\frac{W}{C}}$　　㉯ $\sqrt{\frac{W}{2C}}$　　㉰ $\sqrt{\frac{2W}{C}}$　　㉱ $\sqrt{\frac{2C}{W}}$

33. 기전력 1.2[V], 내부저항 0.4[Ω]의 전지가 길이 20[m], 단면적 1[mm^2]의 동선에 접속되었을 때 1분 동안에 발생하는 열량은 몇 [cal]이겠는가? (단, 동의 고유저항 $\rho = 1.6 \times 10^{-8}$ [Ω · m]이다)

㉮ 12.7　　㉯ 15.7　　㉰ 18.7　　㉱ 21.7

정답

28. ㉮ 29. ㉰ 30. ㉰ 31. ㉰ 32. ㉰ 33. ㉮

34. 어느 도체의 길이를 l, 단면적을 s, 고유저항을 ρ라 할 때 이 도체의 저항 R을 구하는 관계식으로 옳은 것은?

㉮ $R=\frac{l}{\rho s}$ ㉯ $R=\rho\frac{l}{s}$ ㉰ $R=\frac{\rho s}{l}$ ㉱ $R=\frac{l}{\rho}s$

35. 배전선의 전류를 3배로 하여도 선로저항에 의한 전압강하가 변하지 않으려면 전선의 지름은 몇 배로 해야 하는가?

㉮ $\frac{1}{\sqrt{3}}$ ㉯ $\sqrt{3}$ ㉰ $\frac{1}{3}$ ㉱ 3

36. 어떤 도선의 길이가 l인 것을 잡아늘려서 nl로 할 때 도선의 저항은 몇 배로 증가하는가?

㉮ n배 ㉯ $\sqrt{n}$ 배 ㉰ $1/n$배 ㉱ n^2배

37. 같은 재질의 전선으로 전압을 변화시키지 않고 직경을 2배로 하고 전선에 흐르는 전류를 2배로 하면 전력손실은 어떻게 되는가?

㉮ 변하지 않는다 ㉯ 1/2배 ㉰ 2배 ㉱ 4배

38. 직류전동기는 자장 중에서 도체에 전류를 흘리면 그 도체에 힘이 작용한다는 누구의 법칙을 직접 응용한 기계인가?

㉮ 플레밍의 왼손법칙 ㉯ 가우스의 법칙
㉰ 스토크의 법칙 ㉱ 패러데이의 법칙

39. 전기온수기의 용량이 330[l]이다. 10[℃]의 물을 8시간에 85[℃]로 가열하기 위해 필요한 전열기는 몇 [kW]인가? (단, 전열기의 효율은 92[%]로 한다)

㉮ 6.91 ㉯ 5.41 ㉰ 4.91 ㉱ 3.91

정답

34. ㉯ 35. ㉯ 36. ㉱ 37. ㉮ 38. ㉮ 39. ㉱

40. 10[℃]의 물 1[kg]을 열효율 70[%], 500[W]의 온수기로 10분간 가열하면 수온은 약 몇 [℃]가 되는가?

㉮ 50 ㉯ 60 ㉰ 70 ㉱ 80

41. 10[℃]의 물 1[l]를 300[W] 전열기로 100[℃]로 데우는 데는 몇 분이 소요되는가?

㉮ 약 13분 ㉯ 약 20분 ㉰ 약 26분 ㉱ 약 31분

42. 15[℃]의 물 200[l]가 있다. 이 물을 30분간에 40[℃]로 높이기 위하여 필요한 전열기 용량은 몇 [kW]인가? (단, 발열량의 70[%]가 유효한 발열이라고 한다)

㉮ 16.6 ㉯ 23.7 ㉰ 40.3 ㉱ 54.0

43. 1[W · S]는 몇 [J]인가?

㉮ 0.42 ㉯ 1 ㉰ 9.8 ㉱ 860

44. 50[V]를 가하여 30[C]의 전기량을 3초 동안 이동시켰다. 이때의 전력은 몇 [kW]인가?

㉮ 0.5 ㉯ 1 ㉰ 1.5 ㉱ 2

45. 전원에 연결한 코일에 10[A]의 전류가 흐르고 있다. 지금 순간적으로 전원을 떼고 코일에 저항을 연결하였을 때 저항에서 24[cal]의 열량이 발생하였다. 코일의 자기 인덕턴스 [H]는 얼마인가?

㉮ 0.1 ㉯ 0.5 ㉰ 2.0 ㉱ 24

46. 100[V], 500[W]의 전열기 2개를 같은 전압에서 직렬로 접속한 경우와 병렬로 접속한 경우의 전력은 각각 몇 [W]인가?

㉮ 직렬 : 250, 병렬 : 500 ㉯ 직렬 : 250, 병렬 : 1000
㉰ 직렬 : 500, 병렬 : 500 ㉱ 직렬 : 500, 병렬 : 1000

정답

40. ㉯ 41. ㉯ 42. ㉮ 43. ㉯ 44. ㉮ 45. ㉰ 46. ㉯

47. 10[C]의 전하가 5초 동안 어느 점을 통과하고 있을 때 전류값은 몇 [A]인가?

㉮ 2 ㉯ 5 ㉰ 10 ㉱ 50

48. 이상적인 전압원과 전류원에 대한 설명 중 옳은 것은?

㉮ 전압원의 내부저항은 ∞이고 전류원의 내부저항은 0이다.
㉯ 전압원의 내부저항은 0이고 전류원의 내부저항은 ∞이다.
㉰ 전압원, 전류원의 내부저항은 흐르는 전류에 따라서 변한다.
㉱ 전압원의 내부저항은 일정하고 전류원의 내부저항은 일정하지 않다.

49. 2분간에 876,000[J]의 일을 할 때 전력은 몇 [kW]인가?

㉮ 7.3[kW] ㉯ 73[kW] ㉰ 730[kW] ㉱ 0.73[kW]

50. 3[Ω]의 저항 10개를 직렬로 연결하면 병렬로 연결했을 때의 몇 배가 되는가?

㉮ 3 ㉯ 10 ㉰ 30 ㉱ 100

51. 전기의 성질에 대한 설명 중 틀린 것은?

㉮ 원자는 그의 중심에 원자핵이 있다.
㉯ 원자핵은 양성자와 중성자로 되어 있다.
㉰ 전자 1개의 전하량은 -1.602×10^{-18} [C]이다.
㉱ 전하를 가지고 있는 것은 전자와 양성자이다.

52. 단면적이 5[cm^2]인 도체가 있다. 이 단면을 3초 동안 30[C]의 전하가 이동하면 전류는 몇 [A]인가?

㉮ 2 ㉯ 10 ㉰ 20 ㉱ 90

53. 전압 1[V]와 같은 것은?

㉮ 1[J/C] ㉯ 1[C/A] ㉰ 1[Wb/m] ㉱ 1[Ω/m]

정답

47. ㉮ 48. ㉯ 49. ㉮ 50. ㉱ 51. ㉰ 52. ㉯ 53. ㉮

54. 110[V]의 전원에 20[Ω]의 저항을 가진 2개의 전열기 A, B를 직렬로 연결하여 사용하였다. 이때 A와 B에서 소비되는 전기적 에너지의 합은 A만을 단독으로 사용하였을 때와 비교하면?

㉮ 소비전력 같다. ㉯ 소비전력 2배이다.

㉰ 소비전력 $\frac{1}{2}$이다. ㉱ 소비전력 4배이다.

55. 어떤 전열기에 100[V] 직류전압을 가하였더니 50[A]의 전류가 흘렀다고 한다. 이 전열기가 6분간 행한 일은 몇 [J]인가?

㉮ 1.8×10^3 ㉯ 1.8×10^4 ㉰ 1.8×10^5 ㉱ 1.8×10^6

56. 동선의 길이를 3배로 고르게 늘이니 전선의 단면적이 $\frac{1}{3}$로 되었다. 이때 저항은 처음의 몇 배가 되는가?

㉮ 3 ㉯ 6 ㉰ 9 ㉱ 12

57. R의 저항에 V의 전압을 인가해서 전류 I가 흐를 때 저항 R에서 소비되는 전력을 P라고 하면 잘못된 것은?

㉮ R이 일정하면 P는 I^2에 비례한다. ㉯ V가 일정하면 P는 R에 반비례한다.
㉰ R이 일정하면 P는 V에 비례한다. ㉱ V가 일정하면 P는 I에 비례한다.

58. 동일한 저항을 가진 두 개의 도선을 병렬로 연결하였을 때의 합성저항은?

㉮ 도선저항 하나의 2배이다. ㉯ 도선저항 하나의 $\frac{1}{2}$배이다.

㉰ 도선저항 하나의 값과 같다. ㉱ 도선저항 하나의 $\frac{2}{3}$배이다.

59. "회로망의 임의의 접속점에 유입되는 여러 전류의 총합은 0 이다"라고 하는 법칙은?

㉮ 쿨롱의 법칙 ㉯ 옴의 법칙
㉰ 패러데이 법칙 ㉱ 키르히호프 법칙

정답

54. ㉰ 55. ㉱ 56. ㉰ 57. ㉰ 58. ㉯ 59. ㉱

2장

자계와 전계

1 자 기

전하(양전하, 음전하)를 분리시키면 각 전하들은 서로간의 전하를 당기거나 반발하는 일을 할 수 있는 자기장을 갖는다. 자석에서 자력이 집중된 곳이 북극과 남극이다. 철가루들이 자석의 양쪽 끝에 많이 붙는 것은 자극(북극, 남극)에서 자계가 가장 강하다는 것을 보여준다. 자계는 모든 방향에서 존재하며 그 크기는 거리제곱에 반비례한다.

자력선은 [그림 2-1]과 같이 북극에서 남극으로 향하며 자력선은 유리, 공기, 플라스틱, 나무, 종이 등에 영향을 받지 않는다. 그러나 철과 같은 자성체가 자계 내에 놓이면 자력선은 집중된다.

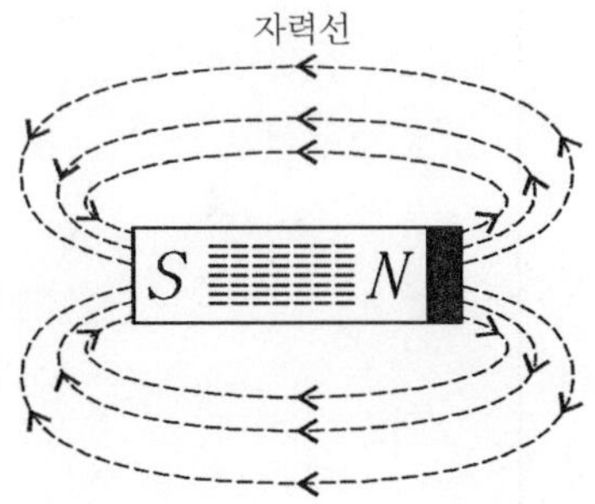

[그림 2-1] 자력선의 분포

1.1 자극과 자속밀도

자력선 1개의 단위는 맥스웰(Mx)이며 1×10^8[Mx]가 1웨버[Wb : Weber]이다. [Mx]는 CGS단위이며 [Wb]는 MKS단위이다. 자속의 표시는 Φ로 표시하고, 자속밀도는 단위면적당 자속의 수이며, 다음과 같이 표시한다.

$$B=\frac{\Phi}{A}[\mathrm{Wb/m^2}] \qquad (2\cdot1)$$

Φ : 면적 A를 통하는 자속[Wb], A : 단위면적[m^2]

단위면적 1[cm^2]당 자력선수, 즉 [Mx/cm^2]을 **가우스**(G : Gauss)라고 한다.

[그림 2-2]에서 전체 자속은 6[Mx]이지만 P점에서의 자속밀도, 즉 가우스는 2[G]이다.

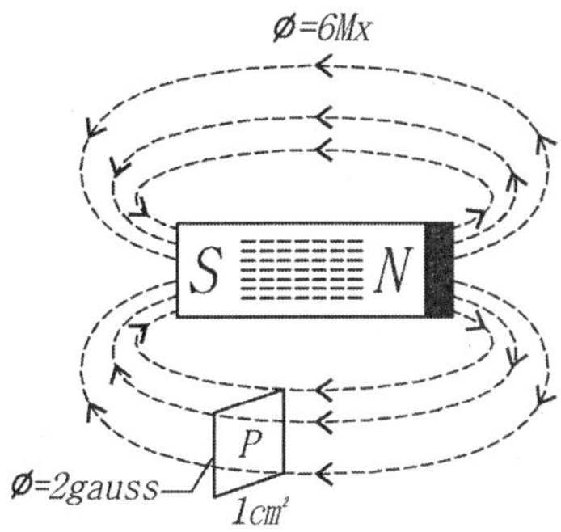

[그림 2-2] 단위면적당 자력선수

[예제 1] 10[cm²] 면적에 1,000[Mx]의 자력선을 가지면 자속밀도는 몇 [G]인가?

풀이 $B = \frac{\Phi}{A} = \frac{1000}{10} = 100[\mathrm{Mx/cm^2}] = 100[\mathrm{G}]$

가우스(Gauss)는 단위가 작아 자력선을 표시하기에 어렵기 때문에 MKS단위계로 **테슬라**[T : Tesla]를 사용하며 단위는 [Wb/m²]이다.

1.2 자계유도

물리적인 접촉없이 다른 물질에 전기적인 영향을 미치는 것을 **유도**라 한다. [그림 2-3]은 영구자석에 의해 철 막대가 유도되고 있는 것을 보여준다.

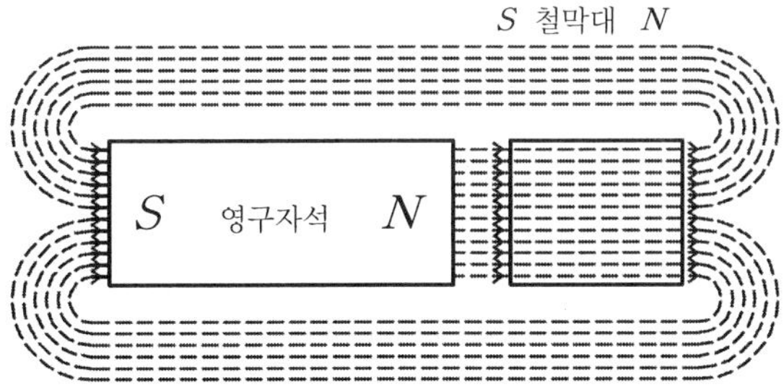

[그림 2-3] 철막대의 유도

(1) 비투자율

물질 종류에 따라 자력선을 집중하는 것은 각각 다르다. 연철의 경우 자력선 집중에 매우 효과적인데 이러한 자력선 집중능력을 **투자율**이라 한다. 물질간의 투자비율을 비투자율이라 한다. 예를 들어 공기의 자속밀도가 1[G]이고 같은 위치, 같은 자계에서 철코일이 200[G]를 갖는다면 철코일의 비투자율은 200이 된다. 일반적으로 철이나 강철의 비투자율은 100~9000이다.

(2) 자계의 세기

코일에서 발생하는 기자력은 코일전류와 코일권수에 비례한다. 그러므로 전류의 크기에 따라 **기자력**(mmf : magnetic motive force)의 크기는 다음 식으로 표현된다.

$$\text{기자력}(F) = NI[\text{AT}] \qquad (2 \cdot 2)$$

N : 코일권수 I : 코일전류

[예제 2] N=1000[회] I=50[mA]를 가진 코일의 기자력은 얼마인가?

(풀이) $NI = 1000 \times 50 \times 10^{-3} = 50[\text{AT}]$

[예제 3] 환상철심에 감은 코일에 5[A]의 전류를 흘리면 2,000[AT]의 기자력이 생긴다. 코일의 권수는 얼마인가?

(풀이) $F = NI$에서 $N = \frac{F}{I} = \frac{2000}{5} = 400[\text{회}]$

암페어-턴수는 기자력의 크기를 나타내지만 자계의 세기는 코일의 길이에 의해서 변한다. 그러므로 자계의 세기는 길이가 짧은 코일이 길이가 긴 코일보다 더 큰 자계의 세기를 가지며 다음과 같이 할 수 있다.

$$\text{자계의 세기}[\text{H}] = \frac{NI}{l}[\text{AT/m}] \qquad (2 \cdot 3)$$

NI : 기자력[AT], l : 극간거리[m]

투자율을 고려한 자계의 세기를 **자속밀도**라 하며, 자성체의 종류에 따라 그 값이 증감되며 다음 식으로 구할 수 있다.

$$B = \mu H [\mathrm{Wb/m^2}] \qquad (2 \cdot 4)$$

$\mu = \mu_o \times \mu_r$ (μ_o : 진공투자율$= 4\pi \times 10^{-7}$, μ_r : 비투자율), H= 자계의 세기

자기회로와 전기회로를 비교하면 자속 Φ는 전류에 대응되며 기자력 NI는 전압에 대응한다. 물질 속에서 자속의 흐름을 막는 것은 전기저항에 해당되어 **자기저항**(reluctance)이라 하며, γ로 표시한다. 자속, 기자력, 자기저항은 다음과 같은 관계를 갖는다.

$$\Phi(\text{자속}) = \frac{F(\text{기자력})}{\gamma(\text{자기저항})} \qquad (2 \cdot 5)$$

철은 공기보다 작은 자기저항을 가지며, 공극이 존재하는 경우 큰 자기저항을 갖는다. [그림 2-4]에서 기자력(NI)은 자기 통로에 자속 Φ를 흐를 수 있는 에너지를 공급한다. 그림 (b)는 공극으로 인해 더 큰 자기저항을 갖는다.

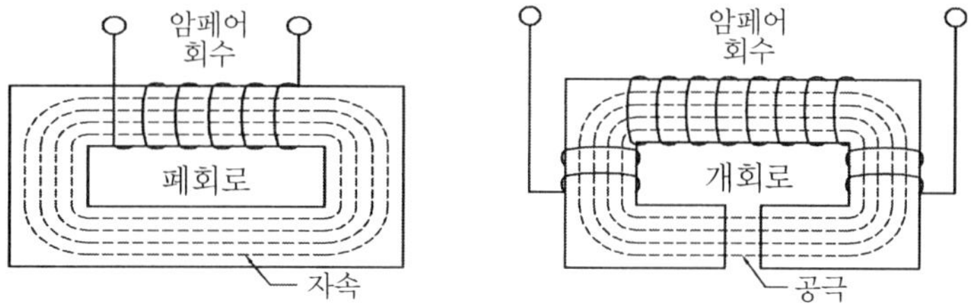

(a) 폐회로　　(b) 개회로

[그림 2-4] 자기회로

[예제 4] 500[AT/m]의 자계의 세기를 갖는 철심이 100의 비투자율을 가질 때 자속밀도는 얼마인가?

(풀이) $B = \mu H = 100 \times 4\pi \times 10^{-7} \times 500 = 0.063[\mathrm{T}]$

1.3 자계와 전계의 비교

자석의 두 극 사이에 자계가 형성되어 있듯이 두 개의 전하(+극, −극) 사이에는 전기력선을 만드는 전계가 존재한다. [그림 2-5](a)에서 전기력선은 전계

에서 두 전하 사이에 미치는 힘을 나타낸다. 두 전하 사이의 힘의 양은 쿨롱의 법칙으로 다음과 같다.

$$F = 9\times10^9\times\frac{Q_1Q_2}{r^2}\,[\mathrm{N}] \tag{2·6}$$

Q_1, Q_2 : 두 전하[C], r : 두 전하 사이의 거리[m]

9×10^9 : 힘의 비례상수 $\left(\frac{1}{4\pi\epsilon_0}=\frac{1}{4\pi\times8.855\times10^{-12}}=9\times10^9\right)$

식 (2 · 6)에서 두 전하 사이의 힘은 두 전하의 크기의 곱에 비례하지만 두 전하 사이의 거리의 제곱에 반비례함을 나타낸다.

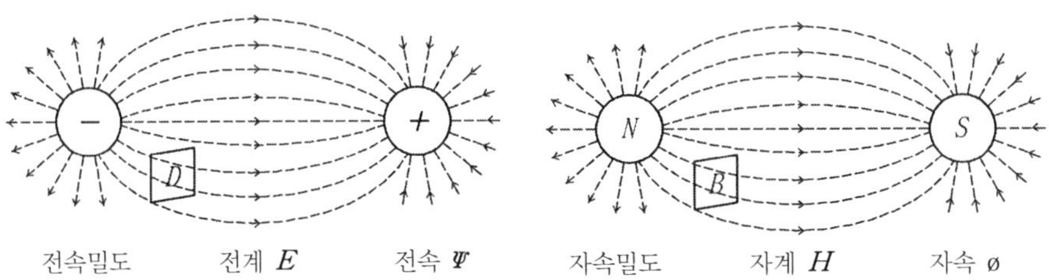

(a) 기전력 (b) 기자력

[그림 2-5] 전계와 자계

[예제 5] 공기 중에 1×10^{-7}[C]의 전하가 있을 때 이 전하로부터 15[cm]의 거리에 있는 점의 전계의 세기는?

풀이 전계 중에 단위 점전하를 놓았을 때 이에 작용하는 힘을 전계의 세기라 하며 다음과 같이 구할 수 있다.

$E=\frac{1}{4\pi\varepsilon_o\varepsilon_s}\times\frac{Q}{r^2}=9\times10^9\times\frac{Q}{r^2}$ [V/m]에서

$E=9\times10^9\times\frac{1\times10^{-7}}{(15\times10^{-2})^2}=4\times10^4$[V/m]

ε_o : 진공유전율(8.855×10^{-12}[F/m]), ε_s : 비유전율(공기≒1)

전계의 세기를 하나의 단위 정전하에 작용하는 힘으로 정의한 것과 마찬가지로 하나의 단위 정전하를 전계 내에서 한 점에서 다른 한 점으로 이동시키는 데

외부에서 가해주어야 할 일을 두 점 사이의 **전위차**로 정의한다. 그러므로 전위는 전계가 0인 점으로부터 단위 정전하를 전계와 반대방향으로 임의의 점까지 옮기는 데 필요한 일의 양으로 정의되며, 다음 식으로 표현된다(그림 2-6).

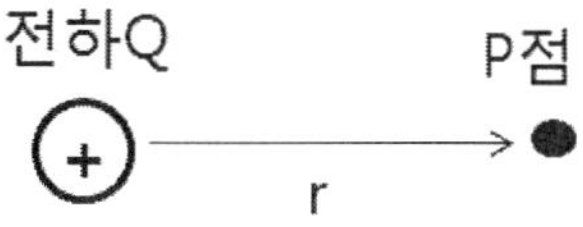

[그림 2-6] P점에서의 전위차

$$V_p = \frac{1}{4\pi\varepsilon} \times \frac{Q}{r} = 9\times10^9 \times \frac{Q}{r}[\mathrm{V}] \qquad (2\cdot7)$$

r : Q에서 점 P까지의 거리[m]

[예제 6] 공기 중에서 5×10^{-7}[C]인 전하로부터 10[cm] 떨어진 점의 전위 [V]는?

(풀이) $V = 9\times10^9 \times \frac{Q}{r}[\mathrm{V}]$에서

$$= 9\times10^9 \times \frac{5\times10^{-7}}{10\times10^{-2}} = 45\times10^3[\mathrm{V}]$$

[예제 7] 두 자극간의 거리를 2배로 하면 자극 사이에 작용하는 힘은 몇 배인가?

(풀이) 두 자극의 세기를 m_1, m_2[Wb]라 하고 자극간의 거리를 r[m]할 때 두 자극간에 발생되는 자기력은 다음과 같다.

$$F = \frac{1}{4\pi\mu} \times \frac{m_1 m_2}{r^2} = 6.33\times10^4 \times \frac{m_1 m_2}{r^2}[\mathrm{N}]\text{에서}$$

$F \propto \frac{1}{r^2}$이므로

$$F = \frac{1}{(2r)^2} = \frac{1}{4r^2} = \frac{1}{4} \qquad \therefore \frac{1}{4}\text{배}$$

1.4 전자유도

[그림 2-7]과 같은 코일 A에 자석을 가까이 가져가든지 또는 가까이 있던 자석을 멀리하면 그 순간에 코일 A에 전류가 흐른다. 자석 대신에 코일 A와 코일 B를 접근시켜 놓고, 코일 B에 전류를 개 · 폐회로하면 자속이 발생되어 같은 현

상이 일어난다. 이와 같이 전기회로와 쇄교하고 있는 자속이 변화한다든지 도체와 자속의 상호운동에 의하여 도체가 자속을 자를 때 그 전기회로에 기전력이 유기된다. 이 현상을 **전자유도 작용**이라고 하며, 이때의 기전력을 **유기기전력**이라고 한다.

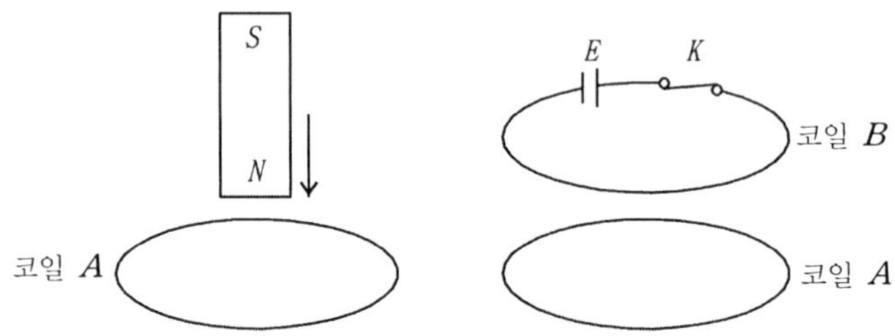

[그림 2-7] 전자유도

솔레노이드 코일에 나타나는 자극의 결정은 [그림 2-8]과 같이 **암페어의 오른손법칙**이 이용된다. 두 자계의 자력선이 같은 방향일 때 자력선은 서로 더해져 강해지고 반대방향이면 약해진다.

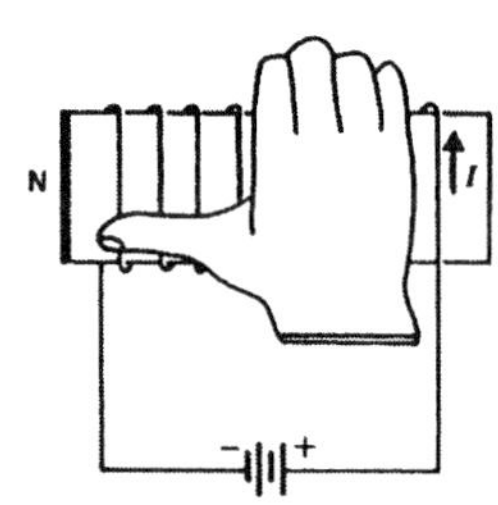

[그림 2-8] 코일 극성에 대한 오른손법칙

[예제 8] 코일에 그림과 같은 방향으로 전류가 흘렀을 때 자석의 이동방향은?

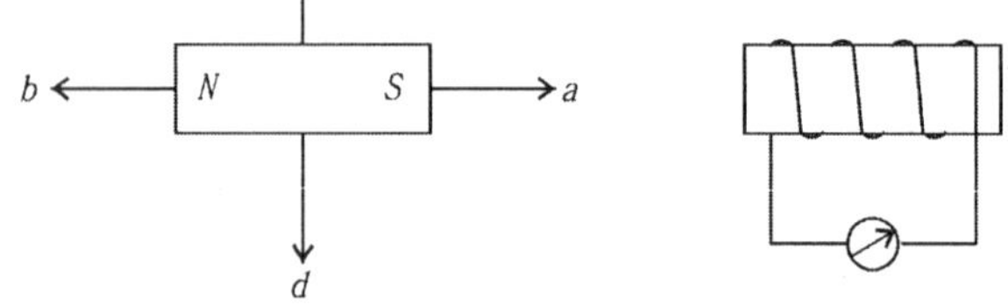

풀이 a방향으로 이동한다(오른손 손가락을 전류가 흐르는 방향으로 감아쥐면 엄지손

가락이 N 극을 가르킨다. 자극은 전류의 흐르는 방향과 감겨진 방향에 따라 결정된다).

[그림 2-9]와 같이 I[A]의 전류가 흐르고 있는 도체의 일부분 $\Delta \ell$의 전류에 의해 이 부분에서 r [m] 떨어진 P점의 자기장은 다음과 같다(**비오-사바르 법칙**).

$$\Delta H = \frac{I \cdot \Delta \ell}{4\pi r^2} \sin\theta [\text{AT/m}]$$

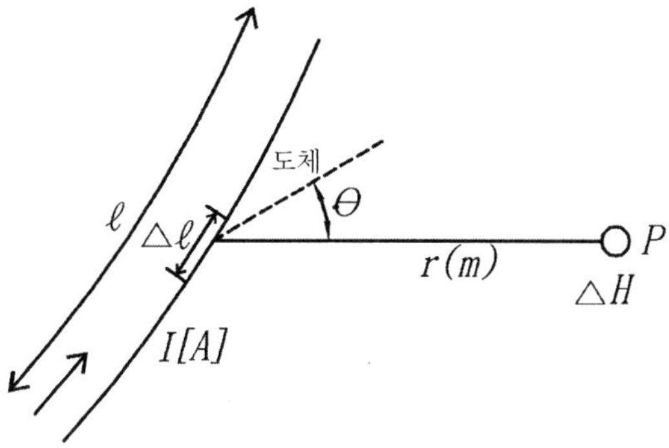

[그림 2-9] 비오-사바르 법칙

[예제 9] 전하 4π[C]이 4[m/s]의 속도로 진공 중을 운동하고 있을 때 이 운동방향에 대하여 각도 θ로 거리 2[m] 떨어진 점의 자계의 세기를 구하면 몇 [AT/m]인가?

풀이 비오－사바르 법칙에서

$$dH = \frac{Idl\sin\theta}{4\pi r^2} = \frac{qdv\sin\theta}{4\pi r^2} [\text{AT/m}]\text{에서}$$

$$= \frac{4\pi \times 4 \times \sin\theta}{4\pi \times 2^2} = \sin\theta [\text{AT/m}]$$

---

2 인덕턴스

인덕턴스는 전류가 변화할 때 유기전압을 발생시키는 도체의 비례상수값이다. 긴 도체는 짧은 도체보다 더 많은 인덕턴스를 가지고 있어 더 많은 유도전압을 발생시킨다. 또한 감겨진 코일은 직선 도체보다 자속을 더욱 집중시키기 때문에 인덕턴스가 더 크다.

2.1 유도전압

도체 속에 전류가 변화하면 자계가 변화하고 자계의 변화는 도체에 유도전압을 발생한다. 전류가 증가하면 자계의 세기가 커지고, 전류가 감소하면 자계의 세기는 작아진다. 그러므로 변화되는 전류는 고정된 도체에 유도전압을 발생시킨다.

[그림 2-10]은 정현파 교류에 자장의 변화를 보여주고 있다. 교류의 크기와 방향에 따라 자장도 같이 변화된다. A점에서 전류는 0이므로 자속은 존재하지 않는다.

B점에서는 양의 방향의 전류가 반시계 방향으로 회전하는 자속을 발생시키고 C점에서는 최대 전류값을 가지므로 자속도 최대값을 갖는다. D점에서 전류가 약화되면서 E점에서는 전류가 존재하지 않으므로 자속도 존재하지 않는다.

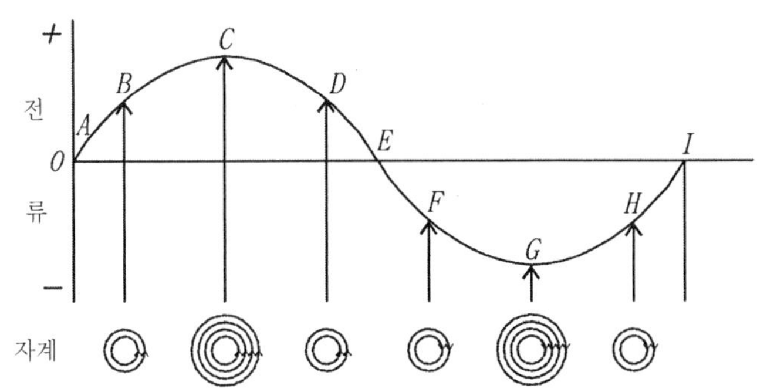

[그림 2-10] 교류변화에 따른 자장변화

다음 반주기에서 전류와 자계는 반대방향으로 되며 F점, G점까지 자계의 세기는 시계방향으로 증가되다가 I점에 이르면 자계는 소멸된다.

2.2 자기 인덕턴스

어떤 도체에 전류가 흐를 때 도체 자신이 전압을 유도할 수 있는 매개체를 자기 인덕턴스 혹은 **인덕턴스**(Inductance)라 한다. 표시기호는 L이고 단위는 헨리(H : Henry)이다.

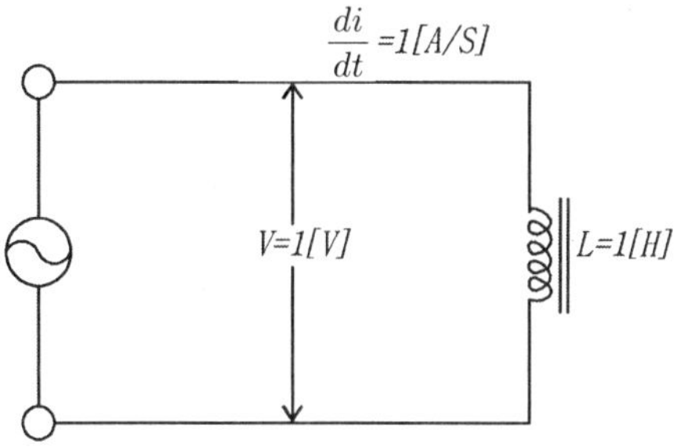

[그림 2-11] 인덕턴스 회로

[그림 2-11]과 같이 1초 동안 1[A]가 변화할 때 코일이 1[V]를 유기시키면 그때 인덕턴스 크기는 1[H]이다.

$$V = L\frac{di}{dt}\,[\mathrm{V}] \qquad (2 \cdot 8)$$

V : 유도전압, $\frac{di}{dt}$: 시간당 전류변화분, L : 인덕턴스

[예제 10] 60[mH]의 코일에 전류가 10초간 5[A]가 변화되었다면 유도되는 기전력은 몇 [mV]가 되겠는가?

(풀이) $V_L = L \times \frac{di}{dt} = 60 \times 10^{-3} \times \frac{5}{10} = 0.03[\mathrm{V}] = 30[\mathrm{mV}]$

[예제 11] 전류의 변화가 2[μs] 동안 50[mA]일 때 500[V]를 유지하기 위한 코일의 인덕턴스 값은 얼마인가?

(풀이) $L = \frac{V}{di/dt} = \frac{500 \times 2 \times 10^{-6}}{50 \times 10^{-3}} = 0.02[\mathrm{H}]$

---

(1) 인덕턴스의 크기

인덕턴스의 크기는 코일권수 N^2에 비례하고 코일면적 A에 비례한다. 또한 철심의 투자율에 따라 증가한다. 그러나 길이가 길면 길수록 자계를 집중시키지 못하므로 인덕턴스 값은 작아진다. 이것을 식으로 표시하면 다음과 같다.

$$L = \mu_o \mu_r \frac{N^2 A}{l} \qquad (2 \cdot 9)$$

μ_o : 진공 중의 절대투자율($4\pi \times 10^{-7}$)
μ_r : 비투자율(공기 중 1), N : 감긴 회수(T)
l : 코일 길이[m], A : 단면적[m^2]

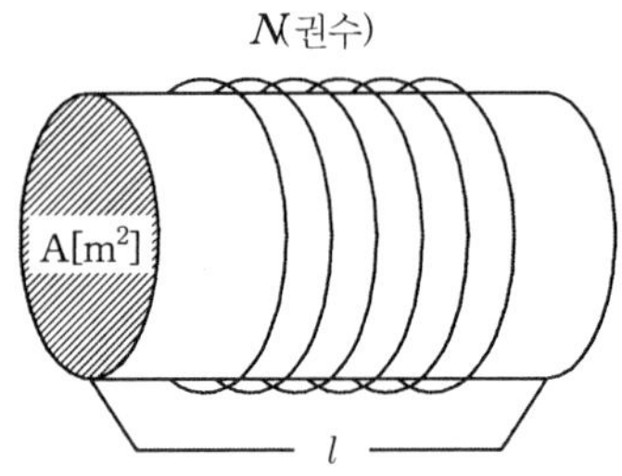

[그림 2-12] 원통형 코일

(2) 상호 인덕턴스

인덕터 내부의 전류가 변화하면 자속이 인근의 다른 인덕터와 쇄교하여 유도전압을 발생할 수 있다. [그림 2-13]에서 L_1에 교번전류가 흐르는 경우 L_2는 L_1의 모든 자속이 L_2와도 쇄교하여 L_2의 유도전압은 L_1과 같다.

이와 같이 두 개 코일 L_1, L_2 어느 한쪽 전류로도 다른 쪽에 전압을 유도시킬 수 있으므로 이를 **상호 인덕턴스**라 한다. 철은 자속을 집중시킬 수 있으므로 상호 인덕턴스를 증가시키며, 두 코일에서 쇄교하지 않는 자속을 **누설자속**이라 한다.

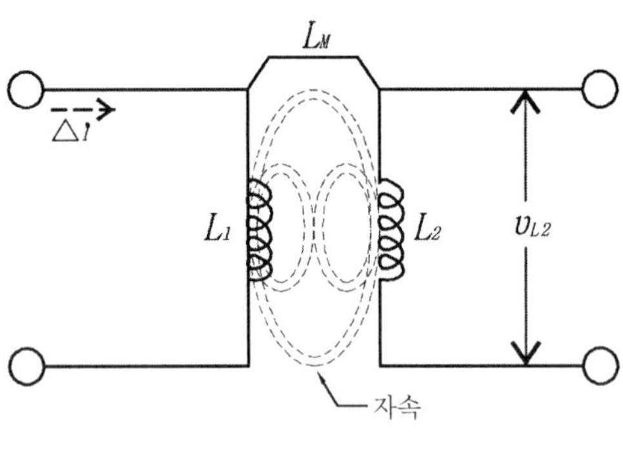

[그림 2-13] 상호 인덕턴스 결합

한 개의 코일에서 발생한 자속이 다른 코일에 쇄교하는 수를 **결합계수**(K)라 하며, 다음 식으로 구할 수 있다.

$$결합계수(K) = \frac{L_1과\ L_2를\ 쇄교하는\ 자속}{L_1자속} \qquad (2 \cdot 10)$$

K=1이면 완전결합 상태이고 K=0.5는 한 코일의 1/2만이 다른 코일에 쇄교한다. 공통철심에 코일이 감겨진 경우는 완전 결합으로 간주하며 K=1이다. 그러므로 상호 인덕턴스(M)은 1차, 2차 인덕턴스 값이 클수록 또는 결합계수가 커질수록 증가한다.

$$M = K\sqrt{L_1 L_2}\ [\mathrm{H}] \qquad (2 \cdot 11)$$

L_1, L_2 : 자기 인덕턴스, K : 결합계수

자기 인덕턴스 L_1, L_2, 상호 인덕턴스 M의 코일을 직렬로 연결할 때 코일 방향에 따라 합성 인덕턴스는 다르다.

$$L = L_1 + L_2 \pm 2M \qquad (2 \cdot 12)$$

$+$: 코일이 같은 방향, $-$: 코일이 다른 방향

[예제 12] 동일 철심 안에 같은 권선수로 자기 인덕턴스 L[H]의 코일 2개를 접근해서 같은 방향으로 감고 이것을 직렬로 접속했을 때 합성 인덕턴스는 결합계수를 1로 했다면 어떻게 되는가?

풀이 상호 인덕턴스를 M[H]라고 하면

$M = K \times \sqrt{L_1 L_2} = 1 \times \sqrt{L \cdot L} = L[\mathrm{H}]$

가동결합이므로

$L = L_1 + L_2 + 2M[\mathrm{H}] = L + L + 2L = 4L\,[\mathrm{H}]$

---

(3) 변압기

코일에 전류를 흘리면 전류변화를 방해하는 방향으로 역기전력이 발생한다. 이러한 역기전력은 코일 내에 자속을 발생시켜 자기회로를 형성한다.

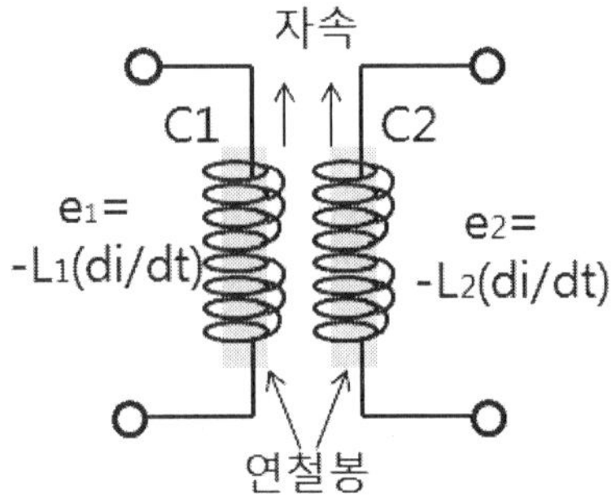

[그림 2-14] 변압기의 유도기전력

C_1코일에 전원을 인가하면 코일에서는 교번하는 역기전력 $\left(e_1 = - L\dfrac{di}{dt}\right)$이 발생하여 연철봉에서도 교번하는 자속이 발생하게 된다. 이러한 교번자속은 C_2 코일 내에서도 존재하므로 코일 C_2에도 역기전력 $e_2 = - L\dfrac{di}{dt}$가 발생하게 된다. 이와 같이 코일 C_1, C_2에서 발생하는 기전력은 권선수와 자속변화분에 비례한다.

$$C_1\text{유도기전력} \quad e_1 = - n_1 \frac{d\Phi}{dt} = - L_1 \frac{di}{dt}$$

$$C_2\text{유도기전력} \quad e_2 = - n_2 \frac{d\Phi}{dt} = - L_2 \frac{di}{dt} \qquad (2 \cdot 13)$$

C_1, C_2의 실효값을 E_1, E_2라 하면 1, 2차 전압비는 다음과 같다.

$$\frac{e_1}{e_2} = \frac{E_1}{E_2} = \frac{N_1}{N_2} = a \qquad (2 \cdot 14)$$

변압기는 전원측 전력을 부하측 전력으로 전달할 수 있다. 이것은 전자유도 법칙에 의해 설명되며 필요에 따라 2차 권선을 1차 권선에 비해 많게 혹은 적게 권선함으로써 전원측 1차 전압을 승압 또는 강압시킬 수 있다.

그러나 직류전력은 유도전압이 발생하지 않기 때문에 변압기를 사용할 수 없다. 왜냐하면 $e_1 = - L\dfrac{di}{dt}$에서 $\dfrac{di}{dt} = 0$이기 때문이다. 2차 권선에 대한 1차 권선비를 변압기의 **권선비**라 한다.

$$\text{권선비}(a) = \frac{N_P}{N_S} = \frac{N_1(1\text{차 권선수})}{N_2(2\text{차 권선수})} \tag{2·15}$$

[예제 13] 1 : 6으로 승압되는 변압기의 2차측에 720[V], 7200[Ω] 부하가 연결되어 있다. I_1, I_2 는 얼마인가?

풀이 $I_2 = \frac{V_2}{R_2} = \frac{720[\text{V}]}{7,200[\Omega]} = 0.1[\text{A}]$, $I_1 = 0.6[\text{A}]$

1차측과 2차측이 완전히 결합될 때 2차측 각 권선에 유도된 전압은 2차측 권선수에 비례한다. 따라서 1차 권선과 2차 권선비에 따라 승압, 강압이 결정된다.

2차측 전력은 $V_2 I_2$ 혹은 $I_2^2 R$로 나타낼 수 있으며 전력손실이 없으면 1차전력과 2차전력은 같다. 2차측 전류는 부하저항에 따라 계산될 수 있으며 변압기의 정격도 2차전류에 의해 결정된다.

$$V_1 I_1 = V_2 I_2 \tag{2·16}$$

$$\frac{V_1}{V_2} = \frac{I_2}{I_1} \tag{2·17}$$

전류비는 전압비의 역수이고 권선비에 반비례한다.

$$a = \frac{V_1}{V_2} = \frac{I_2}{I_1} = \frac{N_1}{N_2} = \sqrt{\frac{Z_1}{Z_2}} \tag{2·18}$$

여기서 Z는 1차, 2차 임피던스를 나타낸다.

(4) 인덕턴스의 직 · 병렬

[그림 2-15]와 같이 직렬로 연결된 인덕턴스의 값은 저항에서와 같이 각 인덕턴스의 총합이다. 따라서 직렬 연결시 인덕턴스는 다음 식으로 구한다.

$$L_T = L_1 + L_2 + \cdots L_n \tag{2·19}$$

코일이 병렬로 연결되어 있으면 전체 인덕턴스는 병렬저항과 마찬가지로 다음 식으로 구할 수 있다.

$$\frac{1}{L_T}=\frac{1}{L_1}+\frac{1}{L_2}\cdots\frac{1}{L_n} \qquad (2 \cdot 20)$$

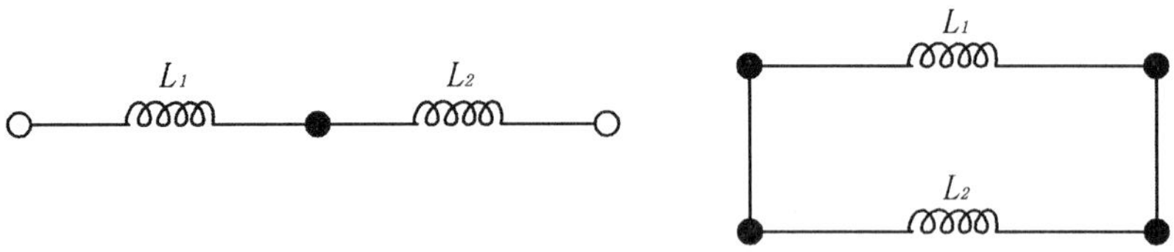

$L_T = L_1 + L_2$

(a) 직렬회로

$\frac{1}{L_T}=\frac{1}{L_1}+\frac{1}{L_2}$

(b) 병렬회로

[그림 2-15] 인덕턴스 회로

[예제 14] 두 인덕턴스($L_1=50$[mH], $L_2=100$[mH])가 병렬로 접속되었을 때 합성 인덕턴스의 값은?

풀이 상호 인덕턴스 M[H]를 무시한 경우

$$L_0=\frac{L_1L_2}{L_1+L_2}[\mathrm{H}]=\frac{50\times100}{50+100}=33.3[\mathrm{mH}]$$

---

(5) 유도 리액턴스

교류전원에 대한 인덕턴스가 가지는 저항값을 X_L로 표시한다. X는 리액턴스를 표시하며, 전류의 흐름을 방해하므로 그 단위는 [Ω]이다. 인덕턴스에 교류가 흐르면 순수저항인 경우보다 전류가 감소하는데 그 이유는 L에서 발생된 역기전력이 전원전압의 흐름을 방해하기 때문이다.

그러나 직류전원에서 X값은 단락된 것으로 생각하면 된다. 인덕턴스가 가지는 저항값을 **유도성 리액턴스**(X_L)라 하면 그 값은 교류주파수(f)와 인덕턴스 값에 비례한다. 이를 식으로 표시하면 다음과 같다.

$$X_L = 2\pi f L[\Omega] \qquad (2 \cdot 21)$$

(6) 유도 리액턴스의 직 · 병렬

리액턴스도 저항과 같은 작용을 하므로 리액턴스 직 · 병렬 계산은 저항과 마찬가지로 계산된다. 직렬 연결에서 리액턴스의 총합은 다음과 같다.

$$X_T = X_1 + X_2 + \ldots\ldots X_n \quad (2 \cdot 22)$$

병렬 연결인 경우에도 저항회로와 마찬가지로 역수 방정식으로 계산할 수 있다.

$$\frac{1}{X_T} = \frac{1}{X_1} + \frac{1}{X_2} \ldots\ldots \frac{1}{X_n} \quad (2 \cdot 23)$$

저항회로와 마찬가지로 병렬회로의 합성값은 가장 작은 지로 리액턴스값보다 작다.

(7) 유도회로 위상

정현파 교류가 유도회로에 인가될 때 회로에 흐르는 전류는 유도전압보다 90° 지상이 된다. [그림 2-16](a)는 유도회로, (b)는 전압, 전류위상, (c)는 벡터도를 통하여 유도회로의 전압, 전류 벡터를 나타내었다.

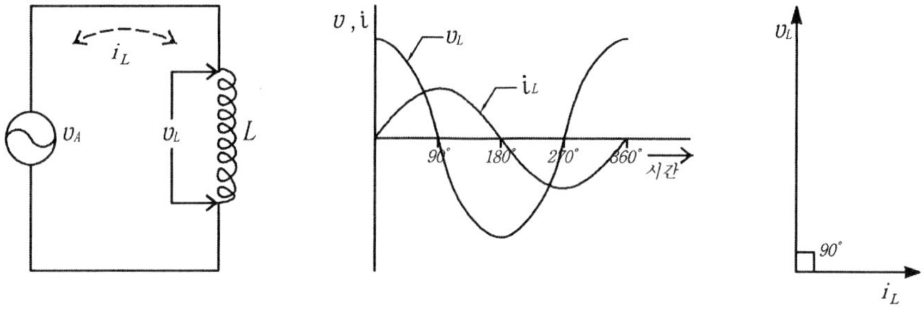

(a) 유도회로 (b) 전압, 전류위상 (c) 전압, 전류 벡터

[그림 2-16] 유도회로의 위상과 벡터도

[그림 2-16]에서 보는 바와 같이 최대 전압값보다 90°가 뒤진 시간 후 전류값이 최대가 된다.

(8) X_L과 저항의 직렬 연결

[그림 2-17]과 같이 $R - X_L$직렬회로에서 R과 X_L 양단에 나타나는 전압은 위상이 다르게 나타난다. V_R전압과 V_L전압을 합하면 인가된 전압 V_T가 된다. $V_R = 100$[V], $V_L = 100$[V]인 경우 $V_T = 200$[V]가 아니라 141[V]가 된다. 왜냐하면 두 회로는 위상차가 있기 때문에 대수적으로 더할 수 없기 때문이다.

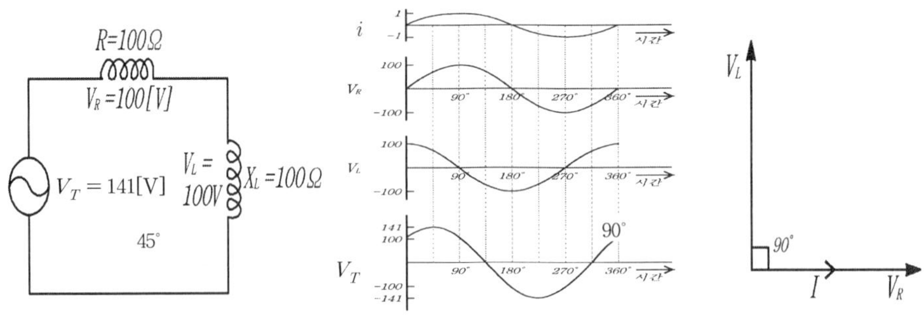

(a) $R-X_L$직렬회로 (b) 전압위상 (c) 벡터도

[그림 2-17] $R-X_L$ 직렬회로

위상이 다른 파형을 합하는 경우 [그림 2-18]과 같이 등가 페이저를 사용하면 쉽게 구할 수 있다.

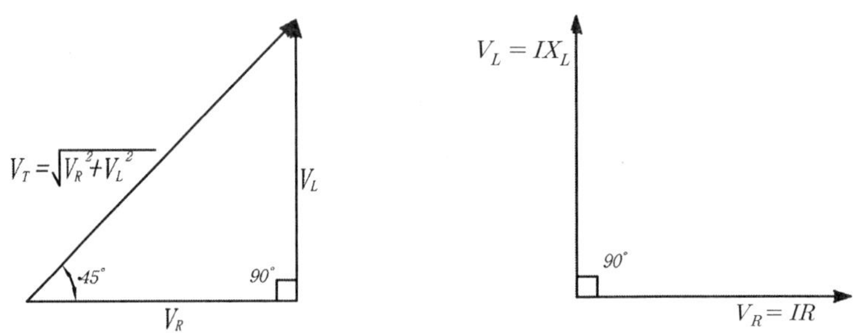

[그림 2-18] $R-L$회로 전압 벡터도

피타고라스 정리에 의해 빗변은 각 변의 제곱의 합의 평방근으로 다음과 같이 V_R와 V_L합을 구할 수 있다.

$$V_T = \sqrt{V_R^2 + V_L^2} \quad (2 \cdot 24)$$

직렬로 연결된 R과 X_L의 페이저도는 [그림 2-19]와 같이 나타낼 수 있다. 직렬회로의 리액턴스와 저항을 갖는 회로 임피던스 총합은 다음과 같다.

$$Z = \sqrt{R^2 + X_L^2}\,[\Omega] \quad (2 \cdot 25)$$

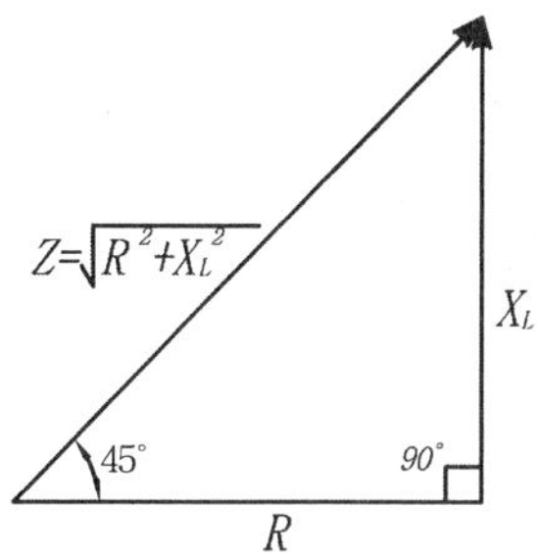

[그림 2-19] $R-L$ 회로 임피던스 벡터도

R회로 전압강하 100[V], X_L회로 전압강하가 100[V]인 경우 전체 전압강하 또는 전체 공급전압은 200[V]가 아니고 141[V]임을 유의하여야 한다. $R-L$ 회로에서 전원 전압과 전류 사이의 각이 위상각이며 θ로 표시한다. 전원측 전류는 R과 위상이 같으므로, V_T와 I와의 위상각은 45°이다. 이 값은 Z와 R 사이의 각과 같으므로 다음 식으로 계산할 수 있다.

$$\tan\theta = \frac{X_L}{R} \tag{2·26}$$

$R-X_L$ 병렬회로에서 인가전압은 R, X_L에서 모두 같다. 두 전압간에는 위상차가 없다. 그러나 지로전류는 $I_R = \frac{V_A}{R}$, $I_L = \frac{V_A}{X_L}$ 값을 갖는다.

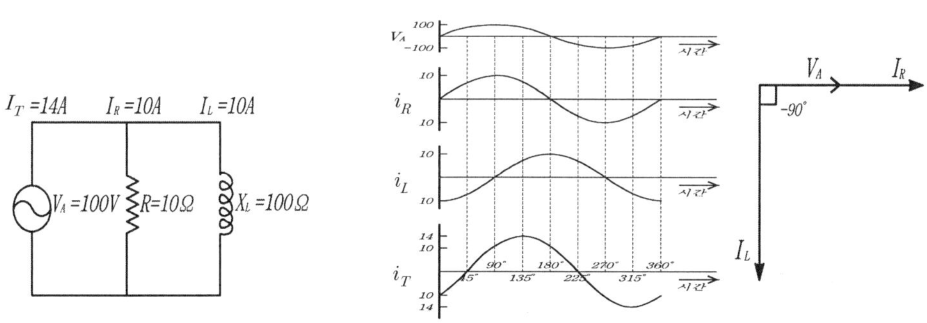

(a) $R-X_L$ 병렬회로　(b) 전류위상　(c) 벡터도

[그림 2-20] $R-X_L$ 병렬회로

저항지로 전류 I_R은 전원전압 V_A와 동상이지만 유도지로 전류 I_L은 전원전압보다 90° 뒤진다. 따라서 I_R과 I_L은 90° 위상이 다르고, I_R과 I_L의 벡터합은

전 전류 I_T와 같다.

[그림 2-20](c)에서 전원전압 V_A를 기준으로 한 이유는 병렬회로에서 V_A가 같기 때문이다. 그러므로 [그림 2-21]과 같이 지로전류 페이저 합은 다음 식으로 계산된다.

$$I_T = \sqrt{I_R^2 + I_L^2} \tag{2·27}$$

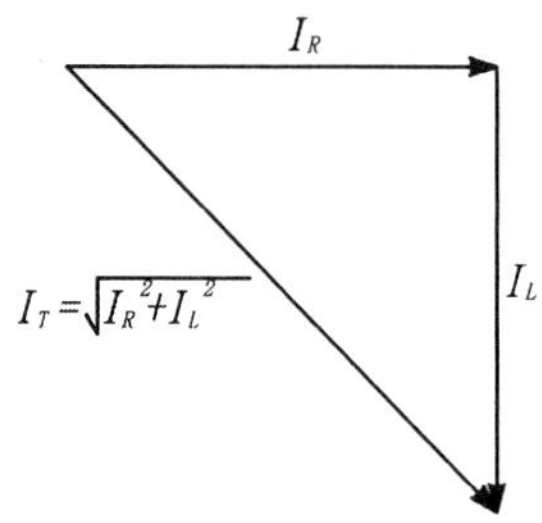

[그림 2-21] $R-L$ 병렬회로 전류 벡터도

병렬 임피던스값을 구하는 경우 전체 전류를 구하여 다음 식을 이용하면 편리하다.

$$Z_T = \frac{V_A}{I_T} \tag{2·28}$$

또한 병렬회로에서 위상각은 전 전류 I_T와 전원전압 V_A 사이의 각이며, 이값은 R과 X_L 사이에 나타나는 각이므로 다음과 같이 위상각을 구할 수 있다.

$$\tan\theta = -\frac{I_L}{I_R} \tag{2·29}$$

3 콘덴서와 정전용량

커패시턴스(Capacitance)는 전하를 축적하는 능력을 말한다. 공기나 종이, 운모 등은 도체가 아니므로 전하를 보유할 수 있다. 커패시터에 전원을 연결하면 전원측의 극성에 따라 진원의 음극 쪽은 양진하를 많이 잃어 음극성을 띠게 되고 반대쪽은 양극성을 갖는다.

전원의 역할은 커패시터의 한쪽에서 다른 쪽(반대쪽)으로 전자를 재분해하는 것이다. 이것이 충전이며, 이 행위는 커패시터의 전위차가 인가된 전압과 같을 때까지 계속된다. 커패시터 역할은 극판 사이의 유전체에 전계를 집중시키는 것이다. 전계는 전류와 관련된 자계에서의 자력선에 해당한다.

3.1 콘덴서 충 · 방전

[그림 2-22](a)는 커패시터가 중성인 상태이고 유전체에는 정전계가 없다. (b)와 같이 스위치를 닫으면 유전체에는 양극성이 나타나고, 전지전압과 같아질 때까지 충전전류는 계속 흐른다. 서로 마주보는 양전하와 음전하는 (b), (c)에서 접선처럼 유전체를 통해 전계를 형성한다.

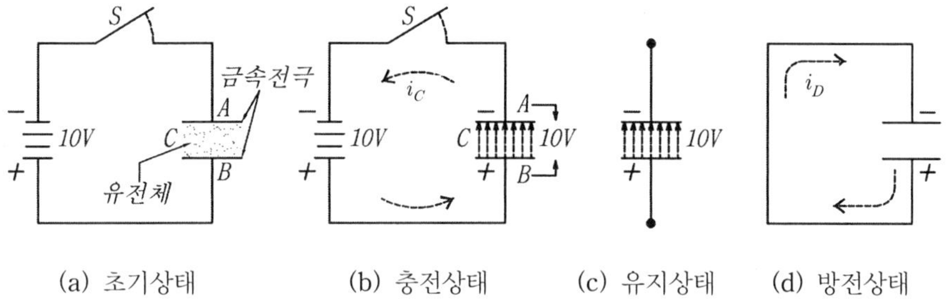

[그림 2-22] 콘덴서의 충 · 방전 변화

커패시터는 인가전압이 제거되고 판 사이에 도선이 연결되면 방전하게 된다. 물론 커패시터 전압이 인가전압보다 크기만 해도 방전한다. 이때 커패시터는 전압원이 되고 방전회로에는 방전전류가 흐른다. 이 방전은 커패시터 전압이 0이 되거나 인가전압과 같아질 때까지 계속된다. 충전전압이 크면 전계는 더욱 커서 유전체에 더 많은 전하가 축적된다. 커패시터에 축적되는 전하 Q[C]의 양은 인가전압과 커패시터 용량에 따라 다음 식과 같이 비례한다.

$$Q = CV[\mathrm{C}] \qquad (2 \cdot 30)$$

Q : 유전체 축적전하[C], V : 인가전압[V]

C : 정전용량[F] ($C = \frac{\varepsilon A}{d}$, A : 단면적, d : 직경)

즉, 1[V]의 전위차로 유전체에 1[C]이 축적될 때 그 커패시턴스를 1패럿(F : Farad)이라 한다.

[예제 15] 2[μF]의 커패시터에 100[V]를 인가하면 얼마의 전하가 축적되는가?

풀이 $Q = CV = 2 \times 10^{-6} \times 100 = 2 \times 10^{-4}[\mathrm{C}]$

$1[\mu\mathrm{F}] = 10^{-6}[\mathrm{F}]$, $1[\mathrm{pF}] = 10^{-12}[\mathrm{F}]$

[예제 16] 100[mA]의 전류가 10초 동안 10[μF]의 커패시터를 충전한다. 이 커패시터는 얼마의 전압원이 되는가?

풀이 $Q = It = 100 \times 10^{-3} \times 10 = 1[\mathrm{C}]$

$$V = \frac{Q}{C} = \frac{1}{10 \times 10^{-6}} = 500[\mathrm{kV}]$$

3.2 커패시턴스의 직 · 병렬 연결

커패시턴스의 값은 극판 면적이 증가할수록 또는 극판 간격이 좁을수록 더 큰 값을 갖는다. 커패시터를 병렬로 연결하는 것은 판이 면적이 증가하는 것과 같으므로 총 커패시턴스는 각각의 커패시턴스 합과 같다.

$$C_T = C_1 + C_2 \qquad (2 \cdot 31)$$

커패시턴스를 직렬로 연결하는 것은 유전체의 두께를 더하는 것과 같으므로 각각의 커패시턴스보다 감소한다.

$$\frac{1}{C_T} = \frac{1}{C_1} + \frac{1}{C_2} \qquad (2 \cdot 32)$$

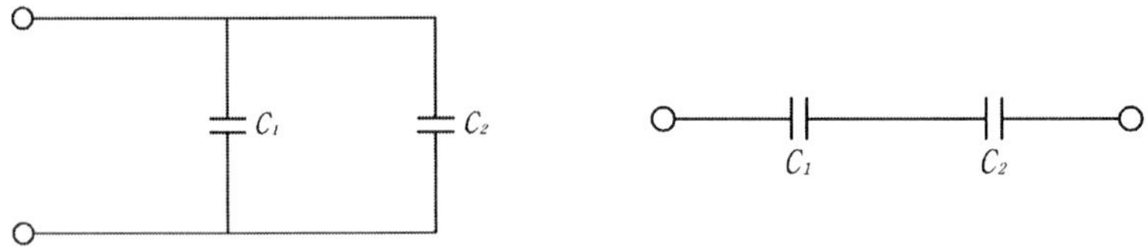

$C_T = C_1 + C_2$ $\qquad$ $\frac{1}{C_T} = \frac{1}{C_1} + \frac{1}{C_2}$

(a) 병렬연결 (b) 직렬연결

[그림 2-23] 커패시터 회로

[예제 17] 그림과 같은 회로의 등가 정전용량 C_{AB}는 몇 [μF]인가?

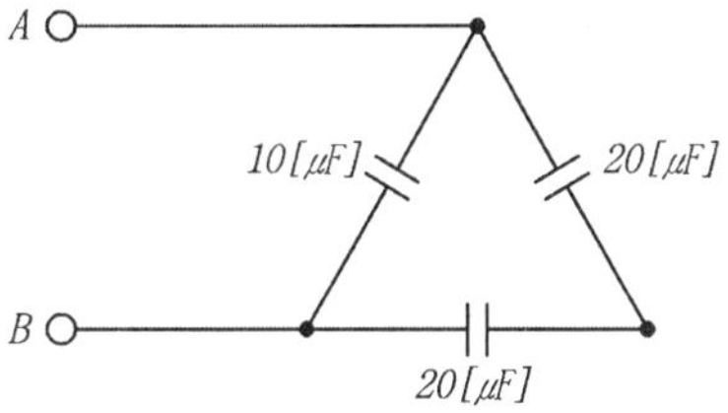

(풀이) 직렬접속에서

$$\frac{20 \times 20}{20 + 20} = 10[\mu\mathrm{F}]$$

병렬접속에서

$$C_{AB} = 10 + 10 = 20[\mu\mathrm{F}]$$

3.3 용량성 리액턴스

커패시터에 교류전원을 인가하면 유전체를 통하여 전류가 흐를 수는 없지만 충전과 방전은 커패시터 판에 연결된 회로에 전류를 흐르게 된다. 전원전압에 의해 얼마의 전류가 흐르는 것은 용량성 리액턴스(X_C) 크기에 의해 결정된다. 커패시터가 교류회로에서 전류를 흐르게 하는 것은 반복되는 충·방전 때문이다.

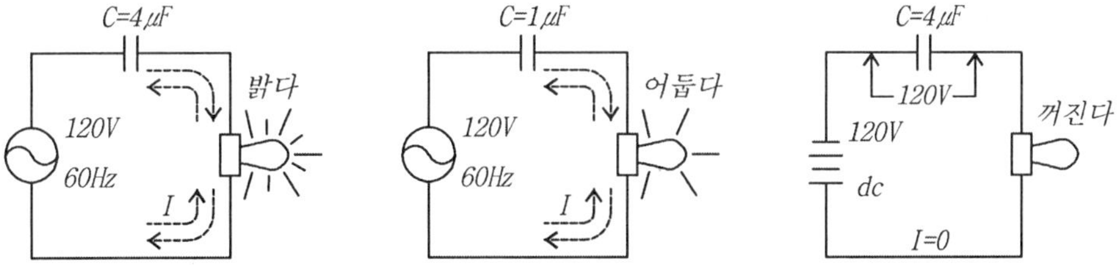

(a) 교류 4[μF] (b) 교류 1[μF] (c) 직류회로

[그림 2-24] 커패시터 충·방전

[그림 2-24](a), (b)는 커패시터 충·방전 전류 때문에 전구의 불이 켜진다. 물론 유전체는 절연체이므로 전류가 흐르지 않는다. 가해지는 전압이 증가하면 커패시터는 충전되고, 전압이 감소하면 커패시터는 방전하여 방전전류는 반대방향으로 흐른다. 교류전압에 의해 이러한 충·방전 동작은 계속된다.

[그림 2-24](a)의 4[μF] 커패시터는 (b)의 1[μF]보다 더 많은 충전전류가 흘러 전류가 많이 흐른다. 그러나 (c)는 직류전원으로 처음 충전시간만 잠시 전구가 켜질 뿐 충·방전 동작이 없어 전류가 흐르지 않아 전구가 켜지지 않는다.

직류전원에서는 커패시터는 개방되었다고 말할 수 있다. 용량성 리액턴스 값은 가해진 전압의 주파수와 커패시터 값에 의해 결정된다. C가 증가하면 더 많은 충·방전 전류를 발생시키며, 주파수가 증가하면 커패시터는 더욱 빠르게 충전과 방전을 일으켜 전류를 증가시킨다. 즉, C와 f가 크면 전류가 증가되어 X_C를 감소시키는 결과가 되며, 이를 식으로 표시하면 다음과 같다.

$$X_C = \frac{1}{2\pi f C}[\Omega] \tag{2·33}$$

f : 공급 주파수 [Hz], C : 커패시턴스 [F]

3.4 용량성 리액턴스 직·병렬

용량성 리액턴스는 단위가 [Ω]이기 때문에 직렬 또는 병렬 리액턴스는 다음 식으로 구할 수 있다.

$$X_T = X_{C_1} + X_{C_2} \text{ (직렬연결)} \tag{2·34}$$

$$\frac{1}{X_T} = \frac{1}{X_{C_1}} + \frac{1}{X_{C_2}} \text{ (병렬연결)} \tag{2·35}$$

3.5 $R-X_C$ 직렬 연결

[그림 2-25](a)와 같이 커패시터 회로에 교류전원을 인가할 때 커패시터에는 충전전류와 방전전류가 주기적으로 흐른다. 그림 (b)는 인가전압 V_C와 충·방전전류 i_c파형을 나타내는데 V_C가 최대값 순간에 i_c는 0이 된다. 왜냐하면 V_C가 양이나 음의 최대값일 때 콘덴서는 더이상 충·방전을 할 수 없기 때문이다.

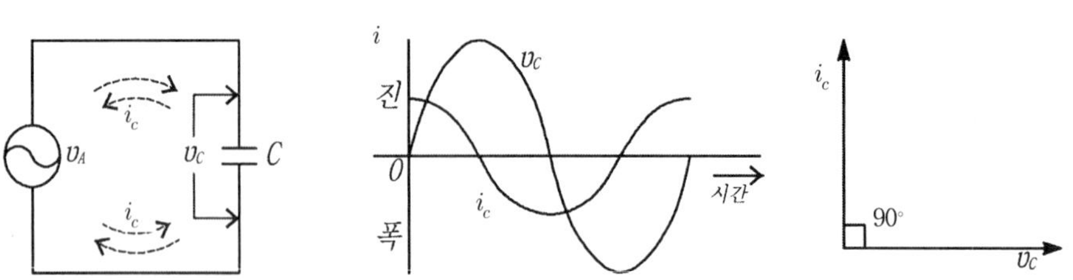

(a) 커패시터 회로 (b) 전압, 전류위상 (c) 벡터도

[그림 2-25] 커패시터 회로 위상과 벡터도

반면에 V_C가 0인 경우에는 콘덴서를 최대값에서 충·방전을 할 수 있게 된다. 결과적으로 i_c와 V_C 중 어느 하나가 0일 때 다른 하나가 최대값을 갖기 때문에 90° 위상차를 갖게 된다. 그림 (c)에 표시한 벡터도 i_c가 V_C보다 90° 앞서고 있음을 나타낸다.

저항과 콘덴서가 직렬 연결되면 두 소자에서 지로전류는 같다. 전압강하는 저항에서는 IR, 콘덴서에서는 IX_C이다. 저항에서 전압강하 IR은 I와 위상이 같으나 IX_C는 전류에 대하여 90° 위상이 뒤진다. 방향은 IX_L일 때와는 180° 반대 방향을 이룬다.

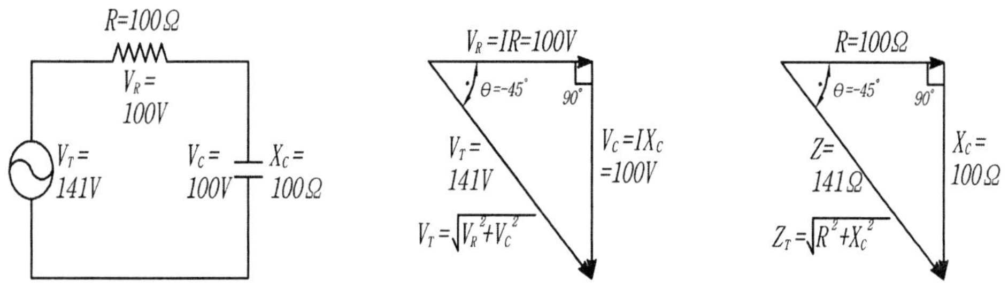

(a) $R-X_c$ 병렬 회로 (b) 전압위상 (c) 임피던스 위상

[그림 2-26] $R-X_c$ 직렬회로 위상

[그림 2-26](b)에서 전압 V_R과 V_C와는 90° 위상차를 가지므로 전체 합성전압은 다음과 같다.

$$V_T = \sqrt{V_R^2 + V_C^2} \tag{2·36}$$

[그림 2-26](b)에서 전류를 제거하면 임피던스 삼각형 (c)에 대응하는데 저항과 콘덴서의 페이저 합성 임피던스는 다음과 같다.

$$Z = \sqrt{R^2 + X_C^2} \tag{2·37}$$

유도회로와 마찬가지로 위상각 θ는 전원전압과 전류와의 위상차는 (c)에서 다음과 같이 구할 수 있다.

$$\tan\theta = -\frac{X_C}{R} \tag{2·38}$$

여기서 $-$값은 V_T가 전류 I에 뒤진 위상을 갖고 있음을 의미한다.

3.6 $R-X_C$ 병렬연결

$R-X_C$저항과 콘덴서의 병렬회로에서 양단 전압의 크기와 위상차는 같다. 그러나 지로에서서는 각기 다른 전류가 흐른다.

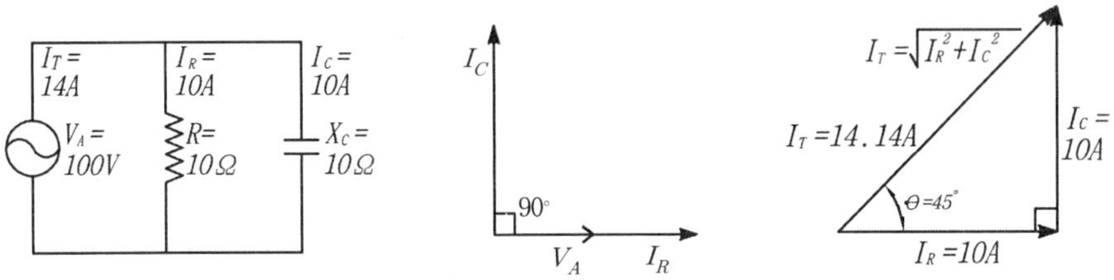

(a) $R-X_c$ 병렬회로 (b) 벡터도 (c) 위상도

[그림 2-27] $R-X_c$ 병렬회로 위상

저항에는 $I_R = \dfrac{V_A}{R}$, 콘덴서에는 $I_C = \dfrac{V_A}{X_C}$가 흐르며 이 값을 벡터도로 표시하면 [그림 2-27](b)와 같다. 전압이 회로 전체에 대하여 일정하므로 전원전압을 기준 벡터로 잡으면 저항전류는 V_A와 같은 위상을 갖고 콘덴서 전류는 V_A와 90° 앞선 위상을 갖는다. 그러므로 전체 선전류는 다음 식과 같이 90° 위상차를 갖는 I_R와 I_c의 벡터 합이 된다.

$$I_T = \sqrt{I_R^2 + I_C^2} \tag{2 · 39}$$

이와 같이 병렬 회로에서 I_C와 I_R가 90° 위상차를 갖는 것은 직렬회로에서 V_C와 V_R이 90° 위상차를 갖는 것과 같다. 병렬회로에서 위상각은 전원전압 V_A와 전 전류 I_T간의 위상차이므로 [그림 2-27](c)에서 θ를 구하면 다음과 같다.

$$\tan\theta = \frac{I_C}{I_R} \tag{2 · 40}$$

제2장 자계와 전계

연 습 문 제

1. 진공 중에서 $4\pi\times10^{-7}$[Wb]의 자기량에서 나오는 자력선수는 이론적으로 얼마나 되는가? (단, 진공투자율은 $4\pi\times10^{-7}$이다)

㉮ 6.33×10^{7}개　㉯ $8\pi\times10^{-7}$개　㉰ 1개　㉱ $16\pi\times10^{-14}$개

2. 공기 중에서 m[Wb]의 자극으로부터 나오는 자력선의 총수는 얼마인가?

㉮ $\mu_o m$　㉯ m　㉰ $\frac{m}{\mu_o}$　㉱ $\frac{\mu_o}{m}$

3. 자속밀도 B[AT/m²]의 자장 중에 있는 m[Wb]의 자극이 받는 힘은 몇 [N]인가?

㉮ mB　㉯ $\frac{mB}{\mu_o}$　㉰ $\frac{mB}{\mu_s}$　㉱ $\frac{mB}{\mu_o\mu_s}$

4. 코일에 전류가 흐를 때 생기는 자력의 세기를 설명한 것 중 옳은 것은?

㉮ 자력의 세기와 전류와는 무관하다.　㉯ 자력의 세기와 전류는 반비례한다.
㉰ 자력의 세기는 전류와 비례한다.　㉱ 자력의 세기는 전류의 자승에 비례한다.

5. 소화설비의 기동장치에 사용하는 전자 솔레노이드의 자계의 세기는?

㉮ 코일의 권수에 비례한다.　㉯ 코일의 권수에 반비례한다.
㉰ 전류의 세기에 반비례한다.　㉱ 전압에 반비례한다.

정답

1. ㉰ 2. ㉰ 3. ㉱ 4. ㉰ 5. ㉮

6. 그림과 같이 균일한 자계의 세기 H[AT/m] 내에 자극의 세기가 $\pm m$[Wb], 길이 l[m]인 막대자석을 그 중심 주위에 회전할 수 있도록 놓는다. 이때 자석과 자계의 방향과 이룬 각을 θ라고 하면 자석이 받는 회전력 [N · m]은?

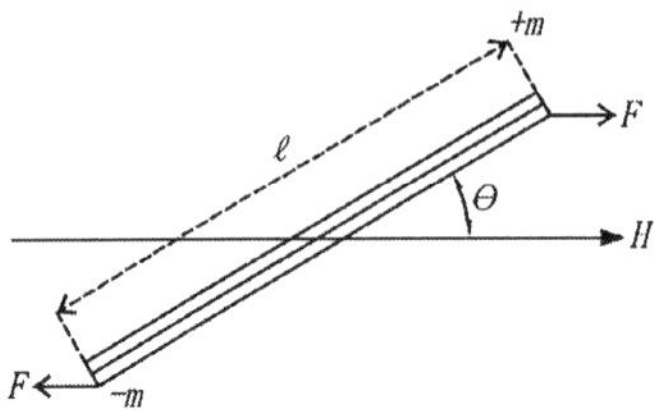

㉮ $2mHl\tan\theta$ ㉯ $2mHl\sin\theta$ ㉰ $mHl\cos\theta$ ㉱ $mHl\sin\theta$

7. 자극의 세기5×10^4[Wb], 길이 15[cm]인 막대자석을 200[AT/m]인 평등 자장 내에 자장과 60° 각도로 놓았을 때 자석이 받는 회전력은 몇 [N · m]인가?

㉮ 1.3×10^4 ㉯ 1.3×10^5 ㉰ 1.3×10^6 ㉱ 1.3×10^7

8. 진공 중에서 1[Wb]의 자기량을 갖는 두 개의 자기가 1[m]의 거리로 떨어졌을 때 두 개의 자기간의 힘은 이론적으로 얼마인가?

㉮ $4\pi\times10^7$[N] ㉯ $\frac{10^7}{4\pi}$[N] ㉰ 6.33×10^4[N] ㉱ $8\pi^2\times10^7$[N]

9. 다음 기체 중에서 절연파괴 현상으로 틀린 것은?

㉮ 코로나 방전 ㉯ 글로방전 ㉰ 불꽃방전 ㉱ 열방전

10. 글로우 방전 및 아크 방전이 시작되기 전에 과도적으로 생기는 방전은?

㉮ 코로나 방전 ㉯ 전로파괴 방전 ㉰ 저항방전 ㉱ 불꽃방전

11. $L=1$[H]인 인덕턴스에 $i(t)=10e^{-2t}$인 전류를 가할 때 t[sec] 후 단자전압이 몇 [V]인가?

㉮ $20e^{-t}$ ㉯ $-10e^{-2t}$ ㉰ $10e^{-t}$ ㉱ $-20e^{-2t}$

정답
6. ㉱ 7. ㉰ 8. ㉰ 9. ㉱ 10. ㉮ 11. ㉱

12. 1[A]의 무한장 직선전류에 의한 자계의 세기가 1[AT/m]가 되는 곳은 거리가 몇 [m] 되는 곳에 있는가?

㉮ $\frac{1}{2\pi}$ ㉯ 2π ㉰ $\frac{1}{4\pi}$ ㉱ 4π

13. 그림과 같은 반지름 r인 원통형 코일에서 코일 내부의 자장의 세기는?

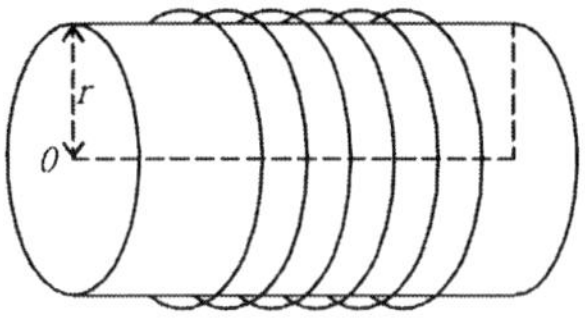

㉮ 모두 같다.
㉯ 중심이 가장 크다.
㉰ 중심에서 $\frac{1}{2}r$ 되는 점이 가장 크다.
㉱ 중심에서 r인 점이 가장 크다.

14. 한 코일의 전류가 매초 150[A]의 비율로 변화할 때 다른 코일에 10[V]의 기전력이 발생하였다면 두 코일의 상호 인덕턴스는 몇 [H]인가?

㉮ $\frac{1}{3}$ ㉯ $\frac{1}{5}$ ㉰ $\frac{1}{10}$ ㉱ $\frac{1}{15}$

15. 자기 인덕턴스 L_1, L_2가 각각 4[mH], 9[mH]인 두 코일이 이상 결합되었다면 상호 인덕턴스는 몇 [mH]인가?

㉮ 6 ㉯ 6.5 ㉰ 9 ㉱ 36

16. 자기 인덕턴스 L_1, L_2, 상호 인덕턴스 M의 코일을 같은 방향으로 직렬 연결한 경우의 합성 인덕턴스는?

㉮ L_1+L_2-M ㉯ L_1+L_2+M ㉰ L_1+L_2-2M ㉱ L_1+L_2+2M

17. 그림과 같이 1, 2, 3[μF]인 콘덴서를 직렬로 연결하고 60[V]의 전압을 가할 때 1[μF]의 콘덴서에 걸리는 전압 [V]은?

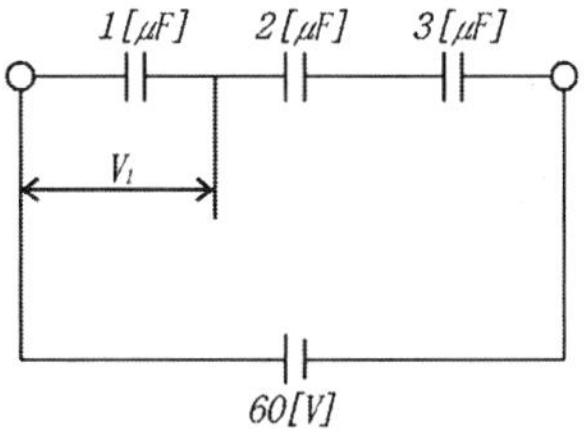

㉮ 약 49.9 ㉯ 약 16.4
㉰ 약 20 ㉱ 약 32.7

정답

12. ㉮ 13. ㉯ 14. ㉱ 15. ㉮ 16. ㉱ 17. ㉱

18. 정전용량이 C_1과 C_2의 직렬회로에 E의 직류전압을 가할 때 C_1 양단의 전압은 얼마인가?

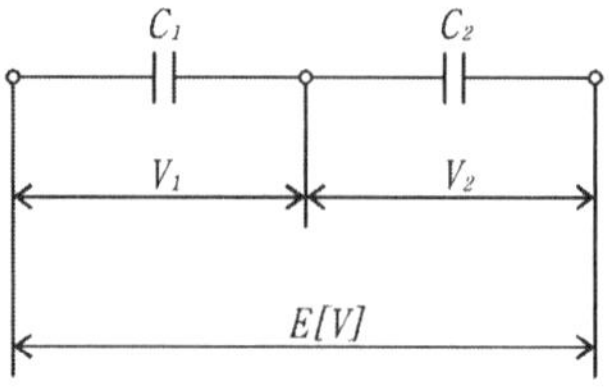

㉮ $\frac{C_1+C_2}{C_1}\cdot E$ ㉯ $\frac{C_1+C_2}{C_2}\cdot E$

㉰ $\frac{C_1}{C_1+C_2}\cdot E$ ㉱ $\frac{C_2}{C_1+C_2}\cdot E$

19. 콘덴서를 그림과 같이 접속했을 때 C_x의 정전용량[μF]은? (단, $C_1=2[\mu\text{F}]$, $C_2=3[\mu\text{F}]$, a, b간의 합성 정전용량은 $C_o=3.4[\mu\text{F}]$이다.)

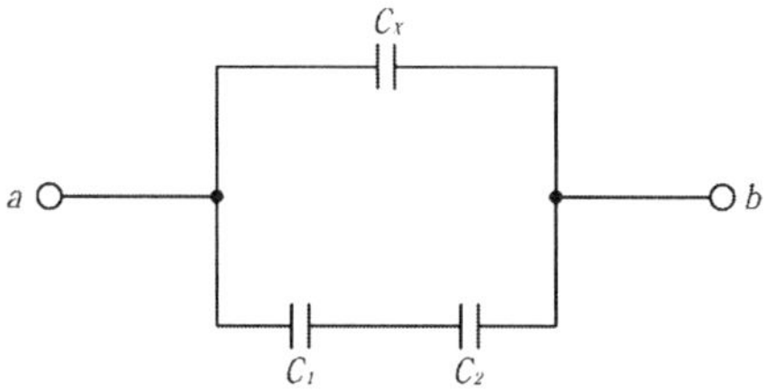

㉮ 3.2 ㉯ 2.2

㉰ 1.2 ㉱ 0.2

20. 반지름 50[cm]인 도체구에 전하 1[C]을 주면 도체구에 저장되는 정전용량은 몇 [F]인가?

㉮ $\frac{1}{2}\times10^{-10}$ ㉯ $\frac{1}{3}\times10^{-10}$ ㉰ $\frac{2}{9}\times10^{-10}$ ㉱ $\frac{5}{9}\times10^{-10}$

21. 평형 왕복도체에 전류가 흐를 때 발생하는 힘의 크기와 방향은?(단, 두 도체 사이의 거리는 r [m]라고 한다.)

㉮ 힘의 크기 : $\frac{1}{r}$에 비례, 힘의 방향 : 반발력

㉯ 힘의 크기 : r 에 비례, 힘의 방향 : 흡인력

㉰ 힘의 크기 : $\frac{1}{r^2}$에 비례, 힘의 방향 : 반발력

㉱ 힘의 크기 : r^2에 비례, 힘의 방향 : 흡인력

22. 용량 C_1, C_2인 콘덴서가 직렬로 접속되어 그 합성 정전용량을 C라 할 때 옳은 것은?

㉮ $C_1 > C_2$ ㉯ $C=C_1+C_2$ ㉰ $C_1 < C_2$ ㉱ $C < C_2$

정답

18. ㉱ 19. ㉯ 20. ㉱ 21. ㉮ 22. ㉱

23. 정전용량 0.2[μF]와 0.5[μF]의 콘덴서를 병렬로 접속한 경우 그 합성용량은 몇 [μF]인가?

㉮ 0.14 ㉯ 0.35 ㉰ 0.7 ㉱ 0.9

24. 인덕턴스 L_1, L_2가 각각 3[mH], 6[mH]인 두 개의 코일간의 상호 인덕턴스 M이 4[mH]라고 하면 결합계수 K는 약 얼마인가?

㉮ 0.44 ㉯ 0.89 ㉰ 0.94 ㉱ 1.12

25. 어떤 회로에 전압을 인가하여 90° 위상이 뒤진 전류가 흘렀다. 이 회로는?

㉮ 무유도성 ㉯ 유도성 ㉰ 용량성 ㉱ 저항성분

26. 대전도체의 전위에 대한 설명 중 옳은 것은?

㉮ 내부가 표면보다 크다.
㉯ 표면이 내부보다 크다.
㉰ 내부와 표면은 같다.
㉱ 내부와 표면은 항상 다르다.

27. 어떤 콘덴서를 50[Hz], 100[V]의 교류에 접속하면 10[A]의 전류가 흐른다고 한다. 이 콘덴서를 60[Hz], 100[V]에 연결하면 몇 [A]의 전류가 흐르는가?

㉮ 7 ㉯ 10 ㉰ 12 ㉱ 14

28. 무한장 직선도체에 1[A]의 전류가 흐른다. 이때 생기는 자계의 세기가 0.2[AT/m]인 점을 도체로부터 몇 [m] 떨어진 점인가?

㉮ $\frac{5}{\pi}$ ㉯ $\frac{5}{2\pi}$ ㉰ 5π ㉱ 10π

29. 인덕턴스가 각각 5[mH], 8[mH]인 두 코일간의 상호 인덕턴스가 4[mH]라면 이 두 코일의 결합계수는 얼마인가?

㉮ 0.43 ㉯ 0.63 ㉰ 0.83 ㉱ 0.88

정답

23. ㉰ 24. ㉰ 25. ㉯ 26. ㉰ 27. ㉰ 28. ㉯ 29. ㉯

3장

교류회로

1 정현파 기전력의 발생

[그림 3-1]과 같은 자계 내에서 정현파 기전력의 발생원리를 살펴보자.

자속밀도 B[Wb/m^2]인 N-S극 사이에 길이 l[m], 지름 $2r$[m]인 코일이 일정 회전수 n[rps]로 일정한 각속도 ω[rad/s]를 가지고 회전한다.

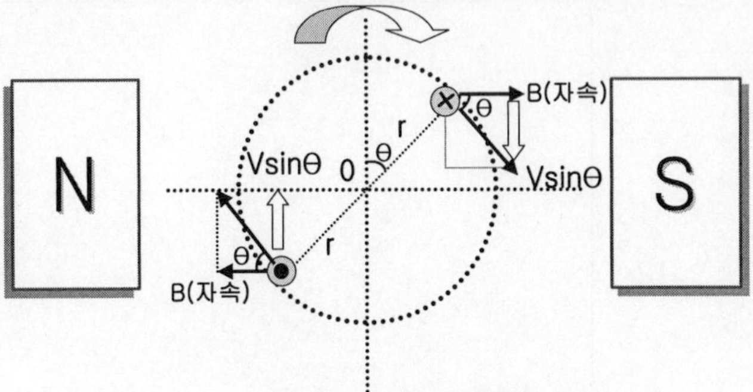

[그림 3-1] 정현파 기전력 발생

평등자계 내에 회전하는 도체의 회전수를 **각속도**라 하며, 다음과 같이 표시할 수 있다.

$$\omega = 2\pi f \text{ [rad/s]} \tag{3·1}$$

여기서 각속도의 의미는 주파수가 60[Hz]인 경우 2π의 원주를 60번 회전함을 의미한다.

자계 내의 코일에서 생기는 기전력의 크기는 다음과 같다.

$$e = Blv\text{[V]} \tag{3·2}$$

B : 자속밀도[Wb/m^2], l : 도체길이[l], v : 회전속도[rps]

이 값은 코일이 자속에 대하여 직각으로 작용할 때 발생된 값이다. 자계 내의 코일이 회전을 계속한다면 회전각에 따라 도체 내에서 발생되는 기전력의 크기는 다음과 같이 계속 변화된다.

$$e = BlV\sin\theta\text{[V]} \tag{3·3}$$

그러므로 코일에서 발생되는 기전력의 최대값을 E_m이라 하면 다음과 같이 구할 수 있다.

$$e = E_m \sin\theta [\text{V}] \tag{3·4}$$

[예제 1] 1,800[rpm]으로 운전되고 있는 발전기가 60[Hz]의 교류를 발생하고 있다. 1[Hz]의 기하학적 회전각은 몇 [rad]인가?

(풀이) 전기각[rad] = 기하각 × $\frac{P(\text{극수})}{2}$

∴ 기하각[rad] = 전기각 × $\frac{2}{P} = 2\pi \times \frac{2}{4} = \pi$

($N = \frac{120f}{P}$ 에서 P는 4극이다)

발전기의 자속밀도, 코일의 크기 및 코일의 회전속도에 의하여 결정되는 상수의 크기를 E_m이라 하고, θ를 ωt라 할 때 식 (3·4)는 다음과 같이 표시된다.

$$e = E_m \sin\omega t \ [\text{V}] \tag{3·5}$$

이 식은 정현파 기전력을 나타내는 일반식이며, e는 각 순간에서의 전압의 크기를 나타내므로 이 값을 전압의 **순시값**이라고 하며, E_m은 정현파 기전력의 **최대값**이라 한다.

식 (3·5)의 관계를 그림으로 표시하면 [그림 3-2]와 같이 되며, 사인곡선과 같은 모양으로 변화하기 때문에 **정현파 기전력**이라 한다.

식 (3·5)는 코일의 위치가 $\theta = 0$인 점을 기준으로 한 것이지만 θ'[rad]만큼 회전방향으로 앞선 점을 기준으로 하면 $\theta = \omega t + \theta'$가 되므로 전압의 순시값은

$$e' = E_m \sin(\omega t + \theta') \tag{3·6}$$

가 되고, 이 식을 교류기전력의 일반식으로 나타내면 다음과 같다.

$$e = E_m \sin(\omega t + \theta) \tag{3·7}$$

그러므로 정현파 교류 기전력은 최대값(E_m), 각속도(ω) 및 위상각(θ)의 값들로 구성되어 있다.

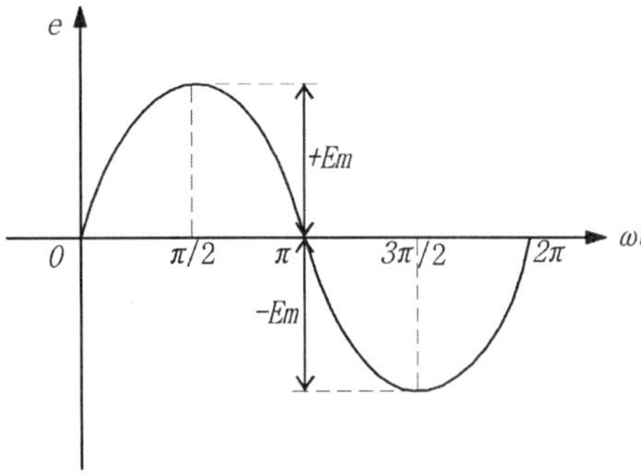

[그림 3-2] 정현파 기전력

[예제 2] 그림에서 전류파형의 순시값은?

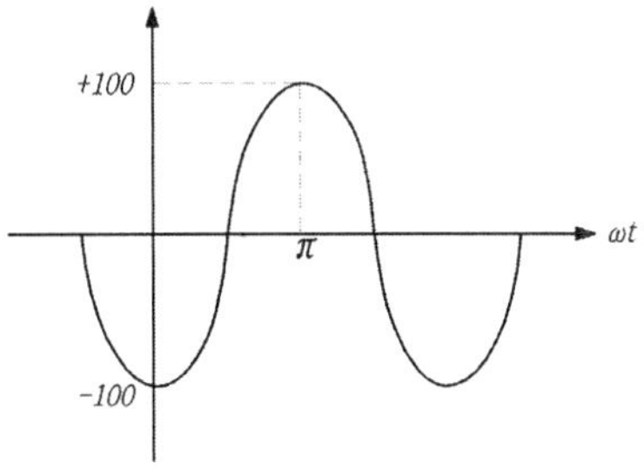

풀이 원점을 통과하는 시간이 $\frac{\pi}{2}$만큼 늦으므로

순시값 $= I_m \sin\left(\omega t - \frac{\pi}{2}\right) = 100 \sin\left(\omega t - \frac{\pi}{2}\right)$

[예제 3] 그림과 같은 정현파에서의 전압파형의 식은?

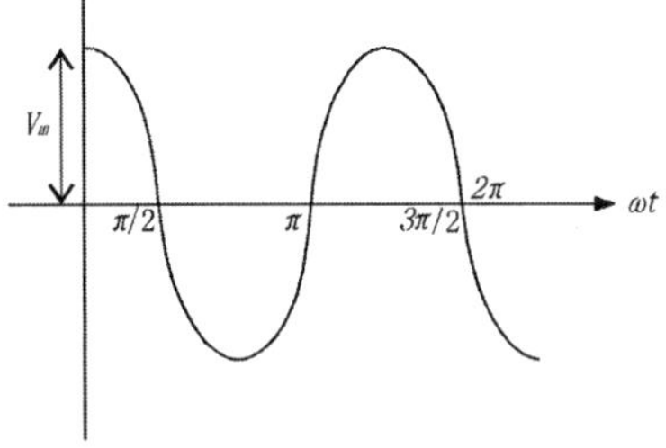

풀이 $v = V_m \sin\left(\omega t + \frac{\pi}{2}\right) = V_m \cos \omega t = \sqrt{2}\, V \cos \omega t$

2 주기와 주파수

교류 파형이 변화하여 처음 상태로 돌아오는 데 걸리는 시간을 **주기**(period)라 하고, T[sec]로 표시한다. 또 교류의 1초 동안에 반복되는 주파의 수를 **주파수**(frequency)라 하며, 주기 T와 주파수 f 사이에는 다음 관계가 있다.

$$f = \frac{1}{T}[\text{Hz}] \text{ 또는 } T = \frac{1}{f}[\text{sec}] \qquad (3 \cdot 8)$$

교류에서는 1회전의 각을 2π[rad]로 정하여 이것을 **전기각**이라 하며, 교류가 1초 동안에 변화하는 전기각을 ω로 표시하고, 이를 **각속도** 또는 각주파수라 하고 단위는 [rad/s]이다.

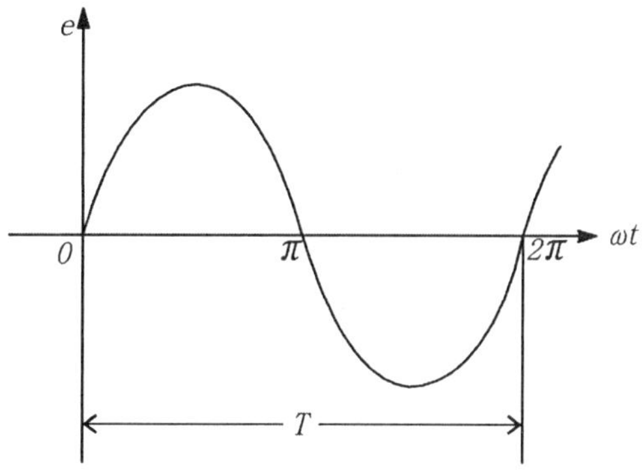

[그림 3-3] 파형주기

만일 1주기 T초 동안에 2π[rad]만큼 주파하는 경우 1초 동안에는 $2\pi/T$[rad/s]만큼 주파한다. 그러므로 각속도는 다음과 같이 구할 수 있다.

$$\omega = \frac{2\pi}{T} = 2\pi f[\text{rad/s}] \qquad (3 \cdot 9)$$

[예제 4] 우리나라에서 사용되는 교류의 상용 주파수[60Hz]의 각속도 [rad/s]는 얼마인가?

풀이 $\omega = 2\pi f = 2 \times 3.14 \times 60 = 377$[rad/s]

[예제 5] 1[rad]은 몇 도인가?

풀이 $2\pi : 360 = \alpha : \theta$

$$\theta = \frac{360\alpha}{2\pi}[^\circ] = \frac{360 \times 1}{2\pi} = 57.3[^\circ]$$

3 위상과 위상차

식 (3 · 7)의 교류기전력의 일반식에서 θ를 위상 또는 위상각이라 한다. 만일 위상에 다른 3개의 순시기전력을 그림으로 나타내면 [그림 3-4]와 같다.

$$e_1 = E_m \sin\omega t$$
$$e_2 = E_m \sin(\omega t + \theta)$$
$$e_3 = E_m \sin(\omega t - \delta) \qquad (3 \cdot 10)$$

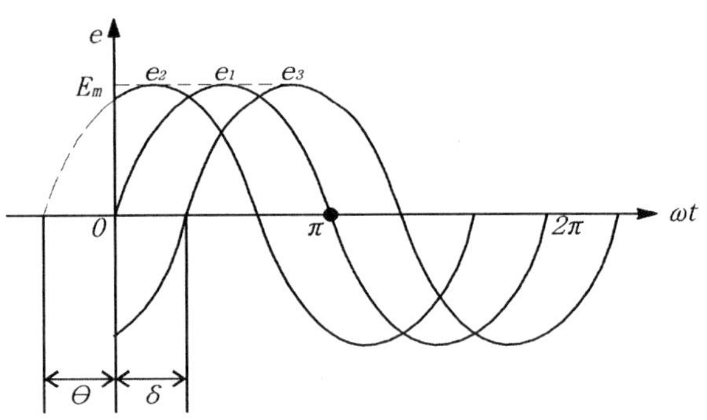

[그림 3-4] 정현파의 위상차

e_1의 위상을 기준으로 할 때 e_2의 위상은 e_1의 위상보다 θ만큼 **앞선다**(lead)라 하고, e_3의 위상은 e_1의 위상보다 δ[rad]만큼 **뒤진다**(lag)라고 한다.

정현파 교류간의 위상이 일치하면 **동상**이라 하고, 위상에 어긋나면 **위상차** 또는 상차가 있다고 한다. 여기에서 주의할 것은 동일 주파수의 정현파에 대해서만 위상차가 있다고 말할 수 있다.

[예제 6] 다음 $e = E_m \sin(\omega t + 60^\circ)$와 $i = I_m \cos(\omega t - 100^\circ)$일 때 전압과 전류의 위상차는 몇 도인가?

풀이 $\cos -100° = \sin -10°$

$\therefore$ 위상차 $\theta = e - i = 60° - (-10°) = 60° + 10° = 70°$

[예제 7] $v = V_m \sin(\omega t + 60°)$와 $i = I_m \cos(\omega t - 70°)$와의 위상차는?

풀이 $i = I_m \cos(\omega t - 70°) = I_m \sin(\omega t - 70° + 90°) = I_m \sin(\omega t + 20°)$

위상차를 θ라고 하면

$\theta = v - i = 60 - (+20) = 40°$

---

4 평균값과 실효값

4.1 평균값

순수 교류신호의 한주기 동안을 적분을 하면 양의 면적과 음의 면적이 같기 때문에 항상 0이 된다. 그러므로 교류성분 반파의 평균값을 구하여 교류의 **평균값**을 표시한다. 이때 순시교류를 $i = I_m \sin\omega t$라 하면 평균전류는 다음과 같다.

$$I_{av} = \frac{2}{T}\int_0^{\frac{T}{2}} I_m \sin\omega t \, dt = \frac{2}{\pi} I_m = 0.637 I_m \qquad (3 \cdot 11)$$

4.2 실효값

파형이 직류인 경우의 표시법은 시간의 불변이므로 크기만으로 표시할 수 있으나 주 정현파형은 크기와 주기로 표시한다. 파형이 서로 다른 교류파형을 비교할 때 그 크기와 주기는 같으나 면적이 다르다는 것을 알 수 있다. 만일 어떤 저항에 순시값 i인 교류를 흘릴 때 교류의 평균전력이 같은 저항에 직류 I를 흘릴 때의 소비전력과 같다면 실제로 i와 I는 같은 효과를 내므로 I의 값을 교류 i의 실효값이라 한다.

저항 R에 직류전류 I[A]를 흘렸다면 소비전력은 $P_{DC} = I^2 R$[W]이 된다. 같은 저항 R에 교류전류 i [A]를 흘릴 때 T주기 동안의 소비전력 P_{AC}는

$$P_{AC} = \frac{1}{T}\int_0^T i^2 R\,dt = \int_0^T i^2\,dt \cdot R \qquad (3 \cdot 12)$$

만일 저항에서 직류 소비전력과 교류 소비전력이 같으면 다음 식이 구해진다.

$$I^2 = \frac{1}{T}\int_0^T i^2\,dt$$

$$\therefore I = \sqrt{i^2\text{의 평균}} \qquad (3 \cdot 13)$$

여기서, 교류의 실효값은 순시치의 제곱의 평균의 평방근(Root Meam Square : RMS)으로 정의되며, 전류가 $i = I_m \sin\omega t$ [A]일 때 전류의 실효값은 다음과 같다.

$$I = \sqrt{i^2\text{의 평균}} = \sqrt{\frac{1}{2\pi}\int_0^{2\pi} I_m^2 \sin^2\omega t\,dt} \qquad (3 \cdot 14)$$

여기서, $\omega t = \theta$라 하면

$$I = \sqrt{\frac{1}{2\pi}\int_0^{2\pi} I_m^2 \sin^2\theta\,d\theta} = \sqrt{\frac{I_m^2}{2\pi}\int_0^{2\pi}\frac{1}{2}(1-\cos 2\theta)d\theta}$$

$$= I_m\sqrt{\frac{1}{4\pi}\left[\theta - \frac{1}{2}\sin 2\theta\right]_0^{2\pi}} = \frac{I_m}{\sqrt{2}} = 0.707 I_m \qquad (3 \cdot 15)$$

일반적으로 우리가 사용하는 모든 전압은 실효값을 사용하고 있으며, 계측기에서 나타나는 값도 모두 실효값이다.

[예제 8] $v = \sqrt{2}\,V\sin\omega t$ [V]인 전압에서 $\omega t = \pi/6$[rad]일 때의 크기가 70.7[V]이면 이 전원의 실효값은 몇 [V]가 되는가?

(풀이) $v = \sqrt{2}\,V\sin\frac{\pi}{6} = 70.7$에서

$$V = 70.7 \times \frac{1}{\sqrt{2}} \times \frac{1}{0.5} = 100[\text{V}]$$

$$\left(\sin\frac{\pi}{6} = \sin 30^\circ = 0.5\right)$$

[예제 9] 정현파에서 최대값 V_m 평균값 V_{av}일 때 실효값을 평균값으로 나타내면?

(풀이) 실효전압을 V[V]라고 하면

$$V = \frac{1}{\sqrt{2}} \cdot V_m[\mathrm{V}]$$

평균전압 V_a[V]라고 하면

$$V_a = \frac{2}{\pi} \cdot V_m$$

$$\therefore V = \frac{1}{\sqrt{2}} \cdot \frac{\pi}{2} \cdot V_a = \frac{\pi}{2\sqrt{2}} \cdot V_a[\mathrm{V}]$$

4.3 파고율과 파형률

정현파에 대한 최대값이나 실효값, 평균값에서 다른 값에 비해 최대치가 매우 크다면 이것은 매우 뾰족한 파이고 평균값이 실효값과 거의 같다면 직류에 가까운 파형일 것이다. 이와 같이 뾰족한 정도를 나타내는 것을 **파고율**이라 하고, 파형이 둥글둥글한 정도를 **파형률**이라 한다.

$$\text{파고율} = \frac{\text{최대값}}{\text{실효값}} \tag{3·16}$$

$$\text{파형률} = \frac{\text{실효값}}{\text{평균값}} \tag{3·17}$$

정현파 교류인 경우

$$\text{파고율} = \frac{V_m}{V} = \frac{V_m}{\frac{V_m}{\sqrt{2}}} = 1.414$$

$$\text{파형률} = \frac{V}{V_a} = \frac{\frac{V_m}{\sqrt{2}}}{\frac{2}{\pi}V_m} = 1.11$$

각종 파형의 파고율과 파형률의 관계는 <표 3-1>과 같다.

〈표 3-1〉 파고율, 파형률의 관계

명 칭	실효값	파고율	파형률
4각 파형	V_m	1	1
반원파	$\dfrac{V_m}{\sqrt{\dfrac{3}{2}}}=0.816\,V_m$	$\sqrt{\dfrac{3}{2}}=1.225$	$\dfrac{4}{\pi}\sqrt{\dfrac{2}{3}}=1.040$
정현파	$\dfrac{V_m}{\sqrt{2}}=0.707\,V_m$	$\sqrt{2}=1.414$	$\dfrac{\pi}{2\sqrt{2}}=1.11$
삼각파	$\dfrac{V_m}{\sqrt{3}}=0.577\,V_m$	$\sqrt{3}=1.732$	$\dfrac{2}{\sqrt{3}}=1.155$
반파정류파	$\dfrac{V_m}{2}=0.5\,V_m$	2	$\dfrac{\pi}{2}=1.57$

5 교류전류 벡터

교류회로에서 교류전압이나 전류의 순시값을 계산할 경우 매우 어렵다. 그러나 정현파 교류를 벡터로 표시하고 **벡터도**를 이용하면 간단하게 계산을 할 수 있으며, 더 나아가 **페이저 변환**을 이용하면 복잡한 RLC 회로에서도 간단히 응답을 계산할 수 있다.

5.1 회전벡터

교류발전기에서 발생된 정현파전압은 $e=E_m\sin(\omega t+\theta)$를 각주파수 축에 나타내면 [그림 3-5]와 같다. 즉 정현파 전압은 최대진폭 E_m을 가지고 각주파수에 따라 진폭이 변화한다. 만약 각주파수 ω [rad/s]가 일정하다면 반지름 E_m을 가지고 각속도 ω [rad/s]로 회전하는 벡터로 나타낼 수 있다. 이것은 [그림 3-5]에서 X축의 θ[rad] 위치를 $t=0$점으로 하고, 0을 중심으로 반시계 방향으로 ω [rad/s]의 일정한 각속도로 회전시키면 E_m의 Y축상의 투영 $\overrightarrow{OA}$는 t_1 후에 교류순시값 $e=E_m\sin(\omega t_1+\theta)$로 표시된다.

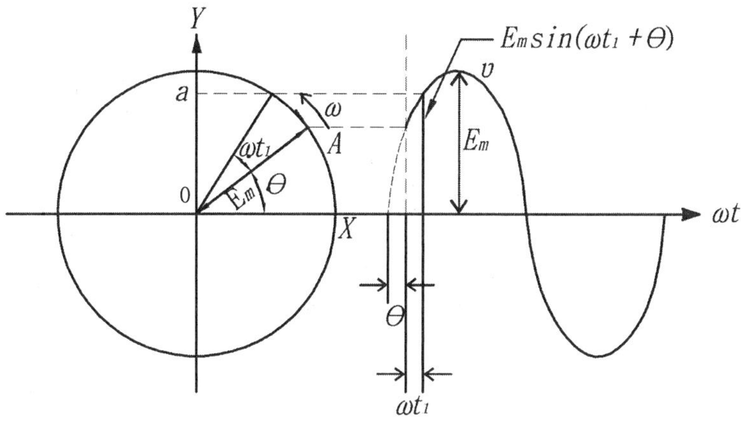

(a) 회전벡터 (b) 정현파형

[그림 3-5] 회전벡터와 정현파 교류

이와 같이 교류 정현파형을 회전벡터로 표시할 수 있고, 반대로 회전벡터를 교류 정현파로 표시할 수 있다. 지금 [그림 3-5](a)와 같은 회전벡터를 [그림 3-5](b)처럼 정현파형으로 표시하여 보자. 횡축에 임의 시각 t의 회전각 ωt [rad]를 취하고, 종축에 회전하는 E_m 벡터의 Y축상 투영을 취하여 그래프를 그리면, $e = E_m \sin(\omega t + \theta)$인 정현파형이 표시된다. 이와 같이 ω[rad/sec]로 회전하는 벡터를 일반적으로 **회전벡터**(Rotating vector)라 한다.

그러므로 다음의 순시전압, 전류파형을 $t=0$인 경우 회전벡터로 나타내면 [그림 3-6]과 같다.

$$e_1 = E_{m1} \sin(\omega t + \theta_1)$$
$$e_2 = E_{m2} \sin(\omega t + \theta_2)$$
$$i = I_m \sin(\omega t - \theta_3) \qquad (3 \cdot 18)$$

전류벡터는 크기 I_m 및 편각 $-\theta_3$를 가지고 ω[rad/s]으로 회전하는 벡터이고 전압 벡터는 E_{m1}, θ_1, E_{m2}, θ_2로 회전하는 벡터이다. 모든 회전벡터는 반시계방향으로 회전하고 있기 때문에 교류의 최대값이나 위상관계만을 알려고 한다면 ωt 표시를 생략한 정지벡터만으로 표시하며 이 정지벡터를 **페이저**라 한다.

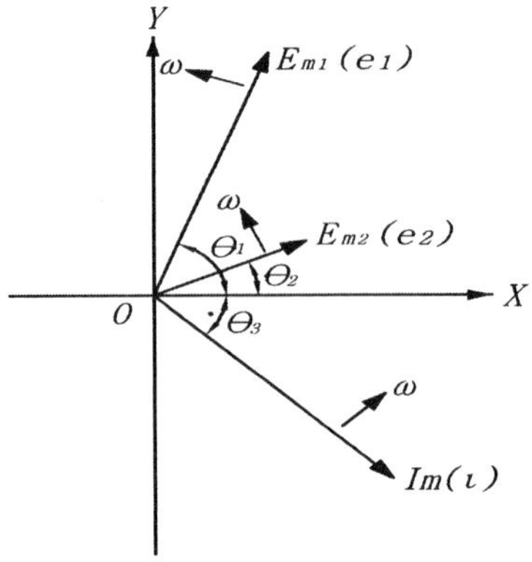

[그림 3-6] 정지벡터

[그림 3-7]은 실효값 100[V]이고 위상각 $\pi/6$인 전압 E와 실효값 80[A]이고 위상각 0인 전류 I_1 및 실효값 40[A]이고 위상각 $-\pi/6$인 전류 I_2의 벡터를 나타내고 있다.

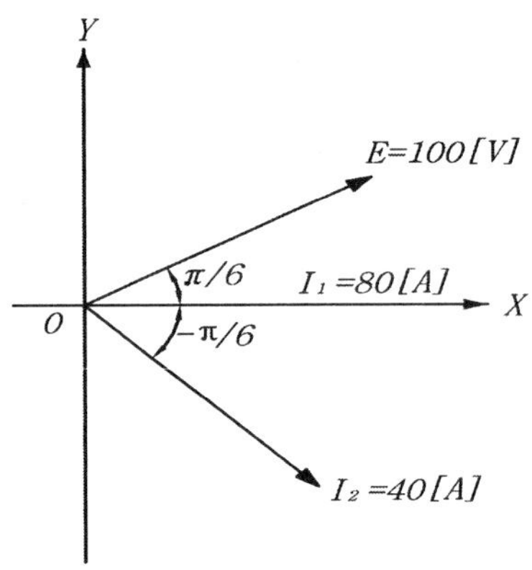

[그림 3-7] 전압, 전류 정지벡터

6 정현파 교류벡터 합

교류회로에서 교류전압이나 전류의 가감승제 계산이 필요한 경우가 있는데 동일 주파수의 정현파 교류 계산에는 회전벡터 또는 정지벡터를 이용하여 계산할 수 있다. 예를 들면 다음과 같이 2개의 정현파 교류전압이 있다.

$$e_1 = E_{m1}\sin\theta_1 = \sqrt{2}\,E_1\sin\theta_1 \tag{3·19}$$

$$e_2 = E_{m2}\sin\theta_2 = \sqrt{2}\,E_2\sin\theta_2$$

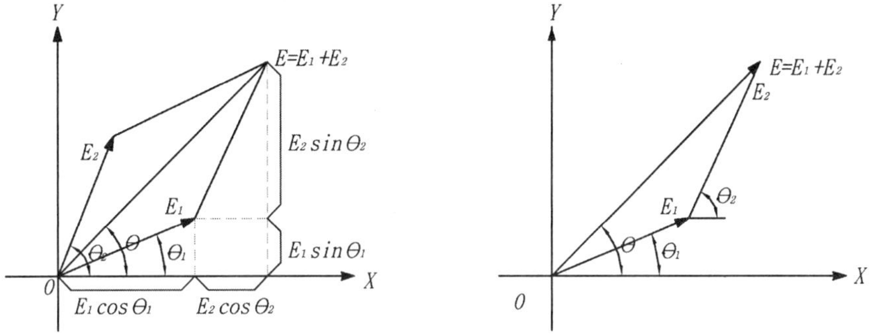

[그림 3-8] 전압벡터의 합

이때 전압의 합은 다음과 같이 구할 수 있다.

$$e = e_1 + e_2 = \sqrt{2}\,E\sin\theta\,[\mathrm{V}] \tag{3·20}$$

여기서, 실효값 E는

$$E = \sqrt{(E_1\cos\theta_1 + E_2\cos\theta_2)^2 + (E_1\sin\theta_1 + E_2\sin\theta_2)^2}$$

$$= \sqrt{E_1^{\ 2} + E_2^{\ 2} + 2E_1E_2\cos(\theta_1 - \theta_2)}\,[\mathrm{V}] \tag{3·21}$$

편각 θ는

$$\theta = \tan^{-1}\frac{E_1\sin\theta_1 + E_2\sin\theta_2}{E_1\cos\theta_1 + E_2\cos\theta_2}\,[\mathrm{rad}] \tag{3·22}$$

7 벡터의 복소수 표시

정현파 교류의 전압이나 전류의 가감계산은 벡터적으로 수행하는데 도식적으로 계산하게 되면 대단히 복잡하기 때문에 교류벡터를 복소수로 표시하여 연산한다.

복소수는 **실수**와 **허수**로 표시되는 수로서 실수 a와 허수 b의 단위에 j가 조합된 다음과 같은 수를 말한다.

$$\boldsymbol{A} = a + jb \tag{3·23}$$

여기서 a를 실수부, b를 허수부라 하며 허수단위 $j = \sqrt{-1}$의 관계가 있다.

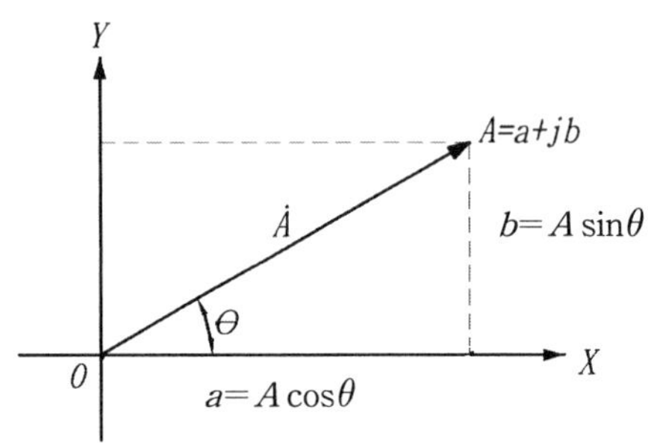

[그림 3-9] 복소수 표시

복소수의 표시방법에는 **직각좌표 형식**과 **극좌표 형식**이 있다. 식 (3·23)과 같이 직각좌표축상의 성분으로 벡터를 표시하는 것을 직각좌표 형식이라 하고, 그 절대값(크기)와 편각은 다음과 같이 표시한다.

$$\text{절대값 } |A| = \sqrt{a^2 + b^2} = \sqrt{\text{실수부}^2 + \text{허수부}^2} \tag{3·24}$$

$$\text{편각 } \theta = \tan^{-1}\frac{b}{a} = \tan^{-1}\frac{\text{허수부}}{\text{실수부}} \tag{3·25}$$

또 [그림 3-9]에서 복소수 A의 실수부를 a, 허수부를 b, 편각을 θ, 그리고 복소수의 절대값을 A라고 하면 벡터 A는 다음의 삼각함수 형식으로 표시할 수 있다.

$$A = a + jb = A(\cos\theta + j\sin\theta) \tag{3·26}$$

지수함수 형식은 다음과 같이 삼각함수와 지수함수의 급수전개 특성을 이용한다.

$$\cos\theta = 1 - \frac{\theta^2}{2!} + \frac{\theta^4}{4!} - \frac{\theta^6}{6!} + \cdots$$

$$\sin\theta = \frac{\theta}{1!} - \frac{\theta^3}{3!} + \frac{\theta^5}{5!} - \frac{\theta^7}{7!} + \cdots$$

$$\varepsilon^{j\theta} = 1 + \frac{j\theta}{1!} + \frac{j^2\theta^2}{2!} + \frac{j^3\theta^3}{3!} + \frac{j^4\theta^4}{4!} + \frac{j^5\theta^5}{5!} + \frac{j^6\theta^6}{6!} + \frac{j^7\theta^7}{7!} + \cdots$$

$$= \left(1 - \frac{\theta^2}{2!} + \frac{\theta^4}{4!} - \frac{\theta^6}{6!} + \cdots\right) + j\left(\frac{\theta^1}{1!} - \frac{\theta^3}{3!} + \frac{\theta^5}{5!} - \frac{\theta^7}{7!} + \cdots\right)$$

$$= \cos\theta + j\sin\theta \qquad (3 \cdot 27)$$

이것을 오일러의 정리(Euler's formula)라고 하며 다음과 같이 삼각함수, 지수함수, 극좌표 형식으로 표시할 수 있다.

$$A = A(\cos\theta + j\sin\theta) = A\varepsilon^{j\theta} = A\angle\theta \qquad (3 \cdot 28)$$

8 복소수의 계산

8.1 복소수의 합과 차

복소수의 합과 차에 대한 계산은 실수부는 실수부끼리, 허수부는 허수부끼리의 합과 차를 구하면 된다.

즉, 두 개의 복소수가 $A_1 = a_1 + jb_1$, $A_2 = a_2 + jb_2$일 때 이들의 합과 차를 구하면 다음과 같다.

$$A_1 + A_2 = (a_1 + jb_1) + (a_2 + jb_2) = (a_1 + a_2) + j(b_1 + b_2)$$
$$A_1 - A_2 = (a_1 + jb_1) - (a_2 + jb_2) = (a_1 - a_2) + j(b_1 - b_2) \qquad (3 \cdot 29)$$

8.2 복소수의 곱하기

페이저의 곱을 계산하기 위하여 다음과 같이 표시되는 페이저를 생각하자.
허수단위 페이저의 성질은 다음과 같다.

$$j = \sqrt{-1}, \quad j^2 = -1, \quad j^3 = -j, \quad j^4 = 1 \qquad (3 \cdot 30)$$

두 개의 복소수를 직각좌표 형식과 지수함수 형식으로 나타내면 다음과 같다.

$$A_1 = a_1 + jb_1 = |A_1|\varepsilon^{j\theta_1}$$

$$\left(\text{단, } |A_1| = \sqrt{{a_1}^2 + {b_1}^2},\ \ \theta_1 = \tan^{-1}\frac{b_1}{a_1}\right) \tag{3·31}$$

$$A_2 = a_2 + jb_2 = |A_2|\varepsilon^{j\theta_2}$$

$$\left(\text{단, } |A_2| = \sqrt{{a_2}^2 + {b_2}^2},\ \ \theta_2 = \tan^{-1}\frac{b_2}{a_2}\right) \tag{3·32}$$

두 개의 복소수를 직각좌표 형식으로 구하면 다음과 같고

$$\begin{aligned} A_1 \times A_2 &= (a_1 + jb_1)(a_2 + jb_2) = a_1a_2 + ja_1b_2 + jb_1a_2 + j^2b_1b_2 \\ &= (a_1a_2 - b_1b_2) + j(a_1b_2 + b_1a_2) \end{aligned} \tag{3·33}$$

지수함수 형식으로 구하면

$$A_1 \times A_2 = |A_1|\varepsilon^{j\theta_1} \times |A_2|\varepsilon^{j\theta_2} = |A_1| \cdot |A_2|^{j(\theta_1 + \theta_2)} \tag{3·34}$$

또 극좌표 형식으로 구하면 다음과 같다.

$$A_1 \times A_2 = |A_1| \angle \theta_1 \times |A_2| \angle \theta_2 = |A_1| \cdot |A_2| \angle \theta_1 + \theta_2 \tag{3·35}$$

이상의 결과로부터 두 개의 복소수 A_1과 A_2의 곱은 각각의 절대값을 곱한 값 $|A_1| \cdot |A_2|$이 되고, 편각의 합$(\theta_1 + \theta_2)$를 위상각으로 하는 페이저가 된다.

8.3 복소수의 나누기

페이저의 나눗셈은 일반적으로 분모를 유리화하기 위해 공액복소수를 이용한다. 공액복소수란 복소수의 허수부의 부호를 바꾼 것으로, 예를 들면, $V = a + jb$인 복소수의 공액수는 $V = a - jb$가 되고, $V = V\varepsilon^{j\theta} = V\angle\theta$인 복소수의 공액수는 $V = V\varepsilon^{-j\theta} = V\angle -\theta$가 된다. 지금

$$V = a + jb = V\varepsilon^{j\theta_1} = V\angle\theta_1$$

$$\left(\text{단, } V = \sqrt{a^2 + b^2},\ \theta_1 = \tan^{-1}\frac{b}{a}\right)$$

$$I = c + jd = I\varepsilon^{j\theta_2} = I\angle\theta_2$$

$$\left(\text{단, } I = \sqrt{c^2 + d^2},\ \theta_2 = \tan^{-1}\frac{d}{c}\right) \qquad (3 \cdot 36)$$

가 있을 때 $Z = V/I$를 직각좌표 형식으로 구하면

$$Z = \frac{V}{I} = \frac{a + jb}{c + jd} = \frac{(a + jb)(c - jd)}{(c + jd)(c - jd)} = \frac{ac + bd + j(bc - ad)}{c^2 + d^2}$$

$$= \frac{ac + bd}{c^2 + d^2} + j\frac{bc - ad}{c^2 + d^2} \qquad (3 \cdot 37)$$

그러므로

$$|Z| = Z = \sqrt{\left(\frac{ac + bd}{c^2 + d^2}\right)^2 + \left(\frac{bc - ad}{c^2 + d^2}\right)^2} = \frac{\sqrt{a^2 + b^2}}{\sqrt{c^2 + d^2}} = \frac{V}{I} \qquad (3 \cdot 38)$$

$$\theta = \tan^{-1}\frac{bc - ad}{ac + bd} = \tan^{-1}\frac{\frac{b}{a} - \frac{d}{c}}{1 + \frac{b}{a} \cdot \frac{d}{c}}$$

$$= \tan^{-1}\frac{b}{a} - \tan^{-1}\frac{d}{c} = \theta_1 - \theta_2 \qquad (3 \cdot 39)$$

위 식에서 페이저의 연산을 직각좌표 형식으로 유리화하여 행할 경우 불편하고 복잡하다. 그러나 극좌표 형식으로 연산을 행하면 매우 간단하다.

$$Z = \frac{V}{I} = \frac{V\varepsilon^{j\theta 1}}{I\varepsilon^{j\theta 2}} = \frac{V}{I}\varepsilon^{j(\theta_1 - \theta_2)} \qquad (3 \cdot 40)$$

또는

$$Z = \frac{V}{I} = \frac{V\angle\theta_1}{I\angle\theta_2} = \frac{V}{I}\angle\theta_1 - \theta_2 \qquad (3 \cdot 41)$$

여기서 두 개의 페이저 V, I에 대한 몫 $\frac{V}{I}$는 각각의 절대값에 대한 몫 $\frac{V}{I}$를 절대값으로 하고, 편각의 차 $\theta_1 - \theta_2$를 위상각으로 하는 페이저가 된다.

제3장 교류회로

연습문제

1. 매분 500[rpm], 60[Hz]의 주파수의 기전력을 유지하고 있는 교류 발전기가 있다. 전기각속도 ω는 몇 [rad/sec]인가?

㉮ 377　　㉯ 357　　㉰ 337　　㉱ 314

2. $i=4\sin\omega t$ [A]와 같은 정현파 전류의 순시값이 2[A]가 되려면 이 전류가 0인 순간으로부터 몇 초 후면 되겠는가? (단, 주파수는 60[Hz]이다)

㉮ 1.39×10^{-3}[초]　　㉯ 1.57×10^{-3}[초]

㉰ 2.39×10^{-3}[초]　　㉱ 2.57×10^{-3}[초]

3. 순시전류 $i=I_m\sin\omega t$로서 표시된 정현파 교류의 주파수는 몇 [Hz]인가?

㉮ $2\pi\omega$　　㉯ $\frac{\omega}{\pi}$　　㉰ $\frac{2\pi}{\omega}$　　㉱ $\frac{\omega}{2\pi}$

4. 그림과 같은 정현파에서 $V=V_m\sin(\omega t+\theta)$의 주기 T를 바르게 표시한 것은?

㉮ $2\pi f^2$

㉯ $\frac{2\pi f^2}{\omega}$

㉰ $\frac{\omega}{2\pi}$

㉱ $\frac{2\pi}{\omega}$

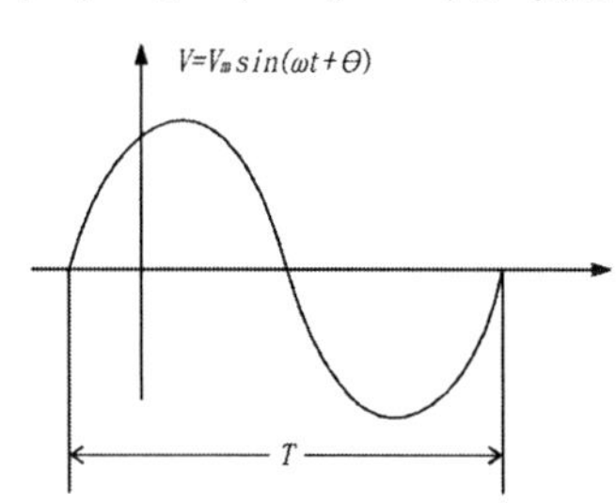

정답

1. ㉮ 2. ㉮ 3. ㉱ 4. ㉱

5. $i=I_m \sin \omega t$인 정현파에서 순시값과 실효값이 같아지는 위상은 몇 도인가?

㉮ 30　㉯ 45　㉰ 50　㉱ 60

6. $i=I_m \sin(\omega t-15^\circ)$[A]인 정현파에 있어서 ωt가 다음에서 어느 값일 때 순시값과 실효값이 같게 되겠는가?

㉮ 30°　㉯ 45°　㉰ 60°　㉱ 90°

7. 주파수 60[Hz]의 정현파 교류에 있어서 위상차 $\pi/6$는 몇 초의 시간차인가?

㉮ 1.28×10^{-3}　㉯ 1.39×10^{-3}　㉰ 1.47×10^{-3}　㉱ 1.53×10^{-3}

8. 어떤 정현파 전압의 평균값이 191[V]이면 최대값은 몇 [V]인가?

㉮ 100　㉯ 200　㉰ 300　㉱ 450

9. 정현파 교류전압 $e=E_m \sin(\omega t+\theta)$[V]의 평균값은 최대값의 몇 [%]인가?

㉮ 63.7　㉯ 65.7　㉰ 70.7　㉱ 73.7

10. 정현파 교류의 평균값은 실효값의 몇 배인가?

㉮ $\frac{2\sqrt{2}}{\pi}$　㉯ $\frac{\sqrt{2}}{\pi}$　㉰ $\frac{2\pi}{\sqrt{2}}$　㉱ $\frac{2\sqrt{3}}{\pi}$

11. 정현파 교류의 실효값은 최대값과 어떠한 관계가 있는가?

㉮ π배　㉯ $\frac{2}{\pi}$배　㉰ $\frac{\sqrt{2}}{2}$　㉱ $\sqrt{2}$

12. $V=141 \sin 337t$ [V]인 정현파 전압의 주파수는 몇 [Hz]인가?

㉮ 50　㉯ 55　㉰ 53　㉱ 65

정답

5. ㉯ 6. ㉰ 7. ㉯ 8. ㉰ 9. ㉮ 10. ㉮ 11. ㉰ 12. ㉰

13. 자기 인덕턴스 5[H]인 코일에 110[V], 60[Hz]의 정현파 전압을 가했을 때 전압과 전류의 위상차는 몇 도인가?

㉮ 30 ㉯ 45 ㉰ 60 ㉱ 90

14. 구동점 임피던스 함수에 있어서 극점이란 무엇을 의미하는가?

㉮ 개방회로 상태를 의미한다.
㉯ 단락회로 상태를 의미한다.
㉰ 전류가 많이 흐르는 상태를 의미한다.
㉱ 접지상태를 의미한다.

15. 1500[Ω]의 저항에 병렬로 접속하여 합성저항 1000[Ω]이 되게 하기 위한 접속저항은 몇 [Ω]인가?

㉮ 800 ㉯ 1200 ㉰ 1500 ㉱ 3000

16. $R=1[\Omega]$, $X_L=\sqrt{3}[\Omega]$인 $R-L$ 직렬회로에서 위상차는?

㉮ 30 ㉯ 45 ㉰ 60 ㉱ 90

17. 어떤 파형의 교류전압이 있다. 그 평균값이 100[V]이고 파형률이 1.1이라 하면 최대값은 약 몇 [V]인가?

㉮ 110 ㉯ 141 ㉯ 157 ㉱ 173

18. 주파수가 반으로 줄면 주기와 각속도는 어떻게 되는가?

㉮ 주기와 각속도는 반으로 된다.
㉯ 주기는 반으로 각속도는 2배로 된다.
㉰ 주기는 2배로 각속도는 반으로 된다.
㉱ 주기와 각속도는 2배로 된다.

정답

13. ㉱ 14. ㉮ 15. ㉱ 16. ㉰ 17. ㉰ 18. ㉰

19. 평형 3상 교류전압의 각 상간의 위상차는 몇 [rad]인가?

㉮ $\frac{\pi}{6}$　　㉯ $\frac{\pi}{4}$　　㉰ $\frac{\pi}{2}$　　㉱ $\frac{2}{3}\pi$

20. $e = E_m \sin(\omega t + \theta)$의 식에 대한 설명으로 틀린 것은?

㉮ 주기는 $\frac{2\pi}{\omega}$ 이다.　　㉯ 정현파이다.
㉰ 위상차는 0이다.　　㉱ e는 순시기전력이다.

21. A, B 두께의 코일이 있다. 여기에 동일주파수, 동일전압을 가하면 두 코일의 전류는 같고 A는 역률이 0.92, B는 역률이 0.78이라고 한다. 두 코일 저항비 $\left(\frac{R_A}{R_B}\right)$는?

㉮ 0.72　　㉯ 0.85　　㉰ 0.96　　㉱ 1.18

22. 파고율이 2가 되는 파형은?

㉮ 반파정류파　　㉯ 톱니파　　㉰ 전파정류파　　㉱ 정현파

23. 주기적인 구형파 신호는 그 주파수 성분이 어떻게 되는가?

㉮ 무수히 많은 주파수의 성분을 가진다.　　㉯ 주파수 성분을 갖지 않는다.
㉰ 직류분만으로 구성된다.　　㉱ 교류합성을 갖지 않는다.

24. $V = V_m \sin\omega t$ [V]로 표현되는 교류전압을 가하면 전력 P[W]를 소비하는 저항이 있다. 이 저항의 값은 몇 [Ω]인가?

㉮ $\frac{V_m^2}{2P}$　　㉯ $\frac{V_m^2}{P}$　　㉰ $\frac{2V_m^2}{P}$　　㉱ $\frac{4V_m^2}{P}$

25. 최대값이 20[A], 주파수가 20[Hz]이고, $t=0$인 순시전류가 10[A]인 교류전류식은?

㉮ $20\sin(40\pi t + \pi/3)$　　㉯ $20\cos(40\pi t + \pi/3)$
㉰ $20\sin 40\pi t$　　㉱ $20\cos 10\pi t$

정답

19. ㉱　20. ㉰　21. ㉱　22. ㉮　23. ㉮　24. ㉮　25. ㉯

4장

R-L-C 회로

1. 저항회로
2. 유도회로
3. 용량회로
4. R–L 직렬회로
5. R–C 직렬회로
6. R–L–C 직렬회로
7. R–L 병렬회로
8. R–C 병렬회로
9. R–L–C 병렬회로
10. 브리지 회로

- 연습문제

1 저항회로

부하저항이 $R[\Omega]$인 회로에 $v = V_m \sin\omega t\,[\mathrm{V}]$인 정현파 전압을 인가하였을 때 이 회로에 흐르는 순시전류는 다음과 같다.

$$i = \frac{v}{R} = \frac{V_m \sin\omega t}{R} = I_m \sin\omega t = \sqrt{2}\,I \sin\omega t\,[\mathrm{A}] \qquad (4\cdot1)$$

이때 전압, 전류 파형은 [그림 4-1]과 같이 동상이 된다.

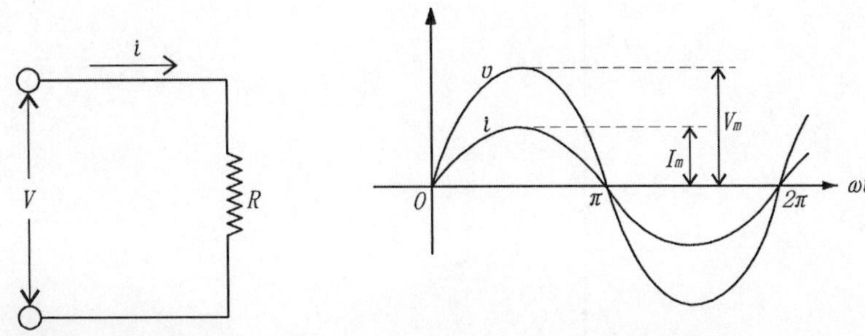

(a) 저항부하 회로 (b) 저항부하 전압, 전류파형

[그림 4-1] 저항부하의 전압, 전류의 파형

저항회로의 전압 V와 전류 I는 동상이므로 다음과 같이 표시할 수 있다.

$$V = IR, \quad R = \frac{V}{I} \qquad (4\cdot2)$$

2 유도회로

인덕턴스 $L[\mathrm{H}]$인 코일로 된 유도회로에 $i = I_m \sin\omega t\,[\mathrm{A}]$인 정현파 전류가 흐를 때, 인덕턴스에 의하여 생기는 유도전압은 다음과 같다.

$$\begin{aligned} v &= L\frac{di}{dt} = L\frac{d}{dt}(I_m \sin\omega t) = LI_m\frac{d\sin\omega t}{dt} \\ &= LI_m\frac{d\sin\omega t}{d\omega t}\cdot\frac{d\omega t}{dt} = \omega LI_m\cos\omega t = \omega LI_m\sin\left(\omega t + \frac{\pi}{2}\right) \\ &= V_m\sin\left(\omega t + \frac{\pi}{2}\right)[\mathrm{V}] \end{aligned} \qquad (4\cdot3)$$

[그림 4-2]에서 전압 v의 위상은 전류 i의 위상보다 $\pi/2$[rad] 앞선다.

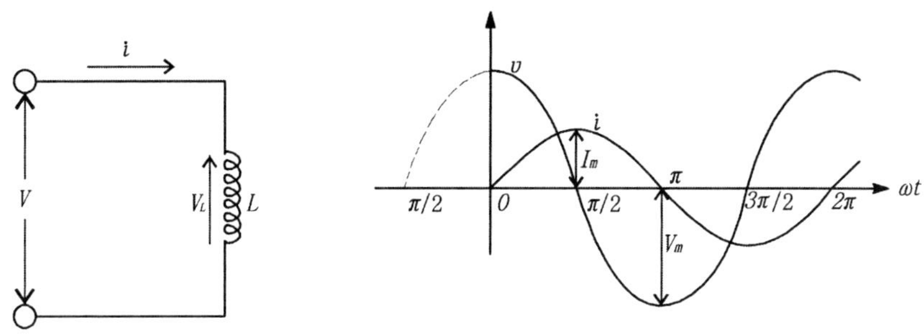

(a) 유도부하 회로 (b) 유도부하 전압, 전류파형

[그림 4-2] 유도부하의 전압, 전류파형

이때 ωL을 **유도성 리액턴스**라 하며 X_L로 표시하고 단위는 옴(Ohm : [Ω])을 사용한다.

따라서

$$X_L = \omega L = 2\pi f L [\Omega] \qquad (4 \cdot 4)$$

$$\therefore\ V = I X_L [\mathrm{V}] \qquad (4 \cdot 5)$$

식 (4 · 5)에서 유도성 리액턴스(X_L)는 주파수가 높을수록 그 값이 커진다.

[예제 1] 50[mH]의 자기 인덕턴스 회로에 주파수가 60[Hz]일 때 유도 리액턴스는 몇 [Ω]인가?

풀이 유도 리액턴스를 X_L이라고 하면 $X_L = \omega L = 2\pi f L$에서

$X_L = 2\pi \times 60 \times 50 \times 10^{-3} = 18.85[\Omega]$

벡터 기호법에서 어느 벡터의 위상을 $\pi/2$[rad]만큼 앞서게 하려면 그 벡터에 연산자 j를 곱하면 되므로

$$V = j\omega L I$$

$$\therefore\ j\omega L = \frac{V}{I} \qquad (4 \cdot 6)$$

와 같이 표시된다.

[예제 2] 20[mH]인 코일이 있다. 이 코일에 200[V], 60[Hz]의 교류전압을 인가할 때 코일 리액턴스 및 전류의 실효값을 구하여라.

(풀이) $X_L = \omega L = 2\pi f L = 2 \times 3.14 \times 60 \times 20 \times 10^{-3} = 7.53[\Omega]$

$$I = \frac{V}{X_L} = \frac{200}{7.53} = 26.56[A]$$

3 용량회로

커패시턴스만으로 된 용량성부하에 $v = V_m \sin\omega t$ [V]의 정현파 교류전압을 인가하였을 때 흐르는 전류는 다음과 같이 구할 수 있다.

$$i = \frac{dq}{dt} = \frac{d(Cv)}{dt} = \frac{d(CV_m \sin\omega t)}{dt} = \frac{d(CV_m \sin\omega t)}{d(\omega t)} \cdot \frac{d(\omega t)}{dt}$$

$$= \omega C V_m \cos\omega t = \omega C V_m \sin\left(\omega t + \frac{\pi}{2}\right) = I_m \sin\left(\omega t + \frac{\pi}{2}\right) \qquad (4 \cdot 7)$$

[그림 4-3]에서 전류 i는 전압 v보다 위상이 $\pi/2$[rad] 앞선다.

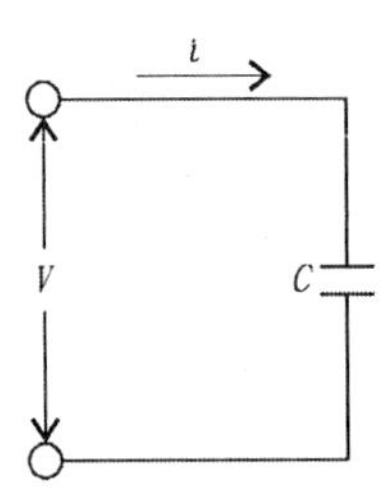

(a) 용량부하 회로

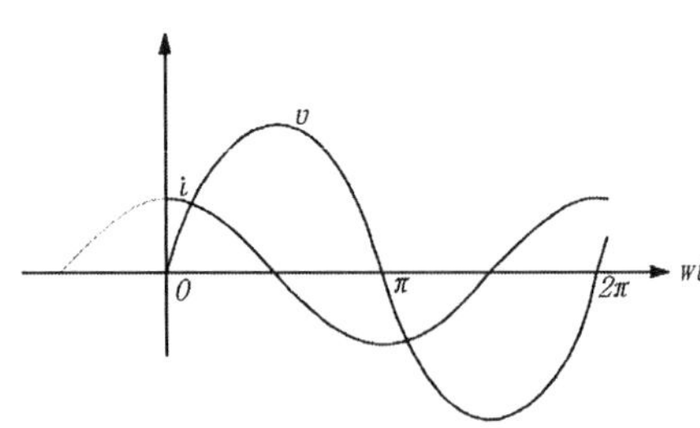

(b) 용량부하 전압, 전류 파형

[그림 4-3] 용량회로와 전압, 전류의 관계

여기서 $\frac{1}{\omega C}$을 **용량성 리액턴스**라 하며 X_C로 표시하고, 단위는 옴(Ohm : [Ω])을 사용한다.

따라서,

$$X_C = \frac{1}{\omega C} = \frac{1}{2\pi f C}[\Omega]$$

$$\therefore \ V = IX_C \, [\text{V}] \qquad (4 \cdot 8)$$

식 (4 · 8)에서 용량성 리액턴스는 유도성 리액턴스와는 반대로 주파수가 높아질수록 그 값은 작아진다.

기호법으로 표시하면 식 (4 · 8)의 관계로부터 I는 V를 ωC배로 $\pi/2$[rad] 앞서게 하면 되므로

$$I = j\omega CV$$

$$\therefore \ \frac{V}{I} = \frac{1}{j\omega C} = -j\frac{1}{\omega C} [\Omega] \qquad (4 \cdot 9)$$

로 된다.

[예제 3] 정전용량 0.05[μF]인 콘덴서가 있다. 이 콘덴서에 200[V], 60[Hz]의 교류전압을 인가했을 때 리액턴스 및 전류의 실효값을 구하여라.

(풀이) $X_C = \dfrac{1}{2\pi fC} = \dfrac{1}{2 \times 3.14 \times 60 \times 0.05 \times 10^{-6}} = 53078.5 [\Omega]$

$= 53 [\text{k}\Omega]$

$I = \dfrac{V}{X_C} = \dfrac{200}{53 \times 10^3} \fallingdotseq 3.78 \times 10^{-3} = 3.78 [\text{mA}]$

〈표 4-1〉 부하종류별 전압, 전류 관계

부하종류	전압 · 전류식	임피던스	위 상	벡터도
저항부하	$v = V_m \sin \omega t$ $i = I_m \sin \omega t$	$R [\Omega]$	v와 i 동상	i v
유도부하	$v = V_m \sin\left(\omega t + \frac{\pi}{2}\right)$ $i = I_m \sin \omega t$	$\omega L [\Omega]$	i는 v보다 $\frac{\pi}{2}$ 뒤진다.	v i
용량부하	$v = V_m \sin\left(\omega t - \frac{\pi}{2}\right)$ $i = I_m \sin \omega t$	$\frac{1}{\omega C}$	i는 v보다 $\frac{\pi}{2}$ 앞선다.	i v

4 $R-L$ 직렬회로

저항 R과 인덕턴스 L이 직렬로 접속된 회로에 $i=I_m \sin\omega t$인 교류전류가 흐르고 있을 때, 전류 i에 의하여 저항 R과 인덕턴스 L에 걸리는 전압을 각각 v_R, v_L이라고 하면,

$$v_R = Ri = RI_m \sin\omega t \tag{4·10}$$

$$v_L = L\frac{di}{dt} = \omega LI_m \cos\omega t = X_L I_m \cos\omega t \tag{4·11}$$

$$\therefore\ v = v_R + v_L = I_m(R\sin\omega t + X_L \cos\omega t) \tag{4·12}$$

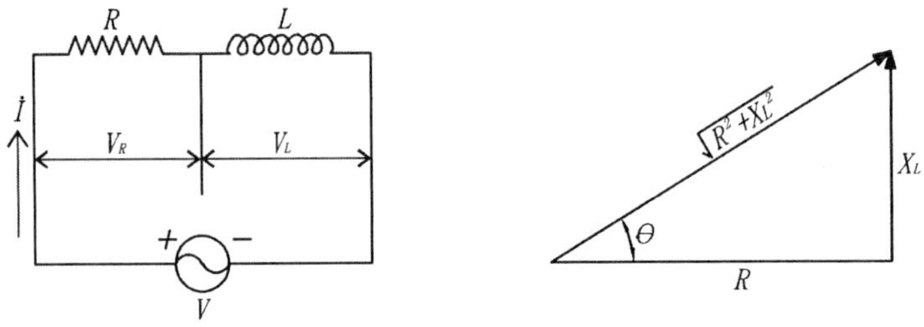

[그림 4-4] $R-L$ 직렬회로와 임피던스

[그림 4-4]의 임피던스 삼각형에서

$$v = I_m\sqrt{R^2+X_L^2}\left(\frac{R}{\sqrt{R^2+X_L^2}}\sin\omega t + \frac{X_L}{\sqrt{R^2+X_L^2}}\cos\omega t\right)$$

$$= I_m\sqrt{R^2+X_L^2}(\sin\omega t \cdot \cos\theta + \cos\omega t \cdot \sin\theta)$$

$$= I_m\sqrt{R^2+X_L^2}\sin(\omega t+\theta) \tag{4·13}$$

따라서

$$\theta = \tan^{-1}\frac{X_L}{R} \tag{4·14}$$

$\sqrt{R^2+X_L^2}$을 **임피던스**라 하고, Z로 표시하며 단위는 옴(Ohm[Ω])이다. 임

피던스는 전압과 전류의 관계를 결정하는 교류저항이다.

여기서 θ는 임피던스의 각이라고 하며, 단위는 라디안(radian)이고 전압과 전류의 위상차를 나타낸다.

그러므로 임피던스 크기와 임피던스 각은 다음과 같다.

$$\text{임피던스의 크기 } Z = \frac{V}{I} = \sqrt{R^2 + X_L^2} \tag{4·15}$$

$$\text{임피던스의 각 } \theta = (\text{전압의 위상}) - (\text{전류의 위상}) \tag{4·16}$$

[그림 4-5]와 같이 저항과 인덕턴스가 직렬로 연결된 회로에 각주파수 ω[rad/s], 정현파 교류전압을 인가했을 때 회로에 흐르는 전류를 I라 하고, R, L을 가진 양단의 전압을 각각 V_R, V_L이라고 하면 다음의 관계가 성립한다.

$$V_R = RI,\ \ V_L = j\omega LI \tag{4·17}$$

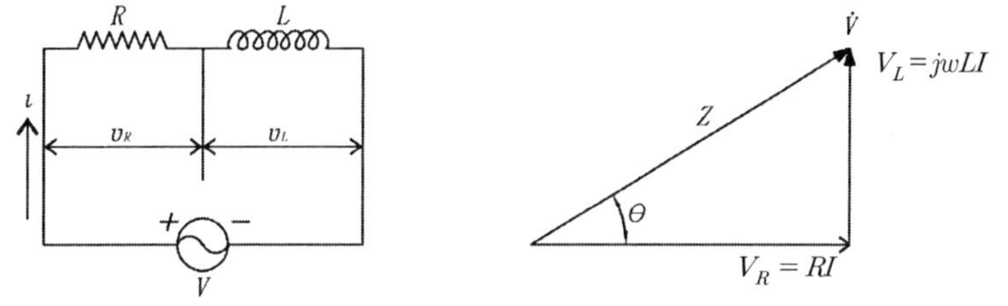

[그림 4-5] $R-L$ 직렬회로 및 벡터도

인가전압 V는 V_R과 V_L의 합이므로 다음과 같다.

$$V = V_R + V_L = RI + j\omega LI = (R + j\omega L)I \tag{4·18}$$

그러므로 전체 전류와 임피던스 값은 다음과 같다.

$$I = \frac{V}{R + j\omega L} = \frac{V}{Z}\text{[A]} \tag{4·19}$$

$$Z = R + j\omega L \tag{4·20}$$

여기서 Z를 회로의 임피던스라 한다.

또한 I와 Z의 절대값을 구하면 다음과 같다.

$$I = \frac{V}{R+j\omega L} = \frac{V(R-j\omega L)}{(R+j\omega L)(R-j\omega L)} = \frac{V}{R^2+w^2L^2}(R-j\omega L)$$

$$|I| = I = \frac{V \cdot \sqrt{R^2+\omega^2L^2}}{R^2+\omega^2L^2} = \frac{V}{\sqrt{R^2+\omega^2L^2}}[\text{A}] \tag{4·21}$$

$$|Z| = Z = \sqrt{R^2+\omega^2L^2}\,[\Omega] \tag{4·22}$$

[예제 4] $R-L$ 직렬회로에 10[V]의 교류전압을 인가하였을 때 저항에 걸리는 전압이 8[V]였다면 인덕턴스에 유기되는 전압은 몇 [V]인가?

풀이 $V=10[\text{V}]$, $V_R=8[\text{V}]$이므로

$V=IR,\ V_L=j\omega LI,\ V=V_R+V_L=IR+j\omega LI=I(R+j\omega L)$

$\therefore\ V=\sqrt{V_R^2+V_L^2}$

따라서 V_L은

$V_L=\sqrt{V^2-V_R^2}=\sqrt{10^2-8^2}=\sqrt{100-64}=\sqrt{36}=6[\text{V}]$

---

5 $R-C$ 직렬회로

저항과 콘덴서가 직렬로 접속된 회로에 $i=I_m\sin\omega t$인 교류전류가 흐르고 있을 때, 저항과 콘덴서의 전압강하를 각각 v_R, v_C라 하면 [그림 4-6]과 같이 표시할 수 있다.

$$v_R = Ri = RI_m\sin\omega t \tag{4·23}$$

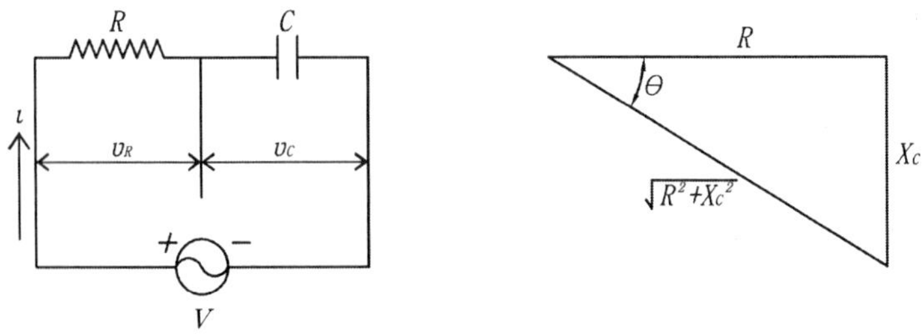

[그림 4-6] $R-C$ 직렬회로 및 임피던스도

$$v_C = \frac{1}{C}\int i dt = -\frac{1}{\omega C} I_m \cos\omega t \qquad (4 \cdot 24)$$

$$\therefore\ V = v_R + v_C = I_m \sqrt{R^2 + \left(\frac{1}{\omega C}\right)^2}\ \sin(\omega t - \theta) \qquad (4 \cdot 25)$$

$$\theta = \tan^{-1}\frac{X_C}{R} = -\tan^{-1}\frac{1}{R\omega C} \qquad (4 \cdot 26)$$

용량성 리액턴스는 $X_C = -\frac{1}{\omega C}$이므로, (-)의 리액턴스가 되어 위상각 θ는 (-)의 값을 가진다. 따라서 전압은 전류보다 $\theta = \tan^{-1}\frac{1}{R\omega C}$만큼 위상이 뒤진다.

[그림 4-7]과 같이 저항과 콘덴서가 직렬로 연결된 회로에 각주파수 ω[rad/s]를 가진 교류전압을 인가했을 때 회로에 흐르는 전류를 I라 하고, R, C 양단전압을 V_R, V_C라 한다면 다음의 관계가 성립된다.

$$V_R = RI, \quad V_C = -j\frac{1}{\omega C}I \qquad (4 \cdot 27)$$

$$V = V_R + V_C = RI - j\frac{1}{\omega C}I = \left(R - j\frac{1}{\omega C}\right)I = ZI \qquad (4 \cdot 28)$$

$$\therefore\ I = \frac{V}{Z} = \frac{Z}{R - j\frac{1}{\omega C}} = \frac{V}{R - jX_C}[\text{A}] \qquad (4 \cdot 29)$$

$$Z = R - j\frac{1}{\omega C} \qquad (4 \cdot 30)$$

또한 [그림 4-7]에서 저항과 콘덴서의 벡터합이 임피던스임을 나타낸다.

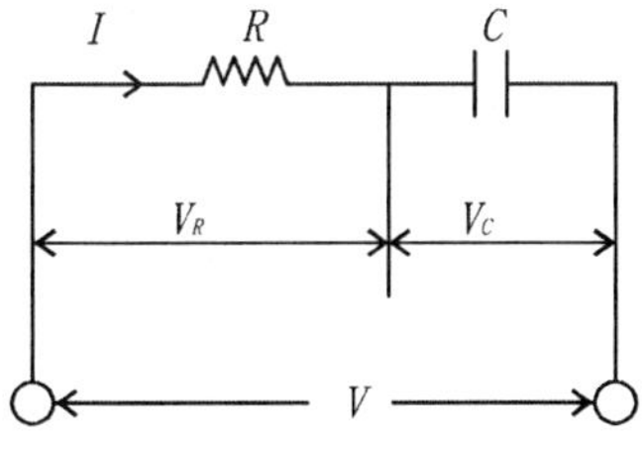

(a) $R-C$ 직렬회로

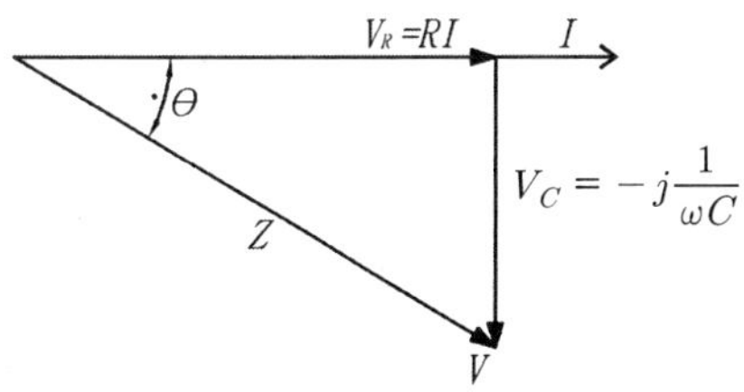

(b) 벡터도

[그림 4-7] $R-C$ 직렬회로 및 벡터도

I의 절대값과 Z의 위상차는

$$|I| = I = \frac{V}{\sqrt{R^2 + \left(\frac{1}{\omega C}\right)^2}} \tag{4·31}$$

$$\theta = \tan^{-1}\frac{1/\omega C}{R} = \tan^{-1}\frac{1}{R\omega C} \tag{4·32}$$

이 된다.

[예제 5] R=50[Ω], C=10[μF]의 직렬회로에 100[V], 50[Hz]의 교류전압을 인가할 때의 임피던스를 구하여라.

풀이 $Z = \sqrt{R^2 + \left(\frac{1}{\omega C}\right)^2} = \sqrt{50^2 + \left(\frac{1}{2 \times 3.14 \times 50 \times 10 \times 10^{-6}}\right)^2} = 322.3[\Omega]$

---

6 R−L−C 직렬회로

$R-L-C$ 직렬회로(그림 4-8)에 $i = I_m \sin\omega t$가 흐를 때 각 단자에 걸리는 전압강하 v_R, v_L, v_C는 다음과 같다.

$$v_R = RI_m \sin\omega t$$
$$v_L = j\omega LI_m \cos\omega t$$
$$v_C = -j\frac{1}{\omega C}I_m \cos\omega t \tag{4·33}$$

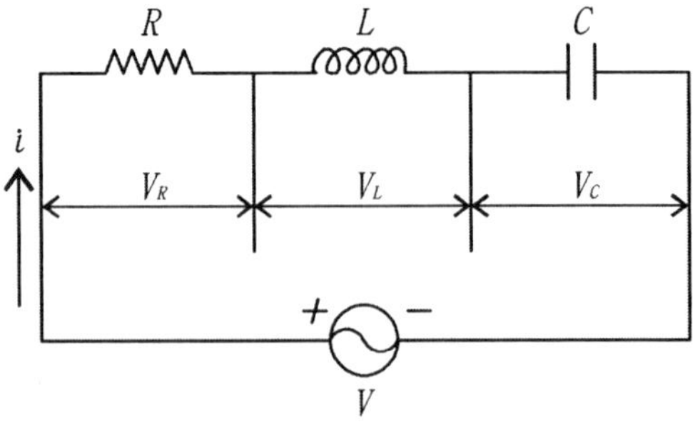

[그림 4-8] $R-L-C$ 직렬회로

이때 전체 전압강하는 다음 식으로 표현할 수 있다.

$$v = v_R + v_L + v_C = I_m\left\{R\sin\omega t + j\left(\omega L - \frac{1}{\omega C}\right)\cos\omega t\right\}$$

$$= I_m\sqrt{R^2 + X^2}\,\sin(\omega t + \theta) \qquad (4 \cdot 34)$$

$$\left(\omega L - \frac{1}{\omega C} = X_L - X_C = X\right)$$

여기서 X를 **합성 리액턴스**라 한다. 이 회로의 임피던스의 크기는 다음과 같다.

$$Z = \sqrt{R^2 + X^2} = \sqrt{R^2 + (X_L + X_C)^2} \qquad (4 \cdot 35)$$

또한 임피던스의 각은 다음 식으로 구할 수 있다.

$$\theta = \tan^{-1}\frac{X}{R} = \tan^{-1}\frac{\left(\omega L - \dfrac{1}{\omega C}\right)}{R} \qquad (4 \cdot 36)$$

[그림 4-9]와 같이 $R-L-C$ 직렬회로에 대하여 교류전원은 인가하고 회로에 흐르는 전류를 I라 하고 각 단자에 걸리는 전압을 V_R, V_L, V_C라 하면 다음 식을 구할 수 있다.

$$V = V_R + V_L + V_C = RI + j\omega LI - j\frac{1}{\omega C}I$$

$$= \left\{R + j\left(\omega L - \frac{1}{\omega C}\right)\right\}I = ZI \qquad (4 \cdot 37)$$

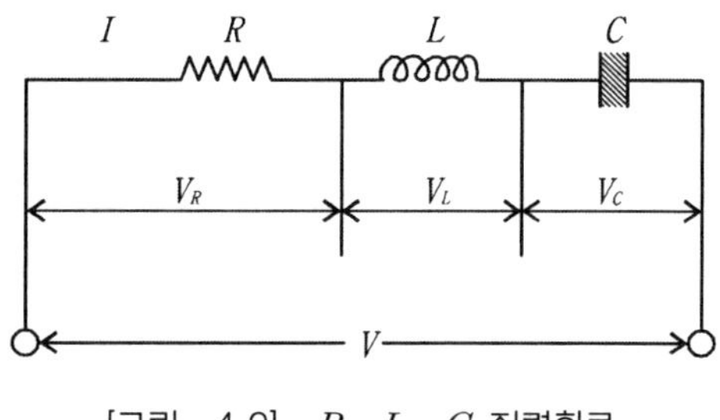

[그림 4-9] $R-L-C$ 직렬회로

따라서 전류 I와 임피던스 Z는 다음과 같다.

$$I = \frac{V}{R + j\left(\omega L - \frac{1}{\omega C}\right)} = \frac{V}{Z} \tag{4 · 38}$$

$$Z = R + j\left(\omega L - \frac{1}{\omega C}\right) = R + j(X_L - X_C) = R + jX \tag{4 · 39}$$

전류와 임피던스의 절대값은 다음과 같다.

$$|I| = I = \frac{V}{Z} = \frac{V}{\sqrt{R^2 + \left(\omega L - \frac{1}{\omega C}\right)^2}} [\text{V}] \tag{4 · 40}$$

$$|Z| = Z = \sqrt{R^2 + \left(\omega L - \frac{1}{\omega C}\right)^2} [\Omega] \tag{4 · 41}$$

이때 임피던스 Z의 위상각은 다음과 같다.

$$\theta = \tan^{-1}\frac{\left(\omega L - \frac{1}{\omega C}\right)}{R} [\text{rad}] \tag{4 · 42}$$

[예제 6] 그림과 같은 회로에서 전압계의 지시값은 몇 [V]인가?

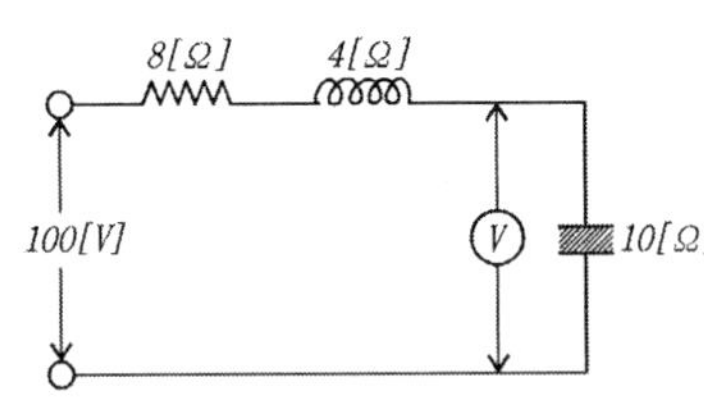

풀이 $I = \frac{V}{Z} = \frac{V}{\sqrt{R^2 + (X_L - X_C)^2}} = \frac{100}{\sqrt{8^2 + (4-10)^2}} = 10[\text{A}]$

$V = I \times X_C = 10 \times 10 = 100[\text{V}]$

여기서 합성 리액턴스 $X = \omega L - \frac{1}{\omega C}$의 값에 따라 전류의 크기와 위상각이 변화되며, 다음의 세 가지 경우를 생각할 수 있다.

① $\omega L > \frac{1}{\omega C}$인 경우에는 $X>0$, $\theta>0$이고, 유도성회로가 되며, 전압은 전류보다 θ만큼 앞선다.

② $\omega L < \frac{1}{\omega C}$인 경우에는 $X<0$, $\theta<0$이고, 용량성회로가 되며, 전압은 전류보다 θ만큼 뒤진다.

③ $\omega L = \frac{1}{\omega C}$인 경우에는 $X=0$, $\theta=0$이고, 전압과 전류는 동상이 된다.

[예제 7] 다음과 같은 $R-L-C$ 직렬회로에서 벡터 임피던스 및 그 크기와 위상각을 구하여라.

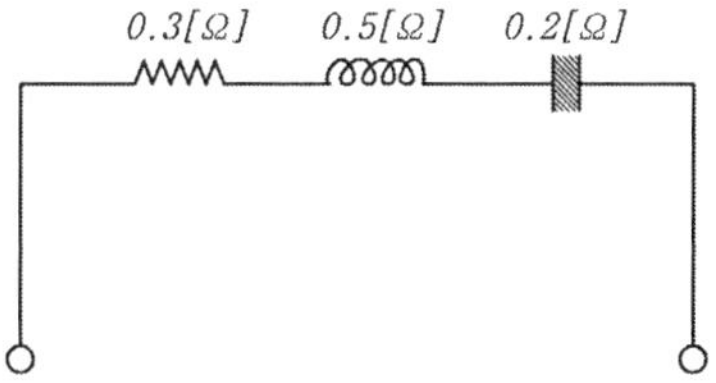

풀이 벡터 임피던스 : $Z=0.3+j(0.5-0.2)=0.3+j0.3[\Omega]$

벡터 임피던스의 크기 : $Z=\sqrt{0.3^2+0.3^2}=0.424[\Omega]$

위상각 : $\theta=\tan^{-1}\frac{0.3}{0.3}=45^\circ$

[예제 8] 다음과 같은 직렬회로에서 각 소자의 전압이 그림과 같다면 ab양단에 가한 교류전압 [V]은 얼마인가?

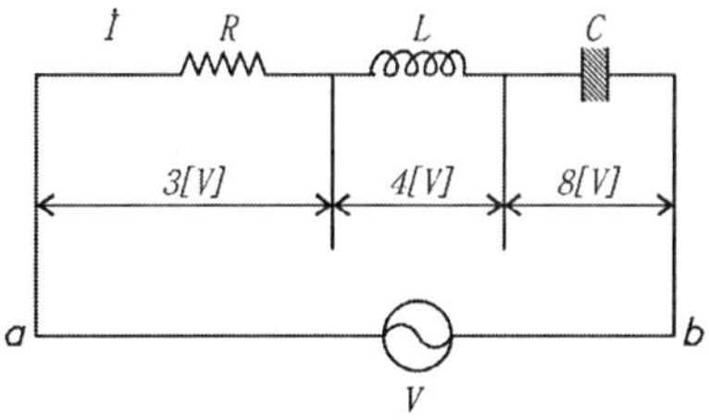

풀이 $V_R=RI=3[\text{V}]$

$V_L=j\omega LI=j4[\text{V}]$

$V_C=-jX_C=-j8[\text{V}]$

이므로 ab양단에 가한 교류 전압 V는

$V=V_R+V_L+V_C=3+j4-j8=3-j4$

따라서, 전압의 절대값 V는

$V = \sqrt{3^2+4^2} = \sqrt{25} = 5[\mathrm{V}]$

---

7 $R-L$ 병렬회로

저항과 인덕턴스가 병렬로 연결된 회로에 교류전압을 인가하면 각 단자에 흐르는 전류를 각각 I_R, I_L이라 하고, 전 전류를 I라고 하면 다음 식을 구할 수 있다.

$$I_R = \frac{V}{R} \tag{4·43}$$

$$I_L = \frac{V}{X_L} = \frac{V}{j\omega L} = -j\frac{V}{\omega L} \tag{4·44}$$

$$\therefore\ I = I_R + I_L = \left(\frac{1}{R} - j\frac{1}{\omega L}\right)V \tag{4·45}$$

이 된다.

따라서 전 전류 I의 크기와 위상각은 다음과 같다.

$$I = \sqrt{\left(\frac{1}{R}\right)^2 + \left(\frac{1}{\omega L}\right)^2}\ V[\mathrm{A}] \tag{4·46}$$

$$\theta = \tan^{-1}\frac{R}{-\omega L} = -\tan^{-1}\frac{R}{\omega L}[\mathrm{rad}] \tag{4·47}$$

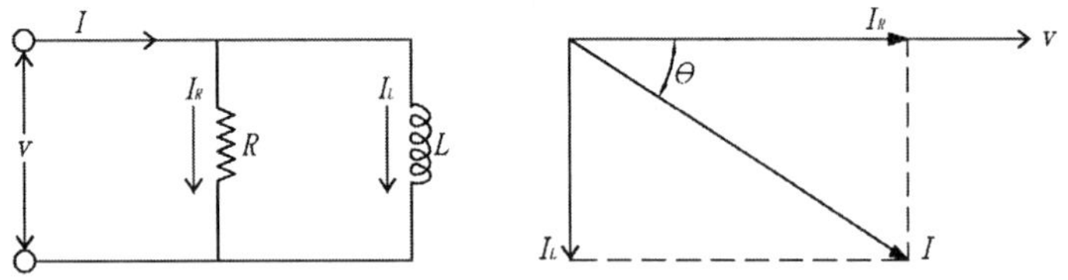

[그림 4-10] $R-L$ 병렬회로

위의 관계를 어드미턴스에 의하여 구해보기로 하자.

식 (4·45)에서 전류와 전압의 비는

$$Y = \left(\frac{1}{R} - j\frac{1}{\omega L}\right) = G - jB\,[\mho] \tag{4·48}$$

으로 표시되고, 일반적으로 임피던스 Z의 역수 Y를 **어드미턴스**(Admittance)라고 한다. 그리고 실수부 G를 **콘덕턴스**(Conductance), 허수부 B를 **서셉턴스**(Susceptance)라 하고, 단위는 mho[℧] 또는 지멘스를 사용한다. G와 B의 크기는 다음과 같다.

$$G=\frac{1}{R},\ B=-j\frac{1}{\omega L} \tag{4·49}$$

어드미턴스의 크기와 위상각은 다음과 같다.

$$Y=\sqrt{G^2+B^2}=\sqrt{\left(\frac{1}{R}\right)^2+\left(\frac{1}{\omega L}\right)^2}=\frac{\sqrt{R^2+(\omega L)^2}}{R\omega L}[\Omega] \tag{4·50}$$

$$\theta=\tan^{-1}\frac{B}{G}=-\tan^{-1}\frac{R}{\omega L} \tag{4·51}$$

이 회로의 임피던스 Z는 다음과 같다.

$$Z=\frac{R\omega L}{\sqrt{R^2+(\omega L)^2}}\angle-\tan^{-1}\frac{R}{\omega L}[\Omega] \tag{4·52}$$

병렬회로에서 어드미턴스로 계산하는 방법은 저항회로의 어드미턴스는 콘덕턴스로, 유도 리액턴스 회로의 어드미턴스는 (−)의 서셉턴스로, 용량 리액턴스 회로의 어드미턴스는 (+)의 서셉턴스로 하면 된다.

[예제 9] 저항 8[Ω]과 유도 리액턴스 6[Ω]가 병렬로 접속된 회로의 임피던스를 구하여라.

풀이 $Z=\dfrac{RX_L}{\sqrt{R^2+X_L^2}}=\dfrac{8\times 6}{\sqrt{8+6^2}}=\dfrac{48}{10}=4.8[\Omega]$

[예제 10] 그림과 같은 회로에서 G_2양단에 전압강하 E_2는 몇 [V]인가?

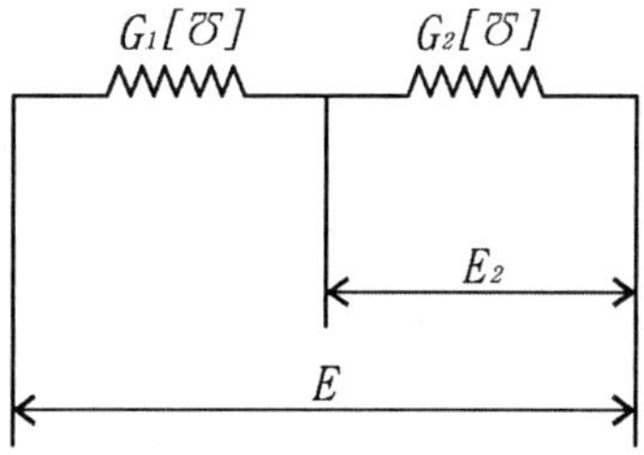

풀이 $E_2 = \dfrac{I}{G_2} = \dfrac{G_0 \cdot E}{G_2} = \dfrac{\dfrac{G_1 G_2}{G_1 + G_2} \cdot E}{G_2} = \dfrac{G_1}{G_1 + G_2} \cdot E$

• 합성 컨덕턴스

$$\frac{1}{G_0} = \frac{1}{G_1} + \frac{1}{G_2}$$

$$G_0 = \frac{1}{\dfrac{1}{G_1} + \dfrac{1}{G_2}} = \frac{G_1 G_2}{G_1 + G_2} [\Omega]$$

---

8 $R-C$ 병렬회로

저항과 정전용량이 병렬로 연결된 회로(그림 4-11)에 전압 V를 인가하면 각 단자에 흐르는 전류를 I_R, I_C라 하고, 전 전류를 I라고 하면

$$I_R = \frac{V}{R} \tag{4·53}$$

$$I_C = \frac{V}{X_C} = \frac{V}{-j\dfrac{1}{\omega C}} = j\omega CV \tag{4·54}$$

$$I = I_R + I_C = \frac{V}{R} + j\omega CV = V\left(\frac{1}{R} + j\omega C\right) \tag{4·55}$$

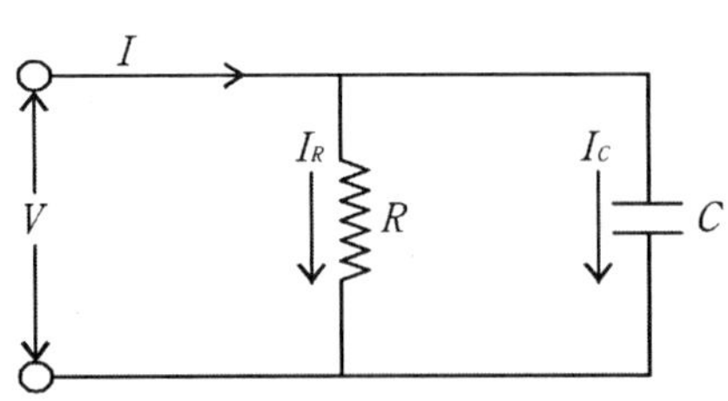

[그림 4-11] $R-C$ 병렬회로

따라서 전 전류 I의 크기와 위상각은 다음과 같다.

$$I = V\sqrt{\left(\frac{1}{R}\right)^2 + (\omega C)^2}\ [\text{A}] \tag{4·56}$$

$$\theta = \tan^{-1}\frac{I_C}{I_R} = \tan^{-1}\frac{B}{G} = \tan^{-1}\frac{R}{X_C} = \tan^{-1}R\omega C \quad (4\cdot 57)$$

이들의 관계를 어드미턴스로 계산하면 다음과 같다.

$$Y = Y_1 + Y_2 = \frac{1}{Z_1} + \frac{1}{Z_2}$$

$$= \frac{1}{R} + \frac{1}{-j\dfrac{1}{\omega C}} = \frac{1}{R} + \frac{1}{-jX_C} \quad (4\cdot 58)$$

어드미턴스의 크기와 위상각은 다음과 같다.

$$Y = \sqrt{\left(\frac{1}{R}\right)^2 + \left(\frac{1}{X_C}\right)^2} \quad (4\cdot 59)$$

$$\theta = \tan^{-1}\frac{R}{X_C} = \tan^{-1}R\omega C \quad (4\cdot 60)$$

[예제 11] 저항과 콘덴서를 병렬로 접속한 회로에 직류 100[V]를 가하면 5[A]가 흐르고, 교류 300[V]를 가하면 25[A]가 흐른다. 이때 콘덴서의 리액턴스를 구하여라.

(풀이) 직류 100[V]를 가했을 때 5[A]가 흐르므로

$$R = \frac{100}{5} = 20[\Omega]$$

교류 300[V]를 가했을 때 25[A]가 흐르므로 회로의 임피던스는

$$Z = \frac{V}{I} = \frac{300}{25} = 12[\Omega]$$

따라서, 리액턴스 X_C는

$$Z = \frac{RX_C}{\sqrt{R^2 + X_C^2}} \text{ 에서 } 12 = \frac{20X_C}{\sqrt{20^2 + X_C^2}} \quad \therefore\ X_C = 15[\Omega]$$

[예제 12] 그림과 같은 회로에서 $I = 10$[A], $G = 4[\mho]$, $G_L = 6[\mho]$일 때 G_L에서 소비전력은 몇 [W]인가?

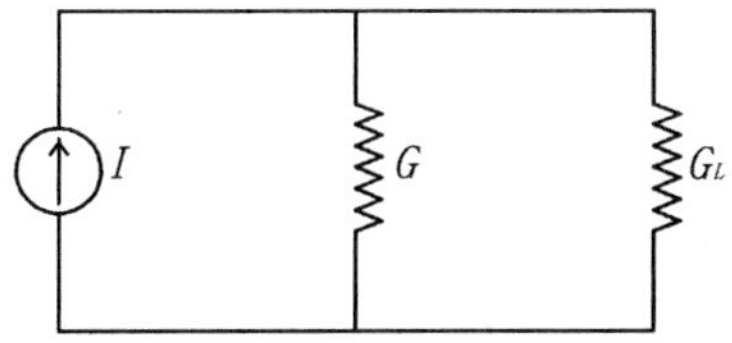

풀이 G_L에서의 소비전력을 P_L, 흐르는 전류를 I_L[A]라고 하면

- $P_L = I_L^2 \cdot \dfrac{1}{G_L}[W] = 6^2 \times \dfrac{1}{6} = 6[W]$
- $I_L = E \cdot G_L = \dfrac{I}{G_0} \cdot G_L = \dfrac{G_L}{G + G_L} \cdot I\ [A] = \dfrac{6}{4+6} \times 10 = 6[A]$
- 합성 컨덕턴스

  $G_0 = G + G_L$

---

9 $R-L-C$ 병렬회로

$R-L-C$ 병렬회로에서 각 단자에 흐르는 전류는

$$I_R = \frac{V}{R}$$

$$I_L = \frac{V}{X_L} = \frac{V}{j\omega L}$$

$$I_C = \frac{V}{X_C} = \frac{V}{-j\dfrac{1}{\omega C}} = j\omega CV \qquad (4 \cdot 61)$$

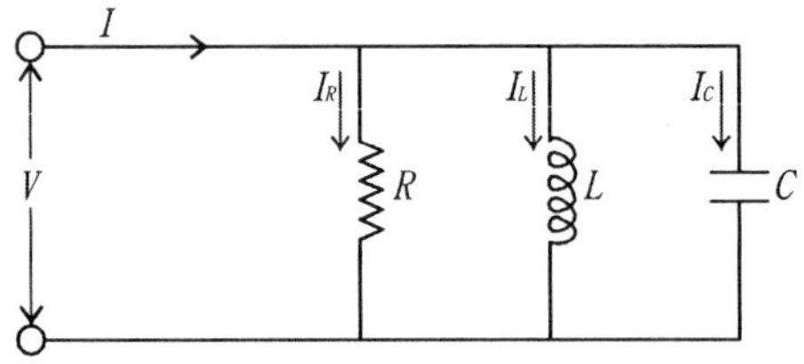

[그림 4-12] $R-L-C$ 병렬회로

따라서 전 전류 I는 다음과 같다.

$$\begin{aligned} I &= I_R + I_L + I_C = \frac{V}{R} + \frac{V}{j\omega L} + j\omega CV \\ &= V\left(\frac{1}{R} + \frac{1}{j\omega L} + j\omega C\right) \end{aligned} \qquad (4 \cdot 62)$$

또한 전체 전류, 어드미턴스, 임피던스값은 다음과 같다.

$$I = V\left\{\frac{1}{R} - j\left(\frac{1}{\omega L} - \omega C\right)\right\} = \frac{V}{Z} = Y\,V \qquad (4\cdot63)$$

$$Y = \frac{1}{Z} = \frac{1}{R} - j\left(\frac{1}{\omega L} - \omega C\right) \qquad (4\cdot64)$$

$$Z = \frac{1}{\frac{1}{R} - j\left(\frac{1}{\omega L} - \omega C\right)} \qquad (4\cdot65)$$

그리고 식 (4 · 63)의 전류 I에 대하여 다음의 세 가지 경우를 생각할 수 있다.

① $\frac{1}{\omega L} > \omega C$인 경우에는 유도성 회로로 뒤진 전류가 흐른다.

② $\frac{1}{\omega L} < \omega C$인 경우에는 용량성 회로로 앞선 전류가 흐른다.

③ $\frac{1}{\omega L} = \omega C$인 경우에는 병렬공진 상태가 되어 전압과 전류는 동상이 된다.

[예제 13] $R=15[\Omega]$, $X_L=12[\Omega]$, $X_C=30[\Omega]$이 병렬로 된 회로에 120[V]의 교류전압을 가하면 전원에 흐르는 전류 [A]와 역률 [%]은?

풀이 $I = Y\cdot V = \left\{\frac{1}{R} - j\left(\frac{1}{X_L} - \frac{1}{X_C}\right)\right\}V = \left\{\frac{1}{15} - j\left(\frac{1}{12} - \frac{1}{30}\right)\right\}\times 120 = 8 - j6[\text{A}]$

$\therefore\ I = \sqrt{8^2+6^2} = 10[\text{A}]$

$\cos\theta = \frac{I_R}{I} = \frac{8}{10} = 0.8 = 80[\%]$

---

10 브리지 회로

10.1 휘스톤 브리지

휘스톤 브리지(Wheatstone bridge)는 브리지 회로의 기본형으로서 정밀저항을 측정하는 장치이며 회로구성은 [그림 4-13]과 같다.

브리지 회로는 검류계 D에 흐르는 전류가 0일 때 브리지는 평형상태가 되었다고 하며, 다음과 같은 평형조건이 성립된다.

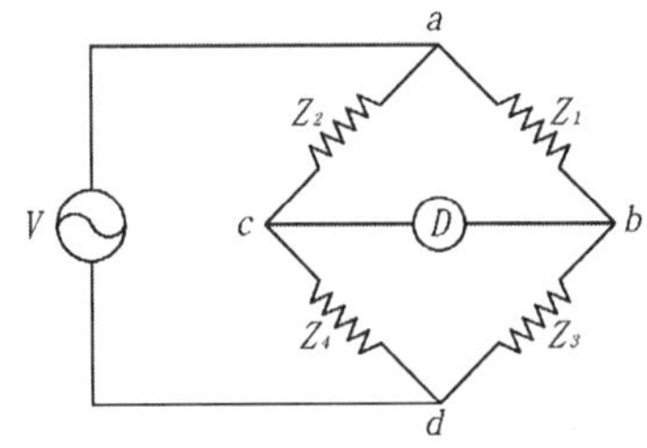

[그림 4-13] 휘스톤 브리지 회로

$$Z_1 I_1 = Z_2 I_2, \quad Z_3 I_1 = Z_4 I_2 \tag{4·66}$$

$$\frac{I_2}{I_1} = \frac{Z_1}{Z_2} = \frac{Z_3}{Z_4} (\text{혹은 } Z_1 Z_4 = Z_2 Z_3) \tag{4·67}$$

[예제 14] 그림과 같은 브리지 회로가 평형하기 위한 Z의 값은?

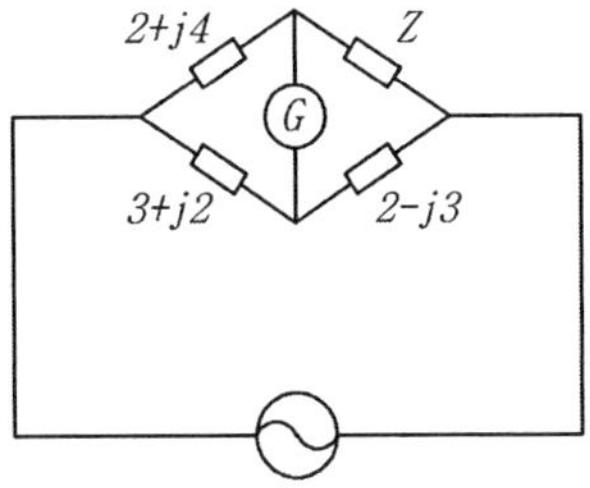

풀이 $(2+j4)(2-j3) = (3+j2) \cdot Z$

$$Z = \frac{(2+j4)(2-j3)}{3+j2} = \frac{16+j2}{3+j2}$$

공액복소수는 $3-j2$이므로

$$Z = \frac{(16+j2)(3-j2)}{(3+j2)(3-j2)} = \frac{52-j26}{3^2+2^2} = 4-j2$$

10.2 맥스웰 브리지

맥스웰 브리지(Maxwell bridge)는 인덕턴스를 측정하는 장치이다. 이 회로는 미지의 인덕턴스 L_X를 표준 인덕턴스 L_S와 비교하여 측정하는 장치이며, 인덕턴스를 연결한 도선 자체의 저항 R_S와 R_X를 포함하고 있다. 브리지의 각 변의 임피던스는 다음과 같다.

$$Z_1 = R_1,\ Z_2 = R_2,\ Z_3 = R_X + j\omega L_X,\ Z_4 = R_S + j\omega L_S \tag{4·68}$$

브리지가 평형되었을 때 다음과 같은 평형조건이 성립된다.

$$R_1(R_S + j\omega L_S) = R_2(R_X + j\omega L_X) \tag{4·69}$$

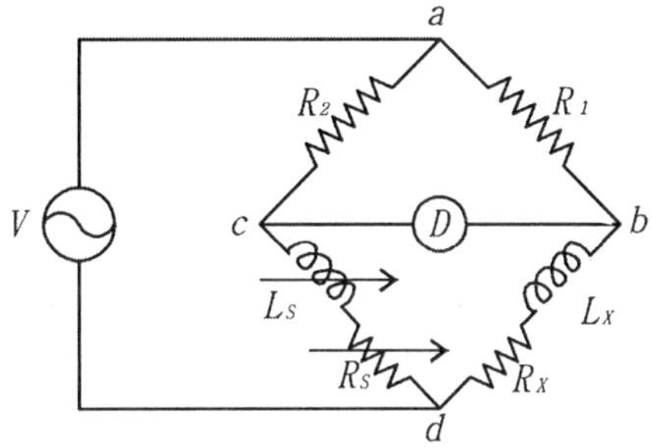

[그림 4-14] 맥스웰 브리지 회로

두 변의 실수부와 허수부가 같으므로 ($R_1 R_S = R_2 R_X$, $R_1 \omega L_s = R_2 \omega L_X$) 미지의 인덕턴스 L_X 및 R_X는 다음과 같다.

$$L_X = \frac{R_1}{R_2} L_S \tag{4·70}$$

$$R_X = \frac{R_1}{R_2} R_S \tag{4·71}$$

[예제 15] 그림과 같은 브리지 회로의 평형조건은? (단, 전원주파수가 일정하다)

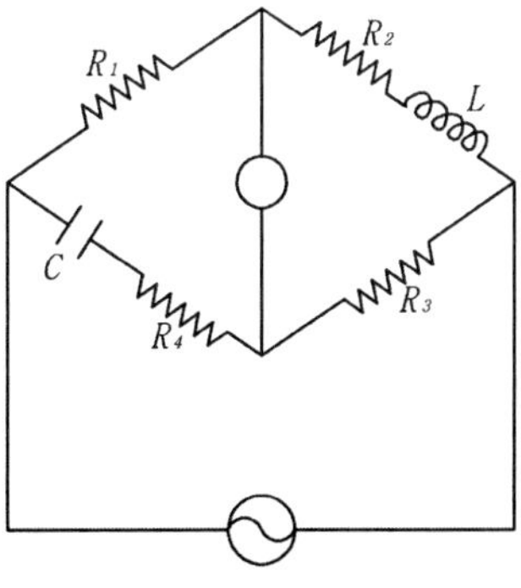

풀이 $R_1R_3 = (R_2 + j\omega L)\left(R_4 - j\frac{1}{\omega C}\right) = \left(R_2R_4 + \frac{L}{C}\right) + j\left(\omega LR_4 - \frac{R_2}{\omega C}\right)$

양변의 실수부와 허수부가 같아야 하므로

실수부 $R_1R_3 = R_2R_4 + \frac{L}{C} \quad \therefore R_1R_3 - R_2R_4 = \frac{L}{C}$

허수부 $\omega LR_4 = \frac{R_2}{\omega C} \quad \therefore \frac{R_4}{R_2} = \frac{1}{\omega^2 LC}$

10.3 윈 브리지

윈 브리지(Wien bridge)는 주파수를 측정하는 장치이며, 이 브리지 회로의 각 변의 임피던스는 다음과 같다. 여기서 D는 검류계를 나타낸다.

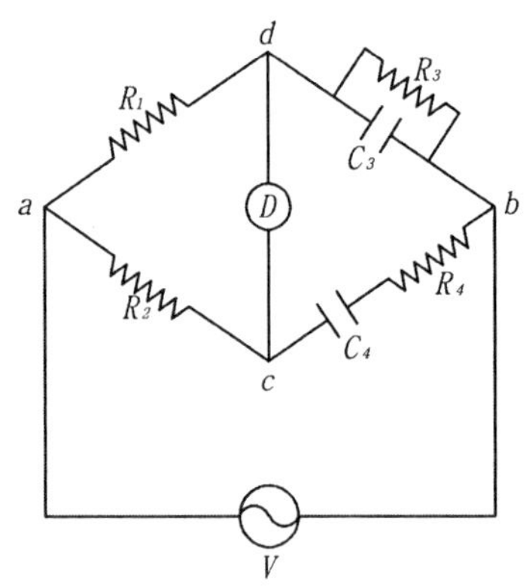

[그림 4-15] 윈 브리지 회로

$$Z_1 = R_1,\quad Z_2 = R_2,\quad Z_3 = \frac{1}{\frac{1}{R_3} + j\omega C_3},\quad Z_4 = R_4 - j\frac{1}{\omega C_4} \tag{4·72}$$

브리지가 평형되었을 때에는 평형조건은 다음과 같다.

$$R_1\left(R_4 - j\frac{1}{\omega C_4}\right) = R_2\left(\frac{1}{\frac{1}{R_3} + j\omega C_3}\right) \tag{4·73}$$

실수부와 허수부를 구별하면 다음과 같다.

$$\left(\frac{R_4}{R_3} + \frac{C_3}{C_4} - \frac{R_2}{R_1}\right) + j\left(\omega C_3 R_4 - \frac{1}{\omega C_4 R_3}\right) = 0 \tag{4·74}$$

그러므로 브리지 회로의 평형조건은 다음과 같다.

$$\frac{R_4}{R_3}+\frac{C_3}{C_4}=\frac{R_2}{R_1},\quad \omega C_3 R_4=\frac{1}{\omega C_4 R_3} \tag{4·75}$$

여기서 각주파수 ω는 다음과 같다.

$$\omega=\frac{1}{\sqrt{R_3R_4C_3C_4}} \tag{4·76}$$

위 식에서 각주파수는 저항과 커패시터의 평방근값에 반비례함을 알 수 있다.

[예제 16] 그림과 같은 교류 브리지의 평형조건으로 옳은 것은?

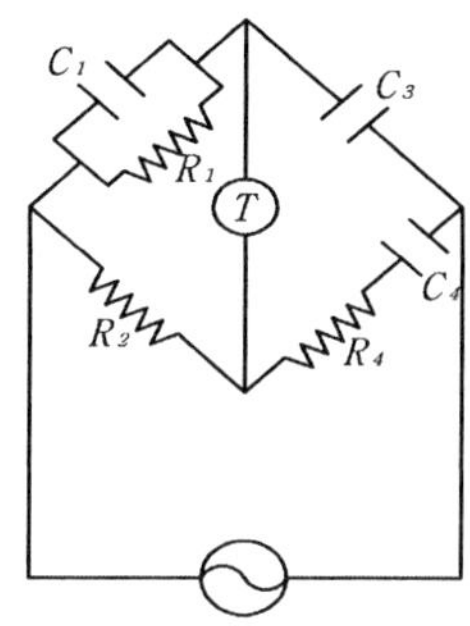

풀이

$$\frac{1}{\dfrac{1}{R_1}+j\omega C_1}\cdot R_4-j\frac{1}{\omega C_4}=R_2\cdot\frac{1}{j\omega C_3}$$

$$j\omega C_3\left(R_4-j\frac{1}{\omega C_4}\right)=R_2\left(\frac{1}{R_1}+j\omega C_1\right)$$

$$\frac{C_3}{C_4}+j\omega C_3R_4=\frac{R_2}{R_1}+j\omega C_1R_2$$

양변의 실수부와 허수부는 서로 같아야 하므로

실수부 $\dfrac{C_3}{C_4}=\dfrac{R_2}{R_1}\quad\therefore R_2C_4=R_1C_3$

허수부 $j\omega C_1R_2=j\omega C_3R_4\quad\therefore R_4C_3=R_2C_1$

제4장 R–L–C 회로

연 습 문 제

1. $v=70\sin\omega t$[V]로서 나타낸 교류전압을 유도 리액턴스 5[Ω]에 가할 때 흐르는 전류를 나타내는 식은 어느 것인가?

㉮ $14\sin^2\omega t$　㉯ $14\sin\left(\omega t+\frac{\pi}{2}\right)$　㉰ $-14\cos\omega t$　㉱ $14\sin(\omega t+\pi)$

2. 60[Hz]인 전압을 가하면 3[A]가 흐르는 코일이 있다. 이 코일에 같은 전압으로 50[Hz]를 가하면 흐르는 전류는 몇 [A]인가?

㉮ 2.1　㉯ 2.5　㉰ 3.6　㉱ 4.3

3. 어떤 콘덴서를 50[Hz], 100[V]의 교류에 접속하면 10[A]의 전류가 흐른다고 한다. 이 콘덴서를 60[Hz], 100[V]에 접속하면 몇 [A]의 전류가 흐르는가?

㉮ 7　㉯ 10　㉰ 12　㉱ 14

4. 저항 4[Ω]과 유도 리액턴스 3[Ω]이 직렬로 접속된 회로에 200[V]의 교류전압을 가하면 여기에 흐르는 전류는 몇 [A]인가?

㉮ 40　㉯ 50　㉰ 80　㉱ 100

5. 그림과 같은 회로에 전압 $V=\sqrt{2}\,V\sin\omega t$[V]을 인가하였다. 다음 중 옳은 것은?

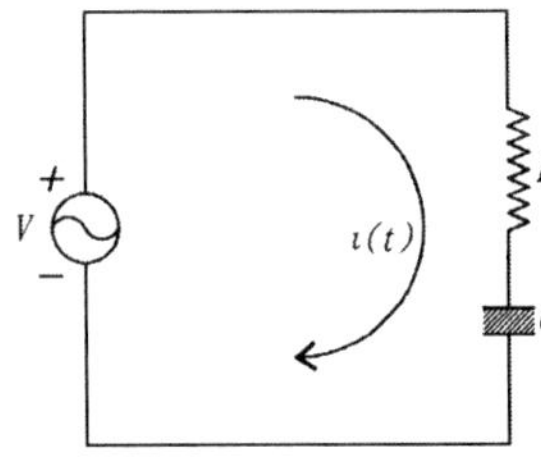

㉮ 역률 $\cos\theta=\frac{R}{\sqrt{R^2+\omega C^2}}$

㉯ i의 실효값 $I=\frac{V}{\sqrt{R^2+\omega C^2}}$

정답

1. ㉰ 2. ㉰ 3. ㉰ 4. ㉮ 5. ㉱

㉰ 전압과 전류의 위상차 $\theta = \tan^{-1}\frac{R}{\omega C}$

㉱ 전압평형 방정식 $Ri + \frac{1}{C}\int idt = \sqrt{2}\,V\sin\omega t$

6. 그림의 회로에서 a, b간에 흐르는 전류는 몇 [A]인가?

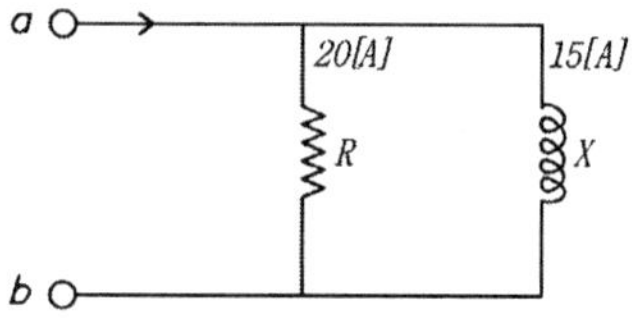

㉮ 25　　㉯ 30
㉰ 35　　㉱ 40

7. 저항 R과 유도 리액턴스 X_L이 병렬로 접속된 회로의 역률은?

㉮ $\frac{\sqrt{R^2+X_L^2}}{R}$　㉯ $\sqrt{\frac{R^2+X_L^2}{X_L}}$　㉰ $\frac{R}{\sqrt{R^2+X_L^2}}$　㉱ $\frac{X_L}{\sqrt{R^2+X_L^2}}$

8. 다음 연결 중 맞는 것은?

㉮ 컨덕턴스 - [Ω]　　㉯ 리액턴스 - [H]
㉰ 인덕턴스 - [F]　　㉱ 서셉턴스 - [℧]

9. 어드미턴스 $Y = a + jb$에서 a는?

㉮ 저항이다.　　㉯ 리액턴스이다.
㉰ 컨덕턴스이다.　　㉱ 서셉턴스이다.

10. 전압 V, 전류 I, 저항 R, 컨덕턴스를 G라 할 때 옳은 것은?

㉮ $I = RV$　㉯ $I = GR$　㉰ $I = GV^{-1}$　㉱ $I = GV$

11. 지멘스(siemens)는 무엇의 단위인가?

㉮ 비저항　㉯ 도전율　㉰ 컨덕턴스　㉱ 자속

정답

6. ㉮ 7. ㉱ 8. ㉱ 9. ㉰ 10. ㉱ 11. ㉰

12. 그림의 Y_L에서 소비되는 전력은 몇 [W]인가?

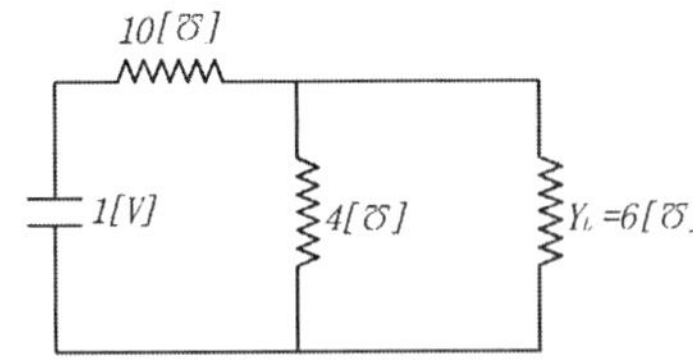

㉮ 0.5 ㉯ 0.6
㉰ 1.33 ㉱ 1.5

13. $R=15[\Omega]$, $X_L=40[\Omega]$, $X_C=40[\Omega]$이 60[V]의 공급전압에 병렬로 연결된 회로에서 흐르는 전체전류는 몇 [A]인가?

㉮ 2 ㉯ 3 ㉰ 4 ㉱ 5

14. 그림과 같은 회로에서 a, b단자에서 흐르는 전류 I가 인가전압 E와 동위상이 되었다. 이때 L값은?

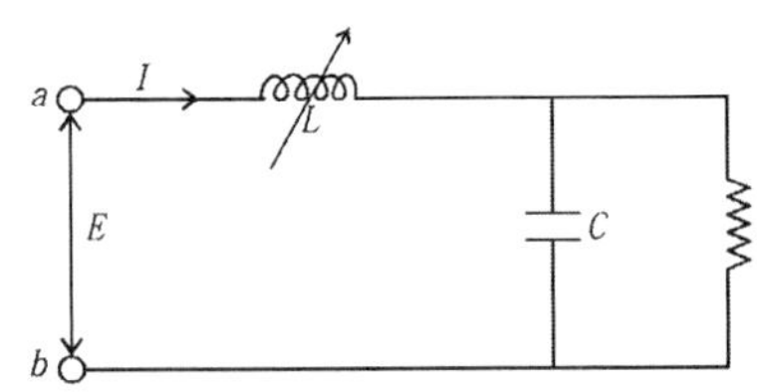

㉮ $\dfrac{CR^2}{1+(\omega CR)^2}$ ㉯ $\dfrac{R^2}{1+(\omega CR)^2}$

㉰ $\dfrac{CR^2}{1+\omega CR}$ ㉱ $\dfrac{R}{1+\omega CR}$

15. 다음의 그림은 공진 브리지이다. 브리지가 평형일 때 주파수 f는?

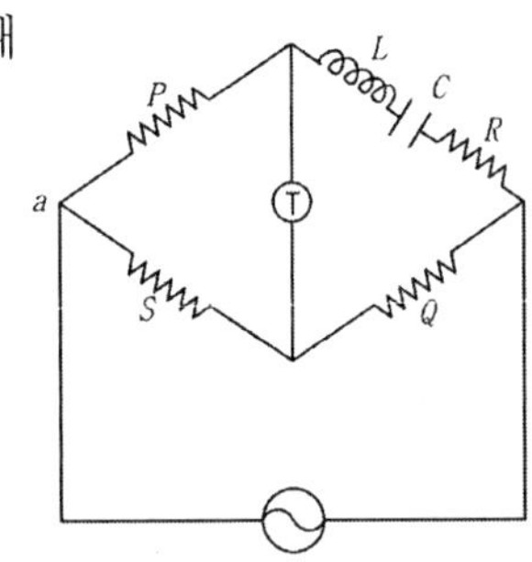

㉮ $f=\dfrac{1}{2\pi\sqrt{LC}}$ ㉯ $f=2\pi\sqrt{LC}$

㉰ $f=2\pi\sqrt{\dfrac{L}{C}}$ ㉱ $f=\dfrac{1}{2\pi\sqrt{\dfrac{C}{L}}}$

16. 그림과 같은 브리지 회로의 평형조건은 다음 중 어느 것인가?

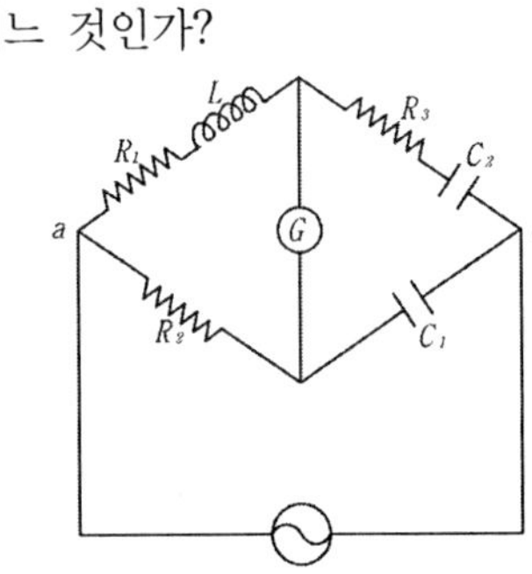

㉮ $R_1C_1=R_2C_2$, $R_2R_3=C_1L$
㉯ $R_1C_1=R_2C_2$, $R_2R_3C_1=L$
㉰ $R_1C_2=R_2C_1$, $R_2R_3=C_1L$
㉱ $R_1C_2=R_2C_1$, $L=R_2R_3C_1$

정답

12. ㉱ 13. ㉰ 14. ㉮ 15. ㉮ 16. ㉱

17. $A-B$ 사이의 콘덕턴스는 몇 [Ω]인가?

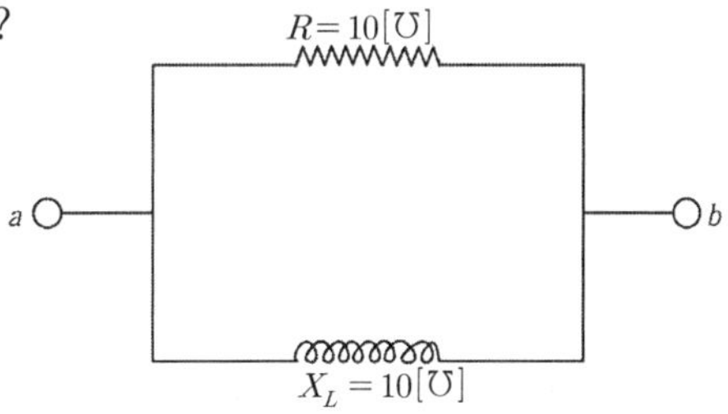

㉮ 0.1
㉯ 0.2
㉰ 0.3
㉱ 0.4

18. 그림에서 R, L, C를 병렬로 접속한 회로의 서셉턴스는 얼마인가?

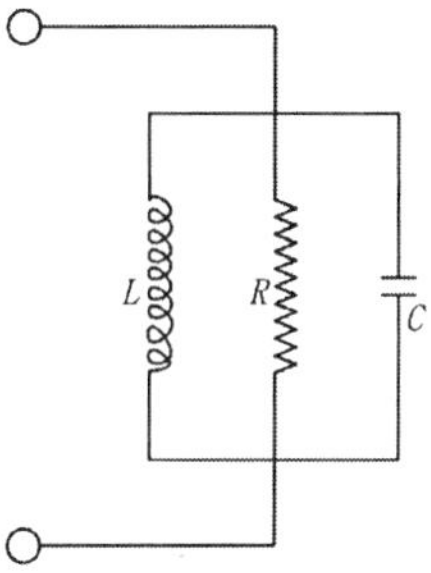

㉮ R ㉯ $\frac{1}{R}$

㉰ $\frac{\omega^2LC-1}{\omega L}$ ㉱ $\frac{\omega L}{\omega^2LC-1}$

19. 그림과 같은 회로에서 부하 R, L, C의 조건 중 역률이 가장 좋은 것은?

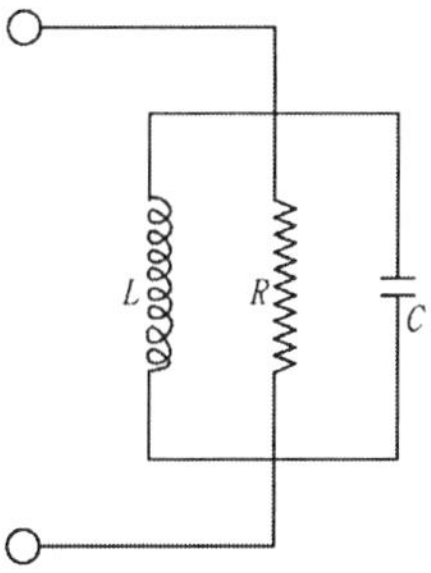

㉮ $L=3$[Ω], $R=4$[Ω], $C=4$[Ω]
㉯ $L=3$[Ω], $R=3$[Ω], $C=4$[Ω]
㉰ $L=4$[Ω], $R=3$[Ω], $C=4$[Ω]
㉱ $L=4$[Ω], $R=3$[Ω], $C=3$[Ω]

20. 회로의 합성 임피던스는 몇 [Ω]인가?

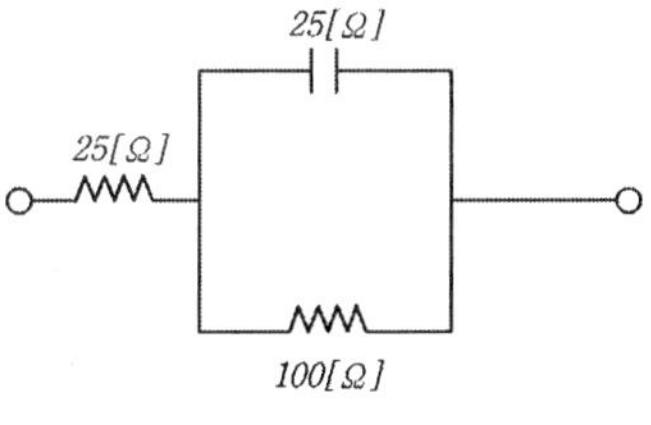

㉮ $25+j20$ ㉯ $25-j20$

㉰ $20+j\frac{20}{3}$ ㉱ $25-j\frac{100}{3}$

21. 콘덴서만의 회로에서 전압과 전류 사이의 위상 관계는?

㉮ 전압이 전류보다 90° 뒤진다. ㉯ 전압이 전류보다 90° 앞선다.
㉰ 전압이 전류보다 180° 뒤진다. ㉱ 전압이 전류보다 180° 앞선다.

정답

17. ㉮ 18. ㉰ 19. ㉰ 20. ㉱ 21. ㉮

5장

전력회로

1 순시전력과 평균전력

부하회로에 인가된 순시전압 v와 이때 회로에 흐르는 전류 i의 곱 $p(t)=v(t)i(t)$를 **순시전력**이라 하고 순시전력 p의 1주기 동안의 평균치를 **평균전력**이라 한다.

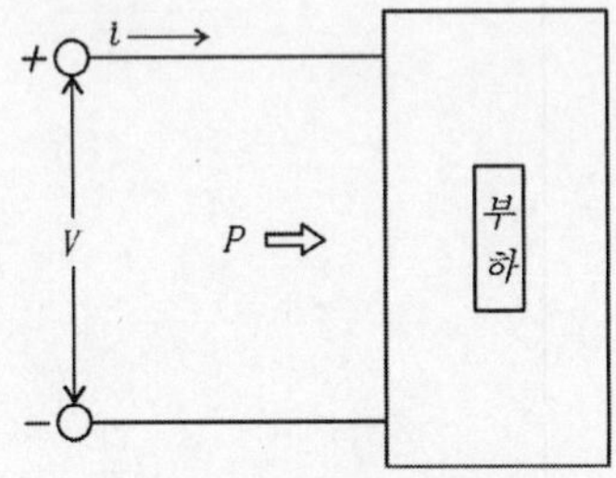

[그림 5-1] 부하회로

1.1 저항회로에서 전력

부하가 저항인 경우 $v=\sqrt{2}\,V\sin\omega t$ 전압을 인가하면 흐르는 전류는 전압과 동상이므로 $i=\sqrt{2}\,I\sin\omega t$가 되며, 저항에서 소비되는 순시전력은 다음과 같다.

$$p=vi=2VI\sin^2\omega t=VI(1-\cos 2\omega t) \qquad (5\cdot 1)$$

순시전력의 주파수는 전압이나 전류 주파수의 2배가 됨을 알 수 있다.

평균전력은 순시전력의 1주기 동안의 평균이므로 다음과 같다.

$$P=\frac{1}{T}\int_0^T p\ dt\frac{1}{T}\int_0^T vi\ dt=\frac{1}{2\pi}\int_0^{2\pi} VI(1-\cos 2\omega t)d(\omega t)$$
$$=VI \qquad (5\cdot 2)$$

[그림 5-2]에서 저항소자에 교류전압이 인가된 경우 최대치 $2VI=V_mI_m$의 $\frac{1}{2}$ 레벨을 중심으로 하여 상, 하로 v, i의 2배의 주파수를 가지고 변화하며 이 레벨이 곧 평균전력 VI가 됨을 알 수 있다.

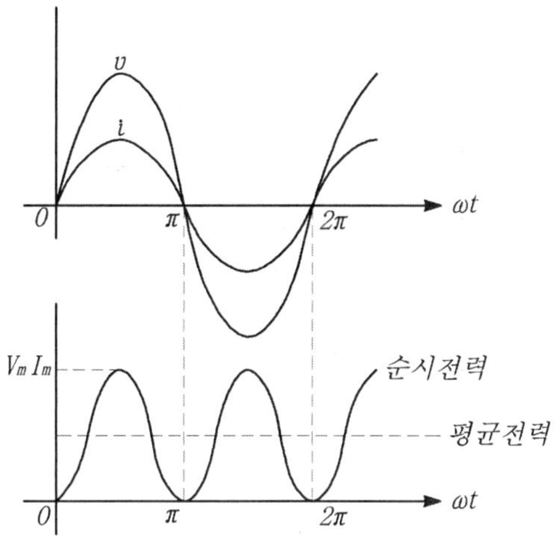

[그림 5-2] 저항부하의 전압, 전류, 전력

1.2 유도부하에서의 전력

부하가 유도성인 경우 유도부하에 $i=\sqrt{2}\,I\sin\omega t$로 표시되는 전류가 흐를 때 인덕터에 걸리는 전압은 이보다 90° 앞서므로 $v=\sqrt{2}\,V\sin(\omega t+90^{\circ})=\sqrt{2}\,V\cos\omega t$로 표시된다.

이때 유도부하에 공급되는 순시전력은 다음과 같다.

$$p=vi=2VI\sin\omega t\cos\omega t=VI\sin2\omega t \qquad (5\cdot3)$$

이때 평균전력은 다음과 같다.

$$P=\frac{1}{T}\int_0^T p\,dt=\frac{1}{T}\int_0^T vi\,dt$$

$$=\frac{1}{2\pi}\int_0^{2\pi} VI\sin2\omega t\;d(\omega t)=0 \qquad (5\cdot4)$$

[그림 5-3]에서 인덕터에서의 전력은 양(+)의 값과 음(−)의 값을 가진다. 즉, 양의 반주기 동안은 전력을 소비하고, 음의 반주기 동안은 전력을 방출한다. 여기서 양의 반주기에는 전원의 입장에서 소비라고 볼 수 있지만 인덕터의 입장에서는 축적을 하는 과정이며, 음의 반주기 동안은 전력을 방출하는 과정이다. 그러므로 유도기에서 전력의 소비는 없음을 의미한다.

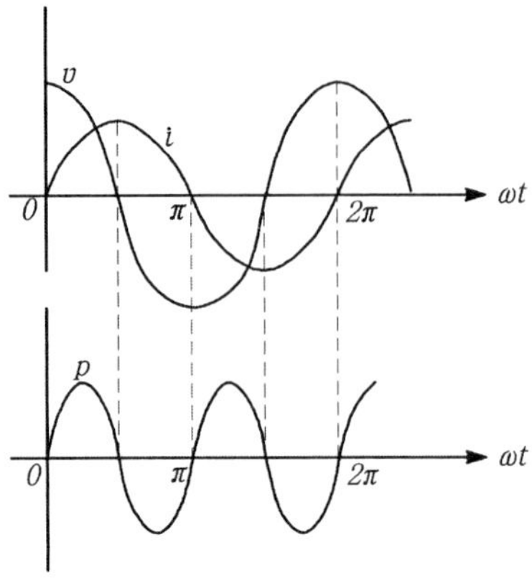

[그림 5-3] 유도부하 전압, 전류, 전력

1.3 용량부하에서의 전력

커패시터 회로에 교류전압 $v = \sqrt{2}\,V\sin\omega t$가 인가되었을 때 회로에 흐르는 전류는 이보다 90° 앞서므로 $i = \sqrt{2}\,I\sin(\omega t + 90°) = \sqrt{2}\,I\cos\omega t$와 같이 표시된다.

그러므로 용량부하에 공급되는 순시전력은 다음과 같다.

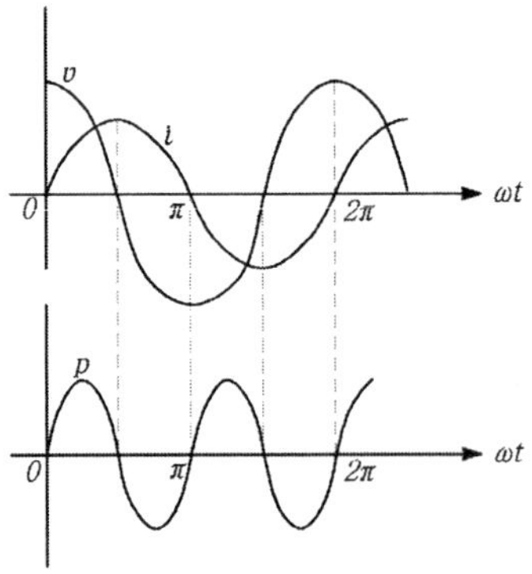

[그림 5-4] 용량부하 전압, 전류, 전력

$$p = vi = 2\,VI\sin\omega t \cdot \cos\omega t = VI\sin 2\omega t \qquad (5 \cdot 5)$$

[그림 5-4]에서 알 수 있듯이 커패시터 전력은 인덕터와 마찬가지로 양(+)의 값과 음(−)의 값을 갖는다. 즉 양의 반주기 동안은 전력을 소비하고 음의 반주기 동안은 전력을 방출한다. 그러므로 소비전력은 0이다.

1.4 일반회로 전력

저항소자와 리액턴스 소자로 구성되는 일반 임피던스 회로에 교류전압 $v=\sqrt{2}V\sin\omega t$를 인가할 때 전류 i는 일반적으로 $i=\sqrt{2}I\sin(\omega t-\theta)$가 되며, θ의 부호는 용량성이냐, 유도성이냐에 따라 결정된다. 이때 순시전력은 다음과 같다.

$$p=vi=2VI\sin\omega t\cdot\sin(\omega t-\theta) \qquad (5\cdot6)$$

여기서 삼각함수 $2\sin x\cdot\sin y=\cos(x-y)-\cos(x+y)$의 관계식을 이용하면

$$p(t)=VI\cos\theta-VI\cos(2\omega t-\theta) \qquad (5\cdot7)$$

으로 된다. 위 식의 제1항은 시간에 관계없이 일정한 값을 가지며, 제2항은 전압이나 전류의 2배의 각주파수로 변화하는 항으로 이루어지며 평균전력은 다음과 같이 구할 수 있다.

$$P=\frac{1}{T}\int_0^T p\,dt=\frac{1}{2\pi}\int_0^{2\pi}(VI\cos\theta-VI\cos(2\omega t-\theta)\,d(\omega t)$$

$$=VI\cos\theta \qquad (5\cdot8)$$

2 역 률

저항회로의 전력계산은 전압과 전류를 곱하지만 교류회로의 전력계산은 전압과 전류의 실효값에 $\cos\theta$라는 계수를 곱해야 한다. 이때 곱해지는 계수를 **역률**(PF : Power Factor)이라고 하며, 보통 $p.f$로 나타낸다.

$$p.f=\cos\theta=\frac{P}{VI} \qquad (5\cdot9)$$

또한 역률은 다음과 같이 백분율로 표시하기도 한다.

$$\%p.f=\frac{P}{VI}\times100[\%] \qquad (5\cdot10)$$

여기에서 θ는 전압과 전류의 위상차이다. 따라서 순수 저항회로에서와 같이

단자전압과 전류가 동상일 경우에는 $\theta=0$, $p.f=1$, $P=VI$가 되고, 리액턴스 회로와 같이 단자전압과 전류가 90° 위상차를 가질 경우에는 $\theta=\pm 90^\circ$, $p.f=0$, $P=0$가 된다. $\theta>0$이면 전류가 전압보다 위상이 늦으므로 이때의 역률을 **지상역률**이라 하고, $\theta<0$이면 전류가 전압보다 위상이 앞서므로 이때의 역률을 **진상역률**이라고 한다.

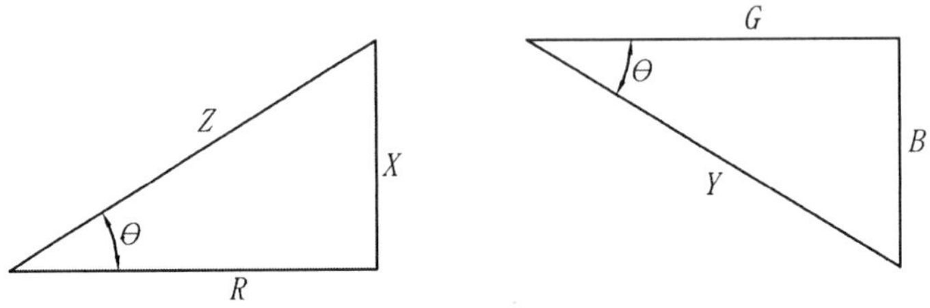

[그림 5-5] 임피던스 3각형 및 어드미턴스 3각형

[그림 5-5]로부터 역률은 R와 X가 표시된 등가 임피던스 또는 G와 B가 표시된 등가 어드미턴스를 이용하여 구할 수 있다.

$$p.f=\cos\theta=\frac{R}{Z}=\frac{G}{Y} \tag{5·11}$$

또한 이 관계식을 이용하면 평균전력은 다음과 같다.

$$\begin{aligned} P &= VI\cos\theta = VI\cdot\frac{R}{Z}=RI^2 \\ &= VI\cdot\frac{G}{Y}=GV^2 \end{aligned} \tag{5·12}$$

평균전력을 단순히 전력이라고도 하며, 단위로는 와트(W : Watt)를 사용한다.

[예제 1] 100[V] 교류전원에 1[kW] 배연용 배풍기를 접속하였더니 15[A]의 전류가 흘렀다. 이 배풍기의 역률은 얼마인가?

풀이 $P=P_a\cos\theta=VI\cos\theta[\mathrm{W}]$

$$\cos\theta=\frac{P}{VI}=\frac{1\times10^3}{100\times15}=0.67$$

---

3 유효전력과 무효전력

전력은 동상인 전압과 전류의 곱이다. [그림 5-6]에서 전류 페이저는 전압과 동상인 성분 $I\cos\theta$와 90° 위상차를 갖는 성분 $I\sin\theta$로 나누어 생각할 수 있다. 전자는 평균전력 $VI\cos\theta$에 기여하는 반면 후자는 평균전력에 전혀 기여하지 못한다. 즉, $I\cos\theta$는 회로의 평균전력에 관계가 있으나, $I\sin\theta$는 전혀 관계가 없는 성분이므로 $I\cos\theta$를 유효전류, $I\sin\theta$ 무효전류라고 한다.

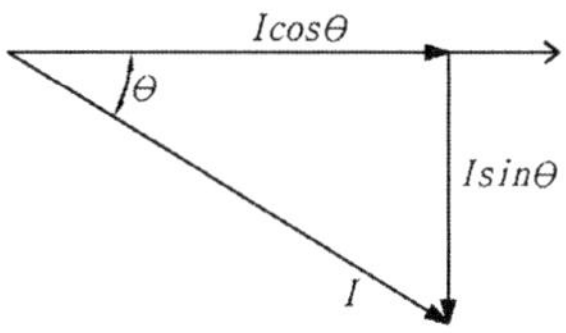

[그림 5-6] 유효성분과 무효성분

그리고 이러한 전류에 공급전압을 곱한 값, 즉 $VI\cos\theta$를 **유효전력**이라 하고 $VI\sin\theta$를 **무효전력**이라 한다.

유효전력의 단위는 **와트**(Watt)이고 무효전력의 단위는 **바**(Var)이다.

무효전력의 계수 $\sin\theta$를 무효율(RF : Reactive Factor)이라고 하며, 보통 $r.f$로 표시한다.

$$r.f = \sin\theta = \frac{P_r}{VI} \qquad (5 \cdot 13)$$

역률과 무효율의 관계는 $\sin^2\theta + \cos^2\theta = 1$로부터 $\sin\theta = \sqrt{1-\cos^2\theta}$ 이므로

$$r.f = \sqrt{1-(p.f)^2} \qquad (5 \cdot 14)$$

로 표시된다.

무효율은 임피던스 또는 어드미턴스를 알고 있을 때 다음과 같이 구할 수 있다.

$$r.f = \sin\theta = \frac{X}{Z} = \frac{B}{Y} \qquad (5 \cdot 15)$$

또한 무효전력 P_r은 다음과 같이 구할 수 있다.

$$P_r = VI\sin\theta = VI \cdot \frac{X}{Z} = XI^2 = VI \cdot \frac{B}{Y} = BV^2 \qquad (5 \cdot 16)$$

[예제 2] 22[kVA]의 부하에 대한 역률이 0.8이라면 이때 무효전력은 몇 [kVar]인가?

풀이 $P_r = P_a \sin\theta = P_a \cdot (\sqrt{1-\cos^2\theta})[\text{kVar}] = 22 \times (\sqrt{1-0.8^2}) = 13.2[\text{kVar}]$

---

4 피상전력

복소평면상의 유효전력과 무효전력의 합을 **피상전력**이라 하며 단위는 **볼트·암페어**(VA : Volt-Ampere)를 사용한다.

유효전력 P와 무효전력 P_r, 피상전력 P_a와의 관계는 다음과 같다.

$$P = VI\cos\theta,\ P_r = VI\sin\theta,\ P_a = VI$$

$$P^2 + Q^2 = (VI\cos\theta)^2 + (VI\sin\theta)^2 = (VI)^2 \qquad (5 \cdot 17)$$

$$\therefore \sqrt{(\text{유효전력})^2 + (\text{무효전력})^2} = \text{피상전력} \qquad (5 \cdot 18)$$

[그림 5-7]은 이들의 관계를 나타낸 전력 삼각형이다.

$$P = VI\cos\theta = RI^2 = GV^2[\text{W}]$$

$$P_r = VI\sin\theta = XI^2 = BV^2[\text{Var}]$$

$$P_a = VI = ZI^2 = YV^2[\text{VA}] \qquad (5 \cdot 19)$$

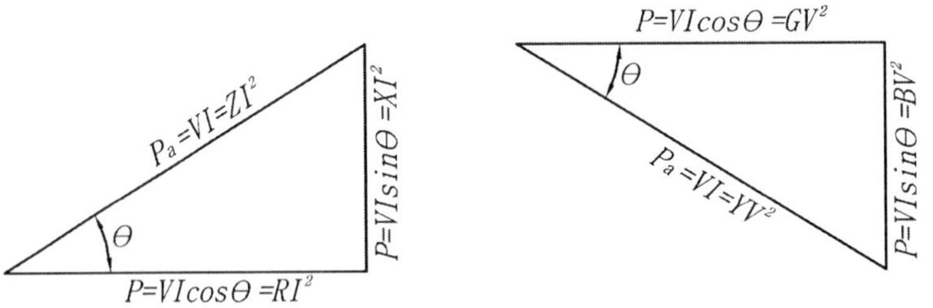

[그림 5-7] 전력 삼각형

[예제 3] 회로에서 각 계기의 지시값이 Ⓥ=240[V], Ⓐ=5[A], Ⓦ=720[W]라면 이 회로의 무효전력은 몇 [Var]인가?

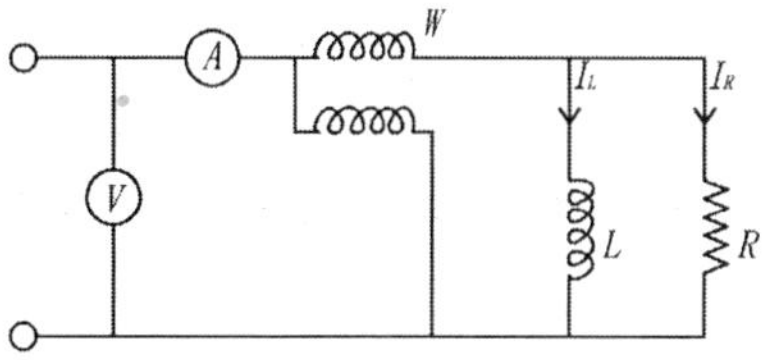

풀이 $P=720[\text{W}]$ $P_a=240\times5=1200[\text{VA}]$

$\therefore\ P_r=\sqrt{P_a^{\,2}-P^2}=\sqrt{1200^2-720^2}=960[\text{Var}]$

---

5 복소전력

전압 V와 전류 I벡터가 위상각 θ를 이루고 있을 때, 전력을 구하기 위하여 전류 I를 기준 벡터로 하여 벡터도를 그리면 [그림 5-8]과 같다.

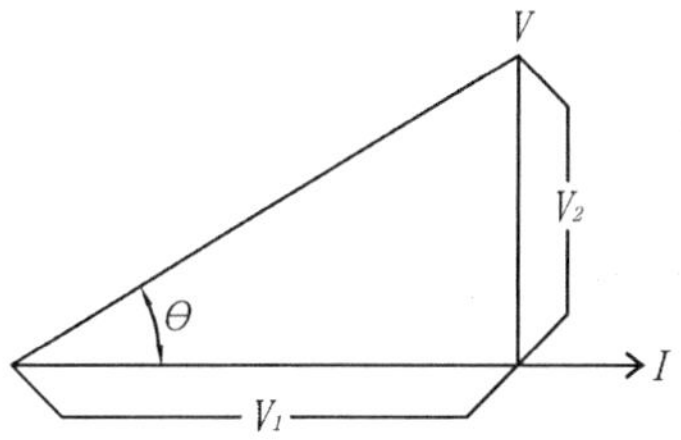

[그림 5-8] 복소전력

여기서 유효전력 P와 무효전력 P_r은 다음과 같다.

$$P=VI\cos\theta=V_1I$$
$$P_r=VI\sin\theta=V_2I \qquad (5\cdot20)$$

지금 V의 공액 벡터 $\overline{V}$와 I와의 곱을 계산하면 다음과 같다.

$$\overline{V}I=(V_1-jV_2)I=V_1I-jV_2I=P-jP_r \qquad (5\cdot21)$$

식 (5 · 21) 값을 피상전력이라 하며 리액턴스가 유도성이면 허수부가 (+), 용량성이면 (−)가 된다.

이와 같이 무효전력, 유효전력, 피상전력의 관계를 복소수로 표시한 것을 **복**

소전력이라 한다.

[예제 4] 임피던스 $16+j12[\Omega]$에 $26+j40[V]$의 전압을 인가할 때 유효전력은 몇 [W]인가?

(풀이) $I=\dfrac{V}{Z}[A]$에서

$$=\frac{(26+j40)(16-j12)}{(16+j12)(16-j12)}=\frac{896+j328}{16^2+12^2}=2.24+j0.82[A]$$

$P_a=VI$에서

$V=26-j40[V]\ I=2.24+j0.82[A]$

$P_a=(26-j40)(2.24+j0.82)=58.24+32.8-j89.6+j21.32$

$=91.04-j68.28[VA]$

$\therefore P=91.04[W]$

$P_r=68.28[Var]$

[예제 5] 전압 $E=10+j5[V]$, 전류 $I=5+j2[A]$일 때 소비전력 $P[W]$와 무효전력 $Q[Var]$는 각각 얼마인가?

(풀이) $E=10+j5[V],\ I=5+j2[A]$

$P_a=EI=(10-j5)(5+j2)=50+j20-j25+10=60-j5$

$\therefore$ 유효전력 $P=60[W]$

무효전력 $Q=5[Var]$

피상전력 $P_a=\sqrt{60^2+5^2}=60.21[VA]$

---

6 최대전력 전달

전원에서 부하로 전원을 공급하는 경우 부하에 공급하는 최대전력이 되기 위한 조건을 알아보자.

[그림 5-9]에서 R_L은 부하저항이고, R_{TH}은 전원의 내부저항이다. 부하저항을 0에서부터 무한대까지 변화시킬 때 R_L값이 얼마인 경우 전원장치에서 최대 전력이 부하에 전달되는지 알아보자. 여기서 전원전압의 크기를 48[V]로 하고 전원전압 내부저항(R_{TH})는 8[Ω]으로 한다.

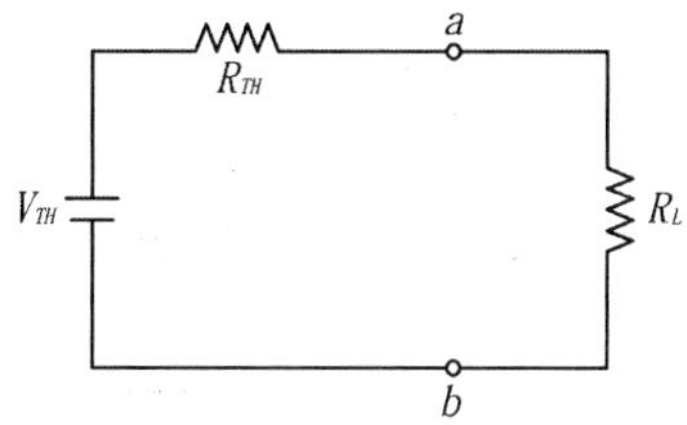

[그림 5-9] 최대전력 전달

우선 R_L이 2[Ω], 8[Ω], 14[Ω]인 경우 설명하면 다음과 같다.

① R_L=2[Ω]일 때

$$I_L = \frac{V_{TH}}{R_{TH}+R_L} = \frac{48}{8+2} = 4.8[A]$$

$$P_L = {I_L}^2 \times R_L = 4.8^2 \times 2 = 46.08[W]$$

② R_L=8[Ω]일 때

$$I_L = \frac{V_{TH}}{R_{TH}+R_L} = \frac{48}{8+8} = 3[A]$$

$$P_L = {I_L}^2 \times R_L = 3^2 \times 8 = 72[W]$$

③ R_L=14[Ω]일 때

$$I_L = \frac{V_{TH}}{R_{TH}+R_L} = \frac{48}{8+14} = 2.18[A]$$

$$P_L = {I_L}^2 \times R_L = 2.18^2 \times 14 = 66.53[W]$$

R_L이 8[Ω]일 때, 즉 $R_{TH} = R_L$인 경우 최대전력이 전달된다. 이때 효율은 50[%]이다.

왜냐하면 부하저항 R_L에서 소비되는 만큼 전원장치 내부저항에서도 소비되기 때문이다.

이와 같이 절점 a, b에서 전원측을 본 저항과 부하측을 본 저항이 같을 때를 두 저항이 정합되었다고 하고 전원에서 최대전력이 부하에 전달된다.

$R_L = R_{TH}$일 때 최대전력이 부하저항 R_L에 전달되므로 이때의 전류 I_L과 전달전력 P는 다음과 같다.

$$I_L = \frac{V_{TH}}{R_{TH}+R_L} = \frac{V_{TH}}{2R_{TH}}[A] \qquad (5 \cdot 22)$$

$$P = I_L^{\,2} R_L = \left(\frac{V_{TH}}{2R_{TH}}\right)^2 \times R_{TH} = \frac{V_{TH}^{\;2}}{4R_{TH}} \qquad (5 \cdot 23)$$

[예제 6] 다음 회로에서 부하 R을 접속 시 얻을 수 있는 최대출력은 몇 [W]인가?

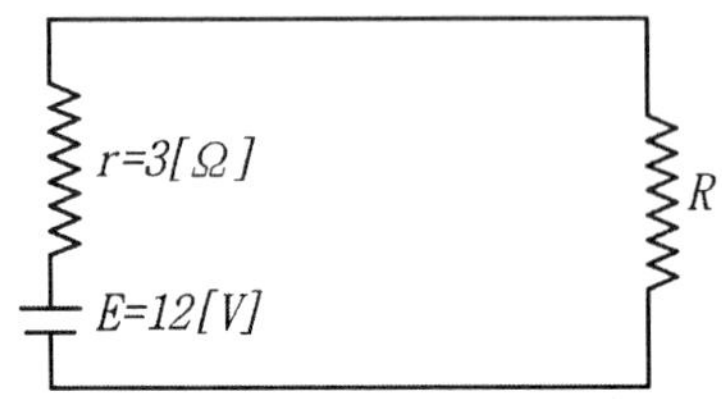

(풀이) P_{max}[W] 조건

$r[\Omega] = R[\Omega]$

$$P_m[\text{W}] = I^2 R = \left(\frac{E}{r+R}\right)^2 \cdot R = \left(\frac{E}{2R}\right)^2 \cdot R = \left(\frac{E}{2R}\right)^2 \cdot R = \frac{E^2}{4R}$$

$$= \frac{12^2}{4 \times 3} = 12[\text{W}]$$

[예제 7] 그림과 같은 교류회로에서 저항 R을 변화시킬 때 저항에서 소비되는 최대전력을 구하여라.

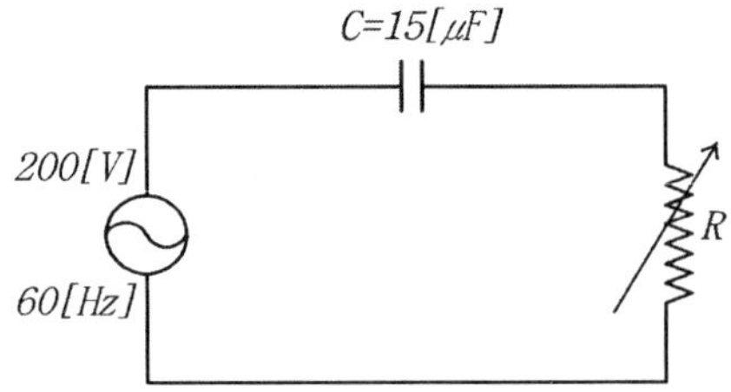

(풀이) 회로에 흐르는 전류

$$I = \frac{V}{\sqrt{R^2 + \left(\frac{1}{\omega C}\right)^2}}$$

소비전력 $P = I^2 R = \dfrac{V^2 R}{R^2 + \left(\frac{1}{\omega C}\right)^2} = \dfrac{V^2}{R + \frac{1}{R}\left(\frac{1}{\omega C}\right)^2}$

P가 최대가 되려면 P의 분모가 최소가 되어야 하므로

$$\frac{d\left\{R+\frac{1}{R}\left(\frac{1}{\omega C}\right)^2\right\}}{dR}=1-\frac{1}{R^2}\left(\frac{1}{\omega C}\right)^2=0$$

$$\therefore\ R=\frac{1}{\omega C}$$

$$\text{최대전력 : } P_{\max}=\frac{V^2}{\left(\frac{1}{\omega C}\right)+\omega C\left(\frac{1}{\omega C}\right)^2}=\frac{1}{2}\omega C V^2$$

$$=\frac{1}{2}\times 2\times\pi\times 60\times 15\times 10^{-6}\times 200^2=113[\mathrm{W}]$$

---

7 역률개선

전력시스템 부하는 대부분이 유도성 부하이므로 전류가 전압보다 위상이 뒤지는 지상역률을 가지고 있다. 이와 같은 현상을 보통 역률이 낮다고 한다. 역률이 낮으면 $I=P/V\cos\theta$의 관계식으로부터 어떤 부하에 전력을 공급해야 할 때 동일전압에서 큰 전류를 흐른다.

큰 전류가 흐르면 송전계통에서의 열손실이 많아지고, 변압기의 용량이 커져야 하며, 전압강하가 증가하여 전압변동률이 커진다.

그러므로 유도성 부하의 지상전류가 흐르는 선로에 병렬로 콘덴서를 접속하여 콘덴서에 의해 발생하는 진상전류가 흐르도록 하면 진상×지상전류는 서로 상쇄되어 부하전류의 위상이 전압위상과 거의 동일하도록 하게 되어 역률이 1에 가까워진다. 이와 같은 것을 **역률개선**이라 하고, 실제에 있어서 역률개선은 0.9 이상을 목표로 하고 있다.

역률개선용 콘덴서의 용량은 다음과 같이 구할 수 있다.

$$Q_C=P[\mathrm{kW}](\tan\theta_1-\tan\theta_2)=P\left(\frac{\sin\theta_1}{\cos\theta_1}-\frac{\sin\theta_2}{\cos\theta_2}\right) \tag{5·24}$$

Q_C : 콘덴서 용량[kVar], P : 부하의 유효전력[kW]

$\cos\theta_1$: 개선 전의 역률, $\cos\theta_2$: 개선 후의 역률

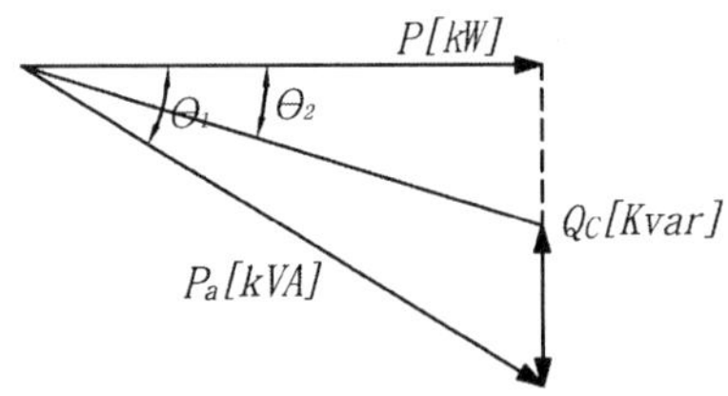

[그림 5-10] 역률개선 회로

[예제 8] 60[Hz], 120[V] 정격의 단상 유도전동기가 있다. 이 전동기의 출력은 5[HP], 효율은 88[%], 역률이 60[%]라면 이 역률을 100[%]로 개선하기 위한 병렬 콘덴서의 용량은 약 몇 [kVA]인가?

풀이 $Q_C\ [\mathrm{kVar}] = P\ [\mathrm{kW}] \times \left(\frac{\sqrt{1-\cos^2\theta_1}}{\cos\theta_1} - \frac{\sqrt{1-\cos^2\theta_2}}{\cos\theta_2} \right)$

($\cos\theta_1$: 개선된 역률, $\cos\theta_2$: 개선 후 역률)

$\therefore\ Q_C = 5 \times 0.746 \times \frac{1}{0.88} \times \left(\frac{\sqrt{1-0.6^2}}{0.6} - \frac{\sqrt{1-1}}{1} \right) = 5.65 ≒ 5.7[\mathrm{kVar}]$

제5장 전력회로

연 습 문 제

1. 어느 회로의 유효전력 $P = 80$[W]이고, 무효전력 $P_r = 60$[Var]이라면 이때의 역률 $\cos\theta$의 값은?

㉮ 0.8 ㉯ 0.6 ㉰ 0.5 ㉱ 0.45

2. 전압 200[V], 전류 22[A]로서 2.6[kW]의 전력을 소비하는 회로의 저항은 몇 [Ω]인가?

㉮ 3.27 ㉯ 5.37 ㉰ 7.27 ㉱ 9.37

3. 80[Ω]의 저항에 220[V]의 교류전압을 가했을 때의 전력은 몇 [W]인가?

㉮ 605 ㉯ 640 ㉯ 805 ㉱ 1,040

4. $V_m \sin\omega t$로서 표현되는 교류전압을 가하면 전력 P[W]를 소비하는 저항이 있다. 이 저항값[Ω]은 얼마인가?

㉮ $\frac{{V_m}^2}{2P}$ ㉯ $\frac{{V_m}^2}{P}$ ㉰ $\frac{2{V_m}^2}{P}$ ㉱ $\frac{4{V_m}^2}{P}$

5. 회로에서 소비되는 유효전력은 약 몇 [W]인가?

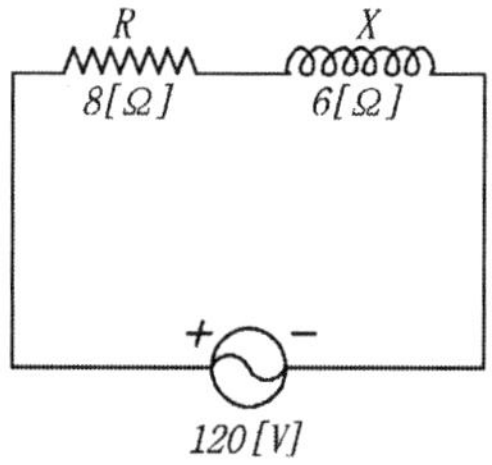

㉮ 1,000 ㉯ 1,050
㉰ 1,152 ㉱ 1,200

정답

1. ㉮ 2. ㉯ 3. ㉮ 4. ㉮ 5. ㉰

6. 저항 $R=4[\Omega]$, 인덕턴스 L=8[mH]인 코일에 100[V], 60[Hz]인 전압이 공급될 때 유효전력은 몇 [kW]인가?

㉮ 0.8 ㉯ 1.2 ㉰ 1.6 ㉱ 2.0

7. 전압 200[V], 전류 50[A]이고, 8[kW]의 전력을 소비하는 회로의 리액턴스 X는 몇 [Ω]인가?

㉮ 4 ㉯ 3.2 ㉰ 2.4 ㉱ 2.6

8. 어떤 코일의 임피던스를 측정하고자 직류전압 30[V]를 가했더니 300[W]가 소비되고, 교류 100[V]를 가했더니 1,200[W]가 소비되었다. 이 코일의 리액턴스는 몇 [Ω]인가?

㉮ 2 ㉯ 4 ㉰ 6 ㉱ 8

9. 전압은 $V(t)=100\sqrt{2}\sin\omega t$[V], 전류는 $i(t)=10\sqrt{2}\sin\omega t$[A]일 경우 평균전력은 얼마가 되는가?

㉮ 1[kW] ㉯ 2[kW] ㉰ 3[kW] ㉱ 4[kW]

10. 전압 $V=100\sqrt{2}\sin\omega t$[V]가 인가된 회로에 전류 $i=10\sin(\omega t-30)$[A]가 흐를 때 소비전력은 몇 [W]인가?

㉮ 283 ㉯ 612 ㉰ 1,000 ㉱ 1,414

11. 역률 0.6, 300[W] 단상부하에서 50분간의 무효전력량은 약 몇 [kVarh]인가?

㉮ 0.33 ㉯ 0.5 ㉰ 1 ㉱ 1.5

12. 3상 유도전동기의 출력이 10[HP], 전압 200[V], 효율 90[%], 역률 85[%]일 때 이 전동기에 유입되는 선전류는 몇 [A]인가?

㉮ 16 ㉯ 18 ㉰ 20 ㉱ 28

정답

6. ㉰ 7. ㉰ 8. ㉯ 9. ㉮ 10. ㉯ 11. ㉮ 12. ㉱

13. $V=4+j3$[V]의 전압을 부하에 걸었더니 $i=5-j2$[A]의 전류가 흘렀다. 부하에서의 소비전력은 몇 [W]인가?

㉮ 14　　㉯ 23　　㉰ 26　　㉱ 35

14. 내부저항 r[Ω]인 전원이 있다. 부하 R에 최대 전력을 공급하기 위한 조건은?

㉮ $r=2R$　　㉯ $R=r$　　㉰ $R=2\sqrt{r}$　　㉱ $R=r^2$

15. 다음과 같은 회로의 역률은? (단, $R=12$[Ω] $X_L=20$[Ω] $X_C=4$[Ω]이다)

㉮ 0.6　　㉯ 0.7　　㉰ 0.8　　㉱ 0.9

16. 다음과 같은 회로의 R 값은 몇 [Ω]인가?

㉮ $\frac{E-V}{E}r$　　㉯ $\frac{E}{E-V}r$

㉰ $\frac{V}{E-V}r$　　㉱ $\frac{E-V}{V}r$

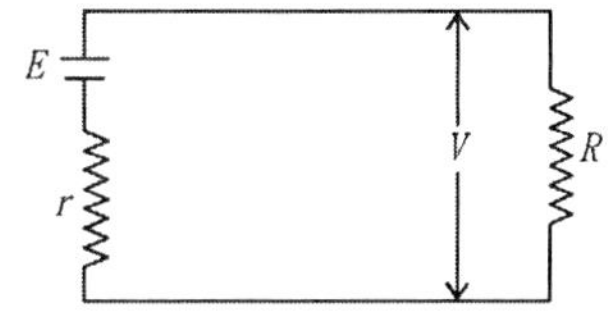

17. 어느 전동기가 회전하고 있을 때 전압 및 전류의 실효값이 각각 50[V], 3[A]이고 역률이 0.8이라면 무효전력은 몇 [Var]인가?

㉮ 70　　㉯ 80　　㉰ 90　　㉱ 100

18. 8[Ω]의 저항과 6[Ω]의 용량성 리액턴스가 있는 직렬회로에 전압 $V=28-j4$[V]의 전압을 가하였을 때 회로에 흐르는 전류는 몇 [A]인가?

㉮ $3.5-j0.5$　　㉯ $2.8-j0.4$　　㉰ $1.24-j0.68$　　㉱ $2.48+j1.36$

정답

13. ㉮　14. ㉯　15. ㉮　16. ㉰　17. ㉰　18. ㉱

6장

3상 회로

1 3상 전압의 발생

주파수가 같으나 위상이 다른 기전력이 동시에 존재하는 교류방식을 다상 교류방식이라 하며, 대표적인 것이 3상 방식이다. 3상 전동기는 단상 전동기보다 일정한 회전력으로 구동되기 때문에 진동이 적어 대용량 기기에 대부분 사용되고 있으며 전압강하, 전송손실 등 배선전력에서도 3상 방식이 매우 경제적이므로 송배선 계통 및 전기설비 계통은 대부분 3상 방식을 채택하고 있다.

[그림 6-1](a)는 3상 발전기의 구성도이다. 동일한 구조를 갖는 3개의 권선이 공간적으로 120°의 각으로 감겨져 있고, 균일자계 내에서 반시계 방향으로 일정 속도로 회전하고 있다. 각 권선의 단자간에 나타나는 유기전압 v_a, v_b, v_c는 크기와 주파수가 같은 정현파이지만 위상은 v_b가 v_a보다 120° 늦고 V_c보다 120° 빠르다. 따라서 이 3상 전압의 순시값 곡선은 [그림 6-1](b)와 같다. 전기자가 반시계 방향으로 회전한다고 가정하였기 때문에 3상 전압은 v_a, v_b, v_c의 순서로 최대값에 도달한다. 이것을 **상순** abc라고 한다.

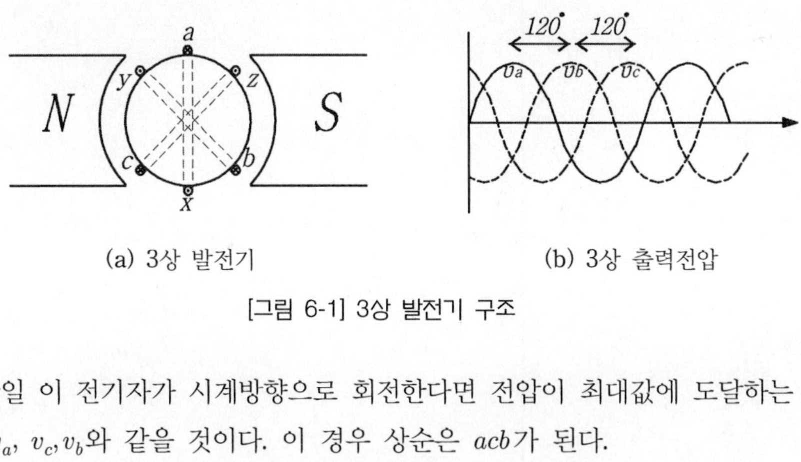

(a) 3상 발전기 (b) 3상 출력전압

[그림 6-1] 3상 발전기 구조

만일 이 전기자가 시계방향으로 회전한다면 전압이 최대값에 도달하는 순서는 v_a, v_c, v_b와 같을 것이다. 이 경우 상순은 acb가 된다.

[그림 6-2]에는 두 가지 상순에 대하여 V_a를 기준으로 한 3상 전압의 페이저도가 그려져 있다. 즉 상순이 abc일 때에는

$$V_a = V\angle 0°,\ V_b = V\angle -120°,\ V_c = V\angle +120° \qquad (6 \cdot 1)$$

와 같고, 또 상순이 acb일 때에는

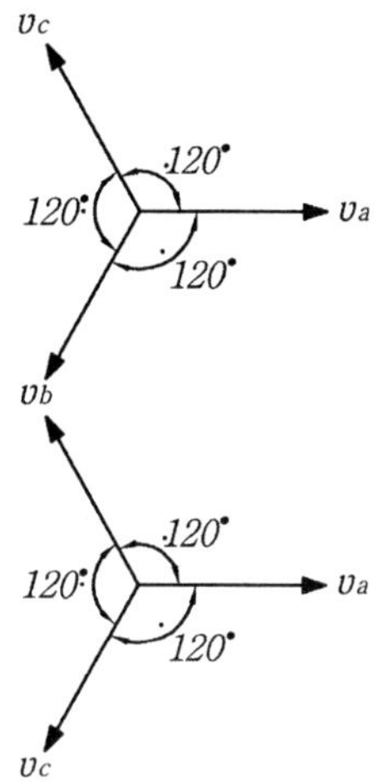

[그림 6-2] 3상 전압 페이저(상순별)

$$V_a = V\angle 0^\circ,\ V_b = V\angle +120^\circ,\ V_c = V\angle -120^\circ \qquad (6 \cdot 2)$$

와 같다. V_a, V_b, V_c를 각각 a상, b상, c상의 전압이라 한다.

[그림 6-1]에서 3상 교류는 실효값이 같고 서로 120° 위상차를 가지는 3개의 단상 교류가 동시에 존재하는 것을 알 수 있다. 3상 전압의 위상관계를 명시하기 위하여 3상 전원을 [그림 6-3]과 같이 표시한다. 여기서 Z_g는 각 상전원의 내부 임피던스이다.

3상 발전기에서 발생된 전압을 이용할 때 다음 두 가지 방법을 쓴다. 하나는 [그림 6-3]에서 단자 x, y, z를 함께 접속하고, 각 권선의 다른 단자 a, b, c에서 하나씩의 도선을 빼내는 방식이다. 이것을 **Y결선**이라 한다.

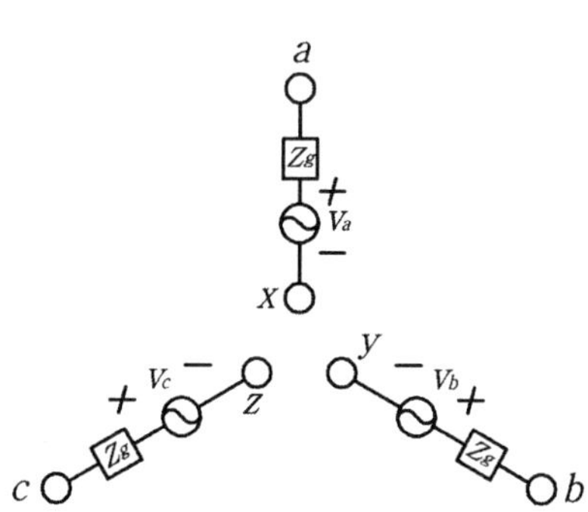

[그림 6-3] 3상 전원의 표시

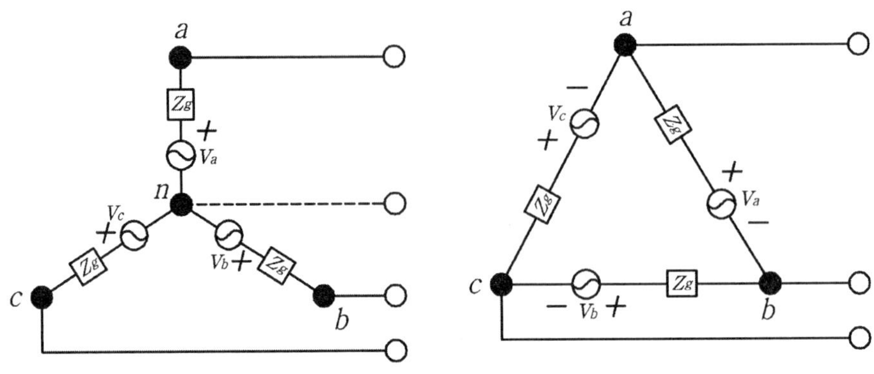

(a) Y결선 (b) △결선

[그림 6-4] 3상 전원의 결선방식

[그림 6-4](a)는 Y결선의 3상 전원을 표시한다. 여기서 공통접속점 n을 **중성점**이라고 한다. 또 한 가지 방식은 [그림 6-3]에서 단자 x와 b, y와 c, z와 a를 각각 접속하고 이 각 접속점에서 하나씩의 도선을 빼내는 방식이다. 이것을 **Δ 결선**이라고 한다. [그림 6-4](b)는 Δ결선의 3상 전원을 표시한 것이다.

3상 전원에서 각 상전압의 크기가 같고, 상전압의 상차가 서로 120°씩이고, 각 상전원의 내부 임피던스가 동일한 경우 이것을 **평형 3상 전원**이라고 한다.

[예제 1] 3상 평형 전압회로에서 불평형의 저항부하를 접속한 경우 그림과 같은 전류가 흘렀다. 이때 중성선의 전류는 몇 [A]인가?

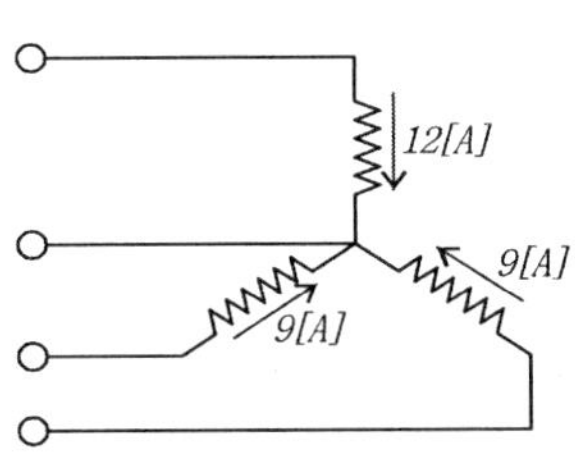

풀이 중성선에 흐르는 전류를 I_o[A]라고 하면

$$I_o = I_1 + I_2 + I_3$$

$$I_1 = 12\angle 0° = 12[\text{A}]$$

$$I_2 = 9\angle -120° = 9\times\left(-\frac{1}{2} - j\frac{\sqrt{3}}{2}\right) = -4.5 - j4.5\sqrt{3}[\text{A}]$$

$$I_3 = 9\angle 120° = 9\times\left(-\frac{1}{2} + j\frac{\sqrt{3}}{2}\right) = -4.5 + j4.5\sqrt{3}[\text{A}]$$

$$\therefore I_o = 12 + (-4.5 - j4.5\sqrt{3}) + (-4.5 + j4.5\sqrt{3}) = 12 - 9 = 3[\mathrm{A}]$$

[예제 2] 어떤 교류 3상 3선식 배전선로에서 전압을 200[V]에서 400[V]로 승압하였을 때 전력 손실은? (단, 부하용량은 같다)

풀이 전력손실 $P_l = I^2R = \left(\dfrac{P}{\sqrt{3}\,V\cos\theta}\right)^2 R,\ P_l \propto \dfrac{1}{V^2}$

$$\therefore P_l = \frac{1}{\left(\frac{400}{200}\right)^2} = \frac{1}{4}[\text{배}]$$

---

2 3상 회로

Y 또는 Δ로 결선된 3상 전원의 단자에서 3개의 도선을 인출하여 Δ형으로 또는 Y형으로 3개의 부하 임피던스를 연결하는 것이 보통이다. 그러나 배전선로에서는 Y결선 전원과 Y결선 부하의 중성점 사이를 또 하나의 도선, 즉 중성선으로 연결하는 경우가 있다. 이 방식을 **3상 4선식**이라고 한다. 4선식에 대하여 [그림 6-5](a), (b)와 같이 3선만을 쓰는 경우 3상 3선식이라고 한다.

한 발전기가 3상 전원을 이루는 것처럼 하나의 물리적 장치가 3상 부하를 형성하는 경우가 많다. 예를 들면 3상 전동기는 등가적으로 하나의 평형 Δ 또는 평형 Y 부하로 대표할 수 있다. 또 3상 부하는 전등, 전기로 등의 단상 부하를 Δ 또는 Y형으로 접속함으로써도 형성된다. 이 경우에는 단상 부하를 각 상에 대략 동일하게 배당하여 평형부하가 되도록 노력하고 있다. 그래야만 3상 방식의 여러 가지 이점을 얻을 수 있기 때문이다.

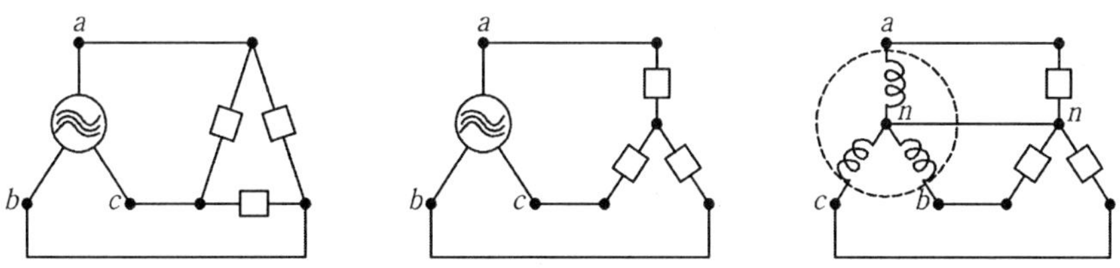

(a) Δ결선의 부하　　(b) Y결선의 부하　　(c) 3상 4선식

[그림 6-5] 3상 회로 결선

또 전압의 변화가 필요할 때에는 송배전 계통의 중간에 1차, 2차 권선이 Y 또는 Δ로 결선된 3대의 단상 변압기 또는 3상 변압기를 설치한다. 보통 10~30[kV]인 발전기 전압을 100~500[kV]로 승압시켜 원거리 수송하는데 이것을 주 배전 계통의 전력용 변압기에서 154[kV], 22.9[kV]로 강압되고 다시 수요자를 위해서 220[V] 또는 380[V]로 강압된다.

[그림 6-6]은 대표적인 3상 변압기 결선을 나타낸다. [그림 6-6](a)의 Δ-Y결선은 발전소에서의 대표적인 것이며 Δ측이 발전기, Y측이 송전선측에 연결된다. 3상 동력이 필요한 공업지대에서는 [그림 6-6](b), (c)의 결선이 흔히 쓰인다.

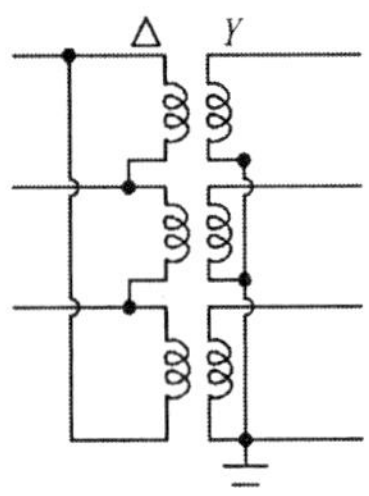

(a) Δ-Y 결선

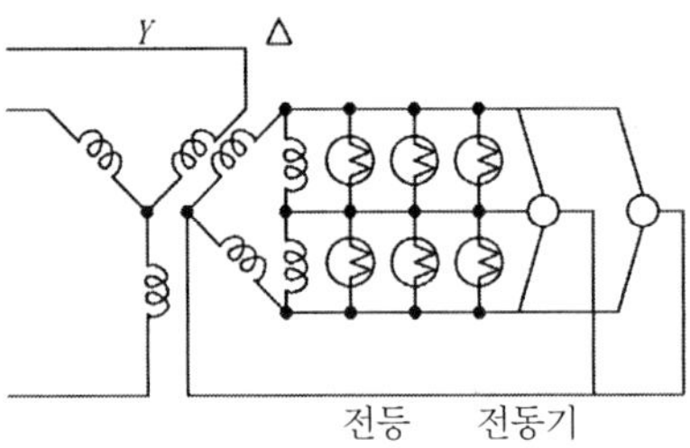

(b) Y-Δ결선

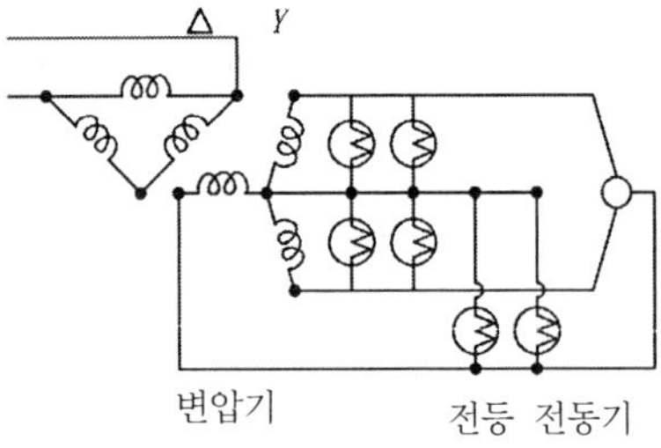

(c) Δ-Y 결선(전등, 동력 공용)

[그림 6-6] 3상 변압기의 각종 결선방식

[그림 6-6](b)에서는 Δ결선의 2차 선간전압에 3상 전동기를 연결하고, Δ권선의 중앙탭과 권선 외측단자 사이에 조명등 등의 단상부하를 연결한다.

[그림 6-6](c)에서는 2차를 Y결선으로 하고 선-중성점간 전압은 단상 부하용으로 하고, 선전압간에는 3상 부하용으로 한다.

3 3상 회로 등가변환

Δ결선의 전원을 등가적인 Y결선의 전원으로 또 Δ결선의 부하를 이와 등가적인 Y결선의 부하로 변환하여 계산하면 편리한 경우가 많다.

3.1 평형 3상 전원

[그림 6-7](a), (b)에서 표시한 내부 임피던스가 0인 평형 Y전원과 Δ전원의 전압 V_a, V_b, V_c와 V_{ab}, V_{bc}, V_{ca}가 어떤 특별한 관계를 가질 때 두 전원은 단자 a, b, c에 관하여 등가가 된다. 각 전원은 이상적으로 세 단자를 통하여 외부회로로 전류가 유출되더라도 단자전압은 일정하게 유지된다. 따라서 두 전원에서 대응하는 단자간 전압이 서로 동일하면 두 회로는 등가적이며 등가조건은 다음과 같다.

$$V_{ab} = V_a - V_b, \quad V_{bc} = V_b - V_c, \quad V_{ca} = V_c - V_a \tag{6 · 3}$$

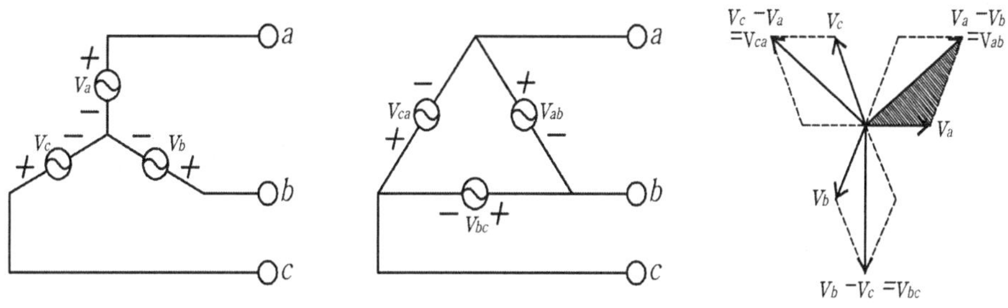

(a) Y결선 (b) Δ전원 (c) 벡터도

[그림 6-7] 평형 3상 전원의 등가변환(상순은 abc)

식 (6 · 3)의 관계는 벡터도를 그려보면 더욱 명백히 파악할 수 있다.

[그림 6-7](c)는 평형 Y전원의 전압이 상순이 abc일 때 V_a를 기준으로 하여 V_a, V_b, V_c를 그리고, 등가 Δ전원의 각 전압 V_{ab}, V_{bc}, V_{ca}의 벡터도를 그린 것이다.

[그림 6-7]로부터 명백한 바와 같이 V_{ab}, V_{bc}, V_{ca}는 각각 V_a, V_b, V_c보다 위상이 30°씩 앞서고, 크기는 전자가 후자의 $\sqrt{3}$배와 같다.

[그림 6-7](a)의 Y결선의 3상 전원에서 V_a, V_b, V_c를 **상전압** 또는 **대지전**

압이라 하며 , 단자 a, b, c간의 전압 V_{ab}, V_{bc}, V_{ca}를 **선간전압**이라고 한다. 식 (6 · 3)에서 3식을 합치면 다음과 같다.

$$V_{ab} + V_{bc} + V_{ca} = 0, \quad V_a + V_b + V_c = 0 \qquad (6 \cdot 4)$$

따라서 이 경우에 전원이 환상으로 연결되어 있음에도 불구하고 외부단자에 회로가 연결되어 있지 않는 한 Δ결선 내를 순환하는 전류는 없다. 즉, 평형 3상 전압은 0이다.

3.2 평형 3상 부하

모든 Δ회로는 이와 등가적인 Y회로로 변환할 수 있으므로 3상 부하는 Δ 또는 Y 어느 쪽으로도 변환할 수 있다. 특히 평형 3상 부하인 경우 Δ와 Y의 변환은

$$Z_Y = \frac{1}{3} Z_\Delta \qquad (6 \cdot 5)$$

에 의하여 이루어진다. [그림 6-8]에는 이것을 표시하였다.

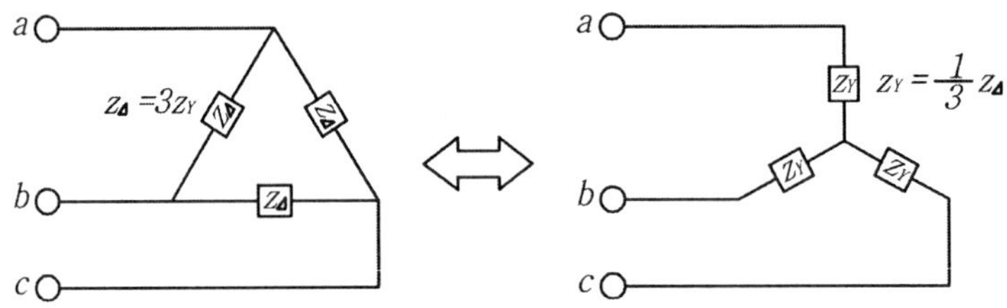

[그림 6-8] 평형 3상 부하의 등가변환

즉, Y결선 평형 3상 부하의 각 상 임피던스가 $10 + j3[\Omega]$이면 이와 등가인 Δ결선의 상 임피던스는 $30 + j9[\Omega]$이다.

[예제 3] Δ결선된 부하를 Y결선으로 하면 소비전력은 어떻게 되는가?

(풀이) 1상의 저항을 R, 인가전압을 V라고 하면 $P = 3I_P^2 \cdot R$[W]이므로

$$\frac{P_Y}{P_\Delta} = \frac{3 \times \left(\dfrac{\frac{V}{\sqrt{3}}}{R} \right)^2 \times R}{3 \times \left(\dfrac{V}{R} \right)^2 \times R} = \frac{1}{3}$$

---

4 등가 단상 회로

△ 전원이나 △ 부하는 이것을 Y형으로 변환할 수 있으므로 3상 3선식의 모든 평형 3상 회로는 [그림 6-9](a)와 같은 Y-Y회로로 표시할 수 있다. 여기서 전원 임피던스 Z_g, 선 임피던스 Z_L 및 부하 임피던스 Z_Y를 하나의 임피던스 Z로서 대치하면 [그림 6-9](b)와 같이 된다. 이 회로에서 점 n'와 n 사이의 전압은

$$V_{nn'} = V_a - ZI_a = V_b - ZI_b = V_c - ZI_c \tag{6·6}$$

$$\therefore 3V_{nn'} = (V_a + V_b + V_c) - Z(I_a + I_b + I_c) \tag{6·7}$$

우변에서 첫번째 ( )안은 3상 전원의 평형조건으로부터 0이 되고, 두번째 ( )안은 KCL에 의하여 0이 된다. 따라서

$$V_{nn'} = 0 \tag{6·8}$$

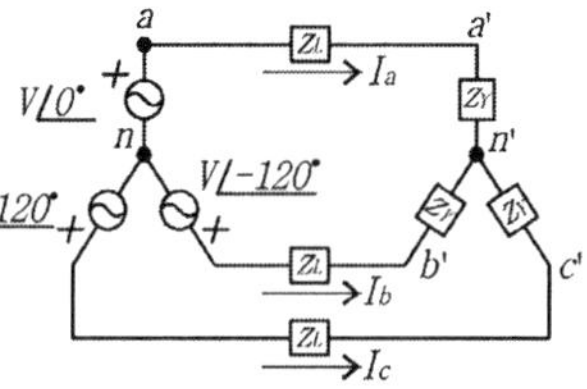

(a) 3상 회로

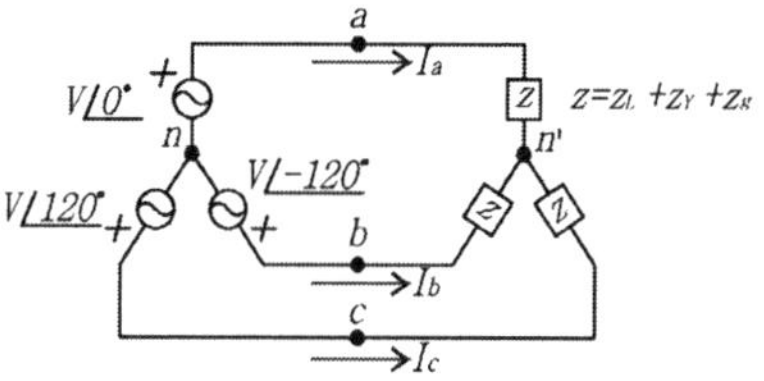

(b) 임피던스 대치회로

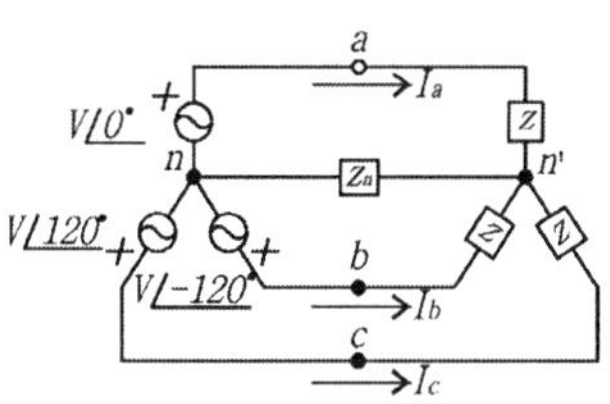

(c) 중성점 연결(임피던스)

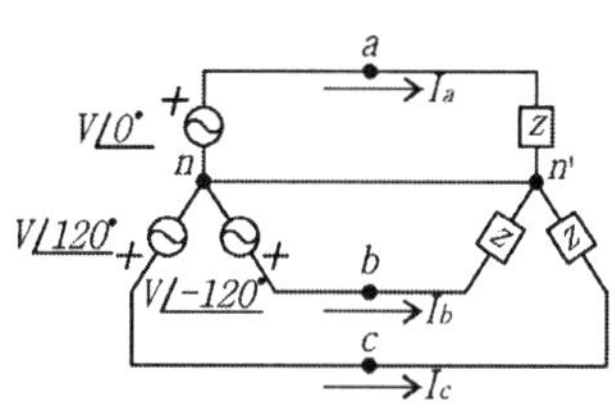

(d) 중성점 연결(단락)

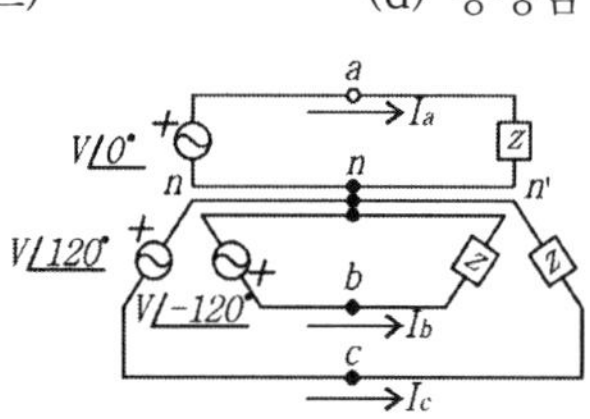

(e) 3개 단상 회로

[그림 6-9] 평형 3상 회로 및 단상 회로

즉 평형 3상 회로에서는 전원의 중성점과 부하의 중성점간의 전압은 항상 0이다. 그러므로 이 두 점 사이에 어떠한 임피던스를 연결해도 이를 통하여 전류는 흐르지 않는다.

따라서 [그림 6-9](c)와 같이 n, n'간을 임피던스 Z_n으로 연결하든지, 또는 [그림 6-9](d)와 같이 단락하더라도 회로에는 전혀 영향을 주지 않는다. 이상으로 3선식이든, 4선식이든 평형 3상 회로는 모두 [그림 6-9](d)의 회로와 등가가 된다. 이 회로에선 폐로 $n-a-n'-n$은 KVL을 적용함으로써 선전류 I_a는 다음과 같이 구해진다.

$$I_a = \frac{V_a}{Z},\ \ I_b = \frac{V_b}{Z},\ \ I_c = \frac{V_c}{Z} \tag{6 · 9}$$

지금 [그림 6-9](d)의 회로를 세 부분으로 분리하여 [그림 6-9](e)에서 3개의 단상 회로의 각 전류는 식 (6 · 9)와 일치함을 볼 수 있다. 따라서 평형 3상 회로는 3개의 독립적인 단상 회로로 대치하여 생각할 수 있다. 이 등가 단상 회로로부터 어느 한 상에 관한 전류, 전압이 구해지면 다른 상에 대한 것은 120°의 상차만을 고려함으로써 곧 알 수 있다.

예를 들면 상순이 abc이고, 상전압이 V, $Z=\angle\theta$일 때 상 a의 선전류 I_a만을 $I_a = V\angle 0°/Z\angle\theta = (V/Z)\angle -\theta$에 의하여 구하면 다른 상의 선전류는 $I_b = I_a\angle -120°$, $I_c = I_a\angle +120°$와 같이 된다.

$$\text{즉},\ I_a = I\angle 0°,\ \ I_b = I\angle -120°,\ \ I_c = I\angle +120° \tag{6 · 10}$$

평형 3상 회로의 어느 부분에 나타나는 각 상의 전압들도 이와 같이 평형을 이룬다. 그러므로 각 상을 따로따로 생각할 필요가 없다. 전력도 등가 단상 회로에서 계산한 것을 3배하면 실제의 평형 3상 회로 전체의 전력이 된다.

5 선전류, 선간전압과 상전압과의 관계

Y 또는 Δ로 결선된 3상 부하에서 각 상 임피던스에 흐르는 전류를 상전류, 상 임피던스 양단의 전압을 상전압이라고 한다. Y부하에서는 선전류와 상전류는 같고 Δ부하에서는 선간전압과 상전압이 동일하다.

5.1 Y결선에서 선간전압과 상전압

[그림 6-10](a)의 평형 Y부하가 평형 3상 회로를 형성하고 있을 때 선전류 I_a, I_b, I_c는 평형을 이루며 상전압 $V_{an}(=ZI_a)$, $V_{bn}(=ZI_b)$, $V_{cn}(=ZI_c)$도 평형을 이룬다. 그러므로 선전압 V_{ab}는 다음과 같다.

$$V_{ab} = V_{an} + V_{nb} = V_{an} - V_{bn} \tag{6·11}$$

지금 상순을 abc라 하면 [그림 6-10](b)의 페이저도로부터 $V_{an} - V_{bn} = \sqrt{3}\,V_{an} \angle +30°$이다. 따라서 다음 식을 구할 수 있다.

$$V_{ab} = \sqrt{3}\,V_{an} \angle +30°,\ V_{bc} = \sqrt{3}\,V_{bn} \angle +30°,\ V_{ca} = \sqrt{3}\,V_{cn} \angle +30° \tag{6·12}$$

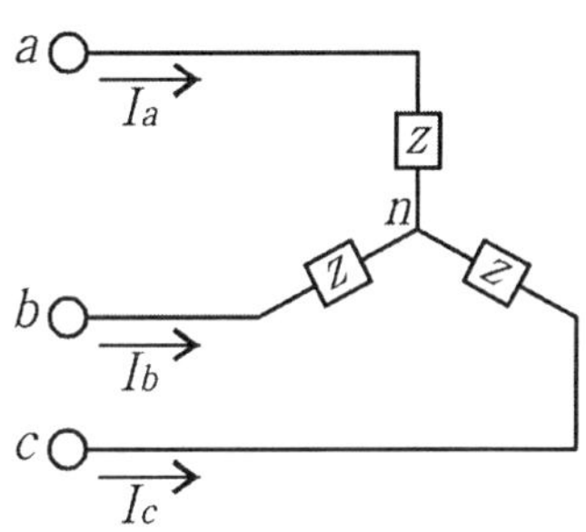

(a) 평형 Y부하

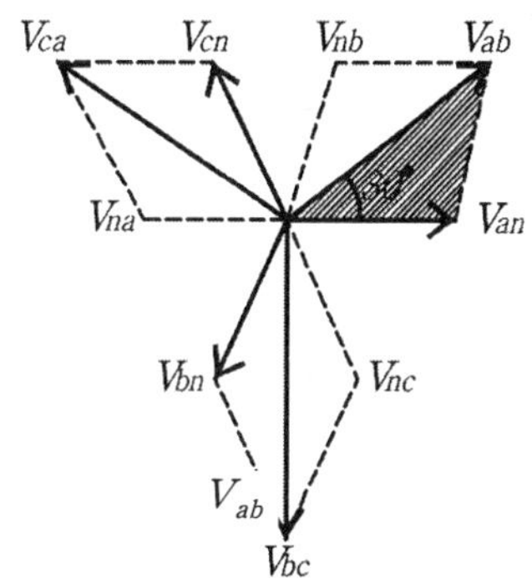

(b) 선간전압과 상전압

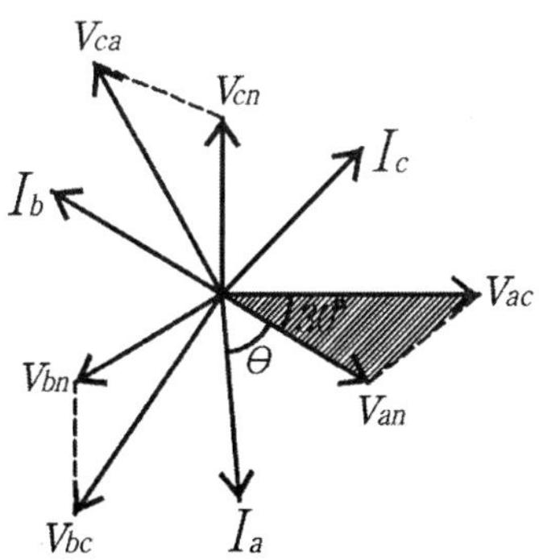

(c) 페이저도(상순은 abc)

[그림 6-10] 선간전압과 상전압

그러므로 선간전압 및 상전압의 크기를 각각 V_L, V_P라 하면

$$V_L = \sqrt{3}\, V_P \qquad (6 \cdot 13)$$

[예제 4] 대칭 3상 Y부하에서 각 상의 임피던스 $Z = 30[\Omega]$이고 부하전류가 8[A]일 때 부하의 선간전압은 몇 [V]인가?

(풀이) 대칭 3상 Y부하에서는

$$I_l = I_P, \quad V_l = \sqrt{3}\, V_P = \sqrt{3} \cdot I_P \cdot Z = \sqrt{3} \times 8 \times 30 \doteqdot 415[\mathrm{A}]$$

[예제 5] 3상 3선인 200[V] 회로에서 10[Ω]의 전열선을 그림과 같이 접속할 때 선전류는 몇 [A]인가?

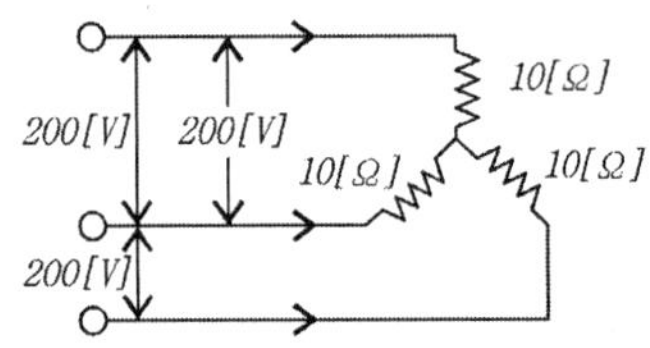

(풀이) 대칭 3상 Y부하에서

$$I_l = I_P, \qquad V_l = \sqrt{3}\, V_P, \qquad V_P = \frac{V_l}{\sqrt{3}}$$

$$I_P = I_P = \frac{V_P}{Z} = \frac{\frac{V_l}{\sqrt{3}}}{Z} = \frac{\frac{200}{\sqrt{3}}}{10} = 11.5 \doteqdot 12[\mathrm{A}]$$

5.2 △결선에서 선전류와 상전류

[그림 6-11](a)의 평형 Δ부하에서는 선전압 V_{ab}, V_{bc}, V_{ca}는 평형을 이루고, 상전류 $I_{ab}(= V_{ab}/Z)$, $I_{bc}(= V_{bc}/Z)$, $I_{ca}(= V_{ca}/Z)$도 평형을 이룬다. 선전류는 다음과 같다.

$$I_a = I_{ab} - I_{ca} \qquad (6 \cdot 14)$$

상순을 abc라 하면 [그림 6-11](b)의 페이저도로부터 $I_{ab} - I_{ca} = \sqrt{3}\, I_{ab} \angle -30°$이다. 따라서

$$I_a = \sqrt{3}\,I_{ab}\angle -30^\circ,\ I_b = \sqrt{3}\,I_{bc}\angle -30^\circ,\ I_c = \sqrt{3}\,I_{ca}\angle -30^\circ \qquad (6 \cdot 15)$$

그러므로 선전류 및 상전류의 크기를 I_L, I_P라 하면

$$I_L = \sqrt{3}\,I_P \qquad (6 \cdot 16)$$

[예제 6] 저항 $R[\Omega]$ 3개를 3각 결선한 부하에 3상전압 E[V]를 인가한 경우 선전류는 몇 [A]인가?

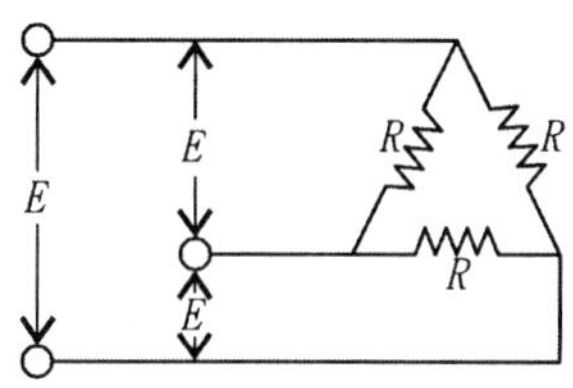

(풀이) 3상 평형 Δ부하에서

$V_l = V_P$

$I_l = \sqrt{3}\,I_P$, $\quad I_l = \sqrt{3}\,I_P = \sqrt{3} \cdot \dfrac{V_P}{Z} = \sqrt{3} \times \dfrac{E}{R} = \dfrac{\sqrt{3}\,E}{R}$

[그림 6-11](c)는 선간전압 V_{ab}를 기준으로 한 페이저도이다. 이것을 그리는 요령은 다음과 같다.

① 먼저 상순에 따라 모든 선전압의 페이저를 그린다(이 그림에서는 상순을 abc로 가정하였다).

② 다음에 각 상전류의 페이저를 그린다. 그 위상은 대응하는 선전압(=상전압)보다 상 임피던스 Z의 각 θ만큼 늦고, 그 크기는 V_L/Z과 같다.

③ 끝으로 각 선전류의 페이저를 대응하는 상전류보다 30° 늦게, 또 크기는 $\sqrt{3}$ 배로 하여 그린다.

선전압 V_L인 평형 3상 방식에서 부하로서 동일 임피던스 3개를 Δ 결선한 경우의 선전류와 Y결선한 경우의 선전류의 비는 $\sqrt{3}\left(\dfrac{V_L}{Z}\right) : \dfrac{V_L/\sqrt{3}}{Z} = 3 : 1$이다.

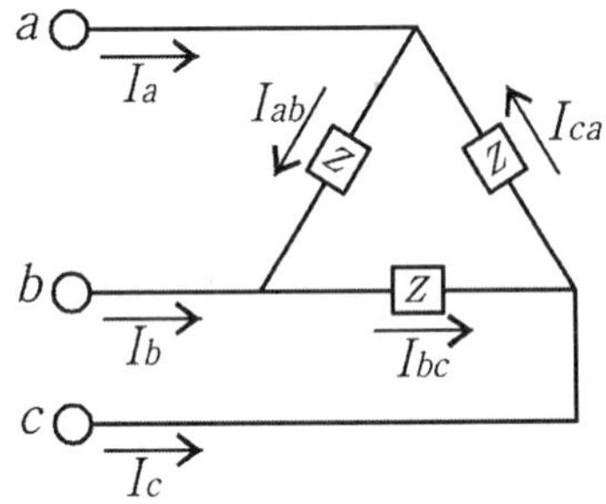

(a) 평형 Δ부하

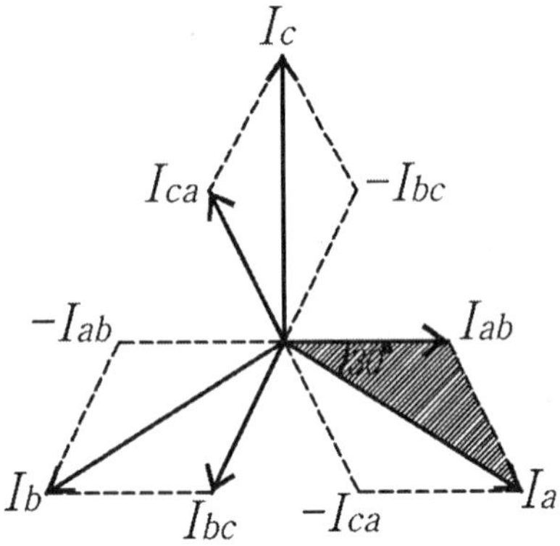

(b) 선간전류와 상전류

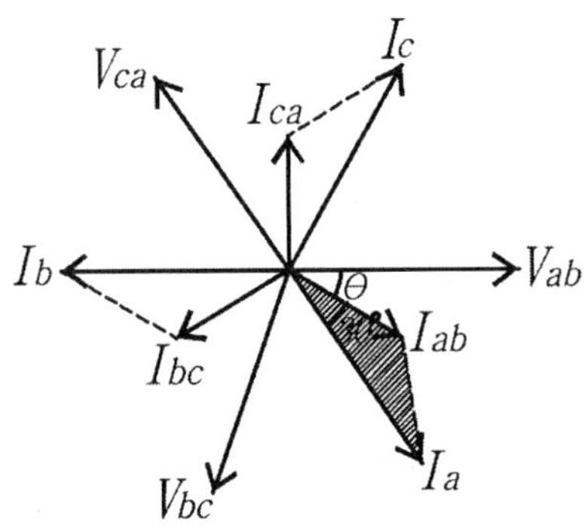

(c) 페이저도(상순은 *abc*)

[그림 6-11] 선간전압과 상전압

[예제 7] 정전용량 2[μF]의 콘덴서 3개를 Δ결선할 때의 3상 용량은 몇 [kVar]인가? (단, 전압은 6,600[V] 주파수는 60[Hz]로 한다)

풀이 $P_a[\text{kVar}] = 3V_P I_P \times 10^{-3} = 3V_P \dfrac{V_P}{Z} \times 10^{-3}$

$$= 3 \times 6600 \times \frac{6600}{1326.3} \times 10^{-3} = 98.53 \div 98.5$$

$$\left(V_P = V_l = 6{,}600[\text{V}],\ Z = \frac{1}{\omega C} = \frac{1}{2\pi f C} = \frac{1}{2\pi \times 60 \times 2 \times 10^{-6}} = 1326.3[\Omega] \right)$$

---

6 3상 전력

모든 평형 3상 회로는 3개의 단상회로로 대표할 수 있으므로 한 상에 대한 평균전력(P) 및 무효전력(P_r)의 3배가 3상 전체의 평균전력과 무효전력이다.

$$P = V_P I_P \cos\theta = R_P I_P^2 \tag{6 · 17}$$

$$P_r = V_P I_P \sin\theta = X_P I_P^2 \tag{6 · 18}$$

$$3P = 3 V_P I_P \cos\theta \tag{6 · 19}$$

$$3P_r = 3 V_P I_P \sin\theta \tag{6 · 20}$$

여기서 $\theta = \tan^{-1}\dfrac{X_P}{R_P} = \cos^{-1}\dfrac{R_P}{Z_P} = \sin^{-1}\dfrac{X_P}{Z_P}$이다. 위에서 V_P, I_P, R_P, X_P는 각각 한 상의 전압, 전류, 저항 및 리액턴스이며, 또 θ는 상전압과 상전류의 상차인 동시에 상 임피던스 Z_P의 각과 같다.

평형 Y부하에서 $V_P = V_L/\sqrt{3}$, $I_P = I_L$, 평형 Δ부하에서 $V_P = V_L$, $I_P = I_L/\sqrt{3}$이므로 (6 · 19), (6 · 20)에 대입하면 다음 식으로 구할 수 있다.

$$3P = \sqrt{3}\, V_L I_L \cos\theta \tag{6 · 21}$$

$$3P_r = \sqrt{3}\, V_L I_L \sin\theta \tag{6 · 22}$$

이 식을 이용할 때 특히 주의할 것은 θ가 선전압과 선전류와의 상차가 아니라는 것이다. 3상 회로의 피상전력도 다음과 같이 정의할 수 있다.

$$P_a = 3\sqrt{P^2 + P_r^{\,2}} = \sqrt{3}\, V_L I_L \tag{6 · 23}$$

이상에서 보는 바와 같이 평형 3상 회로의 P, P_r, P_a는 한 상에 대한 것을 3배 한 것과 같다. 또한 3상 회로의 역률은 다음과 같이 정의된다.

$$\cos\theta = \frac{P}{VI} \tag{6 · 24}$$

즉 평형 3상 회로의 역률은 어느 한 상에 대한 역률과 같다.

[예제 8] 단상변압기 3대(150[kVA]×3)를 Δ결선 운전 중에 1대가 고장이 생겨 V결선으로 운전할 경우 출력은 몇 [kVA]인가?

풀이 $P_V = \dfrac{P_\Delta}{\sqrt{3}} = \dfrac{150 \times 3}{\sqrt{3}} = 150\sqrt{3}\,[\text{kVA}]$

[예제 9] 10[kVA]의 변압기 2대로 공급할 수 있는 최대 3상 전력은 몇 [kVA]인가?

풀이 $P_V = \sqrt{3}P = \sqrt{3} \times 10 = 17.3[\text{kVA}]$

6.1 평형 3상 계통의 장점

[그림 6-12]와 같이 단상전력의 순시값은 진동하지만 평형 3상 전원에 의하여 평형부하에 공급되는 3상 전력은 시간에 관계없이 일정하다.

$$\text{단상의 각 순시전력}(P_a + P_b + P_c) = \text{전 평균전력}(P_p) \qquad (6 \cdot 25)$$

그러므로 3상 전동기에 유입되는 순시전력은 시간에 관계없이 일정한 회전력(torque)을 발생시키며, 단상 전동기에 비해서 진동, 잡음이 매우 적고 기동이 용이하다.

또한 동일 부하전력을 공급하는 데 3상 송전선을 사용하는 경우에는 단상의 경우에 비하여 선로손실이 1/4밖에 안된다.

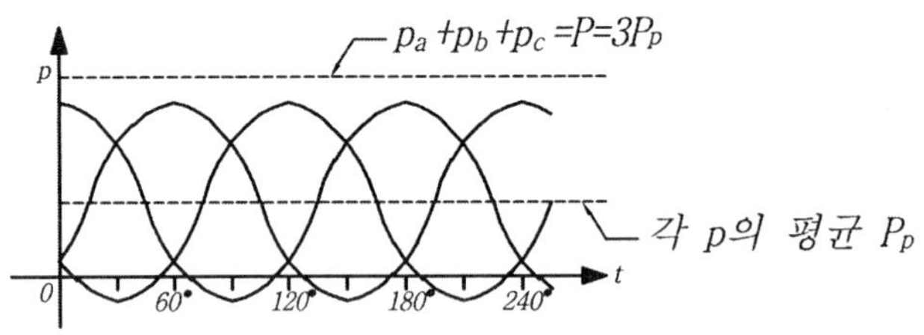

[그림 6-12] 평형 3상 회로의 합성

6.2 변압기의 3상 결선 특성

(1) $\Delta - \Delta$결선

① 단상 변압기 3대 중 한 대가 고장일 때 나머지 2대를 이용하여 V결선으로

송전을 계속할 수 있다.

② 제3고조파는 각상이 동상이 되기 때문에 권선 안에서 순환전류가 되어 외부에 흐르지 않게 되어 통신장애가 없다.

③ 중성점을 접지할 수 없다(110[kV] 이상 계통에는 사용하지 않는다).

④ 동일한 선간전압에 대하여 Y결선보다는 권선의 상전압이 $\sqrt{3}$배 높아지므로 절연에 문제가 된다.

$$\text{선간전압} = \text{상전압}, \quad \text{선간전류} = \sqrt{3}\,\text{상 전류} \tag{6·26}$$

$$3P = \sqrt{3} \times \text{선간전압} \times \text{선간전류} = 3 \times \text{상전압} \times \text{상전류}$$

(2) Y-Y 결선

① 중성점을 접지시킬 수 있다.

② 권선전압(상전압)이 선간전압의 $\frac{1}{\sqrt{3}}$이 되어 절연이 용이하다.

③ 기전력의 고조파는 중성점을 통하여 통신 유도장애를 발생한다.

④ 3차 권선을 설치하여 Y-Y-Δ의 3권선 변압기로 송전용에 널리 사용된다.

$$\text{선간전압} = \sqrt{3} \times \text{상전압}, \quad \text{선간전류} = \text{상전류} \tag{6·27}$$

$$3P = \sqrt{3} \times \text{선간전압} \times \text{선간전류} = 3 \times \text{상전압} \times \text{상전류}$$

(3) V결선

$$\text{변압기 용량 이용률} = \frac{\sqrt{3}}{2} = 0.866$$

$$\text{V결선과 } \Delta\text{결선의 용량비} = \frac{\sqrt{3}\,VI}{3VI} = \frac{1}{\sqrt{3}} = 0.577$$

$$\text{선간전압} = \text{상전압}, \quad \text{선간전류} = \text{상전류}$$

$$3P = \sqrt{3} \times \text{선간전압} \times \text{선간전류} = \sqrt{3} \times \text{상전압} \times \text{상전류}$$

제6장 3상 회로

연습문제

1. 동력용 전원으로 사용하는 3상 교류전원의 상간 위상차는 몇 도인가?

㉮ 60　　㉯ 120　　㉰ 180　　㉱ 240

2. 10[kVA]의 변압기 2대로 공급할 수 있는 최대의 3상 전력은 몇 [kVA]인가?

㉮ 10　　㉯ 14.1　　㉰ 17.3　　㉱ 20

3. V 결선 변압기의 이용률은 몇 [%]인가?

㉮ 67.6　　㉯ 77.6　　㉰ 86.6　　㉱ 96.6

4. 변압기의 고압측에는 몇 개의 탭을 만들어 놓았다. 그 이유는?

㉮ 부하전류를 조정하기 위하여
㉯ 변압기의 여자전류를 조정하기 위하여
㉰ 수전점의 전압을 조정하기 위하여
㉱ 예비용 단자로 사용하기 위하여

5. 3상 3선식 선로에 접속하는 성형결선의 평형저항이 있다. 이 부하를 Δ결선하여 같은 전원에 접속한 경우의 선전류는 성형결선일 경우의 몇 배가 되는가?

㉮ $\frac{1}{3}$　　㉯ $\frac{1}{\sqrt{3}}$　　㉰ $\sqrt{3}$　　㉱ 3

정답

1. ㉯ 2. ㉰ 3. ㉰ 4. ㉰ 5. ㉱

6. 3상 평형부하가 있다. 선간전압 3000[V], 선전류 30[A], 역률이 0.9이다. 부하가 Y결선일 때 한 상의 저항은 몇 [Ω]인가?

㉮ 48　　㉯ 52　　㉰ 56　　㉱ 60

7. 전원에 저항이 각각 $R[\Omega]$인 저항을 델타(Δ)결선으로 접속시킬 때와 Y결선으로 접속시킬 때 선전류비(I_Δ / I_Y)는 어떻게 되는가?

㉮ $\frac{1}{\sqrt{3}}$배　　㉯ $\sqrt{3}$배　　㉰ $\frac{1}{3}$배　　㉱ 3배

8. $v = 100\sin\left(377t - \frac{\pi}{6}\right)$[V]의 전압을 가한 회로에 $i = 40\sin\left(377t - \frac{\pi}{6}\right)$[A]의 전류가 흘렀다. 이 회로의 소비전력은 몇 [W]인가?

㉮ 1600　　㉯ 2000　　㉰ 2400　　㉱ 4000

9. 단상 변압기 3대를 델타(Δ)결선해서 부하에 전력을 공급하고 있는데 변압기 1대가 고장이 나서 V결선으로 바꾼 경우 고장 전 출력의 몇 [%]까지 낼 수 있는가?

㉮ 53　　㉯ 57　　㉰ 86　　㉱ 90

10. 한 상의 임피던스가 $6 + j8$인 평형 델타(Δ)부하에 대칭인 선간전압 200[V]를 가하면 3상 전력은 몇 [kW]인가?

㉮ 6800　　㉯ 7200　　㉰ 9600　　㉱ 12000

정답

6. ㉯ 7. ㉱ 8. ㉯ 9. ㉯ 10. ㉯

7장

회로망 정리

1 중첩의 원리

회로망은 저항과 같은 소자들이 임의로 조합된 것이다. 회로망을 해석하기 위해서 직렬과 병렬 회로에 대한 법칙들보다 더 많은 법칙들이 필요하다. 키르히호프 법칙은 모든 회로에 대해 항시 적용된다. 회로망 정리를 이용하면 원래의 회로를 간단한 등가회로로 변환시킬 수 있기 때문에 회로를 해석하는 데 더욱 간결한 방법을 제시할 수 있다.

모든 등가회로는 직렬과 병렬 회로 법칙과 키르히호프 법칙에 의해 유도될 수 있으며, 직류·교류 어느 회로망에도 적용할 수 있다. 이러한 회로망 정리에는 중첩의 원리, 테브낭 정리, 노튼 정리, 밀만 정리, 상반 정리 등이 있다.

수 개의 전원이 포함된 선형회로에서 어느 지로의 전류(또는 전압)는 개개의 전원이 개별적으로 작용할 때의 전류(또는 전압)를 합한 것과 같다. 이것이 선형회로에서 일반적으로 성립되는 **중첩의 원리**이다. 여기서 전원이 개별적으로 작용한다는 것은 그 이외의 전원을 제거하는 것, 즉 전압전원을 단락, 전류전원은 개방함을 의미한다. 전압원을 제거할 때, 전압원의 내부저항이 0이므로 양단자를 단락한다. 전류원을 제거할 경우는 내부저항이 무한대이므로, 무한대 저항을 만들어야 하므로 전류원 단자를 개방해야 된다. [그림 7-1](a)는 전압원 등가회로이고, 그림 (b)는 전류원 등가회로이다.

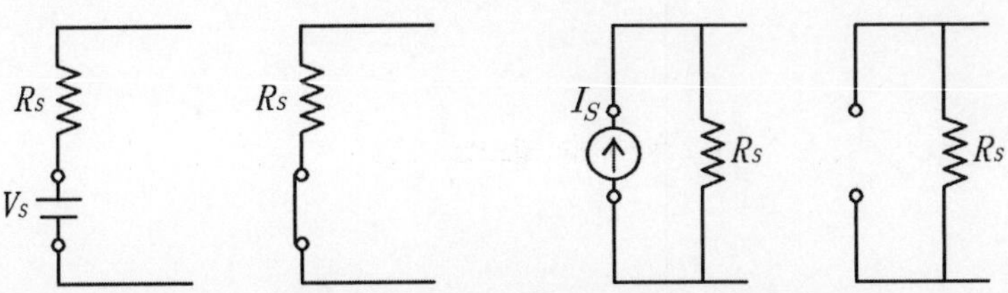

(a) 전압원 (b) 전류원

[그림 7-1] 전압원과 전류원

[예제 1] 그림에서 5[Ω]의 저항기에 흐르는 전류 I_3를 구하여라.

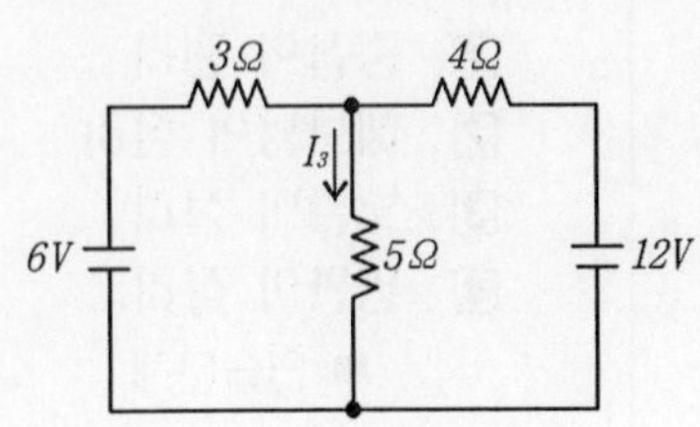

(풀이) 한 번에 한 개의 전원만 고려하므로 6[V]만 고려한다. 다른 전압원의 내부저항은 0이므로 12[V]를 제거한 등가회로는 다음 그림과 같다.

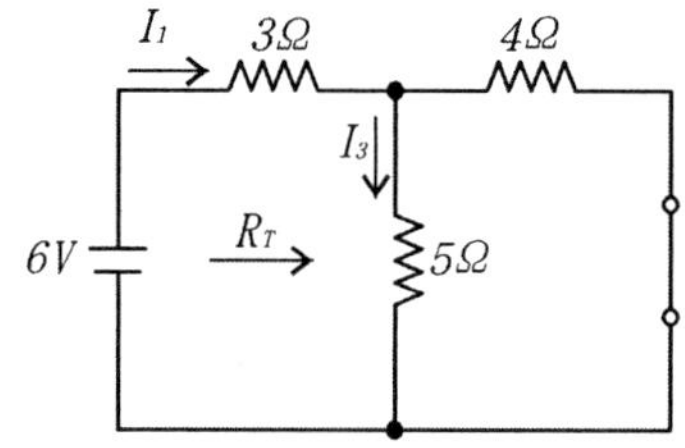

6[V] 전원에서 볼 때 각 저항은 직병렬 회로이다. 합성저항은

$R_{T1} = 3 + \frac{4 \times 5}{4+5} = 5.222[\Omega]$이고, I_1은 $I_1 = \frac{6}{5.222} = 1.149[A]$이다.

전류분배법칙에서 전류 I_3은 다음과 같이 된다.

$$I_3 = \frac{4}{4+5} \times 1.149 = 0.511[A]$$

다른 1개의 전원 12[V]만 고려한다. 다른 전원은 내부저항이 0이므로 6[V]를 제거한 등가회로는 다음과 같다. 12[V] 전원측에서 본 전체 저항을 직병렬 회로이므로 다음과 같이 구한다.

$$R_{2T} = 4 + \frac{3 \times 5}{3+5} = 5.875[\Omega]$$

$$I_2 = \frac{12}{5.875} = 2.043[A]$$

$$I_{32} = \frac{3}{3+5} \times 2.043 = 0.766[A]$$

그러므로, 두 전원측에서 구한 전류는 방향이 같으므로 전류값을 더하면 된다.

$$I = I_3 + I_{32} = 0.511 + 0.766 = 1.277[A]$$

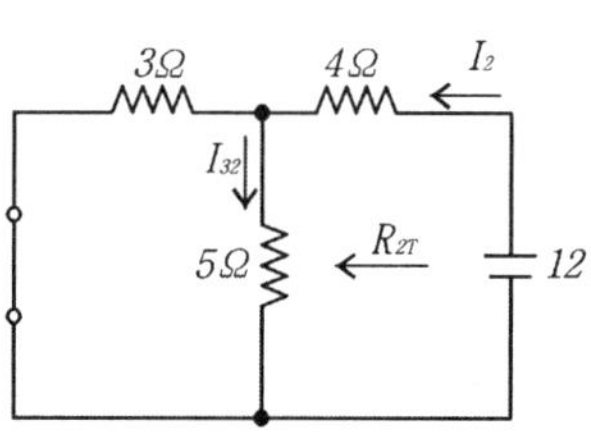

[예제 2] 그림에서 20[Ω]의 저항기에 흐르는 전류 I를 구하여라.

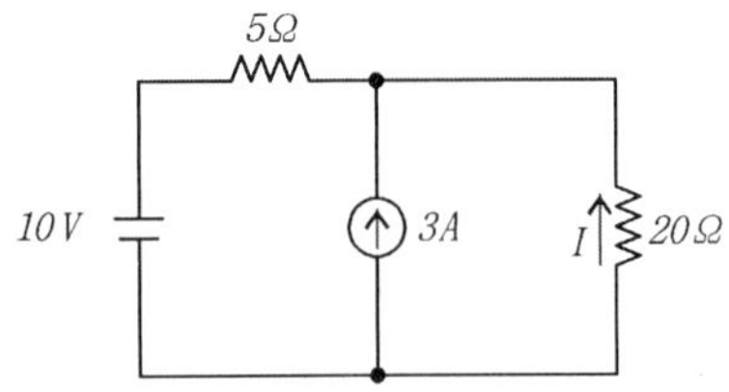

(풀이) 10[V] 전압원만 고려하면 전류원 내부저항은 개방(즉, 무한대)이므로 등가회로는 다음과 같다.

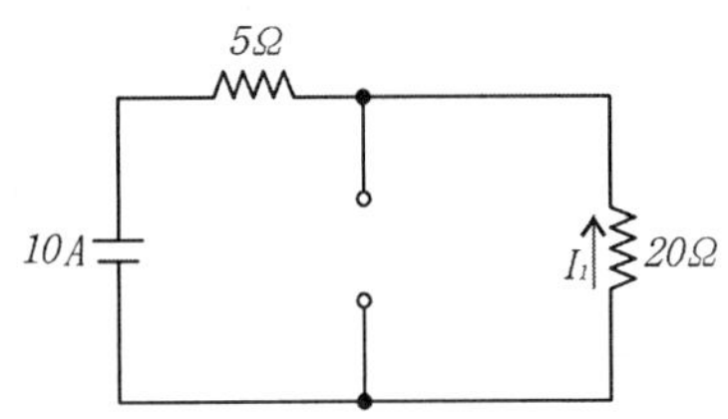

그림에서 5[Ω]과 20[Ω]은 직렬이므로 I_1은 다음과 같다.

$$I_1 = \frac{10}{5+20} = \frac{10}{25} = 0.4[\mathrm{A}]$$

다음은 10[V] 전압원은 내부저항이 0이므로 단락되고 3[A] 전류원만 고려한다. 그림에서 5[Ω]과 20[Ω]은 병렬이므로 전류분배법칙에서 I_2는 다음과 같다.

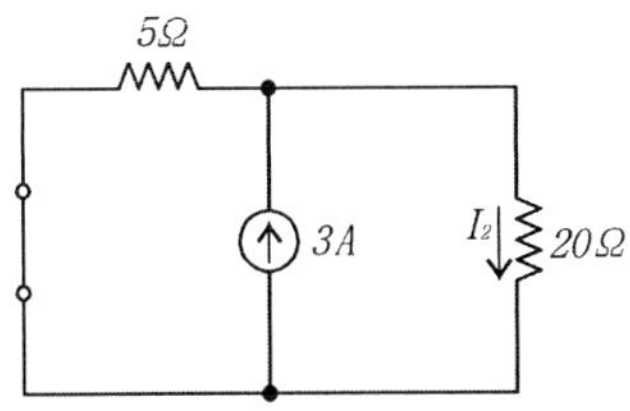

$$I_2 = \frac{5}{5+20} \times 3 = 0.6[\mathrm{A}]$$

중첩의 원리에 의해 I_1과 I_2를 합하면 되지만 I_1과 I_2가 방향이 반대이므로 전류값은 상쇄된다. 그러므로 구하고자 하는 전류 I는 다음과 같다.

$$I = (+I_1) + (-I_2) = 0.4 - 0.6 = -0.2[\mathrm{A}]$$

2 테브낭의 정리

여러 개의 지로로 전원과 저항으로 구성된 전기회로에서 어느 한 개 지로만의 전류를 구하는 데 이용되는 정리를 **테브낭(Thevenin) 정리**라 한다. 또한 어느 두 절점에 새로이 저항을 연결할 때 그 저항에 흐르는 전류를 구하는 경우에도 테브낭의 정리에 의해 쉽게 구할 수 있다.

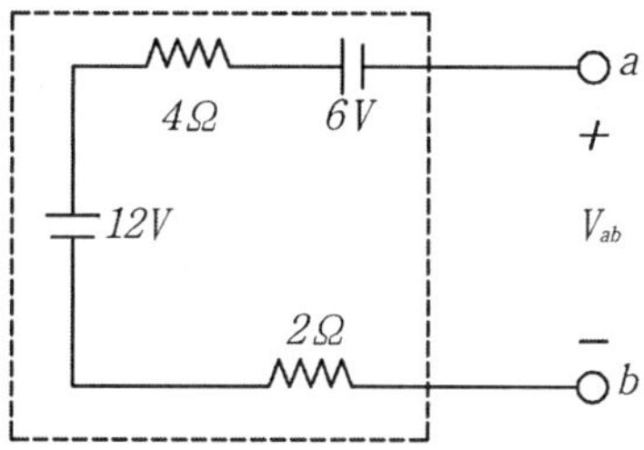

[그림 7-2] 일반회로

[그림 7-2]에서 점선 내부의 회로를 단자 ab에서 본 등가회로로 변환시켜보면 키르히호프 전압법칙에서 단자 ab전압은 다음과 같다.

$$V_{ab} = +12 - 6 = 6[\mathrm{V}]$$

즉 단자 ab의 단자전압은 6[V]이다. 2[Ω]과 4[Ω]은 직렬이므로 합성저항 R_T는 다음과 같다.

$$R_T = 2 + 4 = 6\,[\Omega]$$

즉 단자 ab의 저항값은 6[Ω]이다. 저항 R_T를 R_{TH}로 표시하고, 전압 V_{ab}를 V_{TH}로 표시하면 점선 내부의 회로는 [그림 7-3] 같이 단순하게 그릴 수 있다.

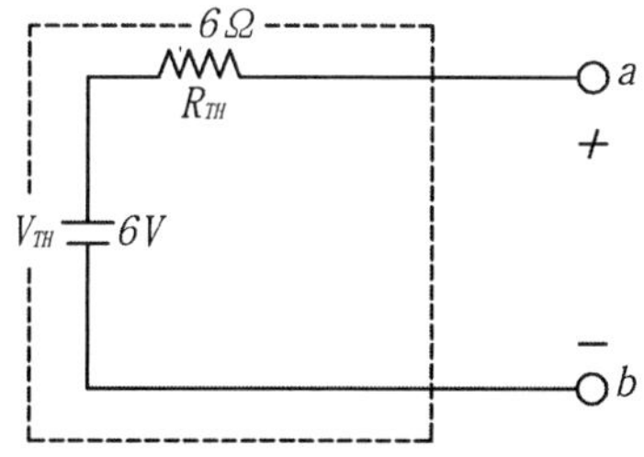

[그림 7-3] 테브낭의 정리

[그림 7-3]에서 점선 ab 외부 단자에 3[Ω]의 저항기를 연결할 경우 이 저항기에 흐르는 전류 I_L을 구해본다.

$$I_L = \frac{V_{TH}}{R_{TH}+R_L} = \frac{6}{6+3} = 0.67[\mathrm{A}]$$

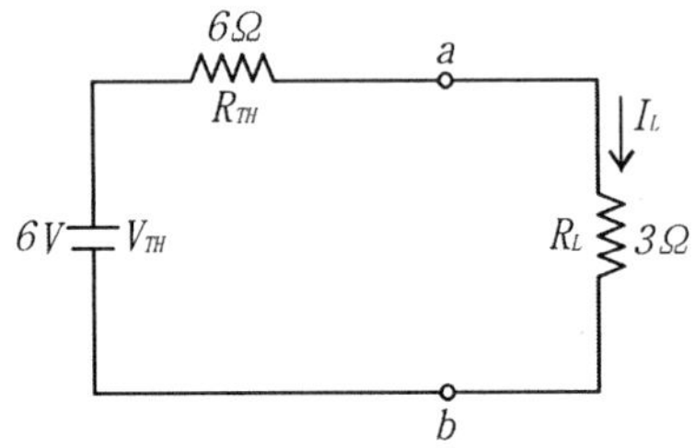

[그림 7-4] 회로 구성

[그림 7-4]의 $R_L=3[\Omega]$의 저항기를 원래 회로에 연결해도 결과는 마찬가지로 $I_L=0.67[\mathrm{A}]$가 될 것이다. 따라서 다음과 같이 테브낭 정리를 말할 수 있다. 단자 ab에 나타난 전압을 V_{TH}, 저항을 R_{TH}라 할 때 단자 ab에 R_L을 연결할 경우 R_L에 흐르는 전류 I_L은 다음과 같다.

$$I_L = \frac{V_{TH}}{R_{TH}+R_L} \tag{7·1}$$

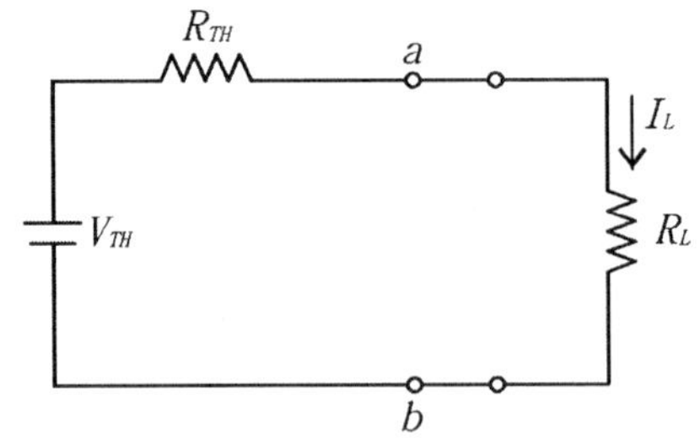

[그림 7-5] 테브낭의 등가회로

이 테브낭 정리를 구하는 경우 다음 순서대로 하면 쉽게 구할 수 있다.

① 회로에서 R_L을 떼어낸다.

② 단자 ab에 나타나는 테브낭 전압 V_{TH}를 구한다.

③ 전압원은 단락하고 전류원은 개방하여 단자 ab에서 본 테브낭 저항 R_{TH}를 구한다.

④ [그림 7-5]와 같은 테브낭 등가회로를 그릴 수 있으며, 전류 I_L은 $I_L = \dfrac{V_{TH}}{R_{TH}+R_L}$이다.

[예제 3] 그림에서 7[Ω]의 저항에 흐르는 전류를 구하여라.

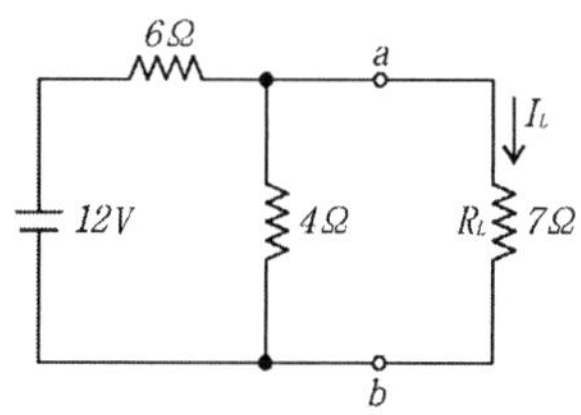

풀이 ① 절점 ab를 개방하여 다음 그림과 같이 V_{TH}를 얻는다. 전압분배법칙에서

$$V_{TH} = V_{ab} = \frac{4}{6+4} \times 12 = 4.8[\text{V}]$$

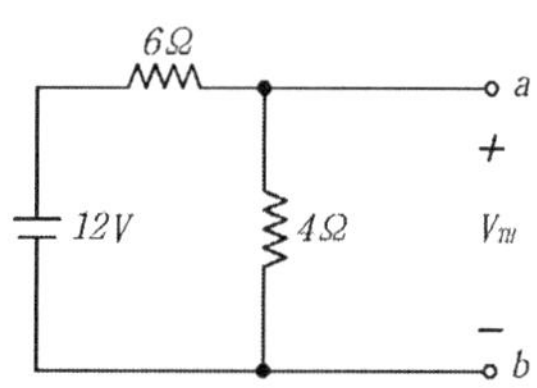

② 전원을 단락하면 테브낭 저항 R_{TH}를 구할 수 있다.

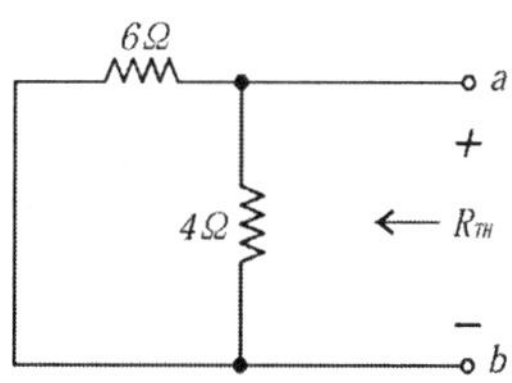

$$R_{TH} = \frac{6 \times 4}{6+4} = 2.4[\Omega]$$

③ 그러므로 다음과 같은 등가회로를 얻을 수 있다. 테브낭 저항 R_{TH}와 R_L이 직렬로 연결되어 있고 전원은 4.8[V]이므로 다음과 같이 구할 수 있다.

$$I_L = \frac{V_{TH}}{R_{TH} + R_L} = \frac{4.8}{2.4+7} = \frac{4.8}{9.4} = 0.51[\text{A}]$$

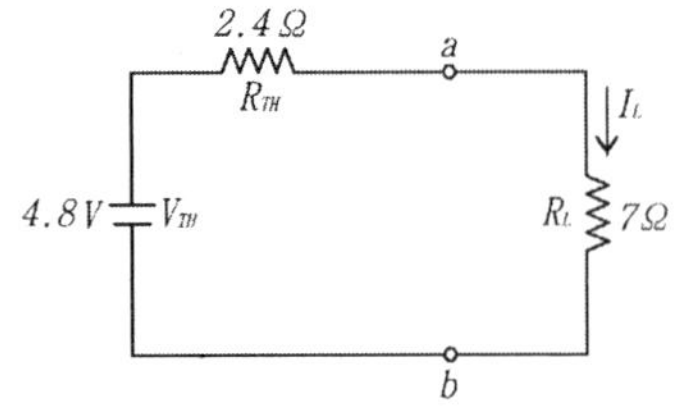

3 노튼의 정리

테브낭 정리는 전압원으로 등가회로를 만들었지만 노튼의 정리는 전류원으로 등가회로를 만드는 것이다. [그림 7-6]에 테브낭 등가회로를 다시 보여주고 있다. 이를 전류원으로 바꾸면 노튼의 등가회로로 [그림 7-7]이 된다.

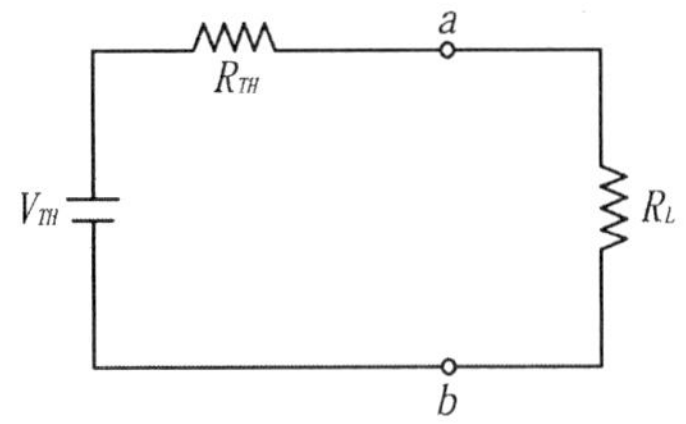

[그림 7-6] 테브낭 등가회로

여기서 I_N은 $I_N = \dfrac{V_{TH}}{R_{TH}}$로 단자 ab를 단락한 단락 전류이다. 그림에서 R_{TH}와 R_N은 같다.

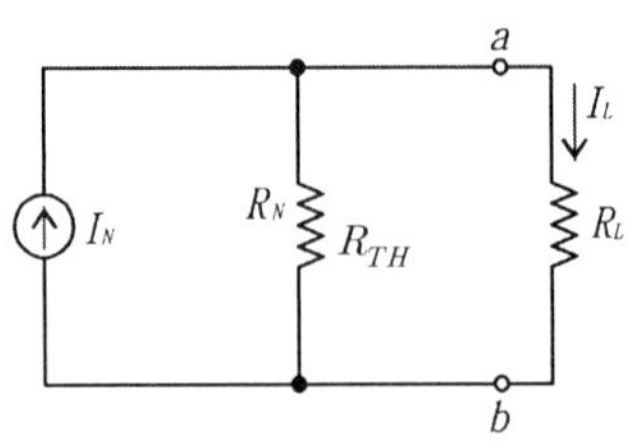

[그림 7-7] 노튼 등가회로

[그림 7-8]의 전기회로에서 어느 지로의 전류 I_L만을 구하려고 할 때, 그 지로의 저항 R_L을 떼어내고 절점 ab를 단락한 단락전류를 I_N이라 한다. 또 단자 ab에서 회로를 바라본 저항을 R_N이라 할 때 [그림 7-8]과 같은 노튼 등가회로를 만들 수 있다. 여기서 부하전류 I_L은 다음과 같이 구할 수 있다.

$$I_L = \frac{R_N}{R_N + R_L} \cdot I_N \tag{7 · 2}$$

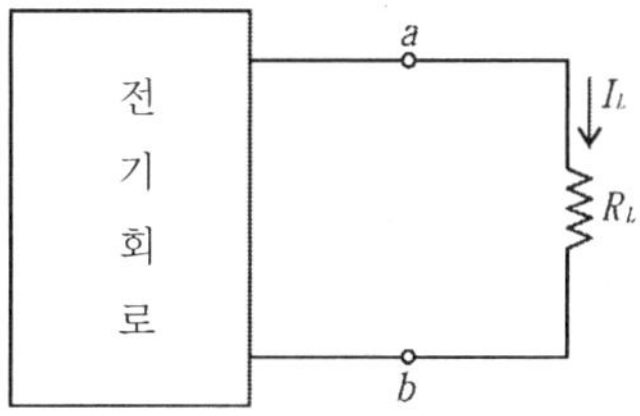

[그림 7-8] 노튼 구성회로

[예제 4] 그림의 회로에서 7[Ω]의 저항에 흐르는 전류 I_L을 구하여라.

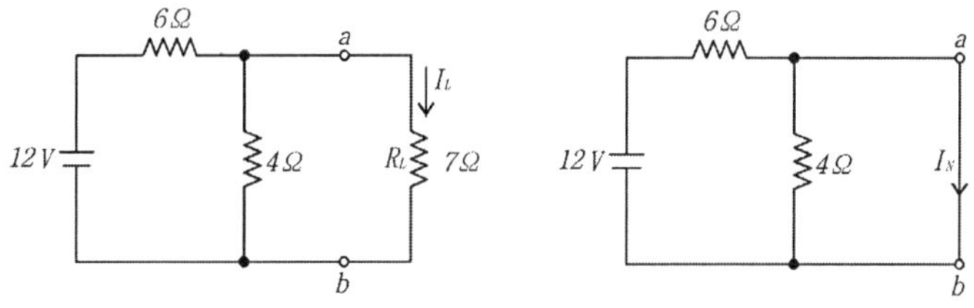

풀이 ① 저항 R_L을 회로에서 떼어 낸다.

② 단자 ab를 단락한 단락전류 I_N을 위 그림에서 구한다.

$$I_N = \frac{12}{6} = 2[\text{A}]$$

③ 노튼 등가저항과 테브낭 등가저항은 같은 값이다.

$$R_N = \frac{6 \times 4}{6 + 4} = 2.4[\Omega]$$

다음 그림과 같이 노튼의 등가회로를 그릴 수 있다. 전류분배법칙에서 I_L은

$$I_L = \frac{2.4}{2.4 + 7} \times 2 = \frac{2.4}{9.4} \times 2 = 0.51[\text{A}]$$

이 값은 테브낭에서 구한 값과 같다.

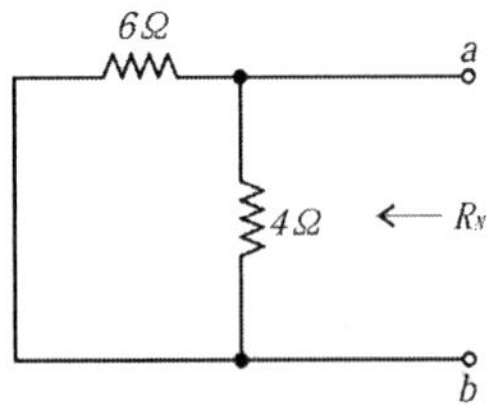

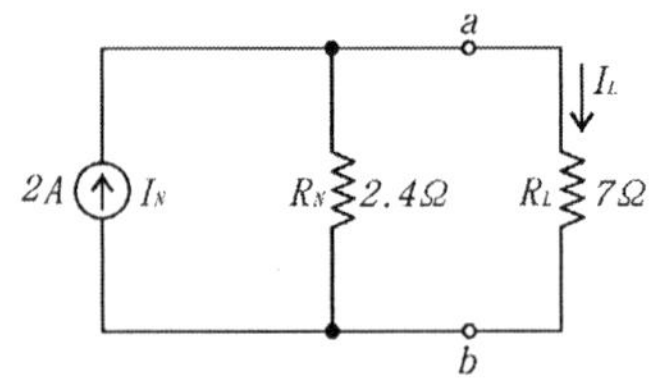

4 밀만의 정리

여러 개의 전원과 저항이 병렬로 연결된 회로를 마치 테브낭 등가회로처럼 변환하는 정리가 **밀만 정리**이며, [그림 7-9](a)의 점선 내의 회로를 [그림 7-9](b)와 같이 전압원의 회로도 변환시킬 수 있다. 또한 R_1과 V_1을 전류원으로 변화시키면 전류원으로 연결된 등가회로로 표시할 수 있으며, R_2와 V_2, R_3와 V_3를 전류원으로 변화시키면 [그림 7-10] 같이 등가회로를 구성할 수 있다.

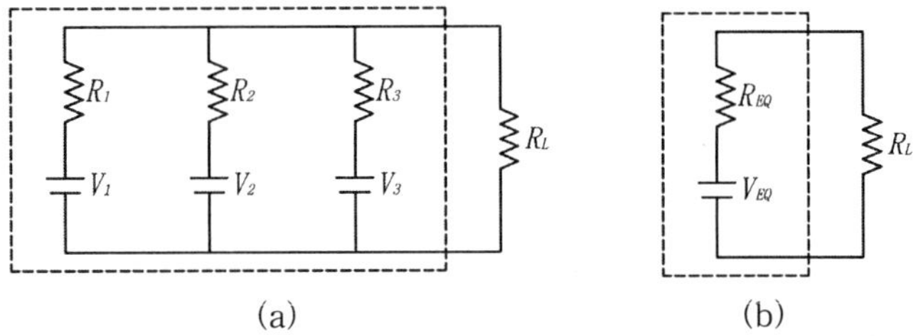

[그림 7-9] 밀만의 정리(전압원)

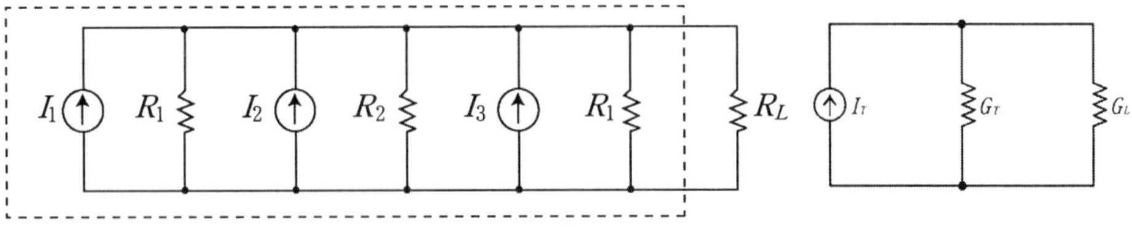

[그림 7-10] 밀만의 정리(전류원)

여기서 I와 G는 다음과 같다.

$$I_1 = \frac{V_1}{R_1}, \quad I_2 = \frac{V_2}{R_2}, \quad I_3 = \frac{V_3}{R_3} \qquad (7 \cdot 3)$$

$$I_T = I_1 + I_2 + I_3$$

$$G_T = G_1 + G_2 + G_3 = \frac{1}{R_1} + \frac{1}{R_2} + \frac{1}{R_3} \quad (7 \cdot 4)$$

$$G_L = \frac{1}{R_L} \quad (7 \cdot 5)$$

전류원을 전압원으로 바꾸면 [그림 7-11]이 된다.

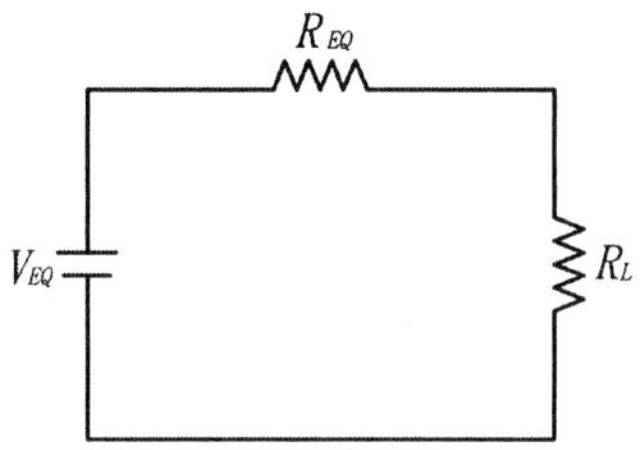

[그림 7-11] 테브낭의 등가회로

$$R_{EQ} = \frac{1}{G_T} = \frac{1}{G_1 + G_2 + G_3} = \frac{1}{\frac{1}{R_1} + \frac{1}{R_2} + \frac{1}{R_3}} \quad (7 \cdot 6)$$

$$V_{EQ} = \frac{I_T}{G_T} = \frac{\frac{V_1}{R_1} + \frac{V_2}{R_2} + \frac{V_3}{R_3}}{\frac{1}{R_1} + \frac{1}{R_2} + \frac{1}{R_3}} = \frac{I_1 + I_2 + I_3}{Y_1 + Y_2 + Y_3} \quad (7 \cdot 7)$$

[예제 5] 다음 회로에서 단자 a, b 사이의 전압 V_{ab}를 구하여라.

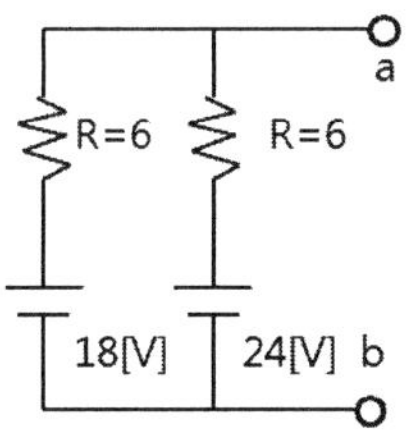

풀이 밀만의 정리에 의해

$$V_{EQ} = \frac{\frac{V_1}{R_1} + \frac{V_2}{R_2}}{\frac{1}{R_1} + \frac{1}{R_2}} = \frac{\frac{1}{6} \times 18 + \frac{1}{6} \times 24}{\frac{1}{6} + \frac{1}{6}} = 21[\mathrm{V}]$$

제7장 회로망 정리

연습문제

1. 그림에서 저항 20[Ω]에 흐르는 전류는 몇 [A]인가?

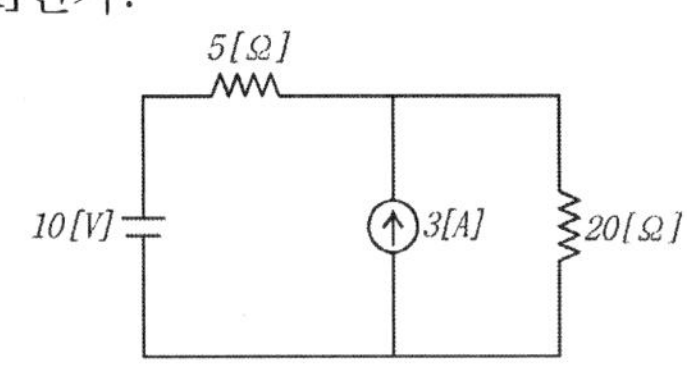

① 0.4 ② 0.6
③ 1.0 ④ 5.0

2. 그림과 같은 회로에서 2[Ω]의 단자전압 [V]은?

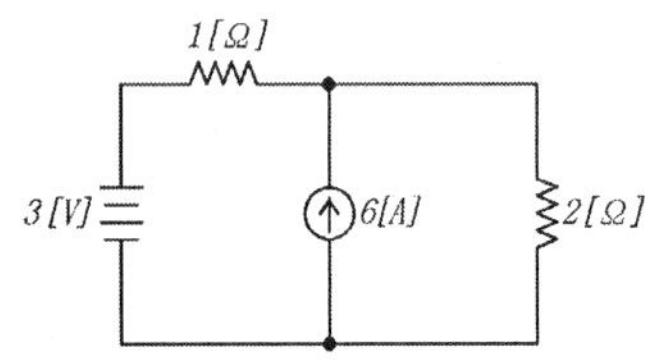

① 3 ② 4
③ 6 ④ 8

3. 그림에서 1[Ω]의 저항단자에 걸리는 전압의 크기는 몇 [V]인가?

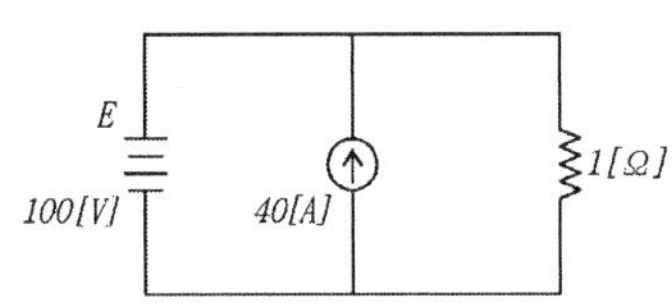

① 30
② 50.2
③ 60
④ 100

4. 그림과 같은 회로에서 12[V]인 전압원이 공급하는 전력 [W]은?

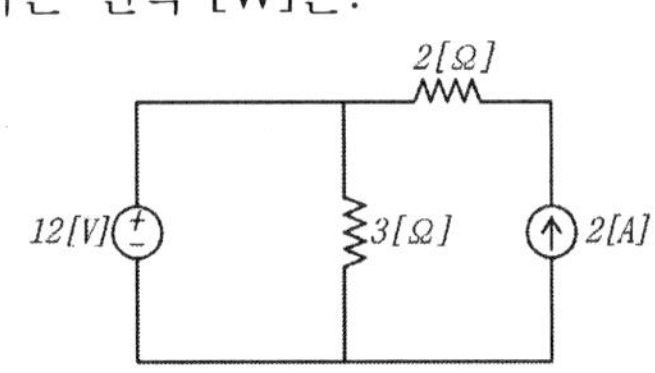

① 12
② 24
③ 36
④ 48

정답

1. ㉰ 2. ㉰ 3. ㉱ 4. ㉱

5. 그림과 같은 회로에서 a, b에 나타나는 전압은 몇 [V]인가?

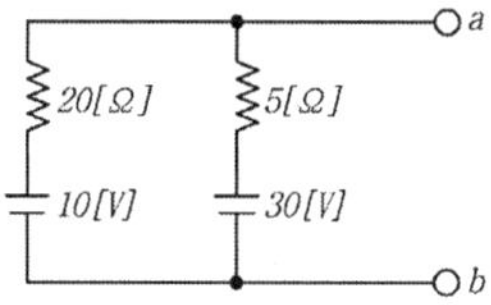

① 20[V] ② 23[V]
③ 26[V] ④ 28[V]

6. 여러 개의 기전력을 포함하는 선형 회로망 내의 전류 분포는 각 기전력이 단독으로 그 위치에 있을 때 흐르는 전류분포의 합과 같다는 것은?

① 키르히호프(Kirchhoff) 법칙이다. ② 중첩의 원리이다.
③ 테브낭(Thevenin)의 정리이다. ④ 노튼(Norton)의 정리이다.

7. 선형회로에 가장 관계가 있는 것은?

① 키르히호프 법칙 ② 중첩의 원리
③ $V=RI^2$ ④ 패러데이의 전자유도법칙

8. 테브낭의 정리와 쌍대의 관계가 있는 것은?

① 밀만의 정리 ② 중첩의 원리
③ 노튼의 정리 ④ 보상의 정리

9. 한 회로에 여러 개의 전원이 있는 경우 지로 전류나 단자전압을 구할 때 사용하는 방식은?

① 중첩의 원리 ② 밀만의 정리
③ 노튼의 정리 ④ 보상의 정리

10. 병렬회로 해석시 편리한 정리 방식은?

① 중첩의 정리 ② 밀만의 정리
③ 노튼의 정리 ④ 보상의 정리

정답

5. ㉰ 6. ㉯ 7. ㉯ 8. ㉮ 9. ㉮ 10. ㉯

8장

시퀀스 제어

1 기본 제어계의 개요

시퀀스 제어(Sequence control)란 미리 정해진 순서에 따라 제어의 각 단계가 순차적으로 진행되어 나가는 것을 의미하며, 응용분야는 엘리베이터, 자동판매기, 전기세탁기, 교통신호 제어 등이 있다. 여기에 사용되는 부품으로 마이크로 스위치, 푸시 버튼 스위치, 센서 스위치, 압력 · 온도 · 액면 스위치 등 각종 스위치가 조합되며, 구성 요소로는 전자 릴레이를 통하여 제어되는데 최근에는 반도체 기술의 개발로 반도체 소자를 이용한 무접점 회로가 눈부시게 발전되고 있다. 기본 제어계의 일반적인 개념은 [그림 8-1]과 같다.

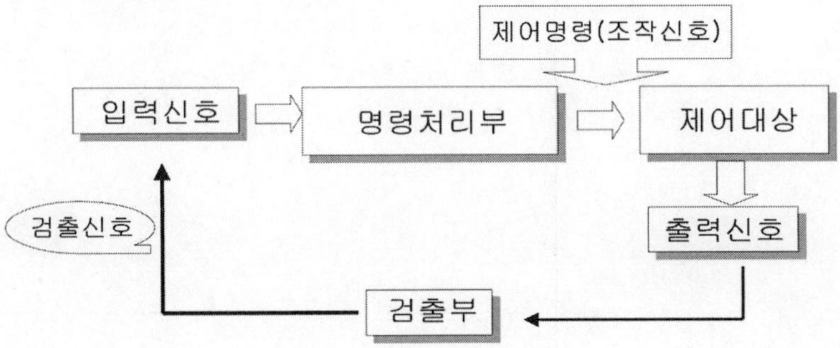

[그림 8-1] 기본 제어계

입력신호와 검출신호를 비교하여 제어 대상에 신호를 전달하는 명령처리부는 조합회로 및 순서회로로 구성된다. 이 명령처리부의 출력인 제어명령은 제어대상에 보내지며, 이 제어대상은 조작신호를 받을 때마다 그 상태가 변화하며, 이 변화는 검출부를 거쳐 계속하여 명령처리부에 전달된다. 이 동작은 제어대상의 상태가 일정한 조건에 도달하여 유지될 때까지 동작이 계속된다.

즉 제어란 어떠한 목적 대상물에 바라는 목적과 일치하도록 하기 위해 그 대상에 필요한 조작을 가하는 것을 말한다.

2 제어계의 종류

(1) 개회로 제어계

개회로 제어(Open-loop control system)는 순차제어(Sequence control)라고도 하며, 제어계의 출력과 입력이 서로 독립인 제어계이다. 이 종류의 제어계는 부정확하고 신뢰성은 없으나 설치비가 저렴하여 일반적으로 사용되며 **시퀀스 제어계**라 한다.

(2) 폐회로 제어계

폐회로 제어(Closed-loop control system)는 궤환제어(Feedback control)라고도 하며, 출력신호가 궤환요소를 통하여 입력측으로 궤환되며, 이 궤환신호와 입력신호와의 차를 검출하여 출력을 제어한다. 일반적으로 궤환 자동제어계를 **자동제어계**라 한다.

3 제어계의 기본구성

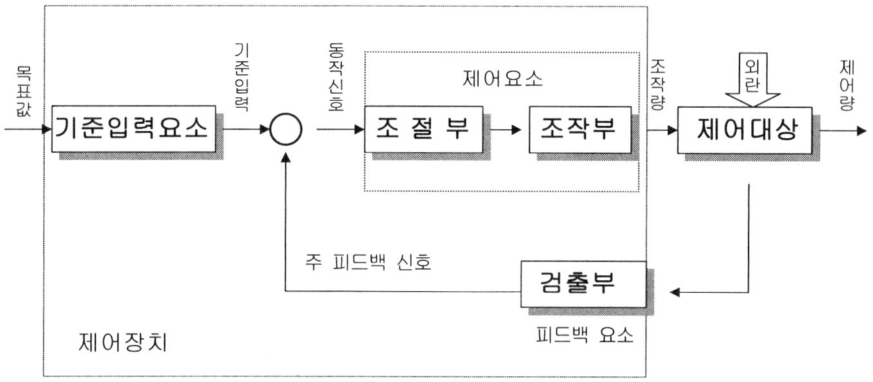

[그림 8-2] 폐회로 제어계 구성

① 제어대상 : 기계, 프로세스, 시스템의 제어의 대상이 되는 전체 또는 부분
② 제어장치 : 제어를 하기 위하여 제어대상에 부가되는 장치
③ 제어요소 : 동작신호를 조작량으로 변환하는 요소이며, 조절부와 조작부로 이루어지며, 조절부는 인간의 두뇌에 해당한다.

④ 제어량 : 제어되어야 할 제어대상의 양으로서 보통 출력이라 한다.
⑤ 목표값 : 제어기의 입력신호이며, 설정점(set point)을 입력한다.
⑥ 기준입력 : 제어계를 동작시키는 기준으로서 직접 폐회로에 가해지는 입력 신호이며 목표값에 대해 일정한 관계를 갖는다.
⑦ 주피드백 신호 : 제어량을 목표값과 비교하기 위해 궤환되는 신호
⑧ 동작신호 : 기준 입력과 주피드백 신호와의 차로서 제어동작을 일으키는 신호
⑨ 조작량 : 제어장치로부터 제어대상에 가해지는 양
⑩ 외란 : 설정값 이외의 제어량을 변화시키는 모든 외적 인자
⑪ 제어편차 : 목표값으로부터 제어량을 뺀 것
⑫ 자동조절계 : 자동조절계 구성요소는 조절부, 조작부, 검출부가 있다.

4 자동제어계의 분류

4.1 제어량의 종류에 따른 분류

(1) 서보 기구

서보 기구(servomechanism)란 물체의 위치, 방위, 자세 등의 기계적 변위를 제어량으로 하는 제어계이며, 목표값의 임의의 변화에 항상 추종시키는 것을 목적으로 한다.

(2) 프로세스 제어

프로세스 제어(process control)란 온도, 유량, 압력, 액위면 등의 공업 프로세스의 상태량을 제어량으로 하는 제어계이며, 프로세스에 가해지는 외란의 억제를 주목적으로 한다.

(3) 자동 조정

자동 조정(automatic regulation)이란 전압, 속도, 주파수, 장력 등을 제어량으로 하는 제어계이며, 이것은 목표값을 일정하게 유지하는 것을 목적으로 한다.

4.2 제어목적에 따른 분류

(1) 추종 제어

추종 제어(follow-up control)란 목표값이 시간적으로 임의의 변화를 하는 경우의 제어로서 서어보계의 전부가 이에 속한다(추적 레이더).

(2) 정치 제어

정치 제어(constant-value control)란 제어량을 어떤 일정한 목표값에 유지시키는 것을 목적으로 하는 제어이며, 프로세스 제어, 자동 조정의 전부가 이에 해당한다(항온도 제어).

(3) 프로그램 제어

프로그램 제어(program control)란 미리 정해진 프로그램에 따라 제어량을 변화시키는 것을 목적으로 하는 제어를 말한다(열차 무인운전).

(4) 비율 제어

비율 제어(rate control)란 목표값이 다른 것과 일정한 비율 관계를 가지고 변화하는 경우의 수치 제어를 말한다.

4.3 전달신호의 성질에 따른 분류

(1) 연속 데이터 제어

제어량의 변동측정이 연속적인 궤환 제어를 말한다.

(2) 릴레이형 제어

온-오프(on-off) 제어라고도 하는 제어로서 불연속 제어이다.

(3) 샘플값 제어

제어 신호가 단속적으로 측정한 샘플값인 제어이다.

4.4 제어동작에 따른 분류

(1) 온-오프(on-off) 동작

제어량이 설정값에서 어긋나면 조작부를 오프(off)하여 운전을 정지하거나 반대로 온(on)하여 운동을 시동하는 것으로서 제어결과가 사이클링(cycling)을 일으키며 오프셋(off-set)으로 일으키는 결점이 있다. 특히 응답속도가 빨라야 되는 제어계는 사용불능이며, 프로세스 제어의 대부분에 이용된다.

(2) 비례 동작(P 동작)

설정값과 제어결과, 즉 검출값 편차의 크기에 비례하여 조작부를 제어하는 것으로 정상 오차를 수반한다. 사이클링은 없으나 오프셋을 일으킨다.

(3) 적분 동작(I 동작)

오차의 크기와 오차가 발생하고 있는 시간에 둘러싸인 면적, 즉 적분값의 크기에 비례하여 조작부를 제어하는 것으로 오프셋을 소멸시킨다.

(4) 비례 적분 동작(PI 동작, 비례 reset 동작)

비례 동작에 의해 발생하는 오프셋을 소멸시키기 위해 적분 동작을 부가시킨 제어동작으로서 제어결과가 진동적으로 되기 쉽다.

(5) 미분 동작(D 동작, rate 동작)

제어오차가 검출될 때 오차가 변화하는 속도에 비례하여 조작량을 가감하는 동작으로서 오차가 커지는 것을 미연에 방지하며 오프셋을 일으킨다.

(6) 비례 미분 동작(PD 동작)

제어결과에 빨리 도달하도록 미분 동작을 부가한 동작이다.

(7) 비례 적분 미분 동작(PID 동작)

소비시간이 긴 제어대상인 경우 비례 적분 동작의 제어결과가 진동적으로 되기 쉬우므로 이 결점을 방지하기 위한 것으로 온도 제어, 농도 제어 등에 사용된다.

5 시퀀스 제어의 특징

시퀀스 제어는 유접점 방식과 무접점 방식이 있으며 그 특징은 다음과 같다.

5.1 유접점 방식

장　점	단　점
① 과부하에 대한 내량이 크다. ② 개폐 부하용량이 크다. ③ 전기적 잡음에 대해 안정하다. ④ 온도특성이 양호하다. ⑤ 동작상태 확인이 용이하다.	① 동작속도가 느리다. ② 소비전력이 크다. ③ 접점의 소모 및 마모가 있다. ④ 기계적 충격진동에 비교적 약하다. ⑤ 외형의 소형화에 한계가 있다.

5.2 무접점 회로

장　점	단　점
① 동작속도가 빠르다. ② 수명이 길다. ③ 고감도이다. ④ 소형 및 경량이다. ⑤ 다입력, 다출력에 유리하다.	① 전기적 잡음에 약하다. ② 온도변화에 약하다. ③ 별도의 전원이 필요하다.

6 제어기구 동작

6.1 수동스위치

시퀀스 제어계는 외부에서 시동·정지 등 작업명령을 지시하거나 동작 도중에 프로그램 변경을 지시하는 경우 수동스위치를 이용한다. 이 수동스위치는 복귀형과 유지형으로 나누어진다.

(1) 자동복귀형 스위치

수동조작 자동복귀 접점이란 수동으로 조작하면 접점은 폐로 또는 개로 되지만 손을 놓으면 스프링의 힘에 의해서 자동적으로 원래의 상태로 돌아가는 접점을 말한다.

이 접점으로서는 푸시버튼(PB) 스위치가 대표적이다. 수동조작 자동복귀 접점의 기호는 손으로 조작하지 않을 때의 상태에서 요구되는 접점으로 나타낸다.

(a접점) (b접점)

[그림 8-3] 복귀형 수동스위치

(2) 유지형 수동스위치

나이프 스위치, 덤블러 스위치 등과 같이 한번 조작을 하면 다시 조작할 때까지 접점의 개폐상태가 지속되는 스위치로, 기호는 [그림 8-4]와 같다.

(a접점) (b접점)

[그림 8-4] 유지형 수동스위치

(3) 회전스위치

유지형 수동스위치의 일종으로 선택스위치(select switch) 또는 로터리 스위치(rotary switch)라고도 한다. 동작은 손잡이를 회전하여 회로를 개폐하는 2단계 절환스위치라고도 하며, 심볼은 [그림 8-5]와 같다.

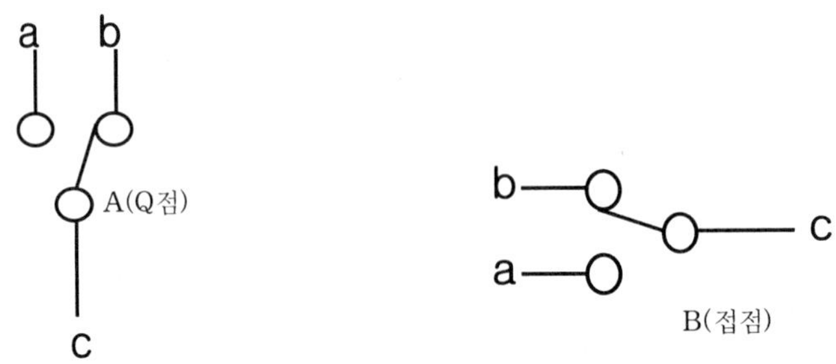

[그림 8-5] 절환스위치

6.2 검출스위치

제어대상의 상태 또는 변화를 검출하기 위한 스위치로 근접스위치, 광전스위치, 온도스위치, 액면스위치, 압력스위치 등이 있다.

6.3 릴레이

유접점 회로로서 자기력에 의해 접점이 개폐되는 소자로 일반적으로 전자접촉기라고 한다. 이 계전기는 교류용과 직류용이 있으며, 직류용은 통신기기에 많이 응용하고 있으며, 교류용은 산업용 기기의 개폐에 이용하고 있다.

6.4 유지형 릴레이

이 계전기는 동작용과 복귀용 2개의 여자코일을 가지고 있으며, 동작 코일이 여자되어 접점이 동작한 후에 동작 코일의 여자가 소멸되어도 접점동작은 유기하고, 복귀용 코일이 여자되므로써 접점이 처음 상태로 복귀되는 계전기로 [그림 8-6]과 같다.

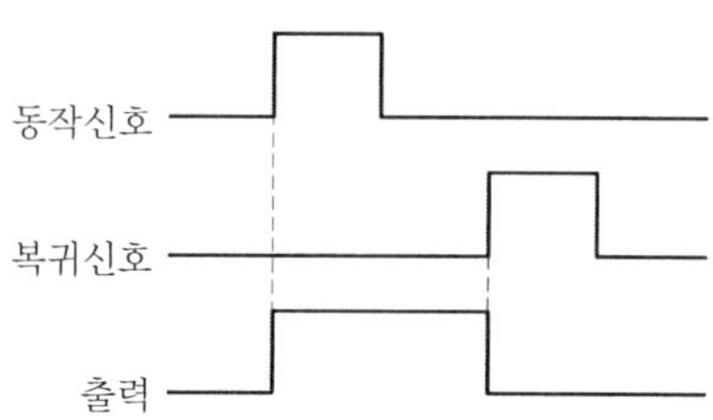

(a) 동작상태

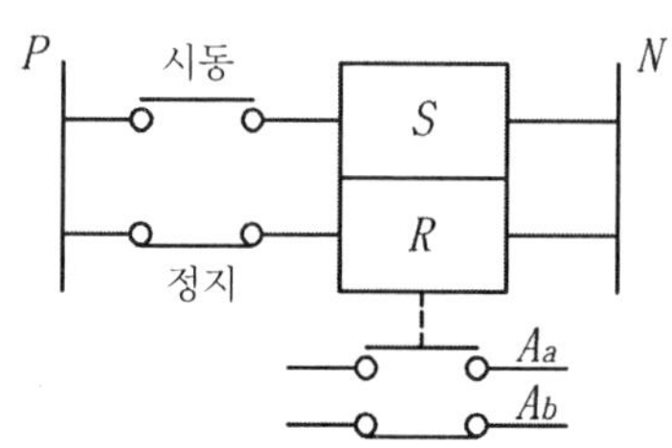

(b) 기호

[그림 8-6] 키프 릴레이(keep relay)

〈표 8-1〉 각종 계전기 기호

전자코일	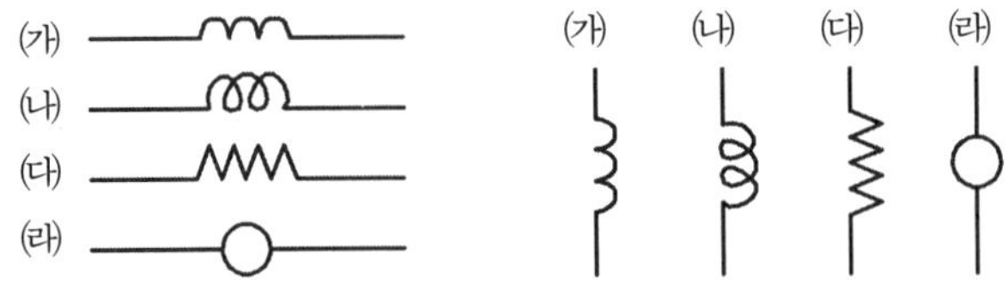		
계전기 접점	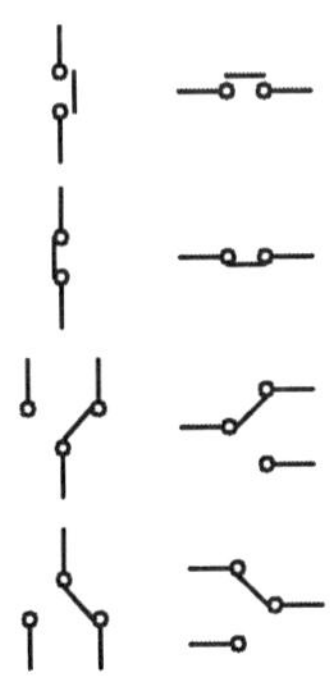	한시동작 접점	페로에 시한이 있는 접점 (한시동작) *a* 접점  *b* 접점  개로에 시한이 있는 접점 (한시동작) *a* 접점 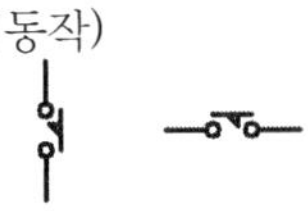 *b* 접점 
수동복귀 접점	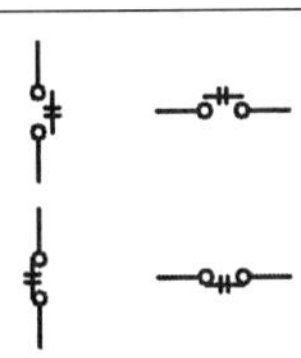	리밋스위치	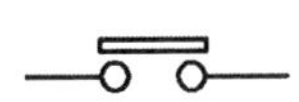
전자접촉기 접점	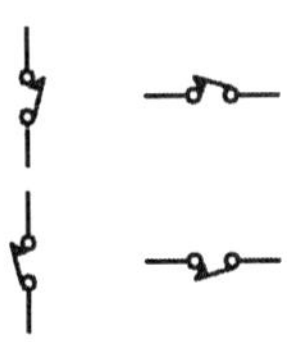		

7 제어계의 논리식

유접점 회로와 무접점 회로는 <표 8-2>와 같이 논리적, 논리합, 부정 회로가 기본 회로이며, 이밖에 NAND 회로, NOR 회로, Exclusive OR 회로가 있다.

〈표 8-2〉 기본회로의 심볼 및 논리식

회 로	접점기호에 의한 표현	논리기호에 의한 표현	진리표	논리식	비 고
AND 논리적	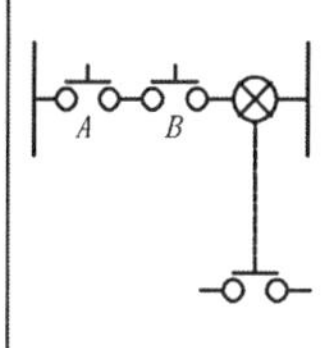	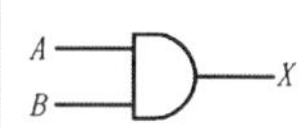	A B X 0 0 0 1 0 0 1 1 1 0 1 0	$A\cdot B=X$	입력신호 A, B가 모두 1일 때, 출력신호가 1인 논리곱 회로
OR 논리화	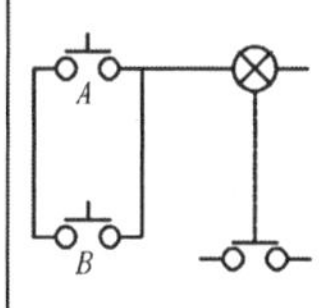	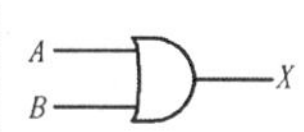	A B X 0 0 0 1 0 1 1 1 1 0 1 1	$A+B=X$	입력신호 A 또는 B의 어느 한 쪽 또는 양쪽이 모두 1일 때 출력신호가 1인 논리합 회로
NOT 부정	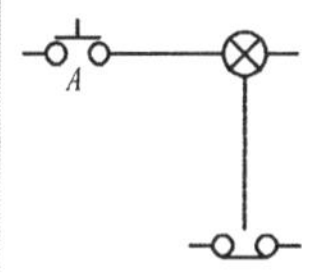	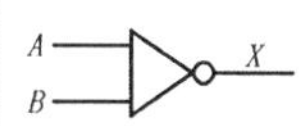	A X 0 1 1 0	$A=X$	입력과 출력의 상태가 반대로 되는 상태, 즉 입력이 1이면 출력은 0, 입력이 0이면 출력이 1인 부정회로
NAND	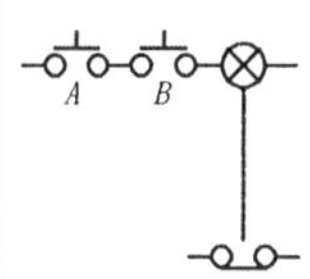	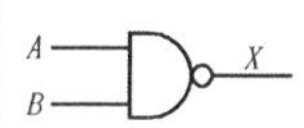	A B X 0 0 1 1 0 1 1 1 0 0 1 1	$\overline{A\cdot B}=X$	AND 회로와 NOT 회로의 조합으로서 AND 회로를 부정하는 회로
NOR	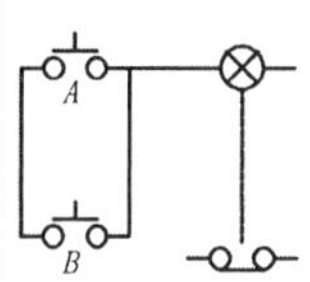	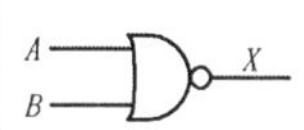	A B X 0 0 1 1 0 0 1 1 0 0 1 0	$\overline{A+B}=X$	OR 회로와 NOT 회로의 조합으로서 OR 회로를 부정하는 회로
EXCLU-SIVE OR	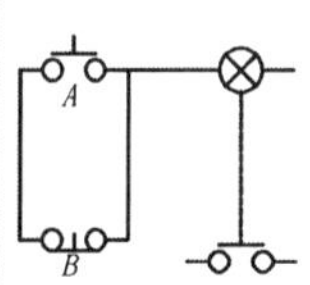	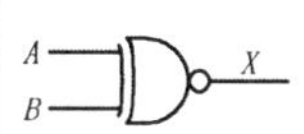	A B X 0 0 0 0 1 1 1 0 1 1 1 0	$\overline{A}\cdot B$ $+A\cdot\overline{B}$ $=X$	입력 A와 B의 상태가 서로 다른 신호를 입력했을 때만 1을 출력하는 회로

8 불대수 기본공식 및 접점회로

논리회로를 이용한 논리식의 간략화는 <표 8-3>과 같다.

〈표 8-3〉 논리연산의 기본공식과 그 접점회로

		논 리 식	접점회로(좌변)	접점회로(우변)
교환의 법칙	1a	$A+B=B+A$	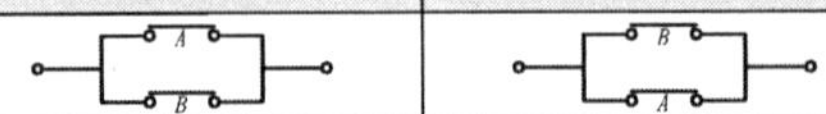	
	1b	$A \cdot B=B \cdot A$		
결합의 법칙	2a	$(A+B+C=A+B+C)$	생 략	생 략
	2b	$(A \cdot B \cdot C=A \cdot B \cdot C)$	생 략	생 략
분배의 법칙	3a	$A \cdot B+A \cdot C$ $=A \cdot (B+C)$	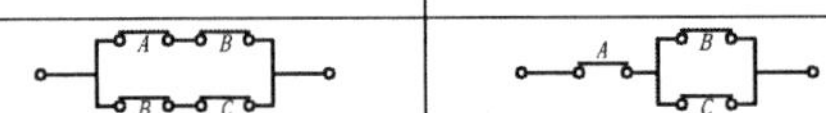	
	3b	$(A+B) \cdot (A+C)$ $=A+B \cdot C$	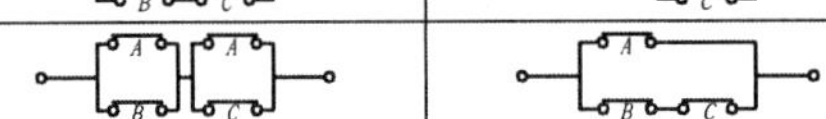	
제의 법칙	4a	$A+A=A$	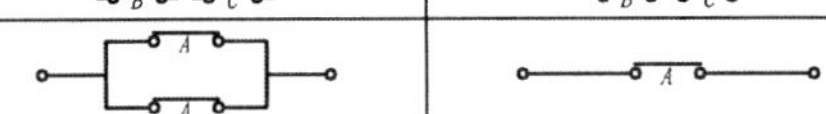	
	4b	$A \cdot A=A$	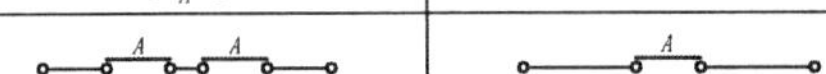	
보원의 법칙	5a	$A+\overline{A}=1$	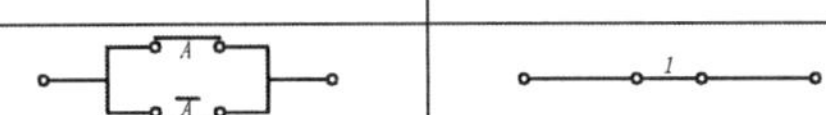	
	5b	$A \cdot \overline{A}=0$	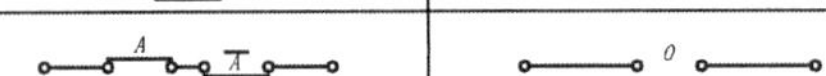	
0과 1에 관한 법칙	6a	$A+0=A$	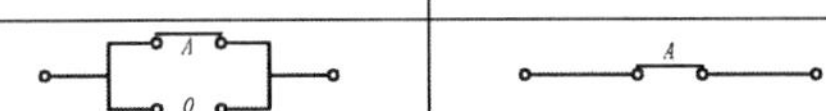	
	6b	$A \cdot 1=A$	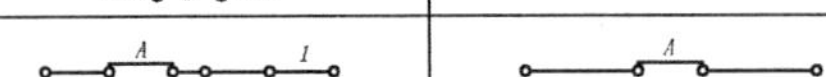	
	7a	$A+1=1$	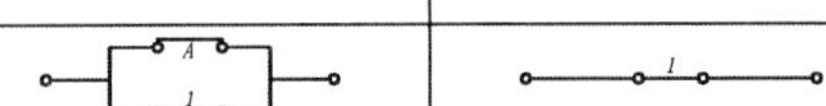	
	7b	$A \cdot 0=0$	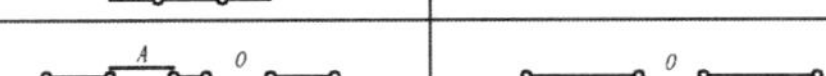	
흡수의 법칙	8a	$A+A \cdot B=A$	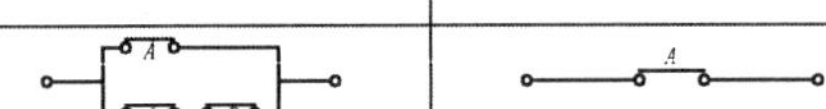	
	8b	$A \cdot (A+B)=A$	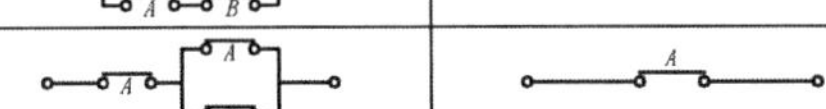	
	9a	$A \cdot \overline{B}+B=A+B$	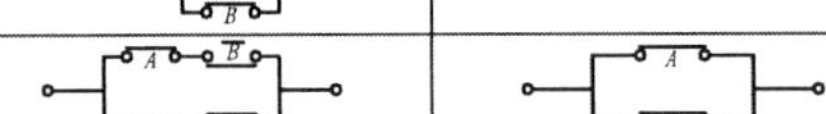	
	9b	$(A+\overline{B}) \cdot B=A \cdot B$	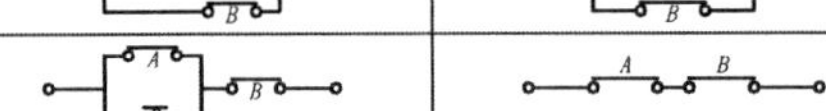	
	10a	$(A+B) \cdot (B+C) \cdot (C+A)$ $=(A+B) \cdot (C+\overline{A})$	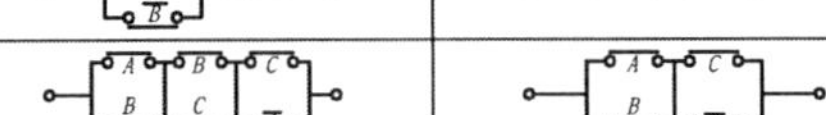	
	10b	$A \cdot B+B \cdot C+C \cdot \overline{A}$ $=A \cdot B+C \cdot \overline{A}$	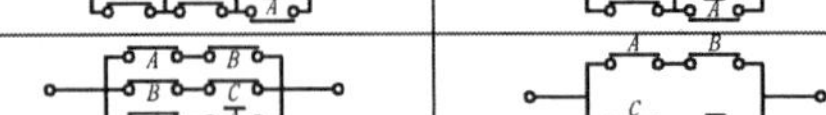	
	11a	$A \cdot B+\overline{A} \cdot C$ $=(A+C) \cdot (\overline{A}+B)$	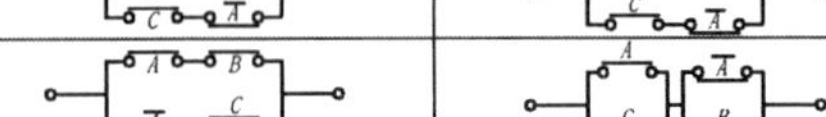	
	11b	$(A+B) \cdot (\overline{A}+C)$ $=A \cdot C+A \cdot B$	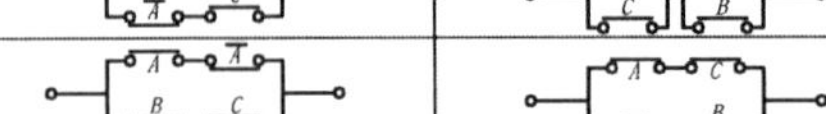	
	12a	$C \cdot A=C \cdot \overline{A} \cdot B$ $=C \cdot A+C \cdot B$	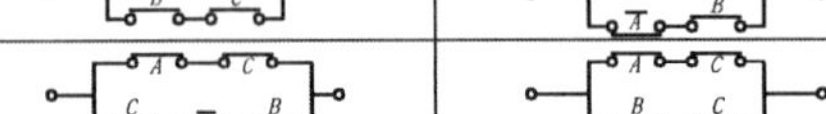	
	12b	$(C+A) \cdot (C+\overline{A}+B)$ $=(C+A) \cdot (C+B)$	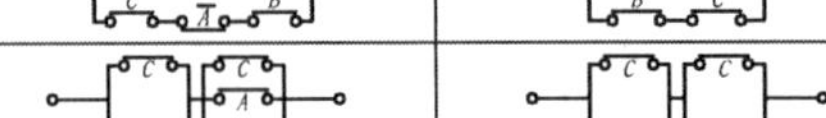	

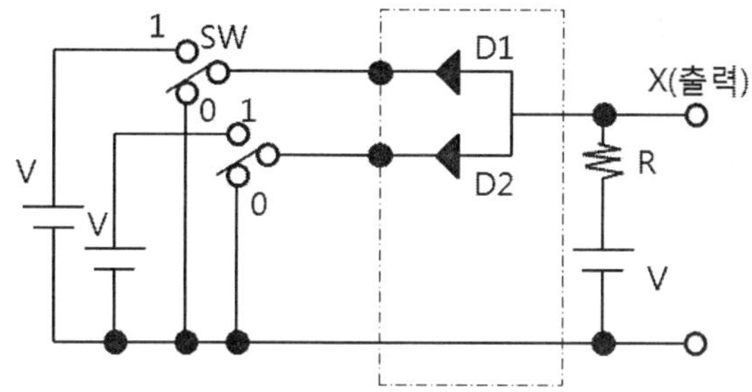

(a) AND 회로

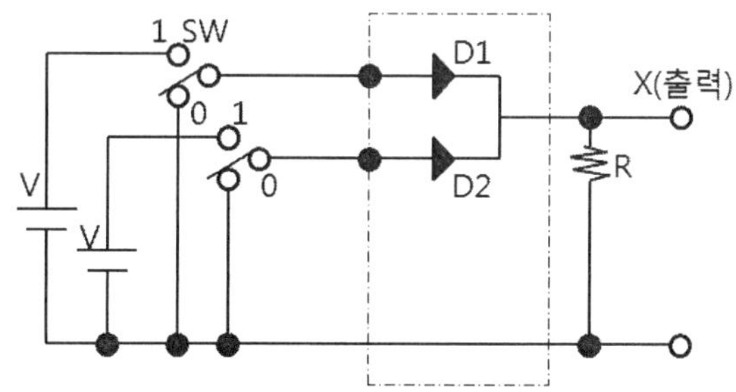

(b) OR 회로

[그림 8-7] 논리회로 구성(AND, OR)

[그림 8-7](a)는 다이오드 2개와 저항 1개로 된 AND 회로이다. 출력의 V는 직류전원이다. 입력측 스위치가 단락하여 0에 위치하여 있으면 출력측의 직류전원은 저항(R) 및 다이오드 D_1, D_2를 통하여 흐르기 때문에 출력(X)은 0[V]가 된다.

이번에는 스위치가 1에 위치하여 입력전압(V)이 다이오드에 인가된다면 출력측의 직류전원 V는 모두 출력(X)에 인가된다. 그러나 입력측의 두 다이오드 D_1, D_2에 하나라도 0[V]부분이 있으면 출력(X)측의 전압은 0[V]가 된다. 그러므로 [그림 8-7](a) 회로는 AND 회로라는 것을 알 수 있다.

[그림 8-7](b) 다이오드의 방향이 모두 AND 회로와 반대로 되어 있다. 입력측의 두 다이오드 D_1, D_2에 스위치가 단락하여 0에 위치하여 있으면 출력(X)측은 0[V]가 된다. 그러나 입력측 스위치 중 하나라도 1에 위치하여 입력전압(V)이 가해지면 출력(X)측에는 전압이 인가된다. 그러므로 [그림 8-7](b) 회로는 OR 회로라는 것을 알 수 있다.

9 시퀀스 제어기 동작

9.1 전자릴레이 동작원리

전자릴레이란 코일(권선)에 전류를 흐릴 때 발생하는 자력의 힘으로 전기접점을 스위칭하는 장치를 말한다.

[그림 8-8]에서 코일에 작은 전류가 흐르면 가동철편이 흡입되어 a접점은 폐회로가 구성되고, 전원이 소거되면 a접점은 개방되고 b접점은 폐로된다. 릴레이 회로의 특징은 다음과 같다.

① 작은 전류에 의해 릴레이 코일을 동작시켜 대전류가 흐르는 액추에이터(전동기, 전등 등)를 동작시킬 수 있다.

② 직류(5[V], 24[V])에 의해 교류(AC : 110[V], 220[V]) 신호제어가 가능하다.

③ 1개의 신호로 몇 개의 액추에이터를 제어할 수 있다.

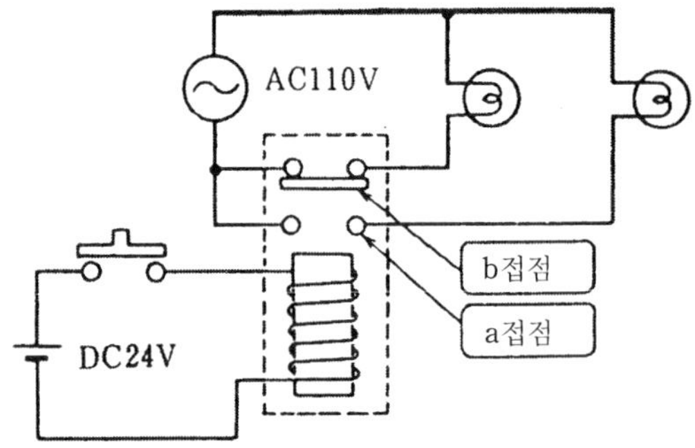

[그림 8-8] 전자릴레이 동작원리

(1) 전자릴레이 동작(a접점)

[그림 8-9]는 전자릴레이의 'a접점' 기호와 구조를 나타내고 있다. 전자코일에 전류가 흐르지 않을 때의 상태에서 '열려 있는 접점'으로 동작한다.

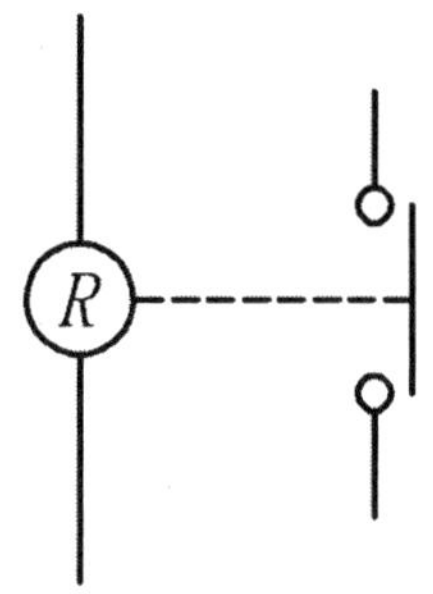

(a) 접점의 기호

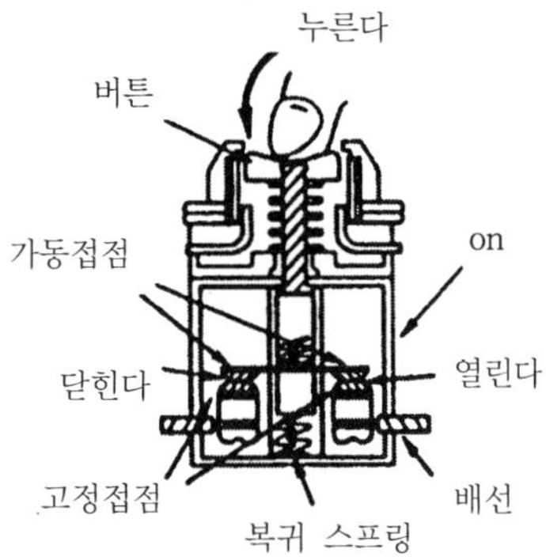

(b) 전자릴레이 구조

[그림 8-9] a접점 전자릴레이 구조

1) 전자릴레이 a접점의 동작

① 나이프 스위치를 투입한다.

② 전자릴레이의 전자코일 Ⓡ에 전류가 흐른다.

③ 전자코일 Ⓡ에 전류가 흐르면 전자석이 되어 가동철편을 흡입해서 가동접점쪽으로 힘을 받아 회로가 닫힌다.

④ 전자릴레이가 동작하면 램프 회로의 a접점이 닫히므로 폐회로가 되어 램프 Ⓛ은 점등한다.

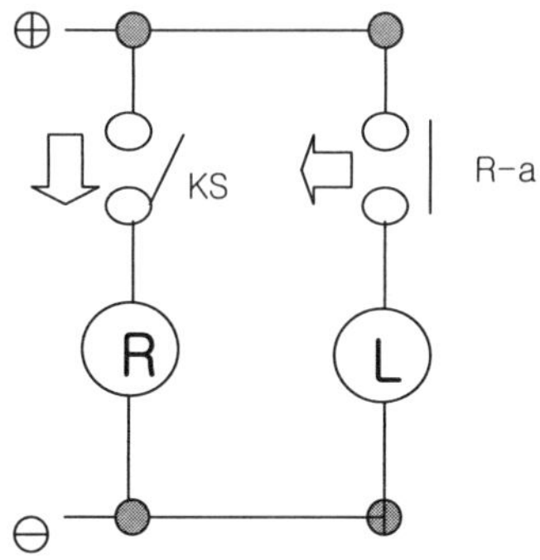

[그림 8-10] 전자릴레이 a접점 동작회로

(2) 전자릴레이 동작(b접점)

[그림 8-11]은 전자릴레이 b접점 기호와 전자코일에 전류를 흘리지 않을 때의 상태에서 닫혀 있는 접점을 표시한다.

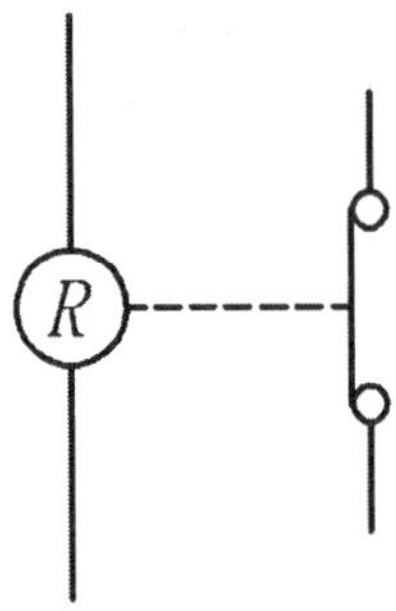

(a) b접점의 기호

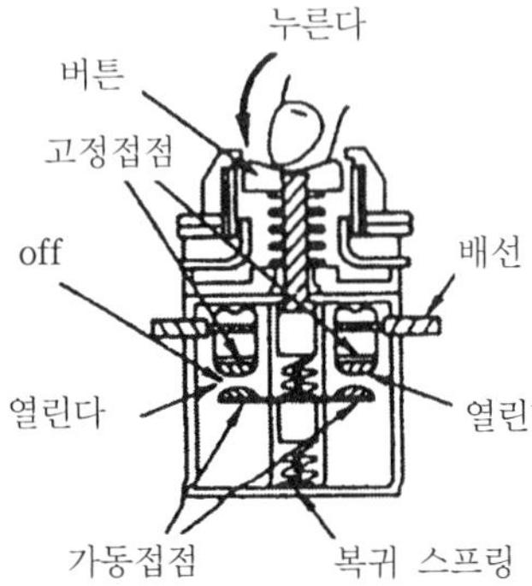

(b) 전자릴레이 구조

[그림 8-11] b접점 전자릴레이 구조

1) 전자릴레이 b접점 동작(전자릴레이 코일이 통전하지 않은 경우)

① 나이프 스위치 KS는 열려있는 상태이다.

② 전자릴레이 전자코일 Ⓡ에는 전류가 흐르지 않는다.

③ 전자코일 R에 전류가 흐르지 않으므로 b접점(복귀상태)은 닫혀 있다.

④ b접점이 닫혀 있으므로 램프 Ⓛ은 점등된다.

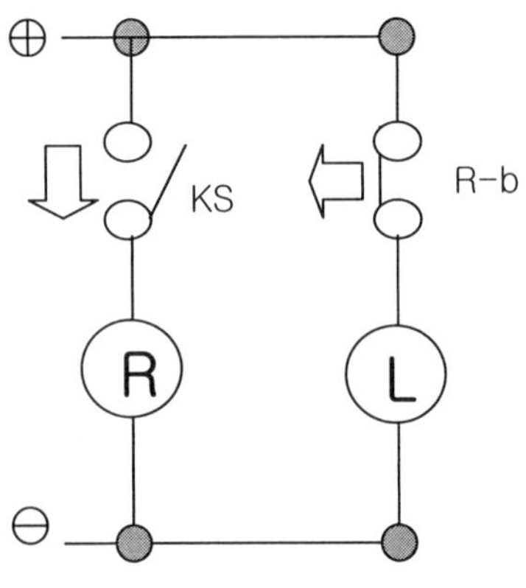

[그림 8-12] 전자릴레이 b접점 동작회로

2) 전자릴레이 b접점 동작(전자릴레이 코일이 통전한 경우)

① 나이프 스위치 KS를 투입한다.

② 전자릴레이의 전자코일 Ⓡ에 전류가 흐른다.

③ 전자코일 R에 전류가 흐르면 코일은 전자석으로 되어 가동철판을 흡입해서 가동접점은 아래쪽으로 힘을 받아 열린다.

④ 전자릴레이가 동작하면 램프 회로가 열리므로 전류가 흐르지 않아 램프 Ⓛ은 소등된다.

9.2 시퀀스 도면작성

시퀀스도의 작성은 다음과 같은 순서로 한다.

① 시퀀스도는 위에서 아래로 또는 좌에서 우로 작성한다.

② 동작순서는 상에서 하로 좌에서 우로 동작한다.

③ 제어기기는 정지상태이고 모든 전원이 오픈된 상태로 표시한다.

일반적으로 사용되는 종서 시퀀스도는 회로결선과 전류의 흐름이 상·하 방향으로 표시된다.

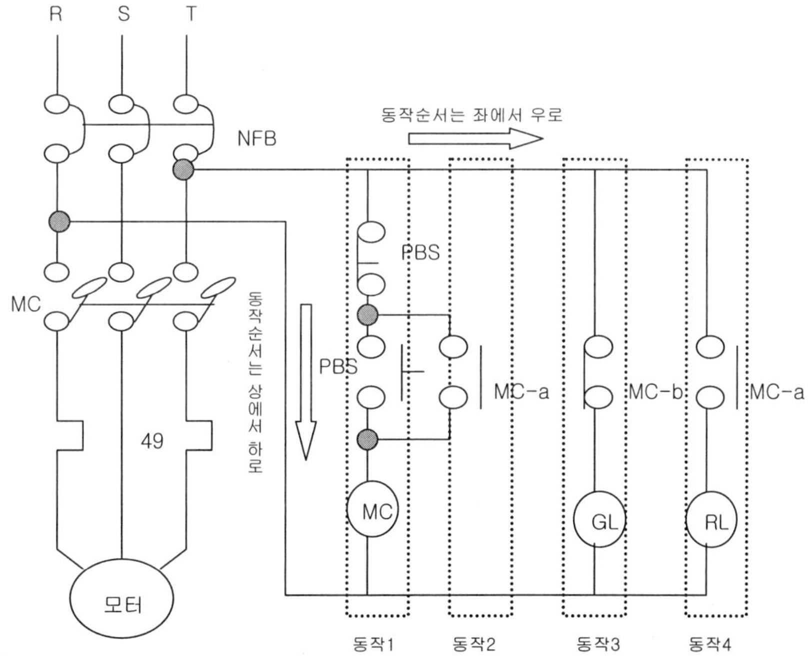

[그림 8-13] 시퀀스 동작도

전원공급 모선은 위·아래 가로축으로 공급되어 횡선으로 표시되며, 각각의 스위치, 부하 등의 접속선은 전원모선 사이에서 위에서 아래로 표시한다. 기기 동작순서는 좌에서 우의 순서로 표시한다.

(1) AND 회로 동작

전자릴레이 A의 a접점 A-a와 B의 접점 B-a를 2개 직렬로 접속하여 전자릴레이 X의 전자코일 Ⓧ의 회로에 연결한다.

① 스위치 PB_1를 넣고 전자릴레이 A를 동작시키면 접점 A-a가 닫힌다.

② 스위치 PB_2를 넣고 전자릴레이 B를 동작시키면 접점 B-a가 닫힌다.

③ 접점 B-a가 닫힘과 동시에 전자릴레이 X의 동작조건이 생겨 전류가 흐르기 때문에 전자릴레이 X는 동작한다.

④ 스위치 PB_1을 열어 전자릴레이 A를 복귀하면 접점 A-a가 열린다.

⑤ 접점 A-a가 열림과 동시에 전자릴레이 X에는 전류가 흐르지 않게 되어 복귀한다.

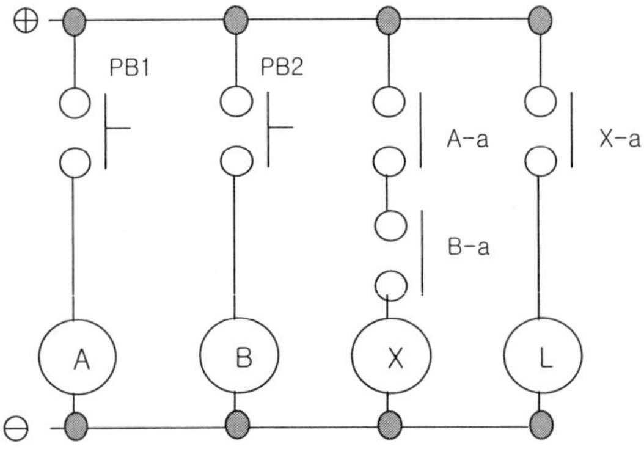

[그림 8-14] AND 회로

(2) OR 회로

① 스위치 PB_1 혹은 PB_2를 넣고 전자릴레이 A 또는 B를 동작하면 접점 A-a 혹은 B-a가 닫혀 전자코일 X에 전류가 흐름으로써 전자릴레이 X는 동작한다.

② 스위치 PB_1과 PB_2를 끊고 전자릴레이 A, B를 복귀하면 접점 A-a와 접점 B-a가 개로하여 전자코일 X에 전류가 흐르지 않는다.

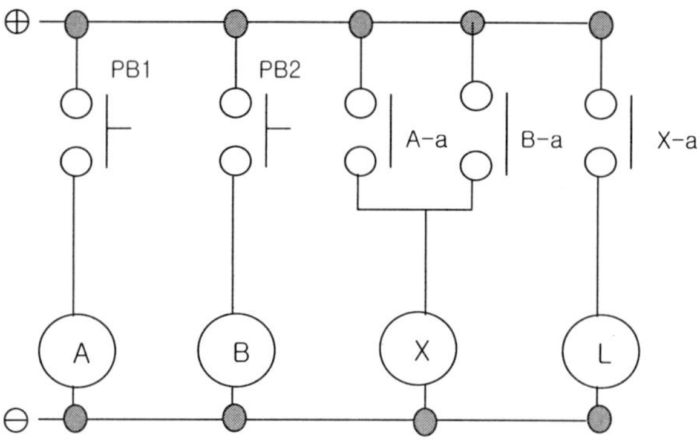

[그림 8-15] OR 회로

9.3 자기유지 회로

자기유지 회로는 전자릴레이에 가해진 입력신호를 자기 자신의 동작접점에 의해 바이패스하여 계속적으로 동작신호를 유지하는 것을 말한다. 또한 자기유지 회로는 펄스 모양의 짧은 신호를 연속적인 신호로 변환하는 기억기능을 갖는 장점을 가진다.

시동용 스위치와 정지용 스위치를 직렬로 연결하고 전자릴레이 X의 전자코일 Ⓧ에 연결한다. 시동용 PB_2 접점과 병렬로 전자릴레이 X의 a접점(X-a)을 연결하면 이 X-a가 자기유지 접점이 된다. 시동용 PB_2와 정지용 PB_1로 전자릴레이 X에 동작명령과 복귀명령을 할 수 있다.

(1) 동작시

① 시동용 PB_2를 누른다.

② PB_2를 누르면 전자코일 Ⓧ에 전류가 흐른다.
전원(+) → PB_1 → PB_2 → 전자코일 Ⓧ → 전원(−)

③ 전자릴레이 X가 동작한다.

④ 전자릴레이 X가 동작하면 PB_2에 병렬로 접속되어 있는 전자코일 a접점 X-a가 닫힌다.

⑤ PB_2(시동용) 버튼은 off된다(자동복귀).

⑥ PB_2가 복귀하더라도 전자코일 Ⓧ에 자기 자신의 a접점 X-a를 지나서 전류가 흐르기 때문에 전자릴레이 X는 동작을 계속하게 된다.
전원(+) → PB_1 → X-a → Ⓧ → 전원(−)

(2) 정지시

① 정지용 PB_1를 누른다.

② 정지용 PB_1를 누르면 전자코일 Ⓧ에 전류가 흐르지 않게 된다.

③ 전자릴레이 X가 복귀한다.

④ 전자릴레이 X가 복귀하면 PB_2에 병렬로 접속된 a접점 X-a가 열린다.

⑤ PB_1이 다시 복귀하여 닫히더라도 접점 X-a가 열려 있으므로 전자코일 Ⓧ에는 전류가 흐르지 않고 전자릴레이 X는 복귀한 채로 있다.

⑥ X-a는 열려 있다(off 상태 유지).

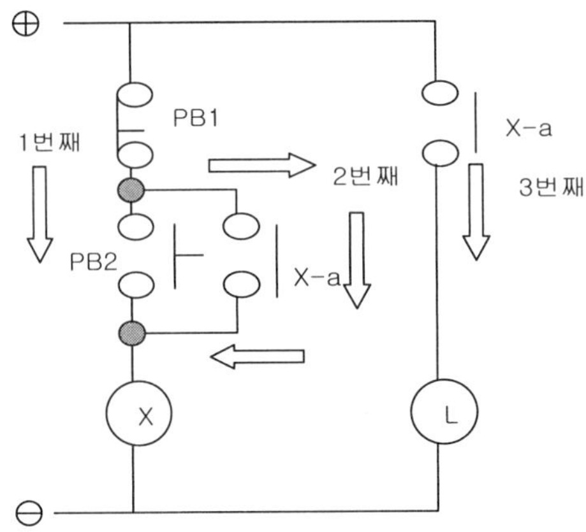

[그림 8-16] 자기유지 회로

9.4 인터록 회로

인터록(Interlock) 회로는 복수의 동작을 서로 연관시키는 것으로서 어떤 조건이 구비될 때까지 동작을 저지하는 것을 말한다. 이 회로는 주로 기기의 보호와 조작자의 안전을 목적으로 하고 있다. 전자릴레이 전자코일 MC_1의 코일과 직렬로 전자릴레이 MC_2의 b접점을 접속한다.

또한 전자릴레이 전자코일 MC_2의 코일과 직렬로 전자릴레이 MC_1의 b접점을 접속한다. 이 회로는 한쪽의 전자릴레이가 동작하고 있을 때는 다른 쪽 전자릴레이는 상대방의 b접점에 의해 개방되어 있어 동작하는 일이 없다(전기적 인터록 회로).

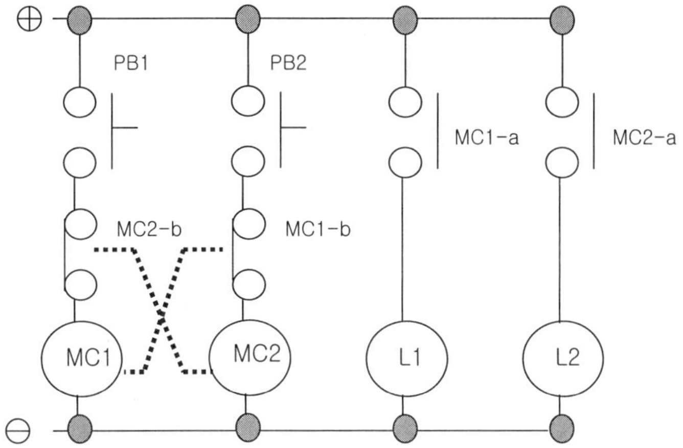

[그림 8-17] 인터록 회로

(1) 인터록 회로 동작법

① 전자릴레이 MC_1 동작

㉠ 전자릴레이 MC_1회로의 PB_1을 누른다.

㉡ 전자코일 MC_1에 전류가 흘러 전자코일이 동작한다.

㉢ MC_1가 동작하면 b접점 MC_1-b가 열린다.

㉣ PB_2를 눌러도 MC_1-b가 개로되어 MC_2에는 전류가 흐르지 않는다.

② 전자릴레이 MC_2 동작

㉠ 전자릴레이 MC_2회로의 PB_2를 누른다.

㉡ 전자코일 MC_2에 전류가 흘러 전자코일이 동작한다.

㉢ MC_2가 동작하면 b접점 MC_2-b가 열린다.

㉣ PB_1를 눌러도 MC_2-b가 개로되어 MC_1에는 전류가 흐르지 않는다.

9.5 표시등 회로

표시등 회로는 전자릴레이나 개폐기류의 개로 · 폐로 상태, 기기의 운전 · 정지의 동작상태를 표시하는 데 사용된다.

2등식은 개폐기의 운전 · 정지를 표시할 수 있다. 전자코일 MC에 전류가 흐를 때 적색 램프(a접점)는 점등되고, 녹색 램프(b접점)는 소등된다. 전자코일 MC에 전류가 흐르지 않으면 램프의 동작은 반대로 된다.

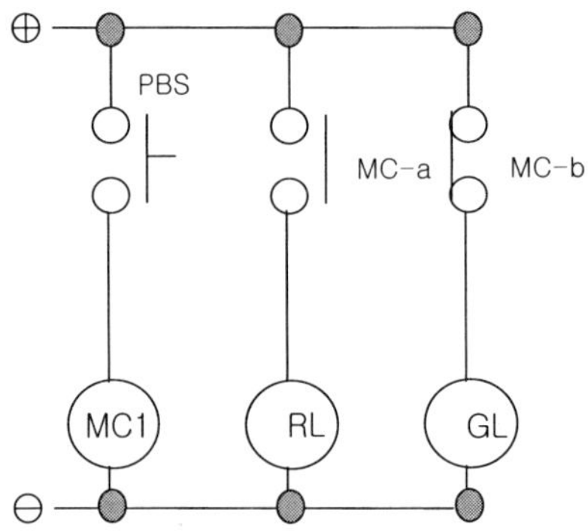

[그림 8-18] 표시등 회로

9.6 선택회로

시퀀스 제어장치를 수동제어 또는 자동제어 겸용으로 사용하는 경우에 선택회로를 사용하여 구성할 수 있다. 자동 양수장치에서 급수펌프에 의해 물탱크에 물을 공급함에 있어 자동제어용 액면 스위치가 고장났을 경우 혹은 특별한 운전상의 형편으로 수동으로도 운전할 수 있도록 할 경우에 수동 · 자동 전환회로(선택회로)가 사용된다.

① 전환개폐기 스위치를 자동측으로 전환하면 액면스위치 LS-H와 LS-L에 의해 자동 운전된다.

② 전환개폐기 수동측으로 전환하면 수동조작 스위치 S의 개폐에 의해 전자 릴레이가 On, Off되면서 수동 운전된다.

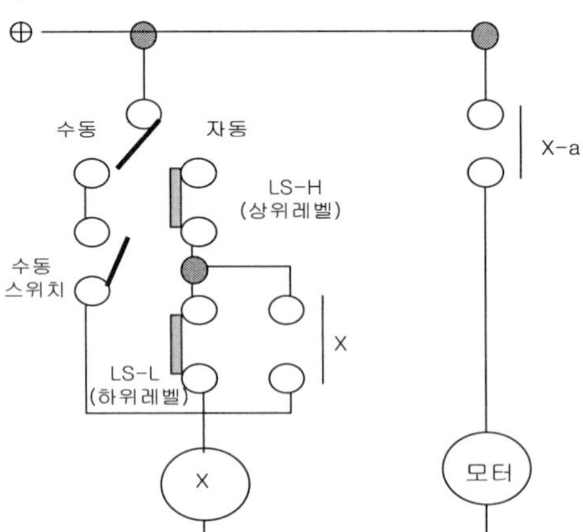

[그림 8-19] 선택회로

9.7 자동 급수펌프 동작

[그림 8-20]은 자동 양수장치의 수조수위가 하한이 되면 전동펌프는 기동·운전해 탱크에 물을 공급할 수 있는 회로를 나타내며 동작순서는 다음과 같다.

(1) 동작순서

① KS를 투입하고, 스위치 PB는 닫혀 있다.

② 물탱크 수위가 하한이 되면 하한 액면스위치에 부력이 없어져 LS_2 b접점을 복귀하여 폐로한다.

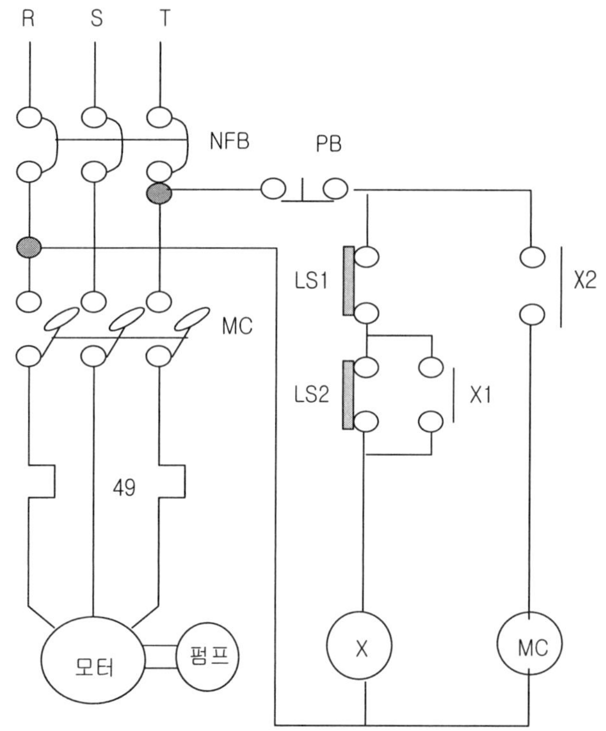

LS_1 : 상한용 액면 스위치	LS_2 : 하한용 액면스위치
X : 전자릴레이 코일	X_1, X_2 : 전자코일 접점
MC : 전자릴레이 코일(88)	THR : 열동계전기(49)

[그림 8-20] 액면스위치 회로가 포함된 급수펌프 회로

④ 전자릴레이의 코일 Ⓧ에 전류가 흐르고 X_1, X_2 접점이 닫혀지면서 주접촉기 MC에 여자되면서 주접점이 닫히고 유도전동기가 기동한다.
⑤ 전동펌프의 기동으로 물탱크의 수위가 상승하면 액면 하한 스위치(LS_2)가 부력에 의해서 접점이 열린다. 액면스위치 접점이 열려도 유지접점 XS_1에 의해 전자코일 X에 전류가 흐르므로 전동기는 계속 운전한다.
⑥ 탱크 자동 양수장치의 물탱크 수위가 상한이 되면 상한용 액면스위치(LS_1)의 b접점이 동작하여 개로하게 되므로 전동펌프는 정지하고 물을 탱크에 더 이상 급수하지 않는다.
⑦ 전자릴레이의 전자코일 Ⓧ에 전류가 흐르지 않게 되어 X_1, X_2는 복귀하여 유도전동기는 정지한다.

(2) 탱크 수위 저하시

① 물탱크의 물을 사용함으로써 수위가 저하되면 상한 액면스위치는 부력이 없어져 b접점이 복귀한다.
② b접점이 복귀하여도 하한 액면스위치 접점, 전자릴레이 코일이 열려 있으므로 유도전동기는 정지하고 있다.
③ 물의 수위가 하한 액면스위치 이하로 내려가면 하한 액면스위치가 동작하여 유도전동기를 동작시킨다.

9.8 Y-Δ 기동회로

농형 유도전동기의 기동시에는 Y-Δ기동법에 의해 기동된다. 왜냐하면 전전압 기동시의 기동전류는 정격전류의 4~6배가 되어 배전선과 다른 기기에 나쁜 영향을 주게 되므로 전압을 낮추어 기동한다. 전동기를 Y결선하여 기동하고 수 초 후에 Δ결선으로 전환하여 운전하면 Y결선에 의해 1상의 권선에 가해지는 전압은 선간접압의 $\frac{1}{\sqrt{3}}$이 되어 기동전류를 제한 할 수 있다. 물론 Δ결선으로 전환시 전전압이 각 상에 가해진다.

[그림 8-21]은 전자릴레이 3개를 사용한 Y-Δ 운전회로 동작을 설명한다.

① NFB를 투입하고, 기동 푸시버튼(PB_1) 스위치를 누르면, MC 코일과 MCY 코일이 여자되어 전동기가 Y운전하게 되고, 보조접점 MC-a가 붙

어 표시등 L_1이 점등된다.

② 운전 푸시버튼(PB_2) 스위치를 누르면 MCY 코일은 여자가 해제되고 MCΔ 코일은 여자되어 Δ운전하게 되고, 보조접점 MCΔ-a가 붙어 표시등 L_2가 점등되고, 보조접점 MCΔ-b가 떨어진다.

③ 정지 푸시버튼(PB_3) 스위치를 누르면, 전원이 차단되어 전동기는 정지하고, 모든 접점은 원상태로 복귀된다.

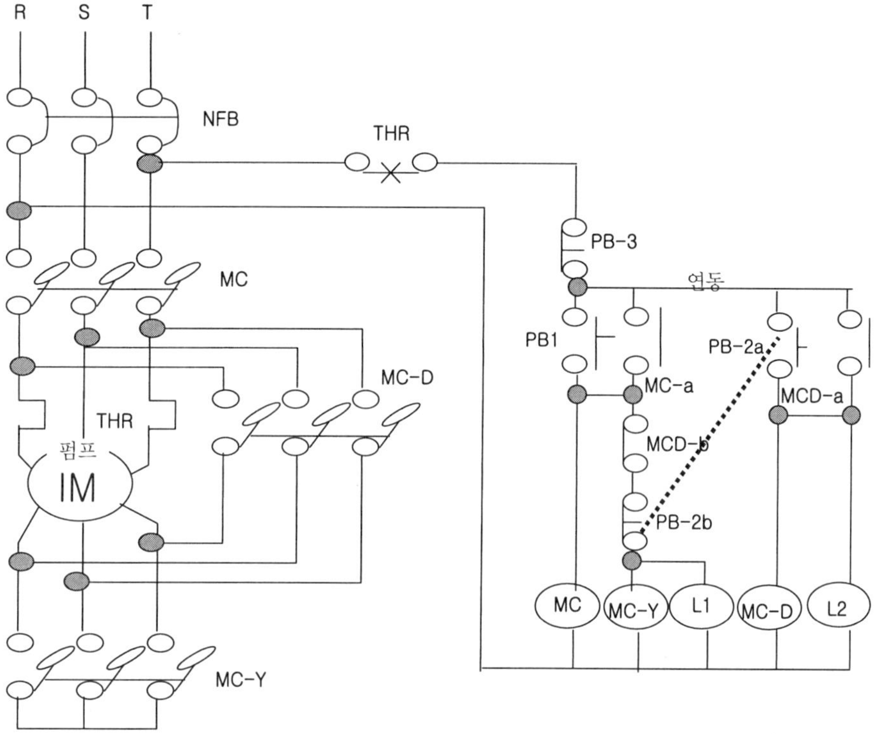

[그림 8-21] Y-Δ 운전회로

9.9 상용전원과 예비전원 절환회로

방재전원을 확보하여 무정전 상태를 유지하기 위해 상용전원과 비상용 전원을 설치하여 무정전 전력을 공급하는 제어회로를 [그림 8-12]와 같이 구성할 수 있다.

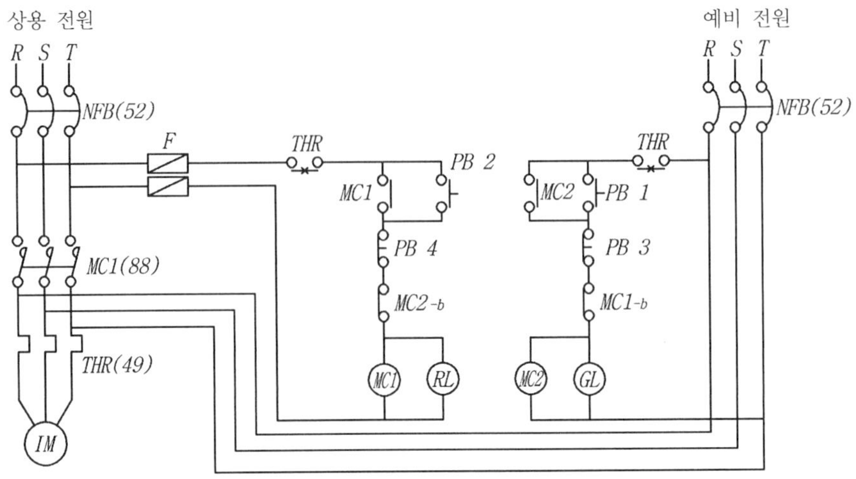

[그림 8-22] 상용전원과 예비전원 제어회로

방재 전력회로의 상용전원과 예비전원의 동작회로를 살펴본다.

① 상용전원에 의해 전동기를 기동시키기 위해 기동용 푸시버튼(PB_2) 스위치를 누르면, 전자릴레이 MC_1 코일이 여자되어 주접점 MC_1이 붙어 상용 전원에 의해 전동기가 회전하고, 운전표시등(RL)이 점등된다. 동시에 보조접점 MC_1-b가 떨어져(인터록 회로가 구성) 비상용 전원투입용 전자릴레이 MC_2 코일은 동작하지 못하는 안전 동작이 이루어진다.

② 상용전원을 차단시키기 위한 정지용 푸시버튼(PB_4) 스위치를 누름으로써 전동기는 정지한다. 아울러 운전표시등(RL)은 소등된다.

③ 상용전원이 정전된 경우 예비전원인 비상용 전원으로 전동기를 운전시키기 위해 비상용 전원투입용 푸시버튼(PB_1) 스위치 을 누른다.

[예제 1] 논리식 $Z=A \cdot B+\overline{A} \cdot C+\overline{B} \cdot C+\overline{B} \cdot C$를 최소화하여 유접점 회로와 무접점 회로를 그려라.

(풀이) 위의 정리를 이용하여 논리식을 간소화하면

$$
\begin{aligned}
Z &= A \cdot B + \overline{A} \cdot C + B \cdot C + \overline{B} \cdot C \\
&= A \cdot B + \overline{A} \cdot C + C(B + \overline{B}) \\
&= A \cdot B + \overline{A} \cdot C + C \\
&= A \cdot B + C(\overline{A} + 1) \\
&= A \cdot B + C
\end{aligned}
$$

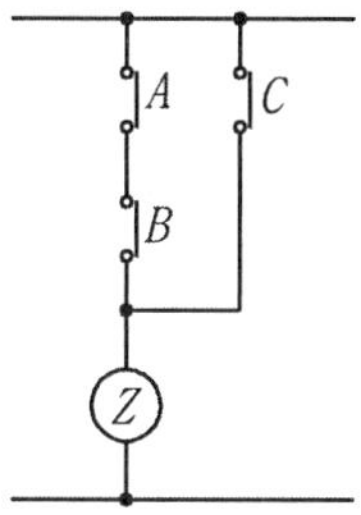

① 유접점 회로

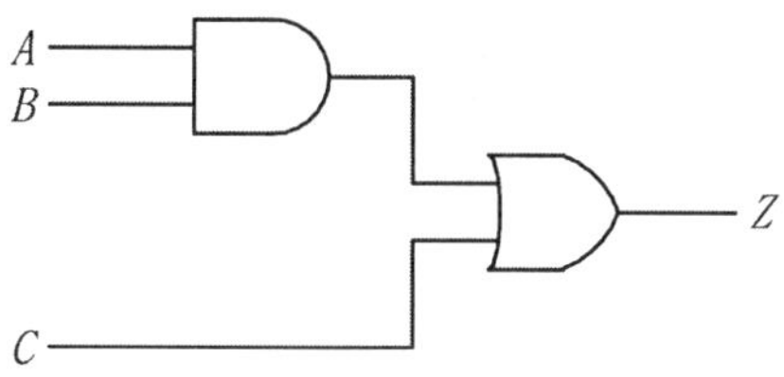

② 무접점 회로

[예제 2] 그림은 과전류, 이상정지 등을 통보함과 동시에 표시하는 경보회로이다. 이 회로는 정지를 허용하지 않는 전동기의 과부하 경보장치에 사용되는 회로에 이용된다. 도면을 보고 다음 각 물음에 답하여라.

(1) '49'는 무엇을 의미하는가?

(2) PB_1, PB_2, PB_3의 용도를 구분하여 설명하여라.

(3) MC, A, B는 무엇인가?

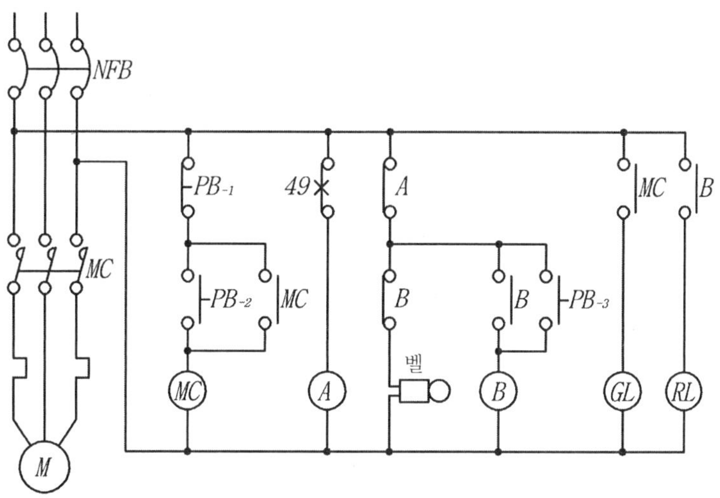

풀이 용어 설명

용 어	설 명
열동계전기	전동기의 과부하 보호용(자동제어 기기번호 49)
PB_1, PB_2, PB_3	푸시버튼 스위치(push button switch)의 약자 (수동조작 자동복귀 접점)
전자개폐기	전자력에 의해 접점을 개폐하는 기능을 가진 장치(큰 부하전류를 개폐)
계전기(relay)	전자력에 의하여 접점을 개폐하는 기능을 가진 장치

(1) 열동계전기
(2) ① PB_1 : 전동기 정지용
② PB_2 : 전동기 기동용
③ PB_3 : 전동기의 과부하로 열동계전기가 동작하여 벨이 울릴 때 벨 정지용
(3) MC : 전자개폐기 코일
A : 과부하 경보용 계전기 코일
B : 벨 정지용 코일

[예제 3] 다음 도면을 보고 각 물음에 답하여라.

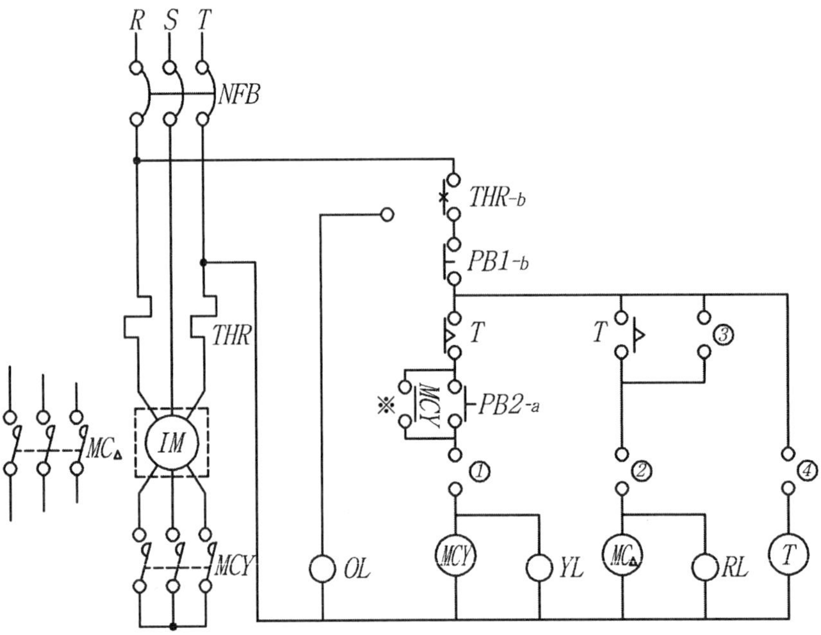

(1) 도면에서 THR은 어떤 계전기인가?
(2) 도면에서 NFB의 원어에 대한 우리말의 명칭은 무엇인가?
(3) ※표 부분의 접점은 어떤 역할의 접점이라 하는가?
(4) 주회로 부분의 Y-Δ에 대한 Δ부분(MCΔ)의 주접점회로를 완성하여라.
(5) MCΔ, MCY에 대한 보조접점의 미완성 부분에 알맞은 접점을 그려 넣으시오. 이 때 어떤 전자개폐기의 접점인지 구분이 되도록 전자개폐기 명칭을 접점 옆에 쓰도록 하여라.

풀이 (1) THR : 열동계전기로서 전동기의 과부하(과전류) 보호용 계전기
(2) NFB : 저압배선용 차단기(No Fuse Breaker)
(3) 자기유지 접점 : PBS1-a기동 스위치(수동조작 자동복귀 접점)를

누르면 코일이 여자되어 a접점이 닫힌 상태가 된다. 이때 이 접점을 이용하여 코일의 여자상태를 계속 유지시켜주는 접점

(4) 완성된 도면

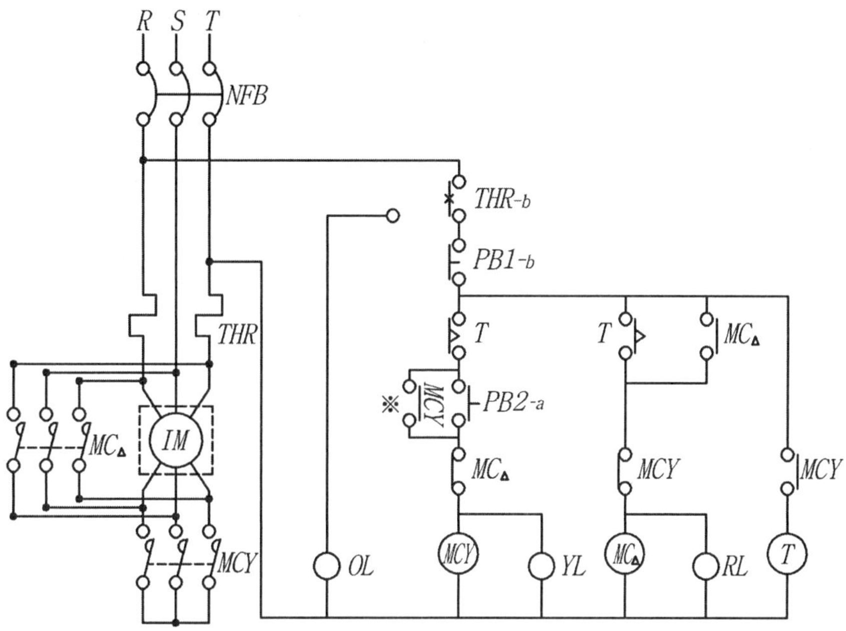

제8장 시퀀스 제어

연 습 문 제

1. 어느 대상을 바라는 목적과 일치하도록 하기 위하여 그 대상에 필요한 조작을 가하여주는 것으로 맞는 것은?

㉮ 제어 ㉰ 제어계 ㉰ 제어량 ㉱ 제어명령

2. 제어량을 원하는 상태로 하기 위한 입력신호를 무엇이라 하는가?

㉮ 작업명령 ㉯ 제어명령 ㉰ 명령처리 ㉱ 신호처리

3. 제어계가 부정확하고 신뢰성은 없으나 설치가 저렴한 제어는?

㉮ 폐회로 제어계 ㉯ 개회로 제어계 ㉰ 자동제어계 ㉱ 궤한제어계

4. 피드백 제어에서 반드시 필요한 장치는?

㉮ 구동장치
㉯ 응답 속도를 빠르게 하는 장치
㉰ 안정도를 좋게 하는 장치
㉱ 입력과 출력을 비교하는 장치

5. 제어요소가 제어대상에 주는 양은?

㉮ 기준입력 ㉯ 동작신호 ㉰ 조작량 ㉱ 제어량

6. 자동제어계에서 제어대상에 공급되는 양으로 맞는 것은?

㉮ 제어동작 신호 ㉯ 조작량 ㉰ 목표값 ㉱ 제어량

정답

1. ㉮ 2. ㉯ 3. ㉯ 4. ㉱ 5. ㉰ 6. ㉯

7. 서보 전동기는 제어 시스템의 구성요소 중 어디에 속하는가?

㉮ 검출기　㉯ 변환기　㉰ 조작기기　㉱ 증폭기

8. 진동이 일어나는 장치의 진동을 억제시키는 데 가장 효과적인 제어동작은?

㉮ 온-오프(on-off) 동작　㉯ 비례동작
㉰ 미분동작　㉱ 적분동작

9. 오프셋이 있는 제어는?

㉮ I제어　㉯ P제어　㉰ PI제어　㉱ PID제어

10. 사이클링이 있는 제어는?

㉮ 온-오프(on-off) 제어　㉯ 비례제어
㉰ 비례 적분 제어　㉱ 비례 적분 미분 제어

11. 온도·유량·압력·액위면 등의 상태량을 제어량으로 하는 제어로 맞는 것은?

㉮ 추종 제어　㉯ 시퀀스 제어
㉰ 프로그램 제어　㉱ 프로세스 제어

12. 미리 정해놓은 순서에 따라 제어되는 것으로 맞는 것은?

㉮ 추종 제어　㉯ 시퀀스 제어
㉰ 프로그램 제어　㉱ 프로세스 제어

13. 시퀀스 제어에 관한 설명 중 옳지 않은 것은?

㉮ 논리회로가 조합 사용된다.
㉯ 기계적 계전기 접점이 사용된다.
㉰ 전체 시스템에 연결된 접점들이 일시에 동작할 수 있다.
㉱ 시간지연 요소가 사용된다.

정답

7. ㉰ 8. ㉯ 9. ㉯ 10. ㉮ 11. ㉱ 12. ㉯ 13. ㉰

14. 자동제어를 목표값에 따라 분류한 것은?

㉮ 자동조정　㉯ 서보 기구　㉰ 프로세스 제어　㉱ 정치제어

15. 서보 기구가 속하는 것은?

㉮ 정치제어　㉯ 추종제어　㉰ 프로세스 제어　㉱ 비율제어

16. 프로세스 제어에 속하는 것은?

㉮ 전압　㉯ 압력　㉰ 주파수　㉱ 장력

17. 제어계의 각 부에 전달되는 모든 신호가 시간의 연속함수인 궤환제어계는?

㉮ 연속 데이터 제어계　㉯ 릴레이(relay)형 제어계
㉰ 샘플값 제어계　㉱ 개회로 제어계

18. 시퀀스 제어계의 특징이 아닌 것은 어느 것인가?

㉮ 입력에서 출력까지 정해진 순서대로 제어된다.
㉯ 어떤 조건을 만족하여도 제어신호가 전달된다.
㉰ 제어결과에 따라 조작이 자동적으로 이행된다.
㉱ PID 제어 동작을 수행한다.

19. 시퀀스 제어의 접점 기호에서 계전기의 접점으로 맞는 것은?

㉮ 　㉯ 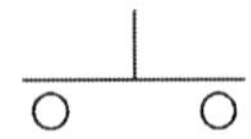

㉰ 　㉱ 

정답
14. ㉱ 15. ㉯ 16. ㉯ 17. ㉮ 18. ㉱ 19. ㉮

20. 그림은 리밋 스위치의 기호이다. 설명한 것이 맞는 것은?

㉮ (a), (b) 모두 동작하면 개로가 되는 경우
㉯ (a)는 동작하면 개로, (b)는 동작하면 폐로가 되는 경우
㉰ (a), (b) 모두 동작하면 폐로가 되는 경우
㉱ (a)는 동작하면 폐로, (b)는 동작하면 개로가 되는 경우

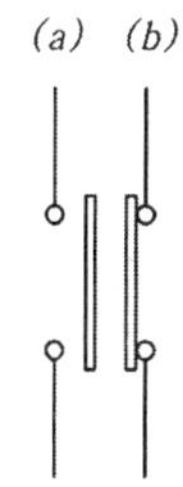

21. 그림과 같은 기호의 명칭으로 맞는 것은?

㉮ 전자릴레이 a접점
㉯ 전자릴레이 b접점
㉰ 전자릴레이 c접점
㉱ 전자접촉기 3로 접점

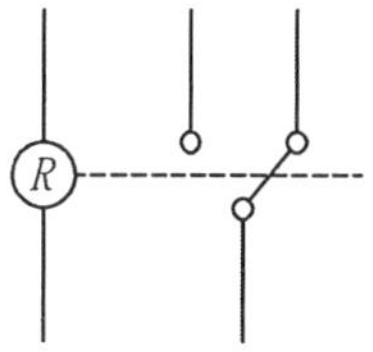

22. 그림과 같은 기호로 맞는 것은?

㉮ 수동복귀 접점
㉯ 보조접촉기 접점
㉰ 전자접촉기 접점
㉱ 기동용 버튼 스위치

23. 그림과 같은 논리회로는?

㉮ AND 회로　　㉯ OR 회로
㉰ NOT 회로　　㉱ NAND 회로

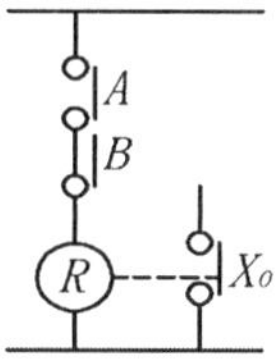

24. 다음 그림과 같은 다이오드 논리회로 명칭은?

㉮ NOT 회로
㉯ AND 회로
㉰ OR 회로
㉱ NAND 회로

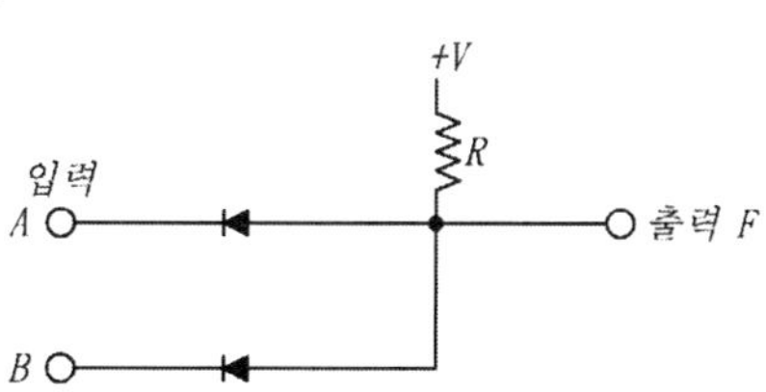

정답
20. ㉱　21. ㉰　22. ㉮　23. ㉮　24. ㉯

25. 그림과 같은 게이트의 출력전압은 몇 [V]인가? (단 A=5[V], B=0[V]인 경우)

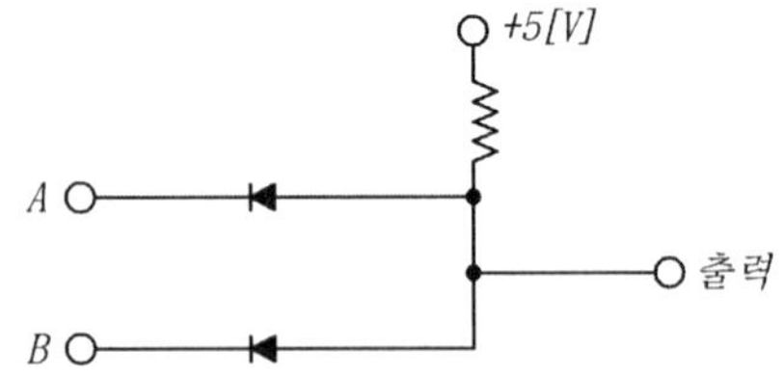

㉮ 0
㉯ 5
㉰ 2.5
㉱ 24

26. 그림의 다이오드에 의한 회로로 맞는 것은?

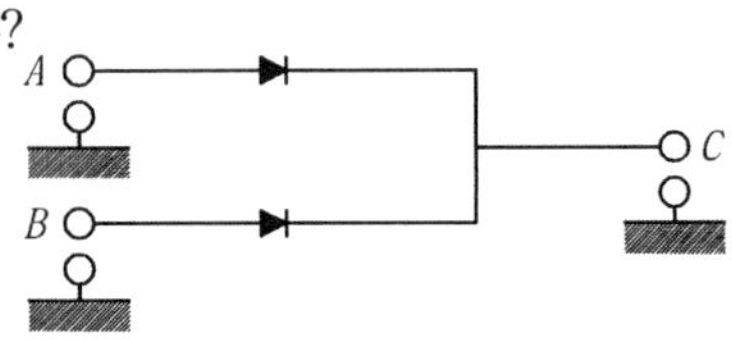

㉮ OR 회로　㉯ AND 회로
㉰ NOT 회로　㉱ NAND 회로

27. 다음 다이오드 OR 게이트의 출력전압은?

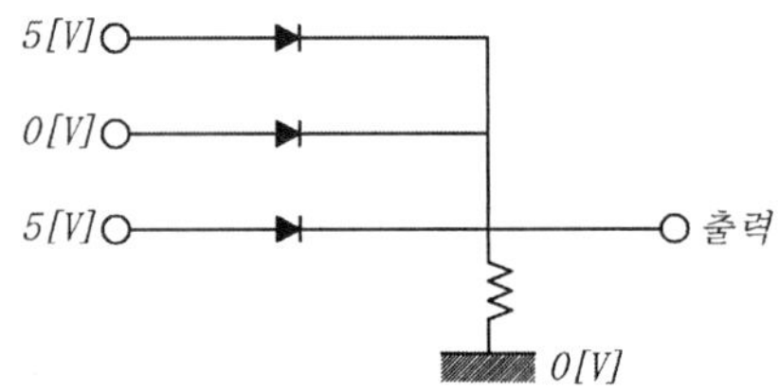

㉮ 0[V]
㉯ 5[V]
㉰ 19[V]
㉱ -5[V]

28. 다음의 유접점 회로를 논리회로로 바꿀 때 가장 적당한 것은?

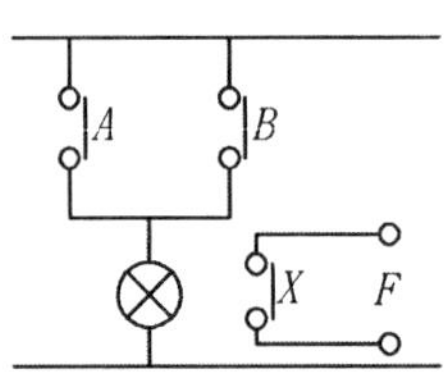

㉮ 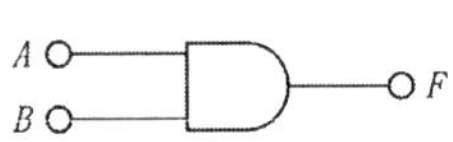

㉯ 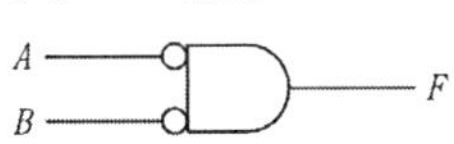

㉰ 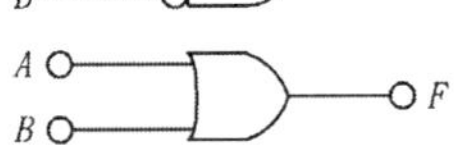

㉱ 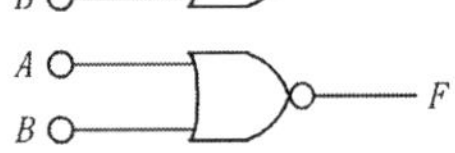

29. 그림과 같은 접점회로의 논리식으로 맞는 것은?

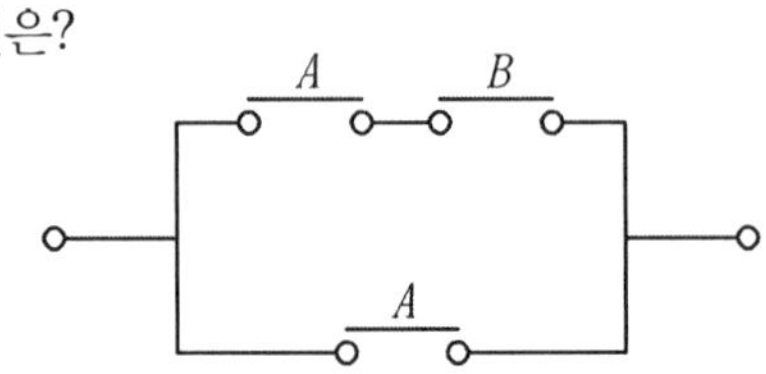

㉮ A+B+C　㉯ A · B · C
㉰ (A+B) · C　㉱ AB+A

정답

25. ㉯ 26. ㉮ 27. ㉯ 28. ㉰ 29. ㉱

30. 그림의 접점회로의 논리식으로 맞는 것은?

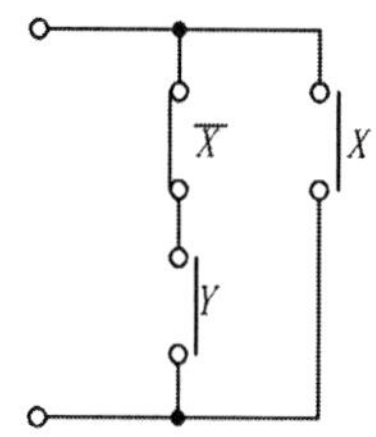

㉮ $X \cdot \overline{X} \cdot X$

㉯ $\overline{X} \cdot Y+X$

㉰ $(\overline{X}+Y) \cdot X$

㉱ $(\overline{X}+Y)+X$

31. 그림의 접점회로의 논리식으로 맞는 것은?

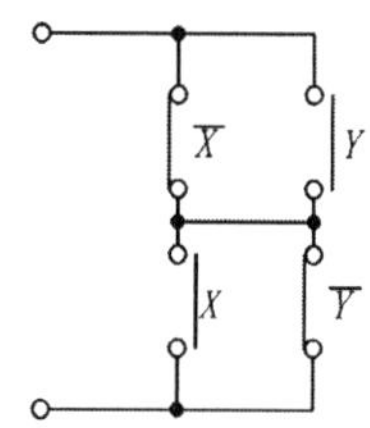

㉮ $\overline{X}Y+X\overline{Y}$

㉯ $(\overline{X}+\overline{Y})(X+Y)$

㉰ $X\overline{Y}+\overline{X}+\overline{Y}$

㉱ $(\overline{X}+Y)(X+\overline{Y})$

32. 그림의 접점회로의 논리식으로 맞는 것은?

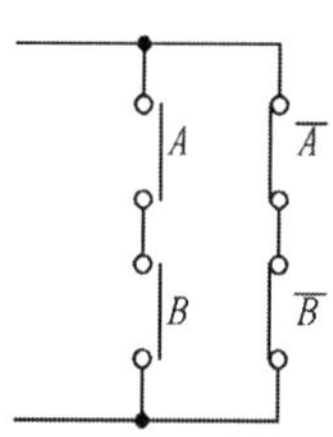

㉮ $AB+\overline{A}\,\overline{B}$

㉯ $(\overline{A}+\overline{B})+(A+B)$

㉰ $\overline{A}B+A\overline{B}$

㉱ $(\overline{A}+\overline{B})+(A+\overline{B})$

33. 논리식 $X=A+\overline{A}B$를 간단히 한 식으로 맞는 것은?

㉮ AB　　　㉯ $\overline{A}\ \overline{B}$

㉰ A+B　　　㉱ $\overline{A}+\overline{B}$

34. 논리식 $A \cdot (A+B)$를 간단히 하면?

㉮ A　　　㉯ B

㉰ $A \cdot B$　　　㉱ A+B

정답

30. ㉯ 31. ㉱ 32. ㉮ 33. ㉰ 34. ㉮

35. 논리식 $\overline{X}+\overline{Y}$ 와 같은 것으로 맞는 것은?

㉮ $\overline{X}\,\overline{Y}$　　㉯ $\overline{X+Y}$　　㉰ $\overline{XY}$　　㉱ $XY+\overline{XY}$

36. 그림의 유접점 회로를 논리식으로 표시하면?

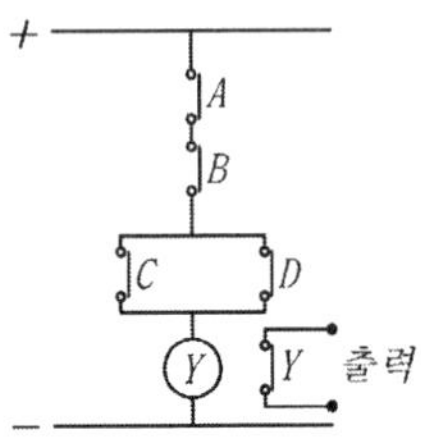

㉮ A · B · C · D=Y
㉯ (A+B) · C · D=Y
㉰ A+B+C · D=Y
㉱ A · B · (C+D)=Y

37. 논리식 A · (A+B)를 간단히 하면?

㉮ A　　㉯ B　　㉰ A·B　　㉱ A+B

38. 다음 논리회로의 논리식으로 맞는 것은?

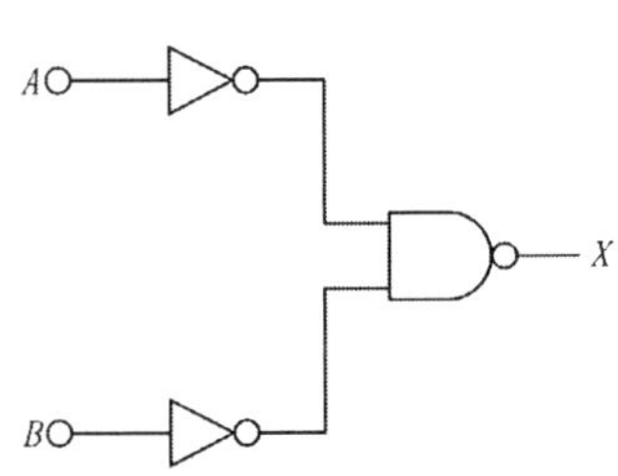

㉮ $X=A+B$
㉯ $X=A\cdot B$
㉰ $X=\overline{A\cdot B}$
㉱ $X=\overline{A+B}$

39. 다음 회로의 논리식으로 맞는 것은?

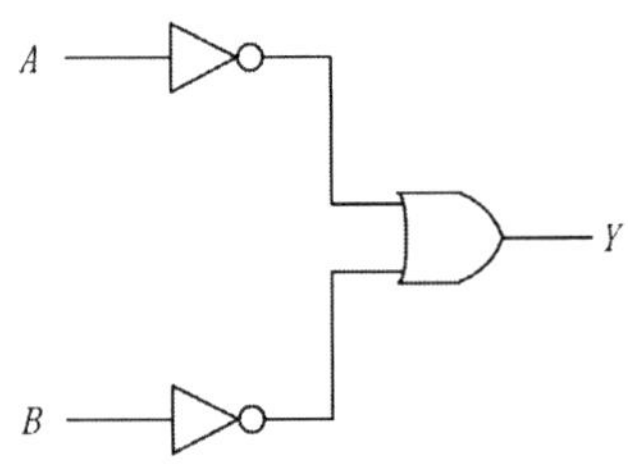

㉮ $Y=A+B$　　㉯ $Y=\overline{A+B}$
㉰ $Y=\overline{A\cdot B}$　　㉱ $Y=A\cdot B$

40. 개폐점을 가진 기기를 시퀀스도에 표시할 경우 틀린 것은?

㉮ 수동조작의 것은 손을 떼어놓은 상태를 나타낸다.
㉯ 전원은 모두 떼어놓은 상태를 나타낸다.
㉰ 복귀를 요하는 것은 복귀한 것을 나타낸다.
㉱ 제어할 기기 또는 전기회로가 동작상태일 때의 상태를 나타낸다.

정답

35. ㉰ 36. ㉱ 37. ㉮ 38. ㉮ 39. ㉰ 40. ㉱

41. 시퀀스도에서 PB(수동조작 자동복귀) 스위치 복귀 후에도 계속 동작하기 위한 회로는?

㉮ 인터록 회로　　㉯ 자기유지 회로
㉰ 전원차단 회로　　㉱ 램프 점등 회로

42. 차동식 스포트형 감지기에서 다이어프램의 변환요소로 맞는 것은?

㉮ 온도 → 전압　　㉯ 온도 → 임피던스
㉰ 변위 → 압력　　㉱ 압력 → 변위

43. 정온식 감지선형의 변환요소로 맞는 것은?

㉮ 온도 → 전압　　㉯ 변위 → 압력
㉰ 압력 → 변위　　㉱ 온도 → 임피던스

44. 온도가 전압으로 변환되는 요소로 맞는 것은?

㉮ 다이어프램　　㉯ 열전대　　㉰ 서미스터　　㉱ 전자석

45. 고압을 검출하는 데 적당한 압력계로 맞는 것은?

㉮ 벨로스형(bellows type)　　㉯ 다이어프램형(diaphragm type)
㉰ 부르동관형(bourdon tube type)　　㉱ 노즐형(nozzle type)

46. 전기식 증폭기가 아닌 것은?

㉮ 노즐플래퍼　　㉯ 앰플리다인　　㉰ SCR　　㉱ 다이라트론

47. 그림은 3상 유도전동기의 Y-Δ 기동운전 회로도이다. 1, 2, 3단자와 U, V, W단자에 연결할 때 단자의 차례로 맞는 것은?

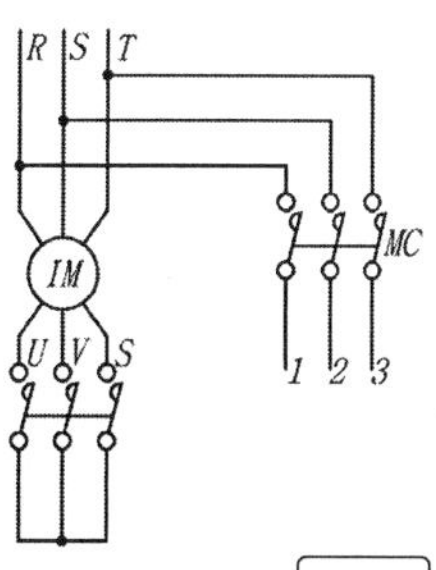

㉮ WUV　　㉯ VUW
㉰ WVU　　㉱ UVW

정답

41. ㉯　42. ㉱　43. ㉱　44. ㉯　45. ㉰　46. ㉮　47. ㉮

48. 다음 중 물탱크의 수위를 조절하는 스위치로 맞는 것은?

㉮ TDR ㉯ TLTS ㉰ CS ㉱ FTS

49. 다음은 시퀀스 제어의 약호이다. 잘못 짝지어진 것은?

㉮ ZCT - 영상변류기
㉯ CB - 차단기
㉰ KS - 단로스위치
㉱ THR - 열동계전기

50. 다음 자동제어 기구의 기본번호 중 전자접촉기로 맞는 것은?

㉮ 88 ㉯ 89 ㉰ 2 ㉱ 3

51. 다음 자동제어 기구의 기본번호 중 열동형 계전기로 맞는 것은?

㉮ 88 ㉯ 49 ㉰ 2 ㉱ 3

52. 입력이 0과 1일 때 1의 출력이 나오지 않는 게이트는?

㉮ OR 게이트
㉯ NAND 게이트
㉰ NOR 게이트
㉱ Exclusive OR 게이트

53. 기계적인 변위의 한계선 부근에 배치하여 이 스위치를 누름으로써 기계를 정지하거나 명령번호를 내는 데 사용되는 스위치는?

㉮ 마이크로스위치
㉯ 리밋스위치
㉰ 캠스위치
㉱ 누름버튼스위치

54. PLC 전원전압의 변동범위는 몇 [%]인가?

㉮ -23～+20[%]
㉯ -15～+10[%]
㉰ -5～+20[%]
㉱ -20～+5[%]

정답
48. ㉱ 49. ㉰ 50. ㉮ 51. ㉯ 52. ㉰ 53. ㉯ 54. ㉯

55. 디지털 제어의 이점이 아닌 것은?

㉮ 감도의 개선
㉯ 드리프트(drift)의 제거
㉰ 잡음 및 외란의 영향의 감소
㉱ 프로그램의 단일성

56. PID 동작에 대한 설명으로 옳은 것은?

㉮ 응답속도는 빨리 할 수 있으나 오프셋이 제거되지 않는다.
㉯ 사이클링과 오프셋이 제거되고 응답속도가 빠르며, 안정성이 있다.
㉰ 사이클링을 제거할 수 있으나 오프셋이 생기게 된다.
㉱ 오프셋은 제거되나 제어동작에 큰 부동작시간이 있으면 응답이 늦어지게 된다.

57. 서보 전동기의 특징에 대한 설명으로 틀린 것은?

㉮ 저속이며, 원활한 운전이 가능하다.
㉯ 급가속 및 급감속이 용이한 것이어야 한다.
㉰ 원칙적으로 정역전이 가능해야 한다.
㉱ 직류용은 없고, 교류용만 있다.

58. 피드백 제어의 특징으로 틀린 것은?

㉮ 정확도가 증가한다.
㉯ 대역폭이 크다.
㉰ 계의 특성변화에 대한 입력대 출력비의 감도가 감소한다.
㉱ 구조가 단순하고 설치비용이 저렴하다.

59. 궤환제어계에서 제어요소에 대한 설명으로 옳은 것은?

㉮ 조작부와 검출부로 구성되어 있다.
㉯ 조절부와 검출부로 구성되어 있다.
㉰ 목표값에 비례하는 신호를 발생하는 제어이다.
㉱ 동작신호를 조작량으로 변화시키는 요소이다.

정답

55. ㉱ 56. ㉯ 57. ㉱ 58. ㉱ 59. ㉱

60. 제어장치의 출력인 동시에 제어대상의 입력으로 제어장치가 제어대상에 가하는 제어신호는?

㉮ 제어량 ㉯ 조작량 ㉰ 동작신호 ㉱ 궤환신호

61. 무인 조정되는 소방용 승강기의 자동제어는 어떤 방식을 사용하는가?

㉮ 추종 제어 ㉯ 프로세스 제어 ㉰ 프로그램 제어 ㉱ 정치 제어

62. 제어기의 입력신호에 해당되는 것은?

㉮ 제어변수 ㉯ 오차(error)
㉰ 설정점(set point) ㉱ 외란(disturbance)

63. PID 제어에 해당되는 것은?

㉮ 비례 미분 제어 ㉯ 비례 적분 제어
㉰ 비례 적분 미분 제어 ㉱ 비율 제어

64. 도너(donor)란?

㉮ P형 반도체를 만든다. ㉯ N형 반도체를 만든다.
㉰ 3가 원소 ㉱ 가전자가 1개 모자라는 불순물

65. 제어량이 변화하는 물체의 위치 · 방향 · 자세 등일 경우 제어는?

㉮ 프로세스 제어 ㉯ 시퀀스 제어 ㉰ 서보 제어 ㉱ 정치 제어

66. 제어요소의 동작 중 연속동작이 아닌 것은?

㉮ P동작 ㉯ PD 동작
㉰ PI 동작 ㉱ 온-오프(on-off) 동작

67. 조절부와 조작부로 이루어진 것을 무엇이라 하는가?

㉮ 제어요소 ㉯ 제어대상 ㉰ 피드백 요소 ㉱ 기준입력 요소

정답

60. ㉯ 61. ㉰ 62. ㉰ 63. ㉰ 64. ㉯ 65. ㉰ 66. ㉱ 67. ㉮

9장

반도체 회로

1 반도체의 종류

전자회로란 전자의 전기전도 특성을 이용한 회로로 가전제품(TV, 핸드폰), 산업용기기, 의료기기 등 우리들의 일상생활에서 볼 수 있는 대부분의 기기를 제어하는 시스템이다. 사람으로 비유하면 신경회로라 할 수 있다.

전자회로는 전자기판에 저항, 인덕터, 콘덴서, Tr, IC 등을 조립하여 구성한다. 전자회로의 주된 기능은 스위칭 작용과 증폭작용이며, 이러한 작용을 통하여 전압, 전류를 제어하거나 신호, 정보 등을 전달할 수 있다. 전자회로의 주요 특징은 다음과 같다.

① 적은 전력으로 큰 전력의 제어가 가능하다.
② 신뢰성이 높다.
③ 주위의 온도, 습도의 영향을 받기 쉽다.
④ 고전압, 과전류에 약하므로 보호회로가 필요하다.

반도체란 도체와 절연체 양쪽 성질을 가진 물질로 저항률이 0.01[Ω · cm]~10^{10}[Ω · cm] 이하인 물질로 도체처럼 전류가 흐르기 쉽지가 않고 절연체처럼 흐르기 어려운 것도 아닌 물질이다. 이러한 물질에는 Ge(게르마늄), Si(실리콘), Se(셀렌) 등이 있다.

만약, 반도체에 불순물을 첨가하여 캐리어인 정공이나 자유전자를 많게 하면 전기전도 특성이 좋아질 것이다. 이러한 구조의 반도체를 **불순물 반도체**라 하며, 불순물을 첨가하는 작업을 도핑(Doping)이라 한다. 이에 반해 불순물이 첨가되지 않은 반도체를 **진성 반도체**라 한다.

```
반도체 ┌진성 반도체
       └불순물 반도체 ┌P형 반도체
                      └N형 반도체
```

1.1 PN 접합 동작특성

P형 반도체와 N형 반도체를 서로 접합시킨 것을 **PN 접합**이라 한다. PN 접합을 하게 되면, P형 반도체의 접합면 부근의 정공은 N형 반도체 쪽으로, N형 반도체의 접합면 부근의 전자는 P형 반도체 쪽으로 이동한다.

이러한 현상은 수중에 농도가 짙은 잉크를 떨어뜨렸을 때, 잉크가 서서히 전체에 퍼져서 마침내 물과 혼합되는 현상과 같은 현상이며, 이를 확산현상이라 한다. 따라서 접합면 부근에서 확산한 정공과 전자는 서로 결합하여 소멸된다. 이와 같은 결합으로 인해 접합면 부근에는 정공과 전자가 존재하지 않는 공간이 생기며, 이 공간을 공핍층이라 한다.

또한, 접합면 부근의 P형 반도체 원자를 확산에 의한 전자가 부가되어 음의 전하를 갖게 되고, 접합면 부근의 N형 반도체 원자는 확산에 의한 정공이 부가되어 양의 전하를 갖게 된다. 그 결과, P형 반도체 부분에는 음의 전하가, N형 반도체 부분에는 양의 전하가 나타난다.

이 전하에 의한 전위차를 **전위장벽**이라 하고 상온 25[℃]에서 실리콘 원자로 이루어진 반도체의 PN 접합에서는 전위장벽이 약 0.7[V]이고, 게르마늄인 경우에는 약 0.3[V]의 **전위장벽**을 가진다. [그림 9-1]은 PN 접합에서의 공핍층을 나타낸다.

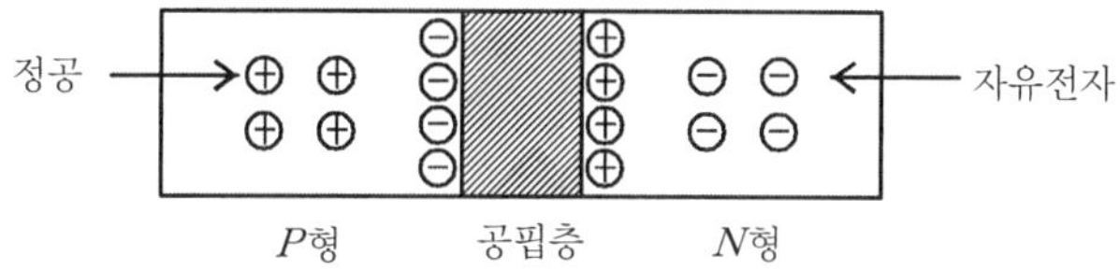

[그림 9-1] PN 접합의 공핍층

P형 반도체 영역에 (+) 전압을 가하고, N형 반도체 영역에 (−) 전압을 가하면(이 상태를 순방향 전압 또는 순방향 바이어스를 가했다고 한다) P형 영역 쪽의 정공은 (−) 전압에 끌려 공핍층을 넘어 N형 영역 쪽으로 이동하려 하고, N형 영역 쪽의 전자는 (+) 전압에 끌려 공핍층을 넘어 P형 영역 쪽으로 이동하려 할 것이다.

이때, 외부에서 가한 전압이 전위장벽 전압보다 높게 되면 정공과 전자는 전위장벽을 넘어 이동하게 되고, 마침내 전류가 P형 반도체 쪽에서 N형 반도체 쪽으로 흐르게 된다. 이러한 전류를 **순방향 전류**라 한다.

P형 반도체 영역에 (−) 전압을 가하고, N형 반도체 영역에 (+) 전압을 가하면(이 상태를 역방향 전압을 가했다고 한다) P형 영역 쪽의 정공은 (−) 전압에 끌려가고, N형 영역 쪽의 전자는 (+) 전압에 끌려가므로 공핍층이 넓어지게 된다.

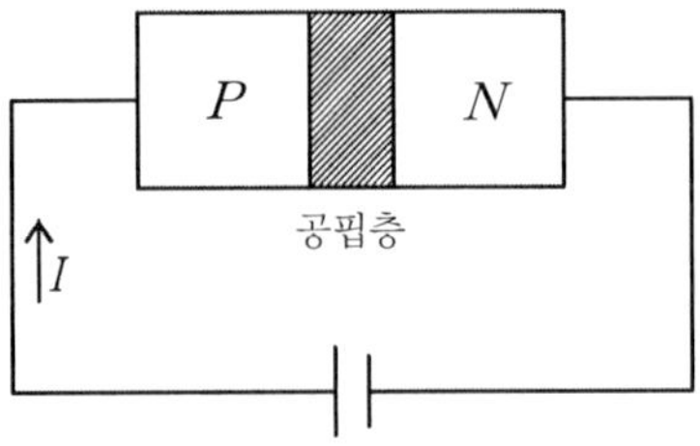

[그림 9-2] 순방향 전압

이때, 외부에서 가하는 전압이 커지면 커질수록 공핍층은 넓어지게 되고, 정공이나 전자의 이동이 없으므로 전류는 흐르지 않게 된다.

그러나 P형 영역 쪽의 소수 캐리어인 전자와 N형 영역 쪽의 소수 캐리어인 정공의 입장에서는 순방향 전압이 가해진 경우가 되므로, 각 반도체의 소수 캐리어인 정공과 전자가 이동하게 되어 작은 전류가 N형 반도체 쪽에서 P형 반도체 쪽으로 흐르게 된다. 이러한 전류를 **역방향 전류**라 한다. [그림 9-3]은 역방향 전압이 가해진 경우 PN 접합의 동작을 나타낸다.

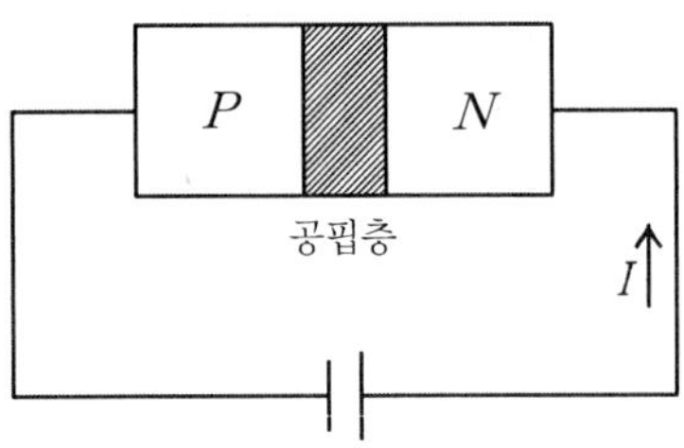

[그림 9-3] 역방향 전압

1.2 반도체 특징

반도체는 다음과 같은 특징을 갖는다.

① 반도체는 어떤 온도범위 내에서 온도가 상승하면 저항률이 감소하고 도전율이 증가한다(⊖ 온도계수).

② 반도체 접합으로 정류작용을 할 수 있다.

③ 반도체에 빛을 조사하면 저항값이 감소하여 도전성이 증가하거나 기전력이 생긴다(광도전성, 광기전력성).

④ 반도체 결정 속에 포함된 불순물이 증가되면 저항률이 감소되고 도전성이 증가한다.

반도체는 P형 반도체와 N형 반도체를 기본으로 하여 N형 또는 P형 반도체 단독으로 사용되는 서미스터나 바리스터 등이 있고, P형과 N형을 접합시킨 다이오드, 그리고 다중접합으로 구성된 트랜지스터나 사이리스터, 포토 트랜지스터 등이 사용된다.

2 다이오드

다이오드는 2개의 전극을 가진 소자로 정류용으로 가장 많이 사용되며, 게르마늄 다이오드(고주파용)와 실리콘 다이오드(대전력용)가 있다.

대부분 사용되는 PN 접합 다이오드는 Si 또는 Ge의 단결정 속에서 P형 반도체 부분과 N형 반도체 부분이 접합하도록 각 부분에 리드선을 붙인 구조이다. P형 쪽을 애노드(+), N형 쪽을 캐소드(−)라 한다.

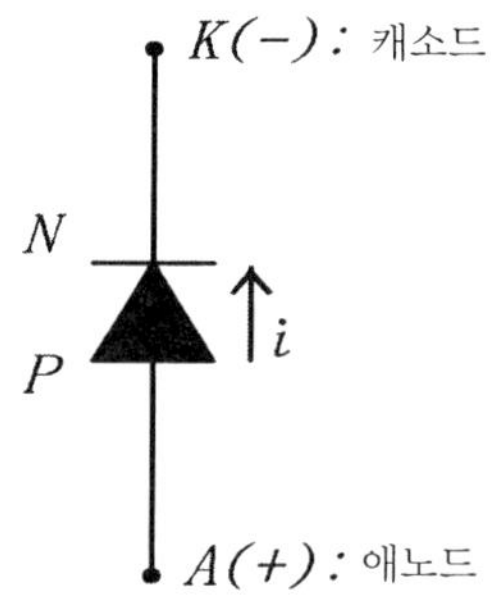

[그림 9-4] 다이오드 기호

PN 접합 다이오드는 한쪽 방향으로만 전류를 흘리는 작용(정류)을 하며, 순방향 바이어스를 인가할 경우 전류의 양이 순간적으로 급격히 증가하는데 이때의 전압을 **문턱전압**(Threshold voltage)이라 한다. 정류회로는 다이오드의 한쪽 방향으로만 흐르는 특성을 이용하여 교류전압을 직류전압으로 바꿀 수 있는데 이러한 회로를 정류회로 또는 **정류기**(Rectifier)라 한다.

2.1 반파 정류회로

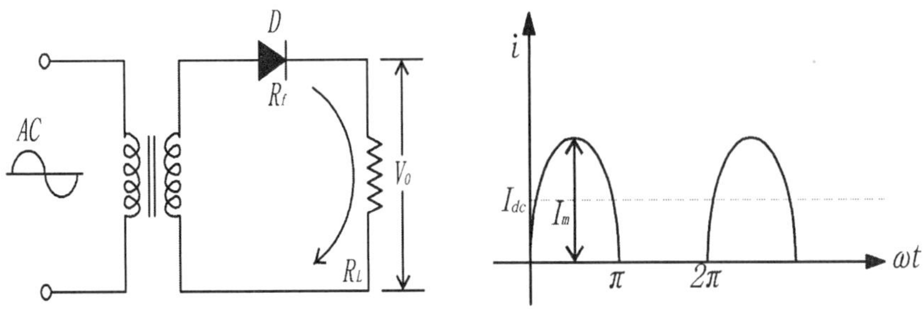

[그림 9-5] 반파 정류회로

[그림 9-5]에서 $v = \sqrt{2}\,V\sin\theta$의 정현파 전압에 대하여 정류소자 D(다이오드)가 도통되는 직류전압 파형의 평균값 V_0는 다음과 같다.

$$V_0 = \frac{1}{2\pi}\int_0^{\pi} V d\theta = \frac{\sqrt{2}\,V}{\pi} = 0.45[\mathrm{V}] \qquad (9 \cdot 1)$$

또한, 직류전류 i_{dc}의 평균값은 $\frac{V_0}{R}$이다.

교류입력이 (+)인 경우에는 변압기 2차측 → D → 부하 → 변압기측으로 전압이 인가되지만 (−)인 구간에서는 다이오드가 역바이어스되어 부하측에는 전류가 흐르지 못한다.

[예제 1] 단상반파 정류회로에서 입력에 교류실효값 100[V]를 정류하면 직류 평균전압은 몇 [V]인가? 단, 정류기 전압강하는 무시한다.

풀이 $V_0 = \frac{\sqrt{2}\,V}{\pi} = 0.45 \times 100 = 45[\mathrm{V}]$

2.2 브리지 정류회로

입력전압의 반사이클 동안에는 D_1, D_2가 도통하고 부의 반사이클 동안에는 D_4, D_3가 도통된다. 이때 부하에 걸리는 출력전압은 다음과 같다.

$$V_0 = \frac{1}{\pi}\int_0^{\pi} V d\theta = \frac{2\sqrt{2}}{\pi} V = 0.9[\mathrm{V}] \qquad (9 \cdot 2)$$

즉, 반파정류값의 2배가 된다.

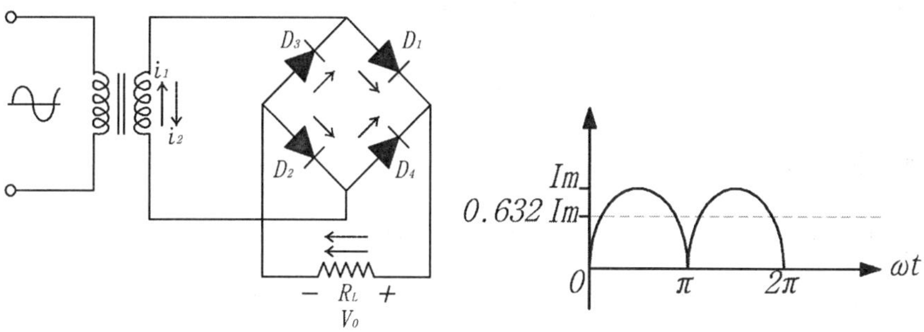

[그림 9-6] 브리지 정류회로

교류입력이 (+)구간에는 Tr → D_1 → R_L → D_2 → Tr로 흐르고, (−)구간에서는 Tr → D_4 → R_L → D_3 → Tr을 통하여 부하전류가 흐른다. 대부분 정류회로에서 사용된다.

[예제 2] 단상전파 정류회로에서 교류측에 공급전압 628 sinωt값을 공급할 때 직류측 전압의 평균값은?

풀이 $V = \dfrac{V_m}{\sqrt{2}} = \dfrac{628}{\sqrt{2}} = 444[\text{V}]$

$\therefore V_0 = \dfrac{2\sqrt{2}\,V}{\pi} = 400[\text{V}]$

2.3 전파 정류회로

교류입력이 (+)인 경우 변압기 2차측 → D_1 → 부하 → 변압기 2차측으로 되고 (−)구간에서도 변압기 2차측 → D_2 → 부하 → 변압기 2차측을 통하여 부하측에

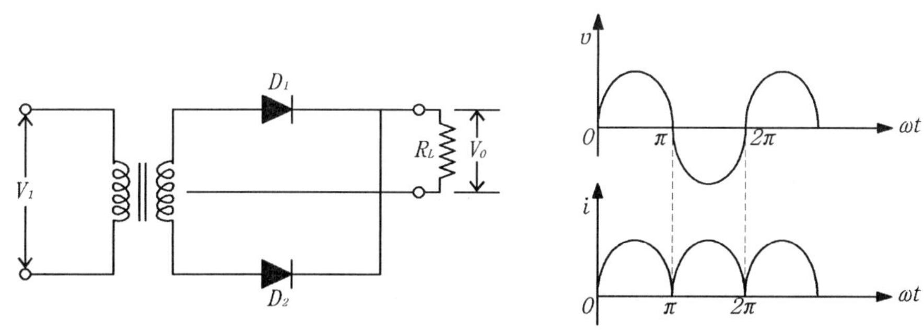

[그림 9-7] 전파 정류회로

전류가 흐른다. 브리지 회로와 출력전압은 같으나 정류소자의 내압이 약해질 수 있다.

2.4 평활회로

정류기에서 출력되는 전압은 맥동전류이므로 일정한 직류전압으로 변환하기 위해서는 필터가 필요하다. [그림 9-8]과 같이 출력단에 콘덴서를 붙인 회로를 **평활회로**라 하며, 이 콘덴서를 평활용 콘덴서라 한다.

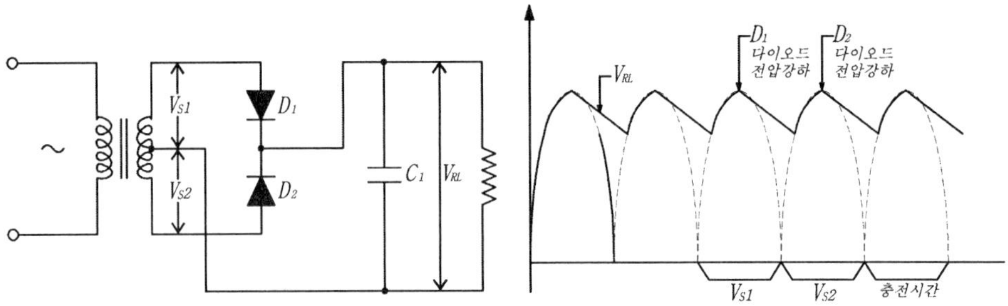

[그림 9-8] 평활회로

2.5 제너 다이오드

제너 다이오드는 역방향 바이어스시 제너 현상과 애벌란시(Avalanche) 현상으로 역방향 전압에 대해 강한 특성을 가짐으로써 일정전압(정전압 다이오드)을 유지하는 다이오드이다. 그러나 역방향 다이오드를 줄이면 원상태로 회복된다.

순방향 바이어스시에는 PN 전압 다이오드 기능과 같다.

[그림 9-9] 제너 다이오드

전원전압에 의해 항복전압 이상이 걸리면 제너 양단은 전원전압이 변동하더라도 6.3[V]를 유지한다.

2.6 쇼트키 다이오드

쇼트키 다이오드(Schottky diode)는 반도체와 금속을 접촉시켜 쇼트키 배리어 현상을 이용해 만든 다이오드로 200[MHz]의 고속 스위칭이 가능하다.

2.7 터널 다이오드

PN 접합에서 반도체 결정에 섞는 P형, N형의 불순물 양을 증가시키면 접속의 경계가 바뀌어 작은 순방향 전압에서 전류가 상승하는 특성을 갖는 다이오드로 수[GHz]의 고속 스위칭이 가능한데, 이것을 **터널 다이오드**(tunnel diode)라고 한다.

2.8 애벌란시 다이오드

충돌사태 이온화 현상과 주행시간 효과를 이용한 다이오드로 임의의 고조파에서 전압과 전류의 위상이 역위상이 된다. 효율이 좋아 고출력 마이크로파 발진소자, 소형 레이더 발진 등에 이용하며 잡음이 많다.

2.9 바리스터 다이오드

바리스터는 Voltage Variable Resistor의 약자이며, 인가하는 전압에 의해 저항값이 크게 바뀌는 다이오드이다. 낮은 전압에서는 큰 저항값을 높은 전압에서는 낮은 저항값을 갖는다. 서지전압에 대한 보호용이나 충격전압 흡수기에 이용한다.

2.10 포토 다이오드

빛이 닿으면 전류가 흐르는 다이오드로 광량의 변화를 전류값으로 대치하므로 광센서에 주로 사용된다.

2.11 발광 다이오드

발광 다이오드(LED : Lighting Emitting Diode)는 전류를 흘려보내면 빛을 내는 다이오드로 센서의 광원, 옥외전광 게시판, 신호등 램프 등에 사용된다.

LED의 특징은 수명이 길고, 발열이 없고 소비전력도 적다. 발광색이 풍부하며 응답속도가 빠르다. 재료로는 GaAs, GaP 등이 쓰인다.

2.12 서미스터

서미스터(thermistor)는 온도에 의해 저항값이 변하는 것을 이용한 반도체이다. 온도가 높아지면 그 저항이 크게 감소되어 온도보상회로, 화재탐지회로, 지연회로 등에 이용한다.

3 트랜지스터

트랜지스터는 반도체를 PNP 접합 또는 NPN 접합을 시킨 것으로 이미터, 베이스, 컬렉터인 3개의 전극을 가지며 스위칭 작용과 증폭작용을 한다. [그림 9-10](a)에서 트랜지스터는 E_{BB}에 의해 이미터의 정공은 베이스로 들어가 이미터 전류의 대부분은 컬렉터로 흐르고 극히 일부 전류만 베이스로 흐른다. 그림(b)에서는 E_{BB}에 의해 이미터의 전자는 베이스로 들어가 전자 대부분은 컬렉터로 흐르고 극히 일부 전자만 베이스로 흐른다.

전류의 방향은 전자의 흐름과 반대이므로 PNP형과는 전류의 방향이 반대가 된다. 그림에서 이미터 전류는 컬렉터 전류와 베이스 전류의 합이므로 다음과 같이 표현된다.

$$I_E = I_C + I_B \tag{9・3}$$

이미터 전류의 변화에 의하여 컬렉터 전류가 어느 정도 변화되는가를 나타내는 값으로 α의 값을 사용한다.

$$I_C = \alpha I_E \tag{9・4}$$

여기서 α값은 대략 0.95~0.99 사이의 값을 갖는다.

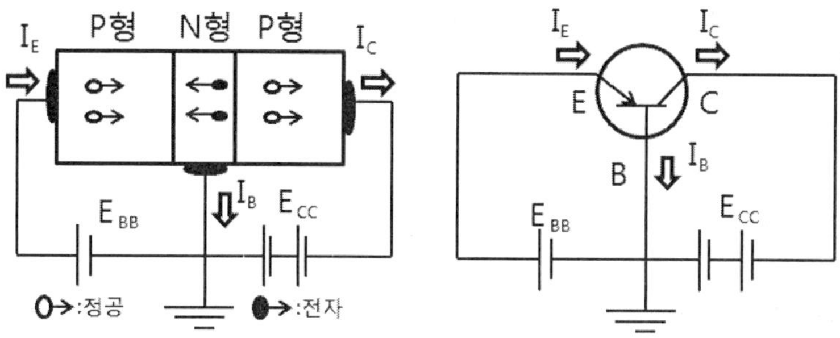

(a) PNP형

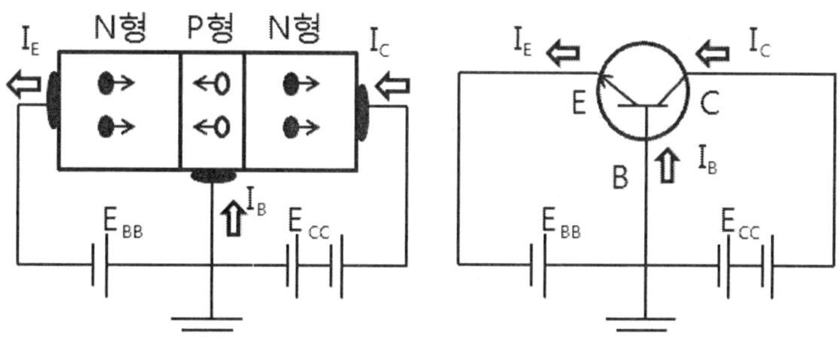

(b) NPN형

[그림 9-10] 트랜지스터의 구조와 기호

베이스 전류가 변화되었을 때 컬렉터 전류의 변화율을 표시하는 값으로 β값을 사용한다.

$$I_C = \beta I_B \qquad (9 \cdot 5)$$

여기서 β값은 트랜지스터 형태에 따라 다르며 20～300사이의 값을 갖는다. α와 β와의 사이에는 다음 값이 성립된다.

$$\beta = \frac{I_C}{I_B} = \frac{I_C}{I_E - I_C} = \frac{\frac{I_C}{I_E}}{1 - \frac{I_C}{I_E}} = \frac{\alpha}{1-\alpha} \qquad (9 \cdot 6)$$

[예제 3] 이미터 전류를 1[mA] 변화시켰더니 컬렉터 전류가 0.84[mA]이다. 트랜지스터의 증폭률 β는?

(풀이) $I_E = I_C + I_B$ 이므로 $I_B = I_E - I_C = 1 - 0.84 = 0.16$

그러므로 $\beta = \frac{I_C}{I_B} = \frac{I_C}{I_E - I_C} = \frac{0.84}{1-0.84} = 5.25$

4 사이리스터

사이리스터(Thyristor)란 소자의 성질이 사이러트론(Thyratron)과 비슷하고 두 개의 TR의 복합구조인 면에서 그 합성어로 사이리스터라고 한다.

사이리스터는 PN 접합을 3개 이상 조합한 안정성 스위칭 소자로 조명제어, 전동기 제어 등의 스위칭 소자로 사용되며 일반적으로 SCR이라 한다.

① 단방향성 소자
- ㉠ SCR(Silicon Controlled Rectifier)
- ㉡ GTO(Gate Turn Off Thyristor)

② 양방향성 소자
- ㉠ TRIAC(Trlode AC Switch)
- ㉡ SSS(Silicon Symmetric Switch)
- ㉢ SSR(Solid State Relay)

SCR 구조는 PNPN 4층 구조로 되어 있으며, 이 4층 구조는 PNP층과 NPN층을 조합한 것이다. 즉, 2개의 트랜지스터 각각의 베이스를 서로 상대의 컬렉터에 연결한 복합 트랜지스터 회로이다.

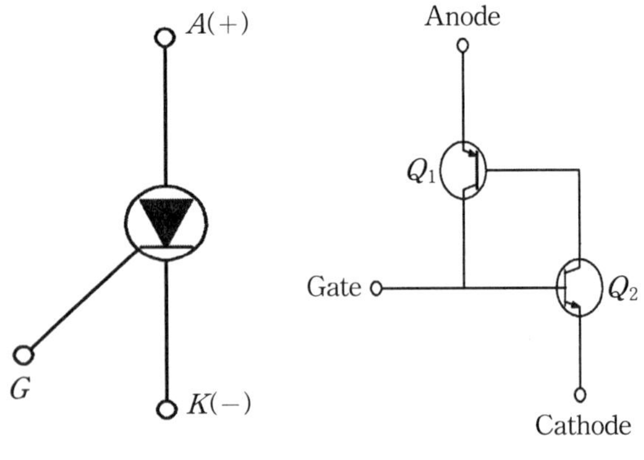

[그림 9-11] SCR의 기호

게이트와 캐소드 사이에 (+)전압을 인가할 때 SCR은 턴온(turn-on)이 된다. 사이리스터가 도통되면 트랜지스터와 같이 소자를 제어할 수 없게 되고, 순방향 애노드 전류가 유지전류 미만으로 감소되어야 비로소 차단된다.

일반적으로 SCR은 A-K사이에 순방향 전압을 걸고 게이트와 캐소드 사이에 +전압을 인가하면 턴온(turn-on)되고 A-K 역방향 전압을 인가하면 턴오프(turn-off)된다.

(1) GTO

SCR은 주 전류에 흐르는 전류를 끊기 위해서 역방향 바이어스가 필요하나 GTO는 게이트에 걸리는 입력신호 극성을 (−)로 바꾸는 것으로 주 전류를 턴오프(turn-off)할 수 있는 소자이며, 3단자 턴오프 사이리스터라고 한다.

(2) TRIAC

SCR 2개를 서로 역방향으로 병렬 연결한 형태로 양방향 제어가 가능하여 조명제어, 전동기 제어소자로 많이 사용된다.

(3) SSS(실리콘 대칭형 스위치)

TRIAC에서 게이트를 제거한 형태로 트라이악과 조합하여 사용하며 대전류를 온-오프(on-off)한다.

(4) SSR

SSR은 교류 무접점 스위치라고 하며, 기계식 릴레이를 반도체식으로 대체한 것과 같다. SSR은 반도체 소자로 구성되었기 때문에 10[A] 이상의 전류가 흐르는 경우 유의하여야 한다. SSR은 기계식 릴레이에 비해 다음과 같은 특징이 있다.

① 전자적 스위칭 동작을 하므로 외부로부터 유입되는 잡음의 영향이 적다.
② 접점의 마모가 없어 반영구적으로 사용할 수 있다.
③ 소신호의 구동 입력신호를 사용하므로 소비전력을 감소시킬 수 있다.
④ 기계적 접점이 없으므로 동작음이나 불꽃방전이 없다.
⑤ 내진동성과 내습도성이 우수하다.

5 집적회로

집적회로(IC : Intergrated Circuit)란 다이오드나 트랜지스터, 저항 등의 회로 소자들을 기판에 집적도로 구성 배열한 회로이다. 제조방법, 규모 등에 따라 다음과 같은 장 · 단점이 있다.

(1) 장 점

① 소형 · 경량이며 소비전력이 적다.

② 대량생산이 가능하여 값이 싸다.

③ 접속개소가 적어 고장이 적으므로 신뢰성이 향상된다.

④ 고속화가 가능하다.

(2) 단 점

열에 약하며 코일과 콘덴서의 집적에는 한계가 있다.

① 전압이나 전류에 약하다.

② 마찰에 의한 정전기 영향을 고려하여야 한다.

제9장 반도체 회로

연습문제

1. 실리콘 정류기 최고 허용온도는?

㉮ 30~60[℃] ㉯ 60~90[℃] ㉰ 90~130[℃] ㉱ 140~200[℃]

2. 반도체 정류기 중 역방향 내전압이 가장 큰 것은?

㉮ 셀렌 정류기 ㉯ 실리콘 정류기
㉰ 이산화동정류기 ㉱ 게르마늄 정류기

3. 그림과 같은 반파 정류회로의 스위치 S를 사용하여 부하를 끊었을 경우 콘덴서 C의 AB간에 충전된 전압은 몇 [V]인가?

㉮ $12\sqrt{2}$
㉯ 24π
㉰ $24\sqrt{2}$
㉱ 38π

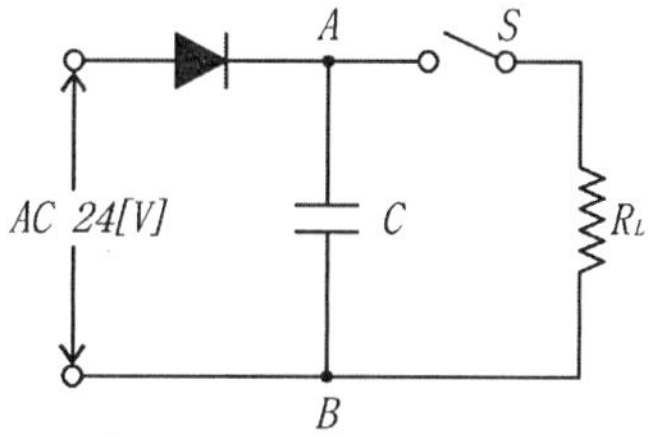

4. 그림과 같은 브리지 정류회로에서 교류입력과 직류출력으로 맞는 것은?

㉮ 교류입력 BO 직류출력 AC
㉯ 교류입력 BC 직류출력 AD
㉰ 교류입력 AC 직류출력 BD
㉱ 교류입력 AD 직류출력 BC

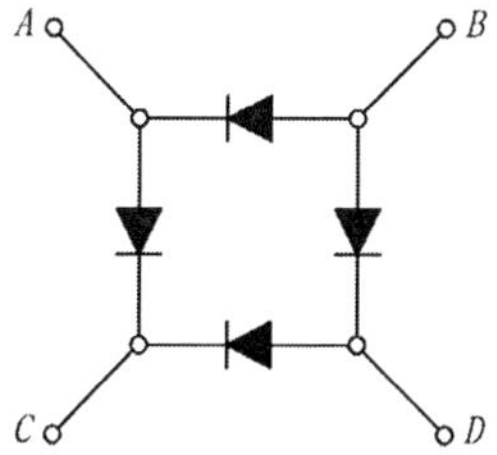

정답

1. ㉱ 2. ㉯ 3. ㉰ 4. ㉱

5. 교류전력 변환장치로 사용되는 인버터 회로에 대한 설명 중 틀린 것은?

㉮ 직류전력을 교류전력으로 변환하는 장치를 인버터라고 한다.
㉯ 전류형 인버터와 전압형 인버터로 구분할 수 있다.
㉰ 전류방식에 따라 병렬식과 직렬식으로 구분할 수 있다.
㉱ 인버터의 부하장치에는 직류직권 전동기를 사용할 수 있다.

6. 다음 중 정류시 맥동률이 가장 적은 정류방식은?

㉮ 단상반파 ㉯ 단상전파 ㉰ 삼상반파 ㉱ 삼상전파

7. 다이오드를 사용한 정류회로에서 과대한 부하전류에 의하여 다이오드가 파손될 우려가 있을 경우의 적당한 방지책은?

㉮ 다이오드를 직렬로 추가한다.
㉯ 다이오드를 병렬로 추가한다.
㉰ 다이오드 양단에 적당한 값의 저항을 추가한다.
㉱ 다이오드 양단에 적당한 값의 콘덴서를 추가한다.

8. 다음의 정류회로에서 다이오드에 직렬로 넣는 저항 r의 사용목적으로 맞는 것은?

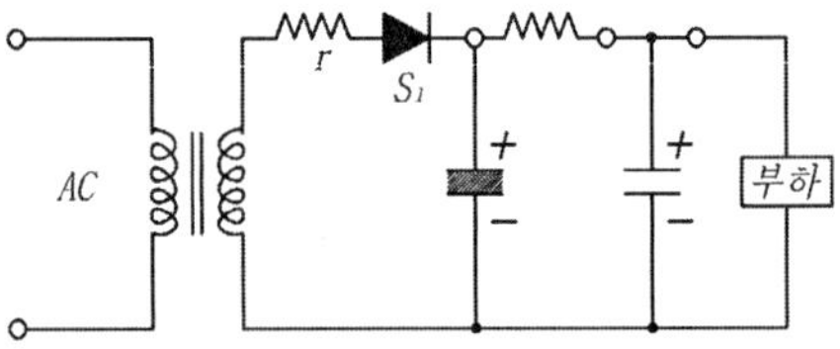

㉮ 전압변동의 방지
㉯ 부하전류를 일정하게 하기 위하여
㉰ 정류기(diode)의 보호
㉱ 전해 콘덴서의 보호

9. 다음 중 정류기의 평활회로에는 어느 것을 사용하는가?

㉮ 저역여파기 ㉯ 고역여파기 ㉰ 저항감쇠기 ㉱ 대역여파기

10. 정류특성을 좋게 하기 위하여 접속하는 회로로 맞는 것은?

㉮ 증폭회로 ㉯ 검파회로 ㉰ 평활회로 ㉱ 발진회로

정답
5. ㉱ 6. ㉱ 7. ㉯ 8. ㉰ 9. ㉮ 10. ㉰

11. 단상반파 정류회로에서 출력전력은?

㉮ 입력전압의 자승에 비례　㉯ 입력전압에 비례
㉰ 부하저항에 비례　㉱ 부하 임피던스에 비례

12. 바리스터의 주된 용도는?

㉮ 온도보상　㉯ 출력전류 조절
㉰ 전압증폭　㉱ 서지 전압에 대한 회로보호

13. 다음 중 터널 다이오드의 중요한 작용으로 맞는 것은?

㉮ 스위칭 작용　㉯ 주파수 변환작용
㉰ 정류작용　㉱ 제어작용

14. 전원전압을 안정하게 유지하기 위하여 사용하는 정전압 다이오드로 맞는 것은?

㉮ 버랙터(varactor)형 다이오드　㉯ 제너(zener)형 다이오드
㉰ 터널(tunnel)형 다이오드　㉱ 본드(bond)형 다이오드

15. 다음 중 온도가 상승함에 따라 저항이 감소하는 것은?

㉮ 탄소선　㉯ 니크롬선　㉰ 텅스텐선　㉱ 망가닌선

16. 반도체 물질이 아닌 것은?

㉮ 셀렌　㉯ 규소　㉰ 리듐　㉱ 게르마늄

17. 트랜지스터와 관계가 깊은 것은?

㉮ 광전자를 이용한 것이다.　㉯ 반도체를 이용한 것이다.
㉰ 2극 진공관을 작게 만든 것이다.　㉱ 3극 진공관을 작게 만든 것이다.

정답

11. ㉮ 12. ㉱ 13. ㉮ 14. ㉯ 15. ㉮ 16. ㉰ 17. ㉯

18. 어떤 트랜지스터를 베이스 접지에서 이미터 접지로 하였더니 컬렉터 차단전류가 50배로 되었다. 이 트랜지스터의 α값은?

㉮ 0.89 ㉯ 0.92 ㉰ 0.95 ㉱ 0.98

19. 이미터 접지의 트랜지스터 회로에서 입력신호와 출력신호의 관계는?

㉮ 90°의 위상차가 있다
㉯ 180°의 위상차가 있다.
㉰ 270°의 위상차가 있다.
㉱ 위상차가 거의 없다.

20. 단전압 트랜지스터(UJT)의 특징으로 틀리는 것은?

㉮ 정전압 소자이다.
㉯ 펄스 발생소자이다.
㉰ 전원 제어회로에 사용된다.
㉱ 부성저항 특성을 갖는다.

21. 펄스 발생기로 성능이 우수하게 사용되는 것은?

㉮ MOS-FET ㉯ thyristor ㉰ varactor ㉱ UJT

22. 더미스터에 대한 설명으로 옳은 것은?

㉮ 열을 감지하는 감열저항체 소자이다.
㉯ 온도상승에 따라 저항값이 변화한다.
㉰ 구성은 규소 · 아연 · 납 등을 혼합한 것이다.
㉱ 화학적으로는 수소화물에 해당된다.

23. 온도가 상승할 때 고유저항이 작아지는 것은?

㉮ 니크롬 ㉯ 구리 ㉰ 실리콘 ㉱ 수은

24. 반도체의 저항값과 온도와의 관계로 옳은 것은?

㉮ 저항값은 온도에 비례한다.
㉯ 저항값은 온도에 반비례한다.
㉰ 저항값은 온도의 제곱에 비례한다.
㉱ 저항값은 온도의 제곱에 반비례한다.

정답

18. ㉱ 19. ㉯ 20. ㉮ 21. ㉱ 22. ㉮ 23. ㉰ 24. ㉯

25. 트랜지스터 특성에 대한 설명으로 적당하지 못한 것은?

㉮ 수명이 길다.
㉯ 저전압, 저전력으로 동작한다.
㉰ 고온에 잘 견디며 온도특성이 양호하다.
㉱ 소형이다.

26. 이미터 접지의 트랜지스터 회로의 입력신호와 출력신호의 관계는?

㉮ 90° 위상차 있다. ㉯ 180° 위상차 있다.
㉰ 270° 위상차 있다. ㉱ 위상차 없다.

27. 인가전압의 변화에 따라서 저항값이 비직선적으로 바뀌는 회로소자는?

㉮ 바리스터 ㉯ 서미스터 ㉰ 트랜지스터 ㉱ 다이오드

28. SCR과 동작특성이 비슷한 것은?

㉮ 전계효과 트랜지스터(FET) ㉯ 사이리스터(thyristor)
㉰ 터널 다이오드 ㉱ 양극성 트랜지스터

29. SCR을 사용할 경우 올바른 전압공급방법은?

㉮ 애노드 +전압, 캐소드 −전압, 게이트 +전압
㉯ 애노드 +전압, 캐소드 −전압, 게이트 −전압
㉰ 애노드 −전압, 캐소드 +전압, 게이트 +전압
㉱ 애노드 −전압, 캐소드 +전압, 게이트 −전압

30. 그림과 같은 정류회로에서 부하 R에 흐르는 직류전류의 크기는 약 몇 [A]인가? (단, $V=200$[V], $R=20\sqrt{2}$[Ω]이다)

㉮ 5.4 ㉯ 4.4
㉰ 3.8 ㉱ 3.2

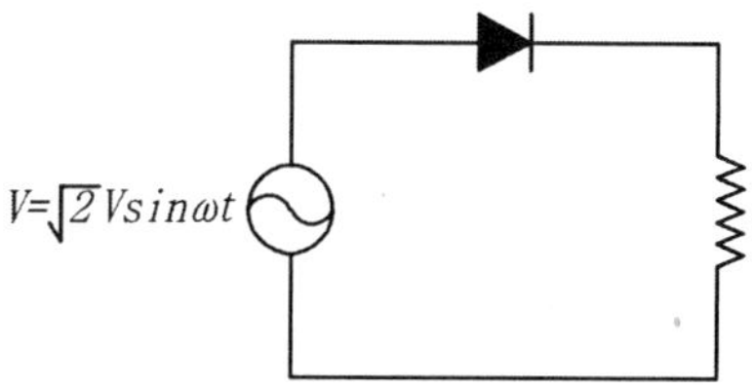

정답

25. ㉰ 26. ㉯ 27. ㉮ 28. ㉯ 29. ㉮ 30. ㉱

31. 저항체의 일종으로 온도보정용으로 사용되는 소자는?

㉮ 제너 다이오드 ㉯ 다이리스터 ㉰ 더미스터 ㉱ 트라이악

32. 어떠한 기호라도 0과 1의 조합에 의하여 부호화를 행하는 회로는?

㉮ 카운터 ㉯ 디텍터 ㉰ 인코더 ㉱ 디코더

33. 전기가열 방식이 아닌 것은?

㉮ 저항가열 ㉯ 아크가열 ㉰ 광가열 ㉱ 유전가열

34. 브리지 정류회로에서 다이오드 한 개가 단락되었을 때 출력전압은?

㉮ 입력전압의 $\frac{1}{4}$ 크기이다. ㉯ 입력전압의 $\frac{3}{4}$ 크기이다.

㉰ 반파 정류전압이다. ㉱ 출력전압은 0이다.

35. 반도체 소자 중 부저항 특성을 가지 않는 것은?

㉮ 정류 다이오드 ㉯ 트라이악 ㉰ UJT ㉱ 다이리스터

36. 습도센서에 사용하는 감습재료가 아닌 것은?

㉮ 전해질 ㉯ 세라믹

㉰ 염화팔라듐 ㉱ 티탄산산화바나듐

37. 전파 정류회로에서 $V = 35\sqrt{2}\sin\omega t$[V]일 때 부하 R에 걸리는 전압의 평균값은 몇 [V]인가? (단, 정류소자의 전압강하는 무시한다)

㉮ 30.2 ㉯ 31.5 ㉰ 33.7 ㉱ 35.8

38. 집적회로의 특징이 아닌 것은?

㉮ 대량생산 가능 ㉯ 신뢰도 저하

㉰ 동작속도가 빠름 ㉱ 전자기기의 소형화와 경량화

정답

31. ㉰ 32. ㉱ 33. ㉰ 34. ㉰ 35. ㉮ 36. ㉰ 37. ㉯ 38. ㉯

39. 비직선적인 전압-전류 특성을 갖는 2단자 반도체 소자로 주로 서지 전압에 대한 보호용으로 사용되는 것은?

㉮ 서미스터 ㉯ SCR ㉰ 바리스터 ㉱ 바랙터

40. 직류전압을 일정하게 하기 위하여 콘덴서를 설치한다면 그 위치로 적당한 것은?

㉮ a와 b 사이
㉯ c와 d 사이
㉰ e와 f 사이
㉱ a와 c 사이

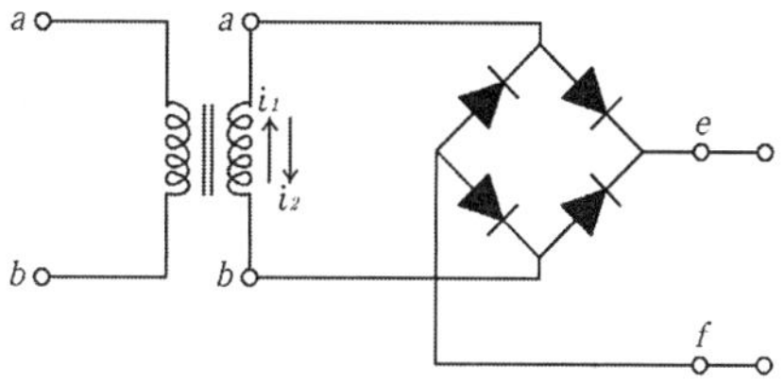

41. 계측기 접점의 불꽃 제거나 서지 전압에 대한 과입력 보호용 반도체 소자는?

㉮ 바리스터 ㉯ 다이리스터 ㉰ 더미스터 ㉱ 트랜지스터

42. SCR의 양극전류가 10[A]일 때 게이트 전류를 2배로 늘리면 양극전류는 몇 [A]인가?

㉮ 0 ㉯ 10 ㉰ 20 ㉱ 403

정답

39. ㉰ 40. ㉰ 41. ㉮ 42. ㉯

10장

계측이론

1 측정계기의 구성

여러 측정장치를 이용하여 어떤 양이나 크기를 결정하는 것을 **측정**이라 한다. 측정에 사용하는 장치를 측정기 또는 계측기라고 하는데 측정기를 통하여 표준량과 측정량을 비교하는 것이다.

종전에는 아날로그 측정이 대부분이었으나 최근에는 디지털 측정기에 의해 계측이 많이 이루어지고 있다. 디지털 계측기는 A/D 변환회로가 있어 아날로그 신호를 디지털 신호로 변환하여 측정량을 숫자로 표시할 수 있다.

어떤 물질적인 양을 측정하기 위해서는 기준 크기의 양이 있어야 한다. 이러한 측정량과 동일한 종류의 비교단위를 **단위**(unit)라고 한다. 예를 들어 길이는 미터[m], 질량은 킬로그램[kg], 시간은 초[s]를 기본단위로 해서 측정량을 그 기본단위의 몇 배가 되는가를 구하는 것이다.

측정계기를 구성하는 주요 3대 요소에는 **구동장치**, **제어장치**, **제동장치** 등이 있으며, 그 외에도 지시장치, 보상장치 등이 있다.

1.1 구동장치

측정하고자 하는 전기량에 비례하는 구동토크를 발생시키는 장치로서 대부분 고정부와 가동부로 되어 있고, 한쪽에 전류가 흐르게 되면 상호간에 기계적인 힘이 작용하여 가동부가 이동하거나 회전한다. 구동원으로는 전자력, 정전력, 유도작용, 열작용이 있으며, 측정된 전기량에 비례하거나 2승에 비례하는 힘을 발생한다.

1.2 제어장치

지시계기의 구동장치에 전류를 흘리면 구동토크가 발생하여 가동부의 지침이 회전한다. 따라서 반대방향에서 이러한 힘을 제어하지 않으면 지침은 최대 눈금쪽으로 계속 진행한다. 이와 같이 구동토크에 반항하여 평형을 취함으로써 지침을 일정한 위치에 정지시키기 위한 힘을 **제어토크**라 하고, 그 장치를 제어장치라고 한다. 지시계기에 주로 사용되고 있는 제어장치로는 스프링이 있으며, 그 외에 중력, 교차코일 및 와전류 등이 있다. 제어방식에는 스프링 제어, 중력제어, 전자제어 등이 있다.

1.3 제동장치

지침의 운동을 단시간에 지시값에서 정지하도록 하기 위해 가동부분의 운동에너지를 흡수하여 기계적 진동을 억제하는 것으로 **전자제동, 공기제동, 액체제동**이 있다. 만일 제동장치가 없으면 지침은 지시값 근처에서 진동을 반복하여 정지할 때까지 상당한 시간이 걸린다.

〈표 10-1〉 제동장치의 종류

제동토크	원 리	사용계기
공기제동	날개와 피스톤에 의해 공기의 저항력을 이용	가동철편형 계기
액체제동	액체의 접촉저항을 이용	기록계기, 정전형계기
와류제동 (전자제동)	회전판과 와류 사이에 작용하는 힘을 이용	가동코일형 계기

1.4 지시장치

가동부분이 정지한 때의 회전각 또는 변위를 읽기 위해 지침(pointer)과 눈금판으로 구성되어 있다. 눈금판에는 계기의 종류, 측정범위, 사용위치 등이 표시되어 있다.

1.5 계기의 구비조건

① 확도가 높고, 오차가 적을 것
② 눈금이 균등하든가 대수 눈금일 것
③ 응답도가 좋을 것
④ 튼튼하고 취급하기 편리할 것
⑤ 절연저항 및 절연내력이 높을 것

1.6 측정방법

(1) 간접측정법

측정하고자 하는 양과 일정한 관계가 있는 다른 종류의 양을 각각 측정으로 구하여 그 결과로부터 계산에 의해 측정량의 값을 결정하는 방법이다.

(2) 직접측정법

측정하고자 하는 양을 같은 종류의 기준양과 직접 비교하여 그 양의 크기를 결정하는 방법이다.

(3) 편위법

측정량의 크기에 따라 지침 등을 편위시켜 측정량을 구하는 방법이다.

(4) 영위법

여러가지 측정기준량을 갖추고 그 어느 것과 측정량의 크기가 일치하도록 기준의 크기를 조정하면서 측정값을 구하는 방법이다.

2 측정오차

어떤 양을 측정할 때 참값(true value)을 구하기는 매우 어렵다. 따라서 측정 결과는 반드시 그 양의 참값보다 다소의 차가 포함되는 것은 어쩔수 없는데 그 차를 **오차**라 한다.

측정값을 M, 참값을 T라 할 때 오차(ξ)는 다음 식으로 구할 수 있다.

$$\text{오차}(\xi) = M - T \tag{10·1}$$

오차(ξ)를 참값(T)에 대하여 백분율로 표시한 것을 **오차백분율**라 하며, 다음과 같이 구할 수 있다.

$$\varepsilon_0 = \frac{M-T}{T} \times 100[\%] \tag{10·2}$$

[예제 1] A전압계로 200[V] 전압을 측정하여 203[V]가 되고, B전압계로 100[V] 전압을 측정하여 97[V]가 되면 어느 전압계가 정확한가?

풀이 $\varepsilon_A = \dfrac{203-200}{200} \times 100 = 1.5[\%]$

$\varepsilon_B = \dfrac{97-100}{100} \times 100 = -3[\%]$

A전압계가 더 정확하다.

보정(correction)이란 참값과 측정값의 차를 말하며, α(보정) $= T-M$으로 구할 수 있다. 보정백분율 α는 다음과 같이 구할 수 있다.

$$\text{보정백분율}(\alpha) = \frac{T-M}{M} \times 100 \tag{10·3}$$

[예제 2] 보정백분율 -3[%]인 전류계로 측정한 값이 5[A]이면 참값은 얼마인가?

풀이 $T = M\left(1+\frac{\alpha}{100}\right) = 5\left(1-\frac{3}{100}\right) = 5 \times 0.97 = 4.85[\text{A}]$

[예제 3] 오차백분율이 +12.0[%]일 때 보정백분율은?

풀이 오차백분율 ε은 $\varepsilon = \frac{M-T}{T} \times 100[\%]$

$12 = \frac{M-T}{T} \times 100,\ 12T = 100(M-T),\ 112T = 100M$

$\therefore M = \frac{112}{100}T = 1.12T$

보정백분율 α는 $\alpha = \frac{T-M}{M} \times 100 = \frac{T-1.12T}{1.12T} \times 100 = -10.7[\%]$

---

3 표준기

표준기란 전기측정의 경우 표준이 되는 전지, 저항기, 인덕턴스, 콘덴서 등을 말하며, 1차 표준기와 2차 표준기로 나눈다.

표준전지의 전압과 표준저항기의 저항이 절대측정에 의해 그 값이 결정되므로 이를 **1차 표준기**라 하고, 표준 인덕턴스, 표준 콘덴서 등은 1차 표준기를 사용하여 그 값이 결정되므로 **2차 표준기**라 한다. 표준기가 구비해야 할 조건은 취급이 간단하고 영구성이 있어야 하며, 외부조건(온도, 습도)에 영향을 받지 않아야 한다.

① 표준저항기의 구비조건은 다음과 같다.

㉠ 저항값이 안정할 것

㉡ 온도계수가 작을 것

㉢ 구리에 대한 열기전력이 작을 것

㉣ 고유저항이 클 것

② 표준전지는 일정한 기전력을 갖는 온도계수가 작은 전지로서 전압의 표준으로 사용되고 있는데 그 구비조건은 다음과 같다.

㉠ 온도의 영향이 적다.

㉡ 장기간 사용해도 기전력이 일정하다.

㉢ 재생이 양호하다.

㉣ 급격한 온도변화, 진동 등을 피해야 한다.

현재 주로 사용되는 전지는 중성 포화형 카드뮴(Cd) 전지이다.

4 지시계기의 원리상 분류

4.1 직류전용

① 영구자석 가동코일형(permanent magnetic moving coil) : 영구자석의 자계 내에 가동코일에 측정하고자 하는 전류를 흘려서 그 전류와 자계와의 전자력을 이용한다.

② 가동자침형(moving pointer type) : 고정코일에 전류를 흘려서 생기는 자계 내에 놓은 가동 자침에 생기는 흡인력 또는 반발력을 이용한다.

③ 전해형(electrolytic type) : 용액의 전기분해 작용을 이용한 것이다.

4.2 교류전용

① 유도형(induction type) : 전류에 의한 회전자계 또는 이동자계와 그 자계 내에 놓은 금속 원통 또는 금속원판에 그 자계에 의하여 생기는 와류와의 사이의 전자작용을 이용한다.

② 정류형(rectifier type) : 정류 부분과 가동코일형 계기를 조합한 것으로 파형 및 주파수의 영향이 크나 감도와 정확도가 높다. 지시값은 평균값을 나타내며 미소전류 측정에 적당하다.

4.3 교류 · 직류 겸용

① 전류력계형(electro dynamometer type) : 고정코일에 전류를 흘려서 생기는 자계와 가동코일에 흐르는 전류와의 상호작용에 의하여 생기는 전류력을 이용한다.

② 열전형(electro thermal type) : 저항선에 전류를 통해서 생기는 열전류를 이용한 것이다.

③ 정전형(electro static type) : 두 개의 전극간의 정전적 흡인력 또는 반발력을 이용하여 전압만 측정하는 계기로 파형오차가 없으며, 주파수 특성이 좋다.

④ 가동철편형(moving iron type) : 고정코일에 전류를 흘려서 생기는 자계 내에 가동철편의 흡입력 및 반발력을 이용한다.

다음 <표 10-2>는 지시계기의 기호와 특징을 나타낸다.

〈표 10-2〉 지시계기 기호와 특징

계기의 종류	기 호	문자 기호	사용 회로	교류에 의한 지시	특 징
가동코일형		M	직류	–	기본적으로 전류계, 전압계용, 고감도 또는 고정밀도의 것과 간단하고 염가인 것도 있다. 트랜듀서와의 조합으로 매우 용도가 많다.
가동철편형	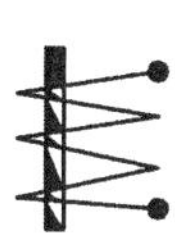	S	직 · 교류	실효값	전류계 · 전압계용, 주로 상용주파수에서 용도가 많다. 소비전력이 크다. 직류에서는 연철편의 히스테리시스에 의하여 오차가 생길 때가 있다.
유도형	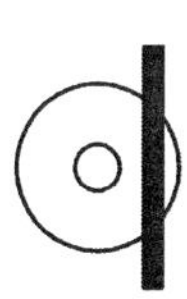	I	교류	실효값	교류전용 계기이다. 전력량계로 사용되며 주파수의 영향이 크다. 회전력이 크고 구조가 튼튼하다. 전압계 · 전류계 · 전력계로 사용되며 지시계로는 사용되지 않는다.
정전형	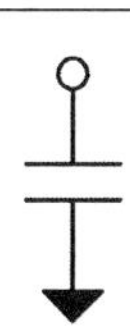	E	직 · 교류	실효값	전압만을 측정하는 계기로 고전압을 즉시 측정할 수 있다. 파형오차가 없고 주파수 특성이 좋다. 소비전력이 적다.

진동편형		V	교류	−	주파수계용 사용 주파수 측정용으로 전에는 많이 사용하였으나 최근에는 트렌듀서식 계기가 대신하여 사용하게 되었다.
전류력계형	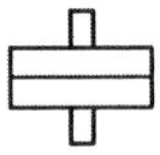	D	직 · 교류	실효값	직류교류가 같은 눈금으로 되어 있다. 전력측정 시에는 균등눈금을 사용한다. 주파수 영향이 없다. 실효값에 비례하기 때문에 파형오차가 없다.
정류형		R	교류	평균값	파형 및 주파수 영향이 크다. 감도 및 정확도가 높다. 전압계 · 전류계로 사용된다. 상용주파수의 미소전류 측정에 적합하다. 눈금의 지시는 평균값을 지시한다.
열전형		T	직 · 교류	실효값	전류계, 전압계, 전력계용, 주파수 특성이 우수하다. 열선이 과전류로 소손하기 쉽다. 지시의 응답이 늦다.

5 전압, 전류 측정기기

5.1 영구자석 가동코일형 계기

영구자석 가동코일(PMMC : Permanent Magnetic Moving Coil) 계기는 기본적으로 영구자석의 자기장과 그 사이에 있는 구리선 코일로 구성된다. 전선에 흐르는 전류는 자기장을 만들어 자석의 자기장과 상호작용을 하여 코일이 회전하도록 한다.

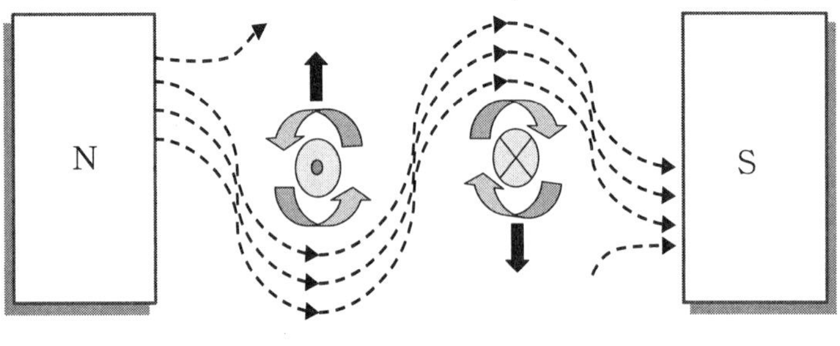

[그림 10-1] 자계 내의 코일 구동

플레밍의 오른나사법칙에 의해 코일 주변에는 [그림 10-1]과 같이 나선형의 자기장이 발생하게 되어 상하 방향으로 도체에 힘이 발생하게 되어 코일은 회전하게 된다. 만일 코일에 더 큰 전류가 흐르면 더 큰 토크를 가지고 코일이 회전하게 될 것이다. 코일 중심에 지침을 연결한다면 코일의 회전력을 통하여 지침의 변위점을 측정하여 흐르는 전류를 표시할 수 있게 된다.

(1) 구동토크 발생

자기장 사이에 위치한 코일에 전류가 흐를 때 코일에는 힘이 발생하며, 그 힘은 자속밀도, 전류, 코일 길이에 비례한다.

$$F = BIl[\mathrm{N}] \tag{10 · 4}$$

B : 자속밀도[Wb/m^2], I : 전류[A], l : 코일 길이[m]

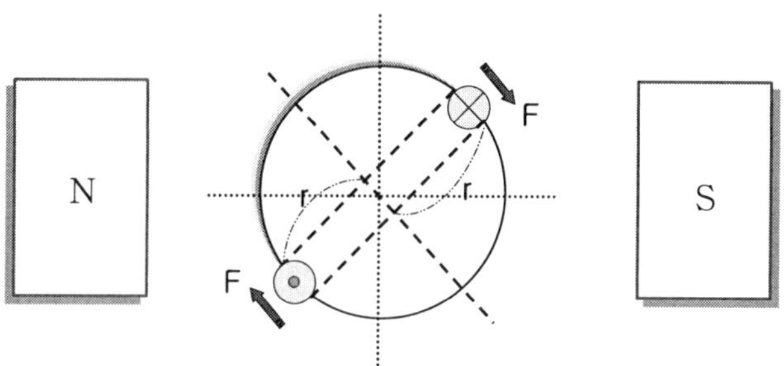

[그림 10-2] 구동토크 발생

반지름이 r이고 n번 감은 코일에서 발생하는 구동토크식은 다음과 같다.

$$T = BIln2r \tag{10 · 5}$$

[그림 10-3]은 영구자석의 자장 내에 원통형 철심 가동코일을 가동체의 축 상하에 제어 스프링을 붙인 것으로 전류가 가동코일에 흐르면 이 전류와 자극간의 자장에 의해 구동력이 발생하며, 스프링에 의한 제어력으로 평형하는 위치에서 가동 부분이 정지한다.

만일 가동코일에 전류가 흐른다면 코일지름의 한 변에는 $BIbn$의 힘이 발생하고 반대편 코일에도 같은 힘이 발생하므로 전체 코일에는 $BIabn$의 힘이 발생한다.

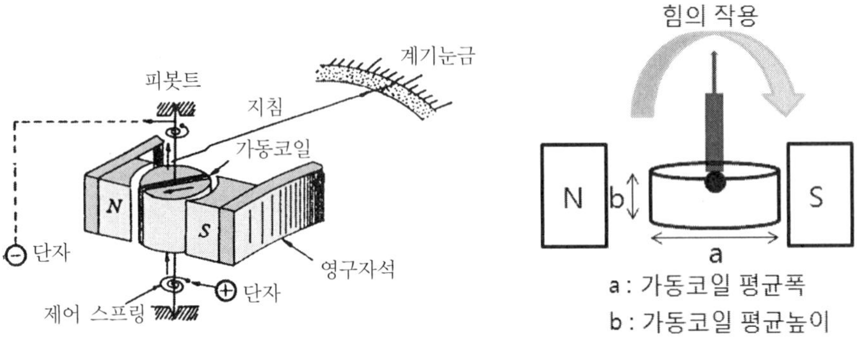

(a) 가동코일 (b) 힘의 작용

[그림 10-3] 구동코일 힘의 작용

스프링에는 회전각 θ에 비례해서 $Tc = \tau\theta$의 제어력이 발생하므로 Tc가 $BIabn$이 될 때의 θ만큼 회전을 하면서 $BIabn$의 구동토크와 $\tau\theta$의 제어토크가 같을 때 정지한다. 이때 가동코일에 흐르는 전류는 다음과 같다.

$$I = \frac{\tau\theta}{Babn} \qquad (10 \cdot 6)$$

B : 자속밀도, I : 가동코일에 흐르는 전류
θ : 가동코일의 회전각, τ : 스프링의 제어토크
a : 가동코일의 평균폭, b : 가동코일의 평균높이, n : 가동코일의 권수

그러므로 가동코일에 흐르는 전류는 회전각 θ에 비례한다. 이러한 PMMC 계기는 코일이 가늘고 얇기 때문에 미소전류만을 측정할 수 있다.

그러나, 병렬로 저항을 연결하여 전류 측정범위를 확장할 수 있으며 직렬로 저항을 연결하여 전압 측정범위를 확장할 수 있다. PMMC를 교류전압, 전류계로 사용하기 위해서는 정류기 회로를 이용하여 구성할 수 있다.

(2) 분류기

PMMC 계기는 지침이 코일에 흐르는 전류에 직접 비례하여 편향하는 직류 전류계이다. 가동코일은 가는 전선으로 감겨져 있어 작은 전류로도 최대편향을 낼 수 있으며, 큰 전류를 측정하기 위해서는 분류저항을 병렬로 설치하여 가동코일에는 일부분만의 전류가 통과하도록 하여야 한다.

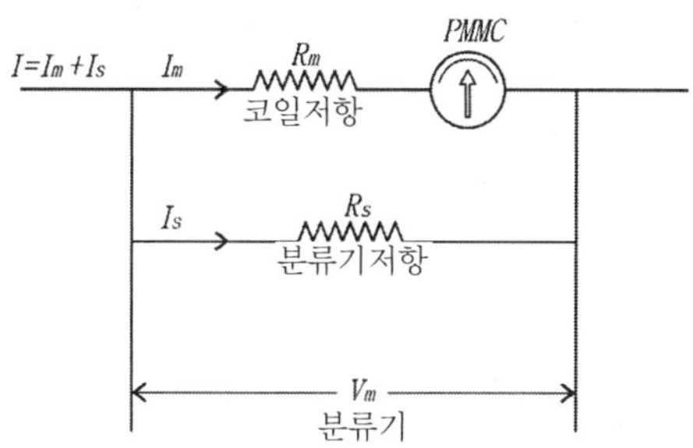

[그림 10-4] 분류기

[그림 10-4]에서 가동코일 내부저항 R_m인 전류계에 분류기의 저항 R_s를 접속한다. 가동코일(R_m)에 흐르는 전류를 I_m이라 하고 분류저항에 흐르는 전류를 I_S라 하면 전체 전류 I는 다음과 같다.

$$I = I_m + \frac{R_m}{R_s} I_m = \left(1 + \frac{R_m}{R_s}\right) I_m \tag{10 · 7}$$

그러므로 전류계에 분류저항을 접속하여 $\left(1 + \frac{R_m}{R_S}\right)$배의 전류를 측정할 수 있다. 배율을 m이라 한다면

$$m = \frac{I}{I_m} = 1 + \frac{R_m}{R_s} \tag{10 · 8}$$

이므로 목적에 따라 연결되는 분류저항값은 다음과 같다.

$$R_s = \frac{R_m}{m-1} \tag{10 · 9}$$

[예제 4] 최대눈금 1[mA] 내부저항 9[Ω]의 전류계로 50[mA]의 전류를 측정하려면 몇 [Ω]의 분류저항을 연결하여야 하는가?

풀이 배수$(m) = \frac{50[\text{mA}]}{1[\text{mA}]} = 50$

$\therefore R_s = \frac{9}{50-1} = 0.18[\Omega]$

[예제 5] 내부저항이 200[Ω]으로 120[mA]를 측정할 수 있는 전류계가 있다. 이것을 사용하여

6[A]까지 측정하려면 분류기 저항값은 몇 [Ω]인가?

풀이 $R = \dfrac{r}{m-1}[\Omega] = \dfrac{200}{\dfrac{6}{120 \times 10^{-3}} - 1} = 4.08[\Omega]$

---

(3) 분압기

PMMC의 편향은 가동코일에 흐르는 전류에 비례하며 코일 전류는 코일 양단의 전압에 비례한다. 그러므로 PMMC 미터 눈금을 통하여 전압값을 측정할 수 있도록 조정할 수 있다. 가동코일 저항값은 매우 작으므로 작은 전압만을 측정할 수 있기 때문에 큰 전압을 측정하기 위해서는 직렬로 분압저항을 연결하면 전압측정 범위를 증가시킬 수 있다.

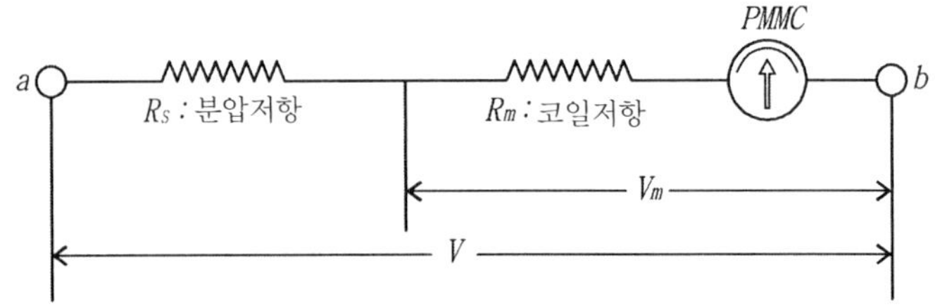

[그림 10-5] 분압기

전압계의 측정범위는 가동코일(R_m)과 직렬로 연결하여 쉽게 증가시킬 수 있으며, 전압계의 범위를 증가시키기 때문에 이 저항을 배율기 저항이라 한다.

[그림 10-5]에서 a, b 양단 인가전압을 V라 할 때 코일(PMMC)에 걸리는 전압이 V_m이라 하면 전체 전압은

$$V = V_m + \frac{R_s}{R_m} V_m \qquad (10 \cdot 10)$$

따라서 전압계의 최대 지시값은 V_m에서 $\left(1 + \dfrac{R_s}{R_m}\right)$배가 된다. 배율을 m이라 한다면 다음과 같이 표시할 수 있다.

$$m = \frac{V}{V_m} = \left(1 + \frac{R_s}{R_m}\right) \qquad (10 \cdot 11)$$

위 식으로 목적에 따른 배율저항은 다음 식으로 구한다.

$$R_s = (m-1)R_m \quad (10 \cdot 12)$$

[예제 6] 최대눈금 100[mV], 저항 20[Ω]인 직류전압계에 10[kΩ]의 배율기를 접속하면 몇 [V]까지 측정 가능한가?

(풀이) $R = (m-1) \times r$

$$m = \frac{R}{r} + 1 = \frac{10 \times 10^3}{20} + 1 = 501\text{배}$$

전압계 전압을 v, 전압확대 전압을 V, 배율을 m이라 하면

$$m = \frac{V}{v}\text{에서}$$

$$V = m \cdot v[\text{V}] = 501 \times 100 \times 10^{-3} = 50.1[\text{V}] \doteqdot 50[\text{V}]$$

[예제 7] FS가 100[V] 내부저항이 1[kΩ]인 직류전압계에 5[kΩ]의 배율기를 직렬로 접속할 때 측정할 수 있는 최대전압은?

(풀이) $V = \left(1 + \frac{R_s}{R_m}\right) \times V_m = (1+5) \times 100 = 600[\text{V}]$

5.2 가동철편형 계기

가동철편형 계기(Moving iron type instrument)는 보통 상용 주파수의 교류 측정용으로, 특히 배전반용 계기로 많이 사용된다. 직류용으로도 사용되나 히스테리시스 때문에 제한을 받는다. 이 형은 구조가 간단하고 견고하며 특히 값이 싸므로 고도의 정확을 요하지 않는 공업용으로 널리 사용된다.

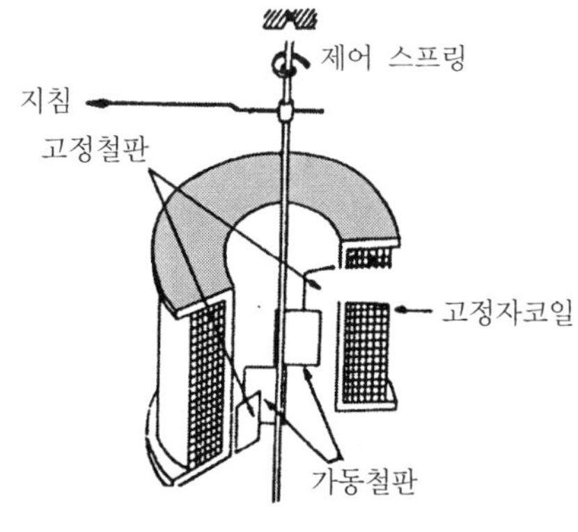

[그림 10-6] 가동철편형 계기

그 구조는 고정코일에 전류를 흘렸을 때 그 주위에 생기는 자계 속에 놓여진 철편 사이에 작용하는 흡인력이나 반발력을 구동토크로 하는 계기로서 구조나 원리에 의해 흡인형, 반발형, 흡인반발형 및 경사코일형으로 구분한다.

[그림 10-6]과 같이 고정코일에 전류를 흘리면 그 속에 장치한 가동철편이 자화되고, 전류와 자계 사이에 작용하는 전자력에 의해서 철편이 코일 내로 흡인되어 구동토크, 즉 회전력이 생긴다. 이 회전력을 발생시키기 위한 에너지는 코일에 흐르는 전류의 2승에 비례한다.

5.3 전류력계형 계기

전류력계형 계기(electro-dynamo meter)는 전류를 통한 코일 상호간에 작용하는 전자력을 이용하는 계기이다. 고정코일에 흘린 전류에 의해 발생되는 자계와 가동코일에 흘린 전류와의 상호작용에 의해 토크가 발생되어 편향력을 발생한다. 이 계기는 전압계, 전류계, 전력계뿐만 아니라 역률계, 주파수계에도 이용되고 있다. [그림 10-7]은 전류력계형 계기의 구조를 나타내고 있다.

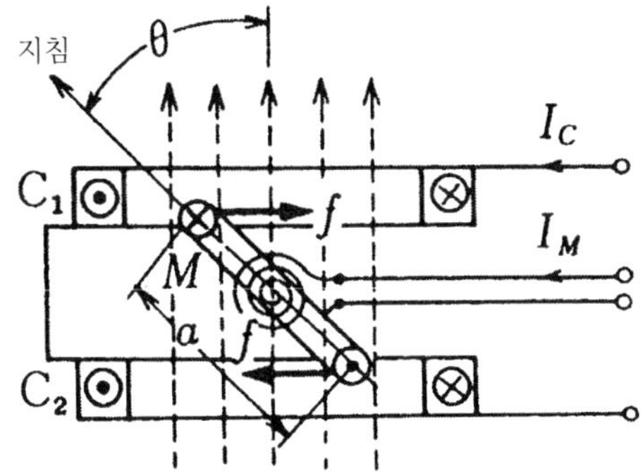

[그림 10-7] 전류력계형 계기의 구조

C_1, C_2 양 코일에 전류 I_C를 흘리면 I_C에 비례하는 윗방향의 평등자계 H_C가 발생한다. 따라서 자계 내에 놓여 있는 가동코일 M에서 지면에 수직인 코일변에는 $I_C \times I_M$에 비례하는 힘 F가 작용한다. 발생된 회전력은 스프링의 제어력과 평행하게 되면 정지하게 된다.

5.4 열형계기

열전형(Thermal type)으로는 측정할 전류를 열선에 흘려서 그 온도상승에 따른 열선의 늘어남을 이용한 열선형과 전류로부터 얻는 발생열에 의해 열전대의 온접점을 가열해서 그 온도 상승에 따라 유기되는 열기전력을 이용한 열전형이 있다.

열전대란 제어백 효과를 이용하여 열기전력을 발생시키기 위해 종류가 다른 도체를 [그림 10-8]과 같이 조합한 것으로 주로 온도측정에 사용된다. 이것은 석영이나 특수강으로 된 보호관에 넣어서 사용하는데 보통 열기전력은 1[℃]의 냉온접점간의 온도차에 대하여 40~50[μV] 정도이고 철-콘스탄탄이 가장 크다. 그러나, 철-콘스탄탄은 산화성이 높은 결점이 있다.

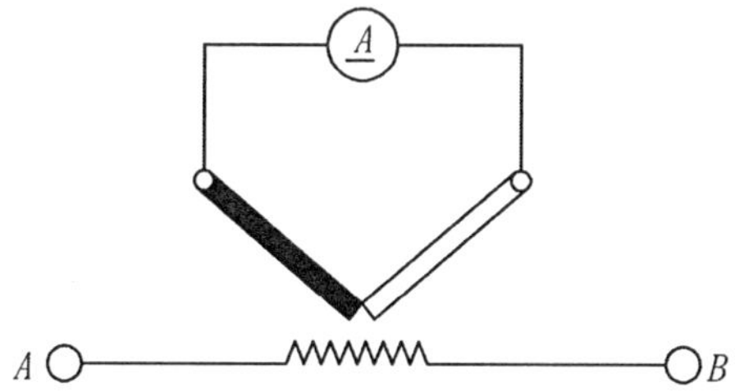

[그림 10-8] 열전형 계기

[그림 10-8]은 열전대와 직류지시 계기를 조합한 것이다. 열선 AB에 고주파 전류를 흘리면 $0.24I^2R$ 에 의해 열이 발생하여 열전대의 온접점이 가열되고, 이때 발생하는 열기전력을 냉접점 쪽에 연결된 직류전류계로 그 값을 측정한다.

5.5 유도형 계기

이동자장식 유도형 계기는 전자석의 극을 2분하여 그 한편에 세이딩 코일(Shading coil)을 감아서 여자 코일로부터의 ϕ_B자속보다 늦은 위상의 자속 ϕ_A를 만들어서 결과적으로 ϕ_B 쪽에서 ϕ_A쪽으로 이동자장을 만들면 알루미늄 원판은 플레밍의 왼손법칙에 의해 화살표 방향으로 회전한다. 이때 회전력은 전류 크기의 2승에 비례한다.

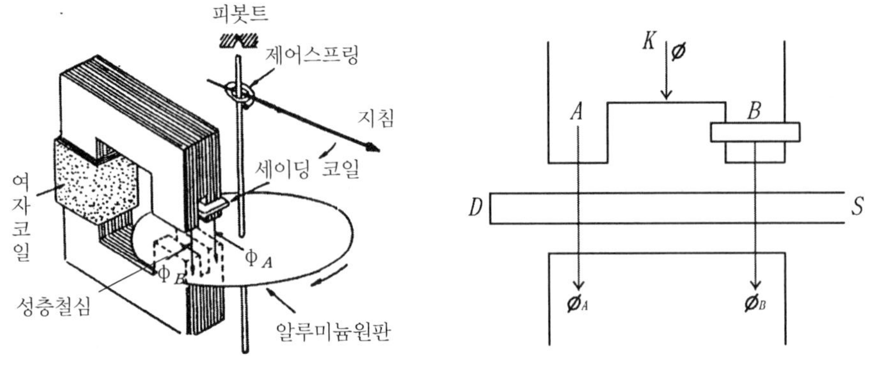

(a) 유도형 계기구조 (b) 힘의 작용원리

[그림 10-9] 유도형 계기

5.6 정전형 계기

정전형 계기는 서로 절연된 전극간에 측정할 전압을 가하면 가해진 전압에 비례하는 전하가 충전되고, 이 전하 사이에 발생하는 흡인력이나 반발력을 이용해서 구동토크를 발생시킨 것이다. 이 계기는 원리상 전압계로만 만들 수 있기 때문에 보통 정전전압계라 한다.

두 극판 사이에 직류전압 E[V]를 가하면 축적되는 정전 에너지 W[J]는 다음과 같다.

$$W = \frac{1}{2}CE^2[\mathrm{J}] \qquad (10 \cdot 13)$$

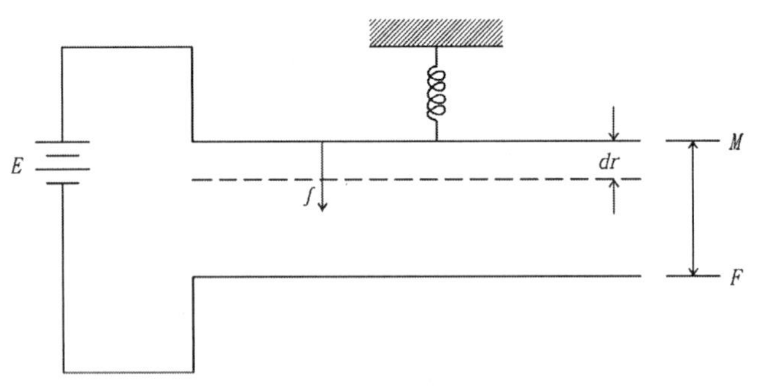

[그림 10-10] 평행이동식 정전형 계기

전극간 용량을 C, 전압을 V, 극간에 작용되는 에너지를 W라 하면

$$W = \frac{1}{2} CV^2 \text{이므로} \qquad (10 \cdot 14)$$

이동하는 흡입력은 다음과 같이 전압의 2승에 비례한다.

$$f = \frac{dw}{dx} = \frac{1}{2}\left(\frac{dc}{dx}\right)V^2 \qquad (10 \cdot 15)$$

5.7 정류형 계기

이 계기는 [그림 10-11]과 같이 측정 전류를 정류하여 가동코일형 전류계로 읽을 수 있도록 한 장치이다.

가동코일형 계기는 직류를 측정하는 장치이므로 교류에 의해 동작이 되려면 정류기가 필요하다.

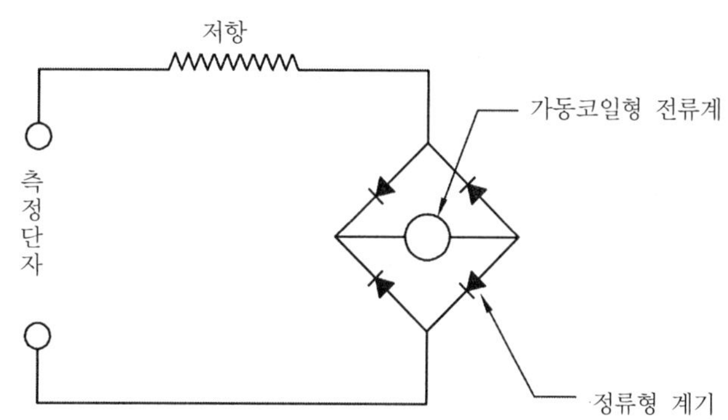

[그림 10-11] 정류형 계기

정류형 계기는 이산화동 정류기, 셀렌 정류기, 게르마늄 정류기, 실리콘 정류기가 있다.

5.8 진공관 전압계

진공관 전압계는 진공관과 직류 계기를 조합시킨 것으로서 측정 전류를 진공관으로 정류하여 가동코일형 전류계로서 지시하는 것으로서, 주파수 영향이 적고, 미소전압 측정이 가능하므로 광범위 주파수의 전압측정이 가능하다.

5.9 전력량계

현재 쓰이는 전력량계는 이동자계를 이용한 유도형 계기로서 [그림 10-12]와 같다. 전력량계는 중간철심에 감겨진 전압코일 P와 아래쪽 철심에 감겨진 전류 코일 C 그리고 알루미늄 원판, 제어자석, 위상 조정장치, 경부하 조정장치, 계량 장치로 구성된다. P 코일에 전압 E를 인가하면 E에 비례하는 전류 I_p에 의하여 원판을 통과한 전압자속 ϕ_p가 유지된다. 그런데 P 코일은 권수가 많고(약 5000회) 공극이 적어 L값은 크므로 ϕ_p(전압자속)는 전압 E보다 90° 가까이 늦다.

전류 코일에는 전류자속 ϕ_c가 유기되는데 전류 코일은 권선수가 작고(약 15회) 공극은 커서 L이 극히 적으므로 ϕ_c는 I와 동상이 된다. ϕ_c와 ϕ_p의 시간변화 벡터도는 [그림 10-12](b)와 같다.

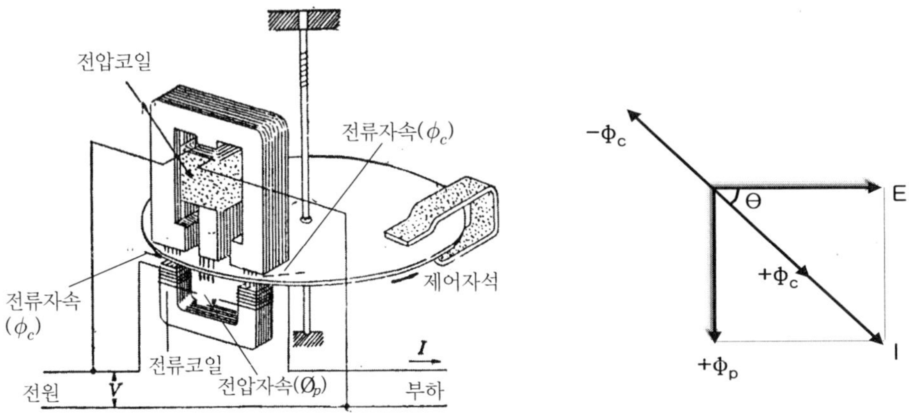

(a) 전력량계 구조 (b) 전압코일 및 전류코일 벡터도

[그림 10-12] 전력량계 구조 및 원리

이 이동자계 속에 원판을 놓으면 와류가 생겨 와류와 자속과의 상호작용에 의해 원판은 이동자계 방향으로 구동토크를 받아 회전하며 구동토크는 부하전력에 비례한다.

5.10 계기용 변성기

고전압, 대전류 측정 때에는 측정범위의 확대를 위해 특수장치를 사용해야 하며, 교류회로에는 계기용 변성기, 직류회로에는 분류기 · 분압기가 주로 쓰인다.

계기용 변성기 중 전압측정 때는 **계기용 변압기**(PT : Potential Transformer), 전류측정 때는 **변류기**(CT : Current Transformer)를 사용한다.

(1) 계기용 변압기

계기용 변압기의 구조는 일반 변압기와 비슷하며 회로는 [그림 10-13]과 같이 접속되고 1차 권수를 N_1, 2차 권수를 N_2, 1차측 고전압을 V_1으로 해주면 2차측의 전압은 $V_2 = (N_2/N_1)V_1$으로 된다.

권수비를 적당히 크게 해서 고전압을 저압으로 강압시켜서 2차측의 계기지시를 읽고 1차측의 V_1을 구한다. 여기서 권수비와 변압비는 다소의 차이가 있으며, V_1과 V_2 사이에는 위상차가 있으므로 다소 오차가 있다. 2차측의 표준전압은 110[V]로 규정되어 있다.

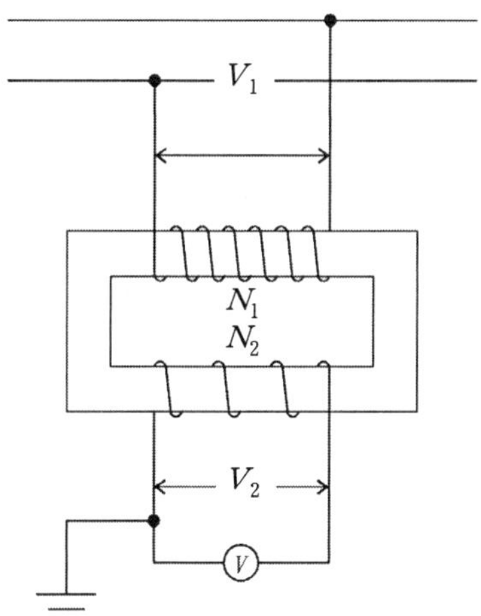

[그림 10-13] 계기용 변압기

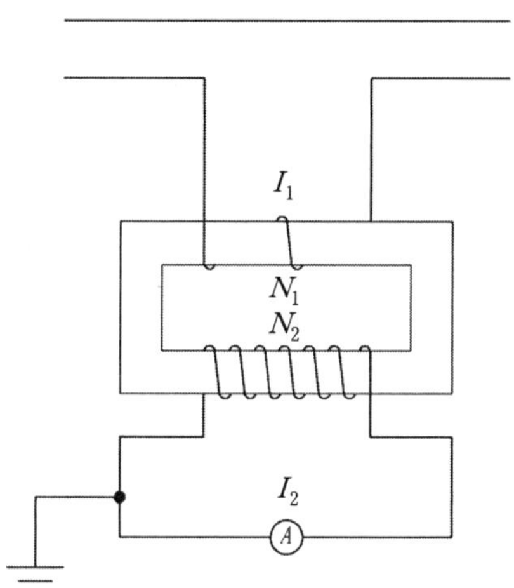

[그림 10-14] 계기용 변류기

(2) 계기용 변류기

[그림 10-14]와 같이 권수를 N_1, N_2 전류를 I_1, I_2로 하면 $I_1N_1 = I_2N_2$가 성립하므로 2차측 지시 I_2를 측정해서 1차측 전류 I_1을 구한다.

상용 주파수에서 사용하는 변류기의 정격 2차 전류의 표준은 5[A]로 규정되어 있으므로 1차 전류의 크기에 관계없이 2차측에 접속하는 전류계는 5[A]용이면 된다.

또 사용 중 2차측을 개방하면 1차 전류가 전부 여자전류(Exciting current)가

되어 철심이 극도로 포화된다. 그 결과 2차측에는 수천[V] 이상의 전압이 발생하여 철심의 온도가 높아져 2차 코일의 절연이나 계기의 절연을 파괴시키고 2차 코일이 타버린다. 따라서 사용 중에는 2차측을 단락하고 계기를 떼어야 한다.

5.11 전압계, 전류계법 전력측정

직류회로의 전력은 부하에 가해진 전압과 흐르는 전류의 곱으로서 구해지며, 계기를 접속하는 위치에 따라 [그림 10-15](a), (b)와 같은 방법이 있다.

[그림 10-15](a)에서 전류계 지시를 I, [그림 10-15](b)에서 전압계 지시를 V라 하면 부하전력은 다음과 같이 구할 수 있다.

$$P = VI_T - \frac{V^2}{R_0} \text{(전압계 내부저항 고려)} \qquad (10 \cdot 16)$$

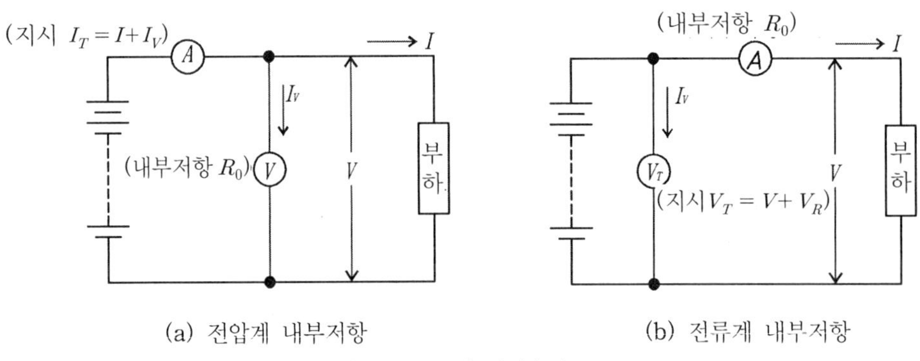

[그림 10-15] 전력측정

$$P = V_T I - I^2 R_0 \text{ (전류계 내부저항 고려)} \qquad (10 \cdot 17)$$

다음에 교류회로의 단상전력은 3전압계법, 또는 3전류계법에 의해 측정된다.

(1) 3전압계법

3개의 전압계와 저항 R을 [그림 10-16]과 같이 접속하고 전압계 3개의 지시 V_1, V_2, V_3및 R의 값으로 P를 구한다.

즉, $V_3^2 = V_1^2 + V_2^2 + 2V_1V_2\cos\phi$

$$\therefore \ P = V_1 I\cos\phi \fallingdotseq \frac{V_1 V_2}{R}\cos\phi = \frac{1}{2R}(V_3^2 - V_2^2 - V_1^2) \qquad (10 \cdot 18)$$

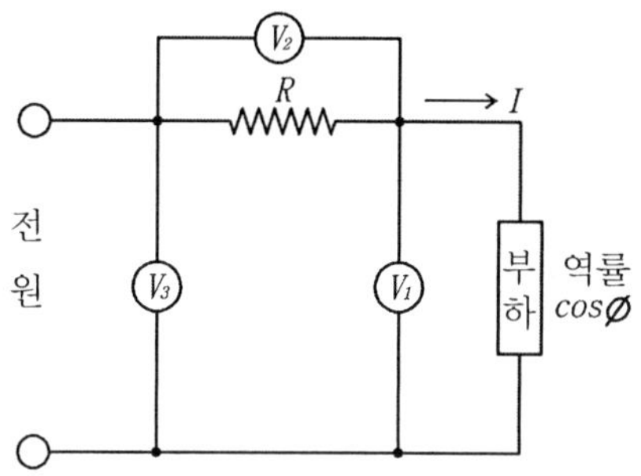

[그림 10-16] 전압계법

(2) 3전류계법

3개의 전류계와 저항 R을 [그림 10-17]과 같이 접속하고 R의 값과 계기의 지시 I_1, I_2, I_3를 읽어서 전력 P를 구할 수 있다.

$$I_3^{\,2} = I_1^{\,2} + I_2^{\,2} + 2I_1 I_2\cos\phi$$

$$\therefore \ P = VI_1\cos\phi \fallingdotseq I_2 R I_1\cos\phi = \frac{R}{2}(I_3^{\,2} - I_2^{\,2} - I_1^{\,2}) \qquad (10 \cdot 19)$$

로 구해진다.

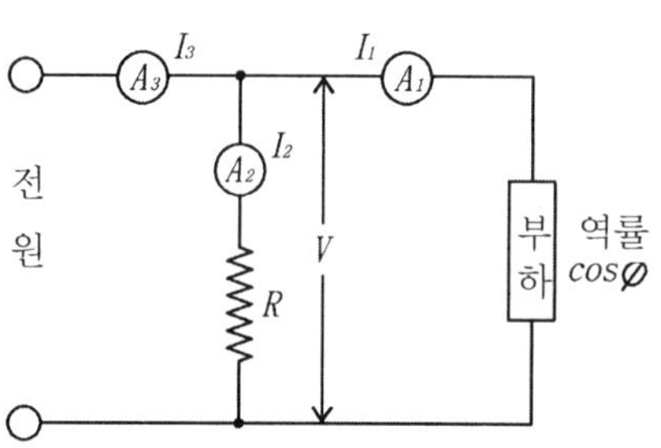

[그림 10-17] 전류계법

5.12 전력계법

다음에 3상 교류의 전력측정에는 단상 전력계를 1개 사용하는 1전력계법, 2개

사용하는 2전력계법 및 3개를 사용하는 3전력계법이 있으며, [그림 10-18]은 2전력계법의 접속도이다.

전력계 W_1과 W_2의 지시를 합하면 곧 3상 전력이 되고, 부하의 불평형에 관계없이 성립된다.

대칭 3상 평형 부하때의 2전력계의 지시 P_1, P_2를 읽고 그 벡터도로부터 다음 식을 얻을 수 있다.

$$P_1 = V_{12}I_1\cos\phi(30° + \phi)$$

$$P_2 = V_{32}I_3\cos\phi(30° - \phi)$$

$$P_1 + P_2 = \sqrt{3}\, VI\cos\phi \tag{10 · 20}$$

단, $V_{12} = V_{32} = V$(선간 전압), $I_1 = I_2 = I$(선 전류)

3상 전력의 전류를 구하는 식은 다음과 같다.

$$I = \frac{2W}{\sqrt{3}\,V}(\text{1전력계법}) \tag{10 · 21}$$

$$I = \frac{W_1 + W_2}{\sqrt{3}\,V}(\text{2전력계법}) \tag{10 · 22}$$

$$I = \frac{W_1 + W_2 + W_3}{\sqrt{3}\,V}(\text{3전력계법}) \tag{10 · 23}$$

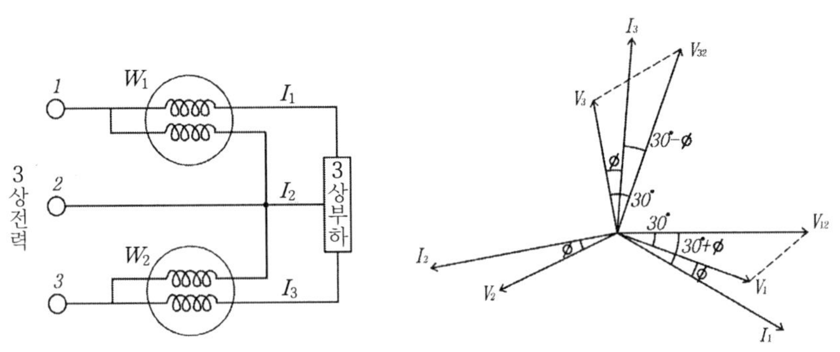

(a) 측정회로 (b) 벡터도

[그림 10-18] 전력계법

6 특수 측정기기

6.1 미소전류 측정

검류계(Galvanometer)는 미소전압이나 미소전류(1[μA] 이하)의 유무를 검출하는 데 사용하는 고감도 계기이다. 이 계기는 전압, 전류의 절대량을 측정하는 것이 목적이 아니므로 눈금에는 특정 전기단위를 갖지 않는다. 이들 종류는 직류검류계(가동코일형, 가동자침형), 충격검류계, 교류검류계(열전검류계, 진동검류계)가 있다.

6.2 저항 측정

저항의 측정에는 전류, 전압을 측정하여 산출하는 방법과 브리지 회로를 만들어 표준 저항과의 비로 구하는 방법이 있다. 측정저항값을 저저항(1[Ω] 이하), 중저항(1[Ω]~1[MΩ]), 고저항(1[MΩ] 이상)으로 구별하며, 서로간의 측정방법도 다르다.

측정 중에는 일정 온도를 유지하며, 접촉부분은 접촉면적을 크게 하여 접촉저항을 적게 한다. 또한 서로 다른 도체의 접촉부에 생기는 열기전력에 주의하여 사용 전류를 극히 적게 하여 온도차를 없앤다.

(1) 저저항 측정

1[Ω] 이하의 저저항의 정밀 측정에는 휘스톤 브리지는 적합하지 않다. 왜냐하면 접촉저항과 리드선의 저항을 포함하게 되어 오차가 생긴다.

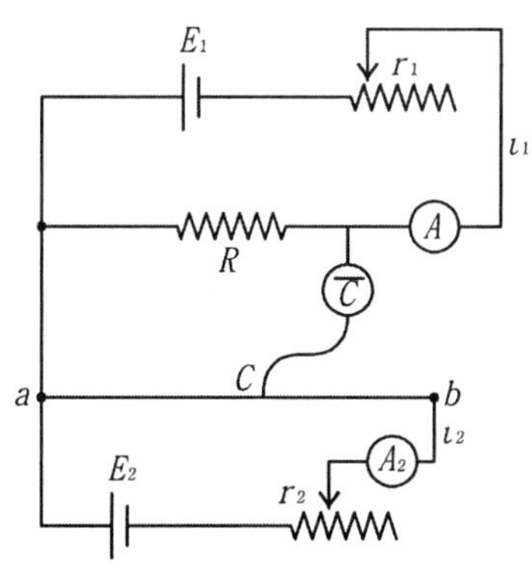

[그림 10-19] 전위차계법

저저항 측정에는 전압단자를 만들어 완전 접속한 **켈빈더블 브리지** 및 **전압강하법**, **전위차계법**을 이용하여 구할 수 있다.

[그림 10-19]는 전위차계법(Potentiometer method)에 의해 미지저항값을 구하는 방법이다.

[그림 10-20]과 같이 미지저항 R에는 전류 i_1를 기지저항 ab에는 전류 i_2를 흘려두고 ab선에 따라서 C를 이동하면서 검류계 $\overline{C}$가 흔들리지 않는 위치를 구하면 ac전압과 R의 단자 전압은 서로 같게 되므로 다음 식을 구할 수 있다.

$$R = \frac{i_2}{i_1} ac \qquad (10 \cdot 24)$$

즉, ac의 길이로서 R의 저항값을 구한다. 이 방법은 접촉저항이나 리드선에 의한 오차가 없는 것이 장점이다.

(2) 중저항 측정

중저항 측정에는 **전압강하법**, **브리지법**(휘스톤 브리지, 습동선 브리지), **옴계법**이 있다. 그림에서 a, b, r 기지저항이고 x는 미지저항이다. a, b, r을 가감해서 검류계 G의 흔들림을 0으로 하면 C와 D는 동전위가 되어 다음의 관계가 된다.

$$\frac{b}{a} = \frac{r}{x} \quad \therefore x = \frac{b}{a} r \qquad (10 \cdot 25)$$

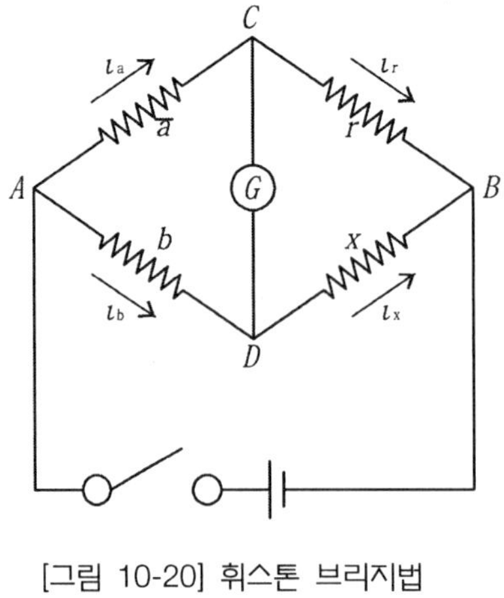

[그림 10-20] 휘스톤 브리지법

(3) 고저항 측정

1[MΩ] 이상의 고저항이나 절연저항을 측정하는 것으로 직편법, 전압계법, 진공관법, 충격전류계법이 있고, 계측기로는 **메가**(Megger)가 사용되고 있다.

이 메가는 수동으로 발전시키는 250~1,000[V]의 소형 발전기를 전원으로 하고, 한쪽 단자를 통전부분에, 또 한 단자를 다른 절연된 통전부분, 또는 대지에 접속해서 그 사이에 흐르는 전류를 가동코일형 전류계로서 측정해서 절연저항 상태를 측정한다.

6.3 특수저항 측정

검류계나 전지의 내부저항, 전해액 및 접지저항 측정에는 물질 특성을 고려한 별도의 측정법으로 행하여야 한다.

전지 내부저항 측정법에는 **전압계법**, **맨스법**(Mance′s method), **코울라우시 브리지**(Kohlrausch bridge)**법**이 있다. 검류계 내부저항은 중저항에 해당되므로 휘스톤 브리지를 사용한다. 전해액 저항을 측정하기 위해서는 코울라우시 브리지법과 스트라우드와 핸더슨법이 있다.

접지저항은 코울라우시 브리지 측정, 접지(절연)저항계에 의한 측정, 비헤르트법(Wiechere method)이 있다. 선로 고장위치 측정으로는 머리 루프법(Merray′s loop method)과 발리 루프법(Varley′s loop method)이 있다.

[예제 8] 전기요소 측정에 관한 다음 물음에 답하여라.

1. 후크온 메타로 측정하는 값은?
2. 옥내 전등선의 절연저항을 측정하는 데 사용되는 계기는?
3. 접지저항을 측정할 때 사용되는 브리지는?

(풀이) ① 교류전류 측정 ② 절연저항계 ③ 코울리우시 브리지

제10장 계측이론

연습문제

1. 전기측정 계기의 일반적인 구성요소가 아닌 것은?

㉮ 가열장치 ㉯ 구동장치 ㉰ 제어장치 ㉱ 제동장치

2. 지시계기의 3요소에 속하는 제동장치의 종류로 틀리는 것은?

㉮ 공기 제동장치 ㉯ 와전류 제동장치
㉰ 액체 제동장치 ㉱ 스프링 제동장치

3. 직류정밀급 계기는 어떤 제동방식을 사용하는가?

㉮ 스프링 제동 ㉯ 중력제동 ㉰ 와전류 제동 ㉱ 공기제동

4. 배전반용 계기에 주로 사용되는 제어방식은?

㉮ 비율제어 ㉯ 중력제어 ㉰ 액체제어 ㉱ 스프링제어

5. 계기의 구비조건으로 틀리는 것은?

㉮ 오차가 적고 확도가 높고, 눈금이 균등하든가 대수눈금일 것
㉯ 고가품일 것
㉰ 튼튼하고 취급이 편리할 것
㉱ 응답도가 좋고 절연 및 내구성이 높을 것

정답

1. ㉮ 2. ㉱ 3. ㉰ 4. ㉯ 5. ㉯

6. 전류계 눈금이 80[A]를 지시하면 이 계기의 보정이 +3[%]이다. 참값으로 맞는 것은?

㉮ 82.4[A] ㉯ 93.0[A] ㉰ 82.5[A] ㉱ 81.4[A]

7. 전류계의 오차율 ±1[%], 전압계의 오차율 ±2[%]인 계기로 저항을 측정하면 저항의 오차율은 몇 [%]인가?

㉮ ±1 ㉯ ±2 ㉰ ±3 ㉱ ±4

8. 참값이 4.8[A]인 전류를 측정하였더니 4.56[A]이었다. 이때 보정률은 약 얼마인가?

㉮ +1.6 ㉯ -1.6 ㉰ +5.2 ㉱ -5.2

9. 어떤 측정계기의 지시값을 M, 참값을 T라 할 때 보정률은?

㉮ $\frac{T-M}{M}$ ㉯ $\frac{M}{M-T}$ ㉰ $\frac{T-M}{T}$ ㉱ $\frac{T}{M-T}$

10. 직류전압을 측정할 수 없는 계기는?

㉮ 가동코일형 계기 ㉯ 전류력계형
㉰ 정류형 계기 ㉱ 열전형계기

11. 전류력계형 계기의 장점에 해당하는 것은?

㉮ 직류와 교류를 같은 눈금으로 측정할 수 있다.
㉯ 코일의 인덕턴스에 의한 주파수의 영향이 크다.
㉰ 가동코일형에 비하여 외부자계의 영향을 받기 쉽다.
㉱ 고정코일에 흐르는 전류로 자장을 만들기 때문에 가동코일형에 비해서 자장이 약하다.

정답

6. ㉮ 7. ㉯ 8. ㉰ 9. ㉮ 10. ㉰ 11. ㉮

12. 다음 교류용 계기 중에 파형의 영향을 가장 받기 쉬운 것은 어느 것인가?

㉮ 열선형 전류계
㉯ 정류기형 전류계
㉰ 정전형 전압계
㉱ 가동철편형 전류계

13. 정류기형 계기의 눈금이 지시하는 것은?

㉮ 최대값 ㉯ 실효값 ㉰ 평균값 ㉱ 순시값

14. 변위를 압력으로 변환시키는 장치는?

㉮ 벨로우즈 ㉯ 다이아프램 ㉰ 가변 저항기 ㉱ 유압분사판

15. 직류전류 측정에 가장 적합한 계기는 무엇인가?

㉮ 가동코일형 ㉯ 가동철편형 ㉰ 전류력계형 ㉱ 열선형

16. 다음 중 교류에서 동작하지 않는 계기는?

㉮ 열전대형 ㉯ 가동코일형 ㉰ 가동철편형 ㉱ 전류력계형

17. 다음 중 전류계로 쓸 수 없는 것은?

㉮ 유도형 계기
㉯ 가동코일형 계기
㉰ 정전형 계기
㉱ 정류형 계기

18. 다음 중 동일 눈금형으로 사용되는 AC, DC양용 계기는?

㉮ 가동철편형 ㉯ 가동코일형 ㉰ 전류력계형 ㉱ 정류형

19. 가동코일형의 지시계기에 있어서 코일이 받는 회전토크를 옳게 표현한 것은?

㉮ 코일에 흐르는 전류량에 비례한다.
㉯ 코일의 권선수의 제곱에 비례한다.
㉰ 코일에 흐르는 전류량의 제곱에 비례한다.
㉱ 코일을 통과하는 자계의 자속밀도에 지수적으로 비례한다.

정답

12. ㉯ 13. ㉰ 14. ㉱ 15. ㉮ 16. ㉯ 17. ㉰ 18. ㉰ 19. ㉮

20. 가동코일형 계기에서 영구자석간에 연철심을 사용하는 이유는 다음 중 어느 것인가?

㉮ 제동작용을 시키기 위해서 ㉯ 제어작용을 시키기 위해서
㉰ 불평등 자계로 하기 위해서 ㉱ 평등 자계로 하기 위해서

21. 가동코일형 계기의 특징이 아닌 것은?

㉮ 직류 전용이다.
㉯ 구동토크가 크며, 감도 정확도가 높다.
㉰ 지시에 시간이 걸리고 과부하에 강하다.
㉱ 온도변화 및 외부자장의 영향으로 인한 오차가 적다.

22. 가동코일형 전압계의 눈금으로 맞는 것은?

㉮ 대수눈금으로 되어 있다. ㉯ 로그(log) 눈금으로 되어 있다.
㉰ 균등눈금으로 되어 있다. ㉱ 제곱눈금으로 되어 있다.

23. 직류전류계의 측정범위 확대시 맞는 것은?

㉮ 변류기 ㉯ 분류기 ㉰ 변압기 ㉱ 배율기

24. 전류계에 접속된 분류기의 사용목적으로 맞는 것은?

㉮ 측정범위가 큰 전류계로서 작은 전류를 측정
㉯ 측정범위가 작은 전류계로서 큰 전류를 측정
㉰ 측정범위가 큰 전류계로서 큰 전류를 측정
㉱ 측정범위가 작은 전류계로서 작은 전류를 측정

25. 전압계 배율기의 설명 중 틀리는 것은?

㉮ 전압의 측정범위를 확대한다. ㉯ 망간선이다.
㉰ 직렬로 삽입한다. ㉱ 고유저항이 크고 온도계수가 작다.

정답

20. ㉱ 21. ㉰ 22. ㉰ 23. ㉯ 24. ㉯ 25. ㉯

26. 그림과 같은 회로에서 분류기의 배율은? (단, 전류계 A의 내부저항은 R이며 R은 분류기 저항이다)

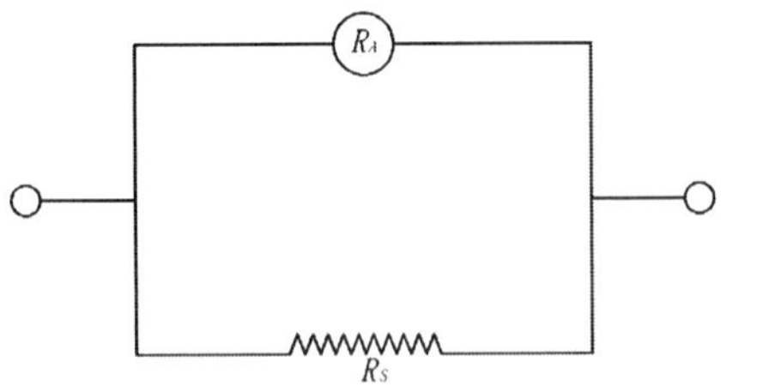

㉮ $\frac{R_A}{R_A+R_S}$　　㉯ $\frac{R_S}{R_A+R_S}$

㉰ $\frac{R_A+R_S}{R_S}$　　㉱ $\frac{R_A+R_S}{R_A}$

27. 어떤 전압계의 측정범위를 5배로 하려면 배율기의 저항을 전압계 내부저항의 몇 배로 하면 되는가?

㉮ 5　　㉯ 9　　㉰ 10　　㉱ 4

28. 가동철편형 계기의 특징이 아닌 것은 어느 것인가?

㉮ 구조가 간단하고 견고하다.　　㉯ 균등눈금으로 할 수 있다.

㉰ 큰 전류를 직접 측정할 수 있다.　　㉱ 외부자계의 영향을 받기 쉽다.

29. 직류 10[A]를 전류력계형 전류계로 측정하면 지침은?

㉮ 10[A]에서 정지한다.　　㉯ $\frac{1}{\sqrt{2}}$10[A]에서 정지한다.

㉰ 10^2[A]에서 정지한다.　　㉱ $\frac{1}{2}$10[A]에서 정지한다.

30. 열전대형 전류계는 어느 것을 이용한 것인가?

㉮ 제어백 효과　　㉯ 펠티에 효과　　㉰ 톰슨 효과　　㉱ 피에조 효과

31. 다음 중 서로 상호관계가 없는 것은?

㉮ 열전형 - 열전류 작용을 이용

㉯ 전류력계형 - 전류의 상호작용을 이용

㉰ 정전형 - 전자작용을 이용

㉱ 가동코일형 - 다아손발(D'Arsonval) 모멘트 이용

정답

26. ㉰ 27. ㉱ 28. ㉯ 29. ㉮ 30. ㉮ 31. ㉱

32. 정류형 계기의 눈금은 어떻게 나타내는가?

㉮ 최대값 ㉯ 실효값 ㉰ 파고값 ㉱ 평균값

33. 정전형 계기의 특징이 아닌 것은?

㉮ 실효값 눈금이므로 파형오차가 있다.
㉯ 교류, 직류 양용계기로 주파수 특성이 좋다.
㉰ 눈금이 자승눈금으로 된다.
㉱ 고전압 측정에 적합하다.

34. 유도형의 적산전력계의 알루미늄 원판에는 어떤 전류가 유기되는가?

㉮ 최대전류 ㉯ 자화전류 ㉰ 여자전류 ㉱ 와전류

35. 잠동이 발생되는 계기는?

㉮ 역률계 ㉯ 전압계 ㉰ 전류계 ㉱ 적산전력계

36. 계기용 변류기의 2차측 표준전류는 몇 [A]인가?

㉮ 3 ㉯ 5 ㉰ 10 ㉱ 20

37. 변류기에 결선된 전류계가 고장이 나서 교환하려 한다. 다음 중 옳은 것은?

㉮ 변류기의 2차를 개방시키고 한다. ㉯ 변류기의 2차를 단락시키고 한다.
㉰ 변류기의 2차를 접지시키고 한다. ㉱ 변류기에 피뢰기를 달고 한다.

38. 변류기의 2차측 권선에 유기되는 전압은 다음의 어느 것인가?

㉮ $E = 4.44 f N \phi_g \times 10^{-7}$[V] ㉯ $E = 4.44 f N \phi_g \times 10^{-8}$[V]
㉰ $E = 4.44 f N \phi_g \times 10^{-9}$[V] ㉱ $E = 4.44 f N \phi_g \times 10^{-10}$[V]

정답

32. ㉱ 33. ㉮ 34. ㉱ 35. ㉱ 36. ㉯ 37. ㉯ 38. ㉯

39. 변류기에 대한 설명으로 옳은 것은?

㉮ 1차권선의 권수를 변류비보다 1[%] 적게 하는 것이 벡터언이다.
㉯ 사용 중에는 2차측을 개방하지 않아야 한다.
㉰ 2차부담의 단위는 [W]이다.
㉱ 2차전류의 표준은 10[A]이다.

40. 회로시험기로 직접 측정이 불가능한 것은?

㉮ 저항 ㉯ 역률 ㉰ 전압 ㉱ 전류

41. 다음은 부하전압과 전류를 측정하기 위한 방법이다. 옳은 것은?

㉮ 전압계 : 부하와 병렬, 전류계 : 부하와 직렬
㉯ 전압계 : 부하와 병렬, 전류계 : 부하와 병렬
㉰ 전압계 : 부하와 직렬, 전류계 : 부하와 직렬
㉱ 전압계 : 부하와 직렬, 전류계 : 부하와 병렬

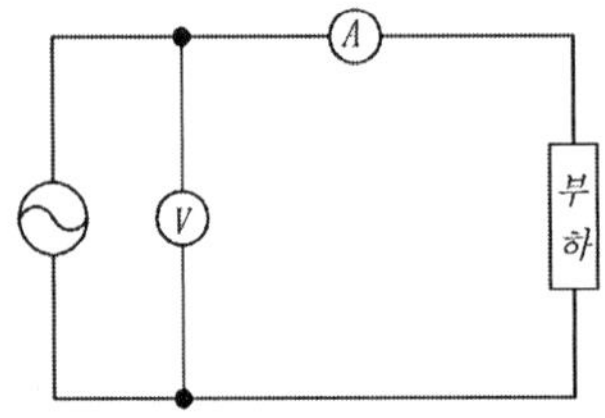

42. 단상 교류회로에 연결되어 있는 부하의 역률을 측정하고자 한다. 이때 필요한 계측기의 구성으로 옳은 것은?

㉮ 전압계, 전력계, 회전계 ㉯ 저항계, 전력계, 전류계
㉰ 전압계, 전류계, 전력계 ㉱ 전류계, 전압계, 주파수계

43. 그림과 같은 회로에서 전압계 3개로 단상전력을 측정하고자 할 때 유효전력은?

㉮ $\frac{1}{2R}(V_3^2 - V_1^2 - V_2^2)$

㉯ $\frac{1}{2R}(V_3^2 - V_1^2)$

㉰ $\frac{R}{2}(V_3^2 - V_1^2 - V_2^2)$

㉱ $\frac{R}{2}(V_2^2 - V_1^2 - V_3^2)$

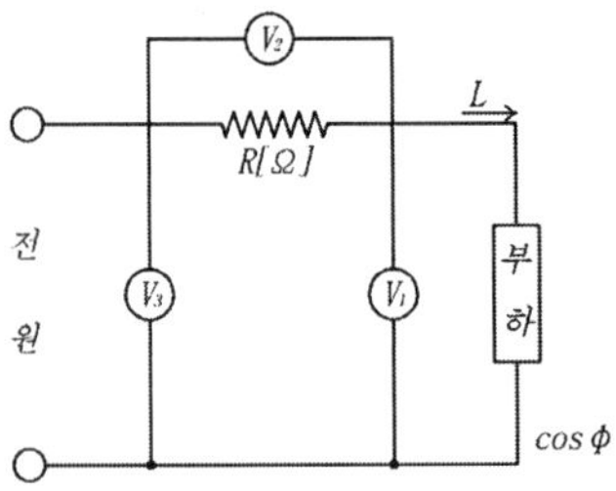

정답
39. ㉯ 40. ㉯ 41. ㉮ 42. ㉰ 43. ㉮

44. 단상 전력을 3전류계법에 의하여 측정할 때 각 전류계의 지시를 I_1, I_2, I_3라 하면 전력 P의 표시로 맞는 것은?

㉮ $P=\frac{R}{2}(I_1^2-I_3^2-I_2^2)$

㉯ $P=\frac{2}{R}(I_1^2-I_2^2-I_3^2)$

㉰ $P=\frac{R}{2}(I_1^2-I_2^2-I_3^2)$

㉱ $P=2R(I_1^2-I_3^2-I_2^2)$

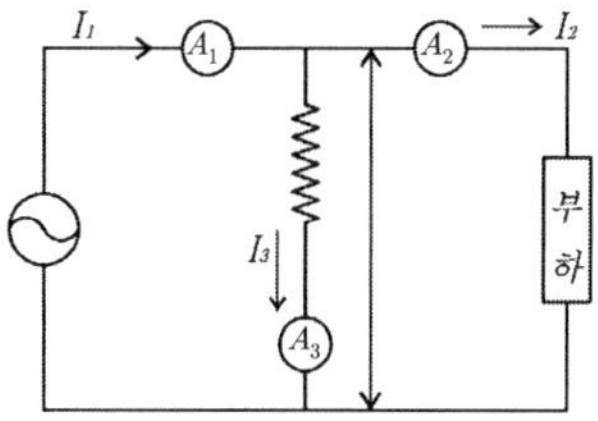

45. 미소전류를 검출하는 데 사용되는 것은?

㉮ 맥스웰 브리지 ㉯ 세링 브리지 ㉰ 검류계 ㉱ 전위차계

46. 검류계의 종류로 틀리는 것은?

㉮ 가동코일형 및 가동 자침형 ㉯ 가동철편형
㉰ 충격형 및 진동형 ㉱ 열전형

47. 다음 중 가장 감도가 높은 검류계는?

㉮ 가동코일형 ㉯ 가동 자침형 ㉰ 가동철편형 ㉱ 충격형

48. 충격검류계는 무슨 측정에 적합한가?

㉮ 미소진동 전류 ㉯ 미소전하량 ㉰ 미소직류 전류 ㉱ 미소교류 전류

49. 저저항을 측정할 때 사용하는 브리지형 측정기로 맞는 것은?

㉮ 휘스톤 브리지(Wheatstone briage)
㉯ 켈빈더블 브리지(Kelvin's double bridge)
㉰ 메가(Megger)
㉱ 윈 브리지(Wien bridge)

정답

44. ㉰ 45. ㉰ 46. ㉯ 47. ㉯ 48. ㉯ 49. ㉯

50. 휘스톤 브리지로 측정하는 것 중 맞는 것은?

㉮ 전압 ㉯ 저항 ㉰ 전류 ㉱ 인덕턴스

51. 다음 중 축전지의 내부저항을 측정하는 데 적합한 것은?

㉮ 휘스톤 브리지 ㉯ 코울라우시 브리지
㉰ 미끄럼줄 브리지 ㉱ 켈빈더블 브리지

52. 메가(Megger)로 측정하는 저항은?

㉮ 절연저항 ㉯ 접지저항
㉰ 전지의 내부저항 ㉱ 회로저항

53. 전선의 전류를 측정하는 데 사용되는 계기는?

㉮ 메가 ㉯ 휘스톤 브리지 ㉰ 측온 미터 ㉱ 역률계

54. 저항값이 10[Ω] 이상인 고저항의 측정법은?

㉮ 더블 브리지법 ㉯ 휘스톤 브리지법
㉰ 전위차계법 ㉱ 메가에 의한 법

55. 전기설비의 절연열화 정도를 측정하는 방법이 아닌 것은?

㉮ 메가법 ㉯ tan δ 법 ㉰ 코로나 진동법 ㉱ 보이스 카메라법

56. 인덕턴스 측정에 사용되는 브리지의 종류가 아닌. 것은?

㉮ 맥스웰 브리지 ㉯ 헤이 브리지
㉰ 헤비사이드 브리지 ㉱ 윈 브리지

정답

50. ㉯ 51. ㉯ 52. ㉯ 53. ㉯ 54. ㉮ 55. ㉰ 56. ㉱

57. 계측방법이 잘못된 것은?

㉮ 후크온메타에 의한 전류측정
㉯ 회로시험기에 의한 저항측정
㉰ 메가에 의한 접지저항 측정
㉱ 전류계, 전압계, 전력계에 의한 역률측정

58. 온도를 전압으로 변환시키는 요소는?

㉮ 광전지 ㉯ 열전대 ㉰ 측온 저항체 ㉱ 차동변압기

59. 가동코일형 측정계기로 맥동하는 전류를 측정할 경우 지시하는 값은?

㉮ 최소값 ㉯ 최대값 ㉰ 실효값 ㉱ 평균값

60. 변류기의 1차 권선과 2차 권선간의 절연저항은 직류 500[V]의 절연저항계로 측정할 경우 몇 [MΩ] 이상이어야 하는가?

㉮ 1 ㉯ 0.2 ㉰ 5 ㉱ 0.5

61. 변압기 내부회로 고장보호에 쓰이는 계전기는?

㉮ 과전류 계전기
㉯ 비율차동 계전기
㉰ 접지 계전기
㉱ 역상 변류기

62. 배율기 저항 $R=45[\text{k}\Omega]$, 전압계 내부저항 $r=25[\text{k}\Omega]$으로 전압계의 지시는 200[V]를 지시하였다. 측정한 전압은 몇 [V]인가?

㉮ 560 ㉯ 650 ㉰ 670 ㉱ 690

63. 변압기의 온도시험을 하는 데 가장 좋은 방법은?

㉮ 진공법 ㉯ 등가부하법 ㉰ 단락법 ㉱ 고주파 억제법

64. 적산전력계의 시험방법이 아닌 것은?

㉮ 시동전류 시험 ㉯ 무부하 시험 ㉰ 잠동시험 ㉱ 오차시험

정답

57. ㉰ 58. ㉯ 59. ㉱ 60. ㉰ 61. ㉯ 62. ㉮ 63. ㉯ 64. ㉯

65. 전류측정 범위를 확대시키기 위하여 전류계와 병렬로 연결해야만 되는 것은?

㉮ 배율기 ㉯ 분류기 ㉰ 중계기 ㉱ CT

66. 선간전압 E[V]의 3상 평형전원에 대칭 3상 저항부하가 접속되어 있을 때 a, b 두 상간에 접속된 전력계의 지시값이 W[W]이라면 C상의 전류는 몇 [A]인가?

㉮ $\frac{2W}{\sqrt{3}E}$ ㉯ $\frac{3W}{\sqrt{3}E}$ ㉰ $\frac{W}{\sqrt{3}E}$ ㉱ $\frac{\sqrt{3}W}{\sqrt{E}}$

67. 측정량과 별도로 크기를 조정할 수 없는 표준량을 준비하고 이것을 표준량과 평행시켜 표준량으로부터 측정량을 구하는 방법으로 감도가 좋고 정밀측정에 적합한 측정방법은?

㉮ 편의법 ㉯ 직편법 ㉰ 영위법 ㉱ 반경법

정답

65. ㉯ 66. ㉮ 67. ㉰

11장

배선공사

1 전선구성

전선에 사용되는 도체재료는 동과 알루미늄이 주로 사용된다.

동선은 연동선과 경동선이 있으며, 연동선은 경동선보다 도전율은 좋지만 기계적인 강도가 떨어져 옥외전선으로 사용되지는 않는다. 알루미늄 전선은 동선에 비해 중량이 가볍고 가격이 저렴하여 송·배선 계통 전선에 대부분 사용된다.

전선구조에 따라 분류하면 단선과 연선이 있는데 단선은 장력이 부족하고 굵기가 커지면 시공이 어려워 3.2[mm]까지만 사용하고 그 이상에서는 연선을 사용한다. 옥내배선에서는 대부분 연선을 사용한다.

전선선정 시 전류용량뿐만 아니라 기계적 강도, 경제성 등을 고려하여 다음과 같은 조건이 구비되어야 한다.

① 도전율이 클 것
② 기계적 강도가 클 것
③ 가격이 낮을 것
④ 가선작업이 용이할 것
⑤ 내구성이 있을 것
⑥ 신장률이 클 것
⑦ 비중이 낮을 것

[예제 1] 전선굵기 선정시 고려해야 하는 3가지 조건에 대하여 써보아라.

(풀이) 전선 굵기 3요소
① 전선의 기계적 강도
② 전선의 허용전류
③ 전압강하

1.1 연선구성

연선구성에 대하여 단선의 지름이 모두 같을 경우 다음 관계식이 성립된다.

① 연선을 구성하는 단선의 총수

$N=3n(n+1)+1$[개] (n : 소선 층수)

② 연선의 바깥지름

$D=(2n+1)d$ [mm](d : 소선의 지름)

1.2 전선공사

전선에 전류가 흐르면 줄열이 발생하여 전선의 온도가 상승하며 온도가 어느 정도 이상이 되면 절연물이 열화되어 전선의 수명이 짧아지고 전선 허용전류가 감소한다. 전선은 최고 허용온도가 정해져 있으며 이는 전선에 사용되는 절연피복에 따라 다르다. 전선은 절연피복 유무에 따라 절연전선과 나전선이 있다.

절연전선은 대부분의 장소(조명용, 동력용, 제어용)에 사용되는 전선으로 도체 위에 비닐·고무·석면 등으로 절연피복을 하였거나 절연피복을 전기적·기계적으로 보호하기 위하여 폴리에틸렌 등으로 외피를 씌운 전선도 있다. 나전선은 도체에 절연피복을 아니한 도체로 절연피복물이 부식되기 쉬운 장소, 일반인 접근이 어려운 장소에 사용되며 배전공사로는 애자노출공사를 사용한다.

케이블은 절연재료 및 외장재료에 따라 여러 종류로 나누어진다. 절연재료는 대부분 폴리에틸렌을 사용하고 그 위에 염화비닐수지로 외장한 것이다.

(1) 소방용 전선

소방용 전선은 일반전선의 특성 이외에도 화재발생 시 소화설비에 전기공급을 계속해야 하므로 화재에 대응하는 대책이 부가되어야 한다. 이를 위해서는 열적 장해를 일으키지 않는 내열성을 확보하고 불에 강한 내화성을 갖는 방재전선을 사용해야 한다.

내화전선은 내화보강층 위에 난연성 시스 처리를 한 것으로 소방설비 전원공급 선로에 사용되며, 내열전선은 60[V] 이하인 소방설비의 경보회로, 조작회로, 표시회로 등에 사용하고 있다. 비상전원은 화재 시 소화설비 활동이 종료 시까지 그 역할을 다해야 하기 때문에 방재전선 자체뿐만 아니라 포설장소의 내화·내

〈표 11-1〉 소방용 전선

전선의 종류		기 호	전압[V]	사용온도[℃]
절연전선	저독성 난연 가교 폴리올레핀 절연전선	HFIX	450/750	90
	가교 폴리에틸렌 절연전선	IC	600	90
	내열전선	HIV	600	75
케이블	가교 폴리에틸렌 케이블	CV, CE	600, 6600	90
	MI 케이블	MI	300, 600	
	내화전선	FR-8, NFR-8, FP	600, 3300, 6600	75, 90
	내열전선	FR-3, NFR-3, HP	60	

열성도 확보할 수 있는 방재배선 방식이 요구된다. 내화·내열배선을 위한 배선의 종류는 내화배선과 내열배선 방식의 2종류가 있다.

비상전원으로부터 동력제어반 및 주요 소방설비까지의 전원회로는 내화배선 방식을 사용하고, 상용전원으로부터 동력제어반에 이르는 배선, 그 밖의 옥내소화전 설비의 감시·조작과 표시등 회로의 배선은 내화배선 또는 내열배선으로 하여야 한다.

1) 내화배선

내화전선의 내화성능은 버너의 노즐에서 75[mm]의 거리에서 온도가 750±5[℃]인 불꽃으로 3시간동안 가열한 다음 12시간 경과 후 전선 간에 허용전류용량 3[A]의 퓨즈를 연결하여 내화시험 전압을 가한 경우 퓨즈가 단선되지 아니하도록 한다.

〈표 11-2〉 내화배선에 사용되는 전선의 종류 및 공사방법

사용전선의 종류	공사방법
1. 450/750[V] 저독성 난연 가교 폴리올레핀 절연전선 2. 0.6/1[kV] 가교 폴리에틸렌 절연 저독성 난연 폴리올레핀 시스 전력 케이블 3. 6/10[kV] 가교 폴리에틸렌 절연 저독성 난연 폴리올레핀 시스 전력용 케이블 4. 가교 폴리에틸렌 절연 비닐시스 트레이용 난연 전력 케이블 5. 0.6/1[kV] EP 고무절연 클로로프렌 시스 케이블 6. 300/500[V] 내열성 실리콘 고무 절연전선(180[℃]) 7. 내열성 에틸렌-비닐 아세테이트 고무 절연 케이블 8. 버스덕트(Bus Duct) 9. 기타 전기용품안전관리법 및 전기설비 기술기준에 따라 동등 이상의 내화성능이 있다고 주무부장관이 인정하는 것	금속관·2종 금속제 가요전선관 또는 합성수지관에 수납하여 내화구조로 된 벽 또는 바닥 등에 벽 또는 바닥의 표면으로부터 25[mm] 이상의 깊이로 매설하여야 한다. 다만 다음 각 목의 기준에 적합하게 설치하는 경우에는 그러하지 아니하다. 가. 배선을 내화성능을 갖는 배선전용실 또는 배선용 샤프트·피트·덕트 등에 설치하는 경우 나. 배선전용실 또는 배선용 샤프트·피트·덕트 등에 다른 설비의 배선이 있는 경우에는 이로부터 15[cm] 이상 떨어지게 하거나 소화설비의 배선과 이웃하는 다른 설비의 배선사이에 배선지름(배선의 지름이 다른 경우에는 가장 큰 것을 기준으로 한다)의 1.5배 이상의 높이의 불연성 격벽을 설치하는 경우
내화전선	케이블 공사의 방법에 따라 설치하여야 한다.

일반 전선관공사 시 내화 처리방법은 다음과 같다.

① 금속관 공사의 내화 처리방법은 풀박스를 타 일반회로와 공용 시 철판으로 격벽 또는 유리테이프, 석면테이프 등으로 감는다.

② 금속덕트 공사는 덕트 내면에 불연재료를 시공하고 배선은 유리테이프 또는 석면테이프로 감는다.

③ 전선관공사 내화처리는 표면에 내열처리(몰타르, 암면)를 하고 그 위에 알루미늄박을 감은 후 철선으로 감는다.

2) 내열배선

내열전선의 내열성능은 온도가 816±10[℃]인 불꽃을 20분간 가한 후 불꽃을 제거하였을 때 10초 이내에 자연소화가 되고, 전선의 연소된 길이가 180[mm] 이하이거나 가열온도의 값을 한국산업표준(KS F 2257-1)에서 정한 건축구조 부분의 내화시험 방법으로 15분 동안 380[℃]까지 가열한 후 전선의 연소된 길이가 가열로의 벽으로부터 150[mm] 이하가 되도록 한다.

〈표 11-3〉 내화배선에 사용되는 전선의 종류 및 공사방법

사용전선의 종류	공사방법
1. 450/750[V] 저독성 난연 가교 폴리올레핀 절연전선 2. 0.6/1[kV] 가교 폴리에틸렌 절연 저독성 난연 폴리올레핀 시스 전력 케이블 3. 6/10[kV] 가교 폴리에틸렌 절연 저독성 난연 폴리올레핀 시스 전력용 케이블 4. 가교 폴리에틸렌 절연 비닐시스 트레이용 난연 전력 케이블 5. 0.6/1[kV] EP 고무절연 클로로프렌 시스 케이블 6. 300/500[V] 내열성 실리콘 고무 절연전선(180℃) 7. 내열성 에틸렌-비닐 아세테이트 고무 절연 케이블 8. 버스덕트(Bus Duct) 9. 기타 전기용품안전관리법 및 전기설비기술기준에 따라 동등 이상의 내열성능이 있다고 주무부장관이 인정하는 것	금속관 · 금속제 가요전선관 · 금속덕트 또는 케이블(불연성 덕트에 설치하는 경우에 한한다) 공사방법에 따라야 한다. 다만, 다음 각 목의 기준에 적합하게 설치하는 경우에는 그러하지 아니하다. 가. 배선을 내화성능을 갖는 배선전용실 또는 배선용 샤프트 · 피트 · 덕트 등에 설치하는 경우 나. 배선전용실 또는 배선용 샤프트 · 피트 · 덕트 등에 다른 설비의 배선이 있는 경우에는 이로부터 15[cm] 이상 떨어지게 하거나 소화설비의 배선과 이웃하는 다른 설비의 배선사이에 배선지름(배선의 지름이 다른 경우에는 지름이 가장 큰 것을 기준으로 한다)의 1.5배 이상의 높이의 불연성 격벽을 설치하는 경우
내화전선 · 내열전선	케이블 공사의 방법에 따라 설치하여야 한다.

[그림 11-1], [그림 11-2]는 자동화재 탐지설비 계통과 무선통신 보조설비의 계통별 방재배선을 구분하여 사용한 예이다.

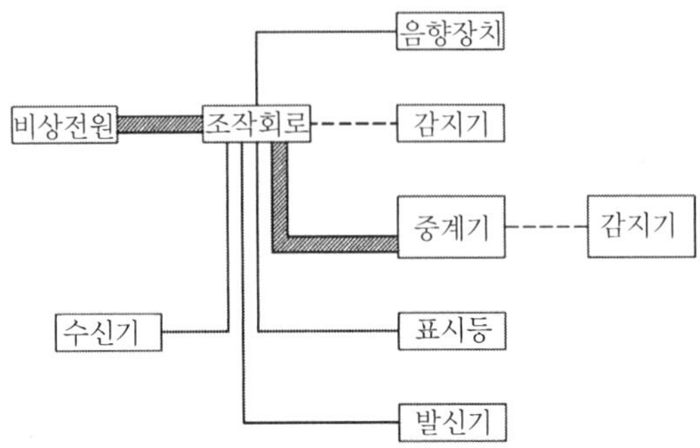

[그림 11-1] 자동화재 탐지설비 배선계통

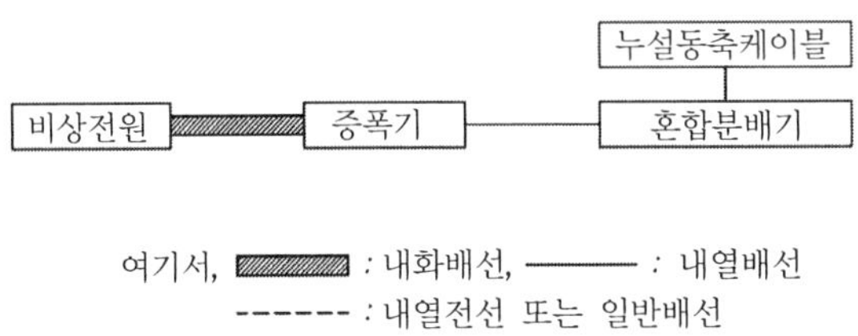

[그림 11-2] 무선통신 보조설비 배선계통

[그림 11-3]은 배선공사에 사용되는 옥외용, 내열, 내화, 제어용 전선의 형상을 나타낸다.

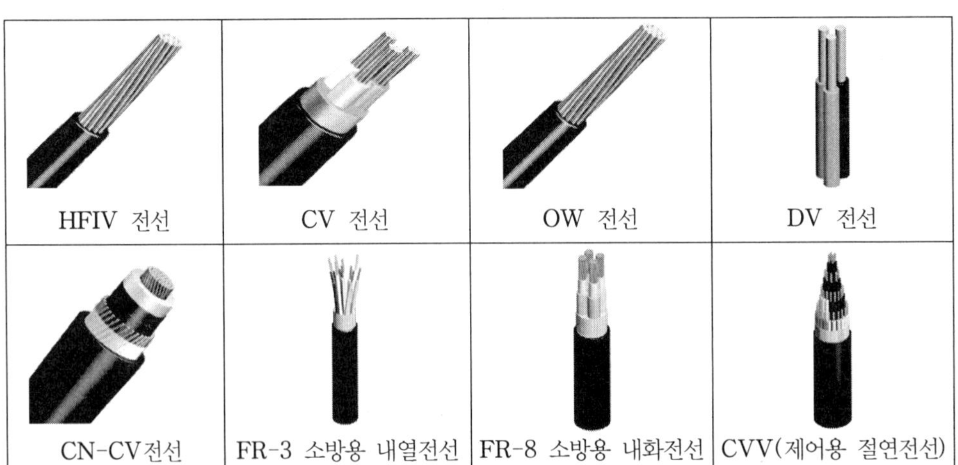

[그림 11-3] 전선의 종류

(2) 전선과 케이블의 접속

① 전선의 허용전류에 의하여 접속 부분의 온도상승값이 접속부분 이외의 온도상승값을 넘지 않도록 한다.

② 전선 접속기류를 사용하여 접속하고, 전선 상호간을 직접 접속하는 경우에는 접속부를 납땜한다.

③ 전선의 강도를 20[%] 이상 감소시키지 않는다(점퍼선은 제외).

④ 접속부분을 절연전선의 절연물과 동등 이상의 절연효력이 있는 것으로 충분히 피복한다.

⑤ 구리와 알루미늄 등 다른 종류의 금속 상호간을 접속할 때는 접속부에 전기적 부식이 생기지 않도록 한다.

⑥ 코드 상호간, 캡타이어 상호간의 접속은 코드 커넥터, 접속함, 기타 기구를 사용한다.

[그림 11-4]는 일반 배선공사 시 도면에 나타난 배선표시의 예이다.

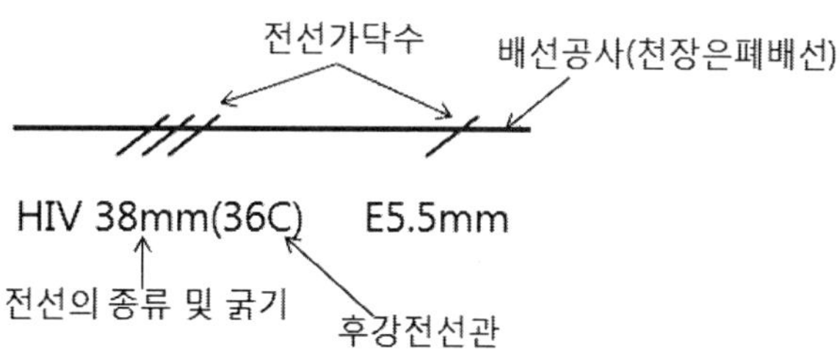

[그림 11-4] 배선기호 구성

〈표 11-4〉 배선그림 기호

명 칭	그림 기호	적 요
천장은폐배선	————	천장은폐배선 중 천장 안쪽 배선을 구별하는 경우 천장 안쪽 배선에 —-—-—- 를 이용해도 된다.
바닥은폐배선	— — — —	
노출배선	··············	노출배선 중 바닥면 노출배선을 구별하는 경우에는 바닥면 노출배선에 —--—--— 을 이용해도 된다.
지중 매설 배선	—--—--—	

[예제 2] 그림과 같이 비상 콘센트가 설치된 건물이 있다. 사용전압은 단상 100[V] 및 3상 200[V]이며, 공사방법은 금속관 공사를 하고 사용전선은 동선을 사용한다. 주어진 조건 및 표를 참조하여 다음 각 물음에 답하여라.

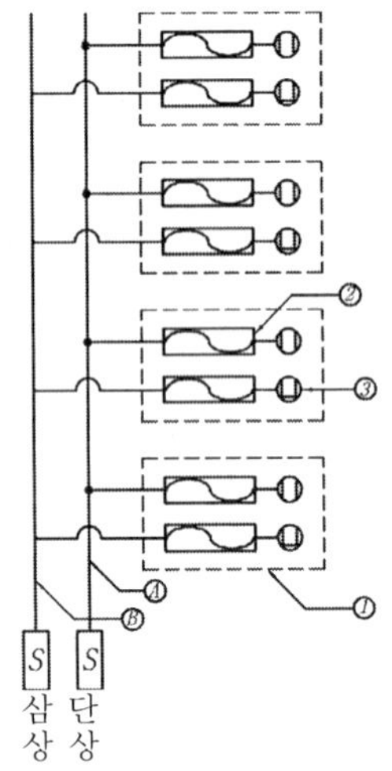

[조건] ① 주위온도는 30[℃] 이하로 하며, 최고 허용온도는 60[℃]이다.
② 접지선은 별도의 공사를 한다.
③ 단상 및 3상은 별도의 관에 배관한다.
④ 역률은 각 100[%]로 한다.

(1) ①~③의 명칭은 무엇인가?
(2) ③의 설치 높이는?
(3) Ⓐ부분의 간선의 최소 굵기는?
(4) Ⓑ부분의 간선의 최소 굵기는?
(5) 후강전선관 사용시 Ⓐ부분의 전선관의 최소 굵기는?
(6) 박강전선관 사용시 Ⓑ부분의 전선관의 최소 굵기는?

풀이

㉠ ① 보호함 : 전원으로부터 각층의 비상 콘센트에 분기되는 경우 분기배선용 차단기를 보호함 안에 설치
② 분기배선용 차단기 : 콘센트마다 설치
③ 접지형 3극 플러그 접속기 : 3상 교류 200[V] 또는 3상 교류 380[V]에 사용

㉡ 바닥으로부터 높이 0.8[m] 이상 1.5[m] 이하의 위치에 설치하여야 한다.

㉢ ① 단상 교류의 공급용량은 1.5[kVA] 이상인 것으로 할 것
② 전선의 용량은 각 비상 콘센트(비상 콘센트가 3개 이상인 경우에는 3개)의 공급용량을 합한 용량 이상의 것으로 하여야 한다.

단상전력 $P = VI\cos\theta$[kW]

전류 $I = \dfrac{P}{V\cos\theta} = \dfrac{1.5 \times 10^3 \times 3}{100 \times 1} = 45[\text{A}]$

허용전류 감소계수 $K = \sqrt{\dfrac{60 - \theta}{30}} = \sqrt{\dfrac{60 - 30}{30}} = 1$

허용전류 감소계수를 적용한 전선의 허용전류는

$\dfrac{I}{K} = \dfrac{45}{1} = 45[\text{A}]$

[저압옥내 간선의 허용전류]

전동기 등의 정격전류의 합계	전선의 허용전류
50[A] 이하인 경우	전동기 등의 정격전류의 합계×1.25배
50[A]를 초과하는 경우	전동기 등의 정격전류의 합계×1.1배

전선수 3 이하인 경우 45×1.25=56.3[A]이므로 <표 1>에서 근사값을 찾으면 2본 1회로의 61[A]의 10[mm^2]이다.

㉣ ① 3상 교류의 공급용량은 3.0[kVA] 이상인 것으로 할 것

② 전선의 용량은 각 비상 콘센트(비상 콘센트가 3개 이상인 경우에는 3개)의 공급용량을 합한 용량 이상의 것으로 하여야 한다.

3상 전력 $P=\sqrt{3}\,VI\cos\theta$[kW]

전류 $I=\dfrac{P}{\sqrt{3}\,V\cos\theta}=\dfrac{(3\times10^3)\times3}{\sqrt{3}\times200\times1}\fallingdotseq 26$[A]

허용전류 감소계수 $K=\sqrt{\dfrac{60-\theta}{30}}=\sqrt{\dfrac{60-30}{30}}=1$($\theta$: 주위온도)

〈표 1〉 내열 PVC 절연전선(HIV) 허용전류[A]

공칭단 단면적 [mm^2]	전 선 수									
	2본(2본 회로는 단상을 의미)					3본(3본 회로는 3상을 의미)				
	1회로	2회로	3회로	4회로	5회로	1회로	2회로	3회로	4회로	5회로
1.5	19	15	13	12	11	17	13.5	11.5	11	10
2.5	26	20.5	18	16.5	15.5	23	18	16	15	13.5
4	35	28	24	22	21	31	24	21	20	18.5
6	45	36	31	29	27	40	32	28	26	24
10	61	48	42	39	36	54	43	30	35	32
16	81	64	56	52	48	73	58	51	47	43
25	106	84	74	68	63	95	76	66	61	57
35	131	104	91	85	78	117	93	81	76	70
50	158	126	110	102	94	141	112	98	91	84
70	200	160	140	130	120	179	143	125	116	107
95	241	192	168	156	144	216	172	151	140	129
120	278	222	194	180	166	249	199	174	161	149
150	318	254	222	206	190	285	228	199	185	171
185	362	289	253	235	217	324	259	226	210	194
240	424	339	296	275	254	380	304	266	247	228
300	486	388	340	315	291	435	348	304	282	261

(주위온도 : 30℃, 내열성 PVC 절연전선(IV), 허용온도 : 90℃)

허용전류 감소계수를 적용한 전선의 허용전류는

$$\frac{I}{K}=\frac{26}{1}=26[\mathrm{A}],\quad 26\times1.25=32.5[\mathrm{A}]$$

<표 1>에서 전선수 3 이하의 동을 적용하여 32.5[A] 이상의 근사값을 찾으면 3본 1회로의 40[A]는 6[mm^2]이다. 전선종류별, 공사방식별 허용전류값을 나타낸다.

㉤ <표 2>에서 10[mm^2] 2가닥을 넣을 수 있는 후강전선관의 최소 굵기는 22[mm^2]가 된다.

㉥ <표 2>에서 6[mm^2] 3가닥을 넣을 수 있는 후강전선관의 최소 굵기는 22[mm^2]가 된다.

〈표 2〉 금속관(후강전선관) 굵기선정

전선굵기		전 선 수(본)									
단선 [mm^2]	연선 [mm^2]	1	2	3	4	5	6	7	8	9	10
		전선관 최소굵기[mm]									
1.5	1.5	16	16	16	16	22	22	22	22	28	28
2.5	2.5	16	16	16	16	22	22	22	28	28	28
4	4	16	16	16	22	22	22	28	28	28	28
6	6	16	16	22	22	22	28	28	28	36	36
-	10	16	22	22	28	28	36	36	36	42	42
-	16	16	22	28	28	36	36	36	42	42	54
-	25	22	28	28	36	42	42	54	54	54	54
-	35	22	28	36	42	54	54	54	70	70	70
-	50	28	36	42	54	54	70	70	70	70	82
-	70	28	42	54	54	70	70	70	82	82	82
-	95	36	54	54	70	70	82	82	92	92	104
-	120	36	54	70	70	82	82	92	104	-	-
-	150	36	70	70	82	92	92	104	104	-	-
-	185	42	70	82	92	92	401	-	-	-	-
-	240	54	82	82	104	104	-	-	-	-	-

[비고] 1. 전선 1본에 대한 숫자는 접지선 및 직류회로의 전선에도 적용한다.
2. 단선은 원형이 아닌 경우를 상정하여 단면적[mm^2]으로 표시한다.

2 배관공사

전선을 보호하는 배관공사는 부설장소의 조건, 전선의 종류에 따라 금속전선관, 합성수지관, 금속덕트, 케이블 랙 등이 있다. 비닐전선 등은 피복을 보호하기 위해 금속전선관, 합성수지관, 금속덕트 등을 사용하고, 케이블인 경우에는 금속덕트나 케이블 랙을 사용한다. 간선계통 부설은 배선용 샤프트나 벽 내부를 통하여 부설하며 가스관, 약전선관 등과의 병행 또는 교차시 안전상의 이격거리 확보 등을 충분히 검토하여야 한다.

2.1 전선관 공사

전선관에는 금속관, 합성수지관, 가요전선관 등이 있으며, 이들 중 금속관이 가장 흔하게 사용된다. 금속관을 콘크리트 내 시설시 두께 1.2[mm](이외에는 1.0[mm]) 이상으로 하여야 하며, 금속관 내 전선의 단면적은 48[%] 이내가 되도록 한다. 합성수지관은 외부재질이 절연물로 되어 있어 관접지가 필요하지 않으며, 화학공장 등 부식성 가스가 있는 장소에도 사용할 수 있으나 금속관에 비해 기계적 강도는 떨어진다. 가요전선관은 유연하게 휠 수 있는 전선관으로 굴곡부분이 많은 장소 등에 사용된다.

2.2 금속관 공사

금속관의 종류는 후강전선관과 박강전선관이 있다. 후강전선관은 내경에 가까운 짝수를 [mm]로, 박강전선관은 외경에 가까운 홀수를 [mm]로 나타내며, 금속관 1본 표준 길이는 3.66[m]이다.

구배 반지름은 관 안 지름의 6배 이상이 되도록 하여야 한다. 금속관 공사는 기계적 강도가 강하여 단락사고 및 접지사고 등에 의한 화재발생 위험이 적고 단락되어도 불꽃이 외부에 전달되지 않아 전기사고의 위험성이 적은 장점이 있다.

전선의 굵기가 결정되면 전선관의 굵기를 결정할 수 있다. 전선의 단면적은 <표 11-5>의 완성 바깥지름 상한값으로 계산한다. 전선의 완성 단면적은 450/750[V] 내열비닐절연전선(HIV)의 완성 바깥지름 상한값을 참고하였다. 배선의 길이와 굴곡개소가 많으면 시공이 어렵기 때문에 전선 가닥수를 4본 이상 삽입하는 경우에는 그 피복을 포함한 전선의 단면적이 전선관 굵기 단면적의 32[%]

이내가 되도록 전선관 굵기를 선정하여야 한다.

〈표 11-5〉 450/750[V] 내열비닐절연전선(HIV)의 완성 단면적

전선굵기		완성 바깥지름		완성 단면적	비 고
단선[mm²]	연선[mm²]	하한값[mm]	상한값[mm]	[mm²]	
1.5	1.5	2.6	3.2	8	1. 완성 단면적은 전선의 완성 바깥지름의 상한값으로 계산한 것으로 소수점 이하를 절사하였다. 2. ( ) 안의 숫자는 단선이 원형의 단면을 가진 경우를 상정하여 직경을 환산한 참고값이다.
		2.7	3.3	8	
2.5	2.5	3.2	3.9	11	
		3.3	4.0	12	
4	4	3.6	4.4	15	
		3.8	4.6	16	
6	6	4.1	5.0	19	
		4.3	5.2	21	
10	10	5.3	6.4	32	
		5.6	6.7	35	
	16	6.4	7.8	47	
	25	8.1	9.7	73	
	35	9.0	10.9	93	
	50	10.6	12.8	128	
	70	12.1	14.6	167	
	95	14.1	17.1	229	
	120	15.6	18.8	277	
	150	17.3	20.9	343	
	185	19.3	23.3	426	
	240	22.0	26.6	555	
	300	24.5	29.6	688	
	400	27.5	33.2	865	

전선의 원활한 입선을 위해 <표 11-6>과 같이 보정계수를 적용한다.

〈표 11-6〉 보정계수

전선굵기		보정계수				비고
		금속 및 경질비닐 전선관		PF관, CD관		
단선 [mm²]	연선 [mm²]	다른 굵기 전선사용	같은 굵기 전선사용	다른 굵기 전선사용	같은 굵기 전선사용	
1.5(1.38)	1.5	2.0	1.7	1.3	1.3	( )안의 숫자는 단선이 원형의 단면을 가진 경우를 상정하여 직경을 환산한 참고값이다.
2.5(1.78)	2.5		1.4		1.2	
4(2.26)	4		1.2		1.1	
6(2.76)	6	1.2	1.1	1.0	1.0	
10(3.57)	10					
	16 이상	1.0	1.0			

<표 11-7>의 금속관 내부 단면적 산정 시 동일굵기의 절연전선을 동일관에 넣는 경우의 금속관 굵기는 전선의 피복 절연물을 포함한 단면적의 총 합계가 관내 단면적의 48[%]를 적용하고 다른 굵기의 전선을 넣는 경우에는 32[%] 내부 단면적을 적용한다.

〈표 11-7〉 금속관(후강전선관) 내부 단면적 선정기준

전선관 굵기 [mm]	내부 단면적의 32[%] [mm^2]	내부 단면적의 48[%] [mm^2]	전선관 굵기 [mm]	내부 단면적의 32[%] [mm^2]	내부 단면적의 48[%] [mm^2]
16	67	101	54	732	1,098
22	120	180	70	1,216	1,825
28	201	301	82	1,701	2,552
36	342	513	92	2,205	3,308
42	460	690	104	2,843	4,265

[예제 3] 금속관 끝에는 리이밍을 하고 부싱을 끼운다. 그 이유를 설명하여라.

풀이 쇠톱, 커터기로 절단한 금속관은 끝부분이 날카롭기 때문에 전선 삽입시 피복에 손상을 줄 우려가 있어 절단부분을 부드럽게 한 후 부싱을 끼워 전선을 넣는다.

2.3 합성수지관 공사

합성수지관은 대부분 경질 비닐전선관을 사용한다. 이 공사법은 금속관 공사에 비해 중량이 가볍고 절연성이 있어 접지공사가 필요하지 않으며, 내식성이 있으므로 부식성 가스가 체류하는 화학공장 등에 적합하며 저렴하다는 장점이 있다. 반면에 열에 약하며, 기계적 충격 및 중량물에 의한 압력 등에 약한 단점을 갖는다.

합성수지관 크기는 내경에 가까운 [mm]로 나타내며 1본의 표준길이는 4[m]이다. 합성수지관 상호접속은 커플링 또는 슬리브를 사용하며, 슬리브 사용시 접속부의 길이는 관외경의 1.2배 이상이 되도록 한다(접착제인 경우 0.8 이상).

관의 지지점간의 거리는 1.5[m] 이하로 하고 그 지지점은 관의 양단, 관과 박스와 접속점, 관 상호접속점 가까운 곳에 시설하여야 한다.

[예제 4] 합성수지관과 금속관 1본의 길이는 각각 얼마인가?

(풀이)

배 관	합성수지관	금 속 관
배관 1본의 길이	4[m]	3.66[m]

[예제 5] 가요전선관 공사에서 다음에 사용되는 재료이름은 무엇인가?

① 가요전선관과 박스 연결
② 가요전선관과 금속전선관 연결
③ 가요전선관과 가요전선관 연결

(풀이) ① 스트레이트 박스 커넥터
② 콤비네이션 커플링
③ 스프리트 커플링

2.4 가요전선관

가요전선관은 굴곡이 자유롭고 길이가 길어 부속품의 종류가 적게 들어 용이하게 시공을 할 수 있다. 굴곡이 많은 부분, 전동기와 전원박스간의 연결 선로에 사용된다.

1종 가요전선관은 **플렉시블관**이라고 하며, 이것은 아연 도금한 연강대를 사용한 것으로 건조하고 전개된 장소 또는 건조하고 점검할 수 있는 은폐장소에 한하여 시설되며, 400[V] 초과시에는 전동기 접속부분에 한하여 사용할 수 있다.

2종 가요전선관은 **플리커 튜브**라고 하며, 이것은 아연도금한 강대, 강대 및 파이버를 3중으로 겹친 것으로 1종보다 기계적 강도 및 내수성이 강하므로 시설장소 및 사용전압에 제한을 받지 않고 굴곡부분이 많은 장소의 콘크리트 내의 매입 배관으로 사용된다.

1종 금속제 가요전선관은 두께 0.8[mm] 이상으로 직경 1.6[mm] 이상의 나연동선을 전장에 걸쳐 삽입 또는 첨가하여 그 나연동선과 1종 금속제 가요전선관과를 양단에서 전기적으로 완전하게 접속하여야 한다.

금속관 공사 자재명칭 및 용도는 다음과 같다.

① 부싱은 전선의 절연피복 보호를 위하여 금속관 끝부분에 연결하는 자재로 사용되며, 유니온 커플링은 금속관 상호접속용으로 관이 고정되어 있을 때 금속관 상호를 취부하는 자재이다.

[그림 11-5] 전선관 공사에 사용하는 자재

② 노멀밴드는 배관의 직각 굴곡부분에 사용하며, 유니버설 엘보우는 노출배관 공사에서 관을 직각으로 굽히는 곳에 사용된다.

③ 로크너트는 금속관과 박스를 고정시킬 때 사용하는 재료로 1개소에 2개를 사용한다.

2.5 전선관의 굵기

한 개의 관속에 넣을 수 있는 전선의 가닥수는 10본 이하로 하는 것이 원칙이지만, 조작회로 등 장기간에 걸쳐 계속 통전하지 않는 것은 10본 이상이어도 무방하다.

〈표 11-8〉 전류 감소계수

동일관 내의 전선 수(본)	전류 감소계수[%]
3	0.7
4	0.63
5~6	0.56
7~15	0.49

그러나 하나의 전선관 속에 여러 본이 구성되는 경우 전선의 허용 전류감소는 <표 11-8>과 같이 감수하여야 한다.

[예제 6] 저압옥내 배선의 합성수지관 공사에 있어서 관 및 박스, 그밖의 부속품은 다음 각 호에 의해서 시설하여야 한다. 다음 ( ) 안에 알맞은 것은?

- 관상호 및 관과 박스와의 접속시 삽입하는 깊이를 관 바깥지름의 (㈎)배(접착제를 사용하는 경우에는 0.8배) 이상으로 하고, 또한 삽입접속으로 견고하게 접속하여야 한다.
- 관을 새들 등으로 지지하는 경우에는 그 지지점간의 거리는 (㈏)[m] 이하로 하고, 또한 그 지지점은 (㈐)관과 (㈑)와의 접속점 및 관상호 접속점에서 가까운 곳에 시설하여야 한다.
- 습기가 많은 장소 또는 물기가 있는 장소에 시설하는 경우에는 (㈒)장치를 할 것
- 저압옥내 배선의 사용전압이 400[V] 미만인 경우에 합성수지관을 금속제 박스에 접속하여 사용하는 때는 제 (㈓)종 접지공사를 할 것. 다만, 다음에 해당하는 경우에는 그렇지 아니하다.
  - 건조한 장소에 시설하는 경우
  - 옥내배선의 사용전압이 직류 300[V] 또는 교류 대지전압이 (㈔)[V] 이하인 경우에 쉽게 접촉할 우려가 없도록 시설할 경우

풀이 (가) 1.2　(나) 1.5　(다) 전선　(라) 박스
(마) 방습　(바) 3　(사) 150

2.6 배선용 피트 공사

배선용 피트는 전기실·기계실 등 복잡한 배선이 필요한 경우 사용된다. 배선용 피트의 폭과 깊이는 전선 및 케이블의 굵기와 가닥수에 의해 결정되며, 피트 깊이는 대략 30[cm] 정도이다.

2.7 금속덕트

금속덕트는 전기실에서 각 배전반 사이 또는 전기실에서 외부로 배선을 인출할 경우 전선을 수납하기 위해 사용되는 금속덕트이며, 옥내의 건조한 부분으로 노출된 장소나 점검 가능한 은폐 장소에 시설한다.

금속덕트의 폭은 5[cm]를 넘고 두께는 1.2[mm] 이상이 되는 철판으로 되어 있으며 덕트 내부는 전선에 손상을 입히는 돌출부분이 없도록 제작하여야 한다.

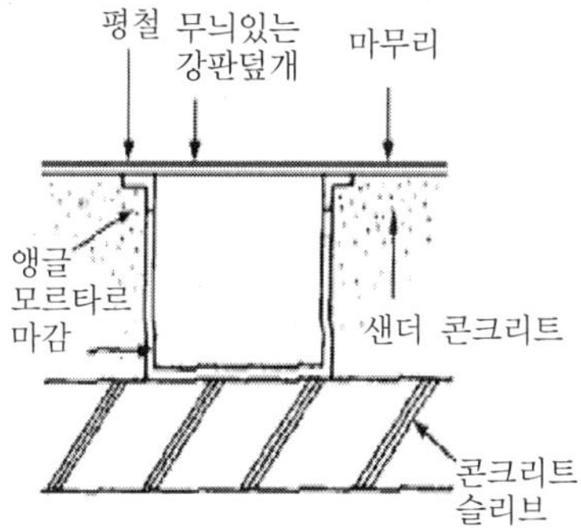

[그림 11-6] 배선용 피트 공사

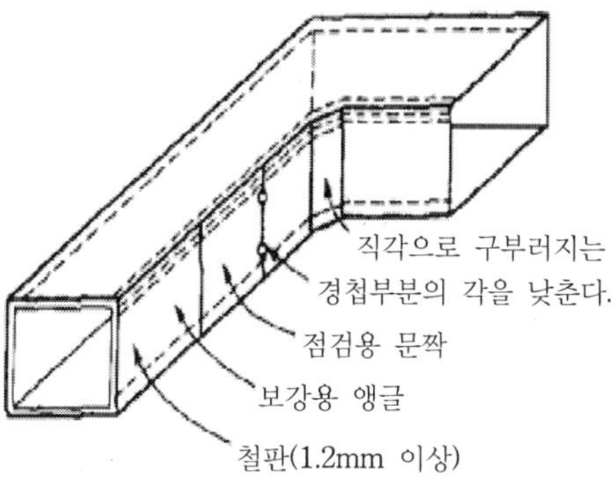

[그림 11-7] 금속덕트 공사

금속덕트 내부에는 절연전선 및 케이블 모두 설치 가능하며 설치 단면적은 절연피복을 포함하여 덕트 단면적의 20[%] 이내를 유지하여야 한다.

또한 덕트 내에서 전선이 포개지지 않도록 주의하고, 덕트 내부에서 전선의 접속이 있어서는 안되며, 접속이 필요한 경우에는 **풀박스**(pull box)를 사용하거나 점검로를 설치하여 접속하여야 한다. 금속덕트 내의 전선을 외부로 인출하는 부분은 금속관 공사 또는 가요전선관 공사를 하여야 한다.

[예제 7] 소방설비의 배선을 금속관 배선공사로 시공할 때 다음 ( )안에 알맞은 것은?

- 금속관 상호간의 접속은 (㈎)으로 접속할 것. 이 경우 조임 등은 확실하게 할 것.
- 금속관과 박스, 기타 이와 유사한 것과를 접속하는 경우로서 틀어 끼우는 방법에 의하지 아니할 때는 (㈏) 2개를 사용하여 박스 또는 캐비닛 접속부분의 양측을 조일 것. 다만, 부싱 등으로 견고하게 부착할 경우에는 (㈏)를 생략할 수 있다.
- 금속관을 조영재에 따라서 시설하는 경우는 (㈐) 또는 (㈑) 등으로 견고하게 지지하고, 그 간격은 (㈒)[m] 이하로 하는 것이 바람직하다.
- 관의 굴곡개소가 많은 경우 또는 관의 길이가 30[m]를 초과하는 경우에는 (㈓)를 설치하는 것이 바람직하다.
- (㈔) 티이, 크로스 등은 조영재에 은폐시켜서는 아니된다. 다만 그 부분을 점검할 수 있는 경우에는 그러하지 아니하다.

풀이 ㈎ 커플링 ㈏ 로크너트 ㈐ 새들 ㈑ 행거 ㈒ 2
㈓ 풀박스 ㈔ 유니버설 엘보우

또한, 금속덕트 산화방지를 위하여 아연도금을 하거나 에나멜 등으로 피복을 하여야 한다. 덕트 지지점간 거리는 3[m] 이하로 하고 덕트의 종단부는 폐쇄하여 덕트 내부에 먼지와 쥐 등이 침입하지 않도록 하여야 한다.

[예제 8] 금속관 공사의 배관방법에 대한 설명이다. ( ) 안에 알맞은 것은?

- 금속관을 구부릴 때 금속관의 단면이 심하게 변형되지 아니하도록 구부려야 하며, 굴곡 바깥지름은 안지름의 (㈎)배 이상이 되어야 한다.
- 아웃렛 박스 사이 또는 전선 인입구를 가지는 기구 내의 금속관에는 (㈏)개소가 초과하는 직각 또는 직각에 가까운 굴곡개소를 만들어서는 아니된다.
- 관과 박스, 기타 이와 유사한 것과를 접속하는 경우로서 틀에 끼우는 방법에 의하지 아니할 때는 (㈐) (㈑)개를 사용하여 박스 또는 캐비닛 접속부분의 양측을 죌 것.
- 관과 관의 연결은 (㈒)를 사용하고, 관의 끝부분은 (㈓)를 사용하여 모난 부분을 매끄럽게 다듬는다.

풀이 ㈎ 6 ㈏ 3 ㈐ 로크너트 ㈑ 2 ㈒ 커플링 ㈓ 리이머

2.8 버스덕트 공사

버스덕트(bus duct)는 도체와 덕트 부분의 재료에 따라 여러 종류가 있으며 그 중 알루미늄 도체 강덕트(Al-Fe) 버스덕트가 주로 사용되고 있다. 이는 알루미늄 도체가 가볍고 접속기술 발달로 알루미늄과 동과의 접속이 용이하기 때문이다.

버스덕트는 대용량의 간선에 적합하며, 용량은 200[A]~5000[A] 등이 있다. 버스덕트 종류에는 **피더 버스덕트, 플러그인 버스덕트, 트롤리 버스덕트**의 3종류가 있다.

2.9 케이블 랙

케이블 랙(Cable rack)은 금속제로 된 사다리식 전로로 이것은 천장·벽면 등에 앵카볼트를 사용하여 고정시킨다. 케이블 랙에는 케이블만 부설할 수 있으며 금속덕트와는 달리 외부에 노출되어 외력에 대한 보호는 불가능한 반면 케이블 증설·보수 작업이 용이한 장점이 있다.

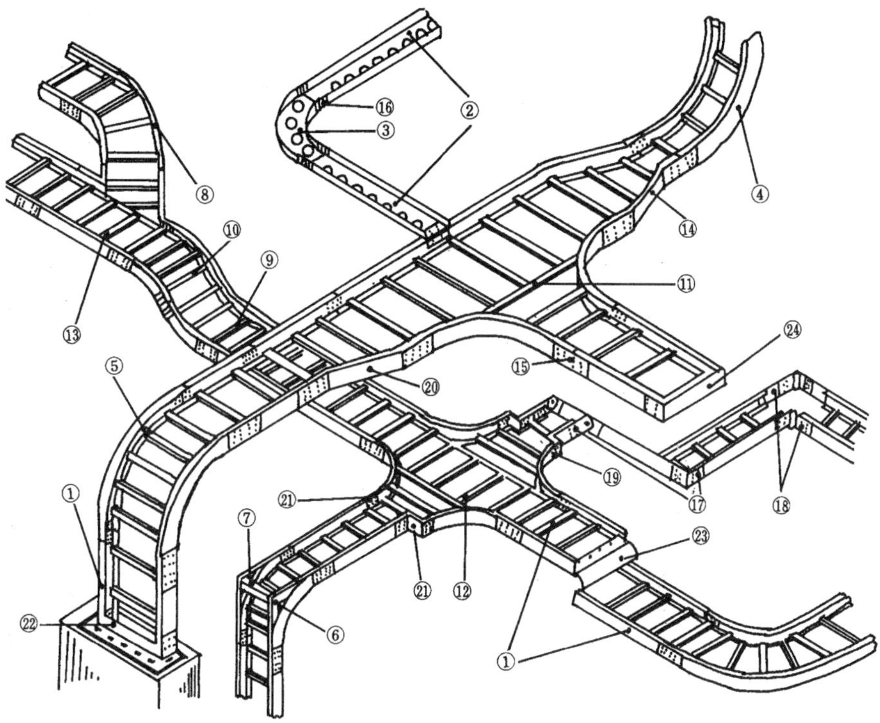

① 케이블 트레이-직선
② 케이블 채널-직선
③ 채널 수평 고정
④ 인사이드 수직 엘보 인사이드 90°
⑤ 아웃사이드 90° 수직 엘보
⑥ 수직 케이블 서포트 엘보 90°
⑦ 서포트 훅 또는 행잉 케이블
⑧ 45° 수평엘보
⑨ 45° 인사이드 수직 엘보
⑩ 45° 아웃사이드 수직 엘보
⑪ 수평 티
⑫ 수평 크로스
⑬ 리듀서 45° 수평 웨이 브랜치
⑭ 리듀서
⑮ 조인트 커넥터
⑯ 채널 커넥터
⑰ 조정 라이저 커넥터
⑱ 조정 수평 커넥터
⑲ 직선 리듀싱 커넥터
⑳ 라이트 핸드 오프셋 리듀서
㉑ 오프셋 리듀싱 커넥터
㉒ 드롭아웃 박스 커넥터
㉓ 엔드 드롭아웃
㉔ 블라인드 엔드 플레이트

[그림 11-8] 케이블 트레이

2.10 풀박스

전선관, 금속덕트 등에 간선시공시 전선의 접속장소, 직각으로 구부러지는 부분 또는 직선길이가 30[m]를 초과하는 장소에는 강판제 풀박스(Pull box)를 사용한다. 풀박스의 크기는 사용전선의 굵기, 전선관의 굵기에 따라 그 크기가 달라진다.

가연성 위험물질을 제조 또는 저장하는 경우 금속관을 박강전선관 또는 이와 동등 이상의 강도가 있는 것을 사용하고, MI(Mineral Insulation) 케이블을 사용하는 경우 이외에는 관 기타 방호장치에 넣어 사용하고, 합성수지관인 경우에는 두께 2[mm] 이상의 것으로 시공하여야 한다.

제11장 배선공사

연 습 문 제

1. 전선기호 HIV의 명칭은?

㉮ 인입용 비닐절연전선
㉯ 600[V] 2종 비닐절연전선
㉰ 내화케이블
㉱ 내열전선

2. 소화전 회로의 배선공사 방법으로 적당한 것은?

㉮ HIV 전선, 애자배선공사
㉯ IV 전선, 금속관 매입배선공사
㉰ HIV 전선, 금속관 노출배선공사
㉱ IV 전선, PVC 전선관 노출배선공사

3. 금속관 공사에 의한 저압옥내 배선방법으로 옳은 것은?

㉮ 제1종 접지를 한다.
㉯ 전선은 단선을 이용한다.
㉰ 절연전선이어야 한다.
㉱ 전선관내에서의 접속점은 2개소 이내이어야 한다.

4. 옥내배선의 전선굵기를 결정하는 요소는?

㉮ 허용전류, 전압강하, 절연저항
㉯ 절연저항, 통전시간, 전압강하
㉰ 허용전류, 전압강하, 기계적 강도
㉱ 절연저항, 전압강하, 기계적 강도

정답

1. ㉯ 2. ㉰ 3. ㉰ 4. ㉰

5. 다음 중 전선의 굵기를 결정하는 3요소에 포함되지 않는 것은?

㉮ 허용전류 ㉯ 전압강하
㉰ 전선의 기계적 강도 ㉱ 절연내력

6. 전선을 접속할 때 가장 양호한 방법은?

㉮ 전선의 세기를 50~60[%] 정도를 유지시킨다.
㉯ 접속부분의 전기저항을 최대화시킨다.
㉰ 접속부분에 납땜을 한다.
㉱ 접속부분이 보일 수 있도록 노출시킨다.

7. 굴곡장소가 많은 경우나 승강기 배선에 적당한 옥내배선 공사방법은?

㉮ 금속관 공사 ㉯ 가요전선관 공사 ㉰ 금속덕트 공사 ㉱ 경질비닐관 공사

8. 가연성 위험물질을 제조 또는 저장하는 장소에 시행하는 배선공사로 옳지 않은 것은?

㉮ 합성수지관 공사 ㉯ 금속관 배선
㉰ 애자사용 노출배선 ㉱ MI 케이블 배선

9. 가연성 가스가 발생하는 공장내의 옥내배선으로 잘못된 것은?

㉮ 노출배선부분은 박강전선관을 사용하였다.
㉯ 직부 천정 등은 방폭구조의 것으로 사용하였다.
㉰ 이동전선으로는 3종 캡타이어케이블을 사용하였다.
㉱ 개폐기는 금속상자 개폐기를 사용하였다.

10. 유전체손이 가장 많은 전선은?

㉮ 고무 절연전선 ㉯ 케이블 ㉰ 석도금 절연전선 ㉱ 나전선

11. 저압 옥내전로에 사용되는 배선용 차단기의 사용목적으로 옳은 것은?

㉮ 누전방지 ㉯ 과부하 단락전류에 의한 과열소손 방지
㉰ 회로분기 ㉱ 뇌 등 이상전압에 의한 위험방지

정답
5. ㉱ 6. ㉰ 7. ㉯ 8. ㉰ 9. ㉯ 10. ㉯ 11. ㉯

12장

전력간선 구성

1. 배전전압 구성
2. 전기절연
3. 접지공사
4. 보호개폐기 시설
5. 간선 구성

- 연습문제

1 배전전압 구성

배전전압의 종류는 <표 12-1>과 같이 저압, 고압 및 특별고압으로 구분한다.

〈표 12-1〉 전압의 종류

종 류	직 류	교 류
저압	750[V] 이하	600[V] 이하
고압	750[V] 초과 7000[V] 이하	600[V] 초과 7000[V] 이하
특별고압	7000[V] 초과	

1.1 부하 불평형

단상 3선식에서 중성선과 각 전압측 전선간의 부하는 평형이 되게 하는 것이 원칙이지만, 부득이한 경우 설비 불평형률을 40[%]까지 허용할 수 있다.

설비 불평형률이라 함은 중성선과 각 전압측 전선간에 접속되어 있는 부하설비 용량의 차와 총부하설비 용량의 평균값의 비를 뜻하며, 다음 식으로 구할 수 있다.

$$\text{설비 불평형률} = \frac{\text{각 전선간 부하 설비용량차}}{\text{총부하 설비용량} \times \frac{1}{2}} \times 100[\%] \qquad (12 \cdot 1)$$

3상 3선식, 3상 4선식에서 불평형 부하는 단상 접속부하로 계산하여 설비 불평형률을 30[%] 이하로 하는 것을 원칙으로 한다.

설비 불평형률은 각 선간에 접속되는 단상부하 총설비용량의 최대값과 최소값 차이를 총부하 설비용량의 평균값의 비를 뜻하며, 다음 식으로 구할 수 있다.

$$\text{설비 불평형률} = \frac{\text{단상부하 최대와 최소의 차}}{\text{총부하 설비용량} \times \frac{1}{3}} \times 100[\%] \qquad (12 \cdot 2)$$

1.2 전압강하

전선에 전류가 흐르면 전선의 임피던스에 의하여 전압강하가 발생하여 전원전압보다 부하측 전압이 낮아지기 때문에 수전단에는 저전압이 발생하게 되어 부하기기는 효율이 나빠지게 된다.

따라서 수전단에 허용 전압강하 이내로 공급될 수 있도록 선로가 구성되어야 한다. 전압강하는 송전단 전압과 수전단 전압간의 차이이며, 다음 식으로 구할 수 있다.

$$\Delta V = V_s - V_r \qquad (12 \cdot 3)$$

V_s : 송전단 전압, V_r : 수전단 전압

전선 1가닥에서 발생하는 전압강하는 다음 식으로 구할 수 있다.

$$\Delta V = KZIL[\mathrm{V}] = K(R\cos\theta + jX\sin\theta)IL[\mathrm{V}] \qquad (12 \cdot 4)$$

K : 상수($1\phi 2\omega$: 2, $3\phi 3\omega$: $\sqrt{3}$, $3\phi 4\omega$: 1), Z : 임피던스[Ω]
R : 전선저항[Ω/km], I : 선전류[A], L : 선로길이[km]
$\cos\theta$: 역률$\left(\sin\theta = \sqrt{1-\cos^2\theta}\right)$, X : 전선 리액턴스[Ω/km]

역률이 1인 선로 저항만을 고려한 경우 공급방식별 전압강하는 다음과 같이 구할 수 있다.

(1) 단상 2선식

$$\Delta V = V_s - V_r = 2(R \cdot I) = 2\left(\rho \frac{L}{A}\right) \cdot I$$
$$= 2\left(\frac{1}{58} \cdot \frac{100}{97} \cdot \frac{L}{A}\right) \cdot I$$
$$\cong \frac{35.6LI}{1,000A} \qquad (12 \cdot 5)$$

A : 도체 단면적[mm^2], L : 선로의 길이[m]

여기서 표준 연동의 고유저항은 $\frac{1}{58}[\Omega\mathrm{m}]$이고, 표준 연동도전율에 대한 비교 백분율이 동은 97[%], 알루미늄은 67[%]로 한다$\left(\rho = \frac{1}{58}\frac{100}{C}\text{에서 } C\text{값}\right)$.

[예제 1] 제어반으로부터 전선관 거리가 100[m] 떨어진 위치에 포소화설비의 일제 개방변이

있고, 바로 옆에 기동용 솔레노이드 밸브가 있다. 제어반 출력단자에서의 전압 강하는 없다고 가정했을 때 이 솔레노이드가 기동할 때의 솔레노이드 단자전압은 얼마가 되겠는가? 단, 제어회로 전압은 24[V]이며, 솔레노이드의 정격전류는 2.0[A]이고, 배선의 [km]당 전기저항의 값은 상온에서 8.8[Ω]이라고도 한다.

풀이 배선의 [km]당 전기저항의 값이 8.8[Ω]이므로 100[m]일 때 0.88[Ω]이 된다.

선로의 전압강하 $e = 2IR = 2 \times 2 \times 0.88 = 3.52[\mathrm{V}]$

∴ 솔레노이드 단자전압 $V_r = V_s - e = 24 - 3.52 = 20.48[\mathrm{V}]$

---

(2) 3상 3선식

$$\begin{aligned}\triangle V &= V_s - V_r = \sqrt{3}(R \times I) = \sqrt{3}\left(\rho\frac{L}{A}\right) \times I \\ &= \sqrt{3}\left(\frac{1}{58} \times \frac{100}{97} \times \frac{L}{A}\right) \times I \\ &\cong \frac{30.8LI}{1000A}[\mathrm{V}] \qquad (12 \cdot 6)\end{aligned}$$

(3) 단상 3선식, 3상 4선식

이 방식에서는 부하가 평형되어 중성선에는 전류가 흐르지 않는다고 가정한다.

$$\begin{aligned}\triangle V &= V_s - V_r = R \times I = \left(\rho\frac{L}{A}\right) \times I \\ &= \left(\frac{1}{58} \times \frac{100}{97} \times \frac{L}{A}\right) \times I \\ &= \frac{17.8LI}{1000A} \qquad (12 \cdot 7)\end{aligned}$$

〈표 12-2〉 전압강하 및 전선 단면적

회로의 전기방식	전압강하	전선의 단면적
직류 2선식 및 단상 2선식	$e = \frac{35.6 \times L \times I}{1000 \times A}$	$A = \frac{35.6 \times L \times I}{1000 \times e}$
3상 3선식	$e = \frac{30.8 \times L \times I}{1000 \times A}$	$A = \frac{30.8 \times L \times I}{1000 \times e}$
직류 3선식, 단상 3선식 3상 4선식	$e' = \frac{17.8 \times L \times I}{1000 \times A}$	$A = \frac{17.8 \times L \times I}{1000 \times e}$

[예제 2] 그림과 같이 지구경종과 표시등을 공통선으로 사용하여 작동시키려고 한다. 이때 공통선에 흐르는 전류는 몇 [A]인가?(단, 경종은 DC 24[V]용이며 1.52[W], 표시등은 DC 24[V] 3.04[W]용이다)

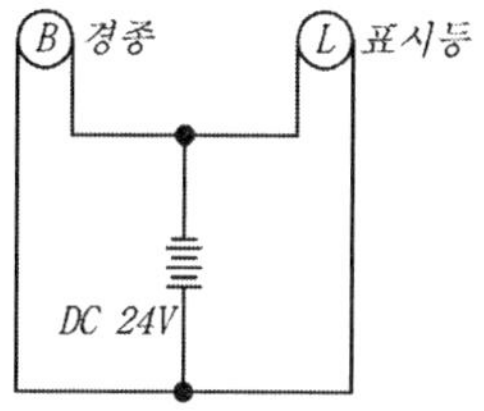

(풀이) 지구경종과 표시등은 병렬회로이다.

지구경종에 흐르는 전류를 $I_1 = \frac{P_1}{V}$, 표시등에 흐르는 전류를 $I_2 = \frac{P_2}{V}$ 라고 할 때 공통선에 흐르는 전류

$$I = I_1 + I_2 = \frac{P_1}{V} + \frac{P_2}{V} = \frac{1.52}{24} + \frac{3.04}{24} = 0.19[\mathrm{A}]$$

1.3 전압강하율

송전단 전압과 전압강하의 비를 백분율로 표시하는 것을 **전압강하율**이라고 하며 다음 식으로 표시한다.

$$\text{전압강하율} = \frac{V_s - V_r}{V_s} \times 100[\%] \qquad (12 \cdot 8)$$

V_s : 송전단 전압, V_r : 수전단 전압

2 전기절연

전기배선을 대지로부터 충분히 절연되지 않으면 누설전류로 인하여 화재사고, 감전사고 등이 일어날 위험이 있을 뿐 아니라 전력손실이 증가한다.

따라서 전기를 안전하게 사용하고 누설전류를 억제하기 위해서는 대지로부터 충분히 절연시켜야 한다. 전기설비의 절연에 대한 신뢰성 판정에는 **절연저항 시험**과 **절연내력 시험**이 있다.

2.1 절연저항

저압 전선로의 전선 상호간, 전선로와 대지간의 유지해야 하는 절연저항값은 <표 12-3>과 같다.

〈표 12-3〉 사용전압별 절연저항값

전선로의 사용전압 구분		절연저항값
400[V] 이하	대지전압 150[V] 이하	0.1[MΩ]
	150[V]~300[V]	0.2[MΩ]
	300[V]~400[V]	0.3[MΩ]
400[V] 이상		0.4[MΩ]

<표 12-3>에서 규정된 절연저항값은 최소값을 규정한 것이며, 신설공사 때 초기시 절연저항은 1[MΩ] 이상을 유지해야 한다.

[예제 3] 직류 2선식 배전선의 절연저항을 측정하였더니 각 선의 대지 절연저항이 각각 0.35[MΩ], 0.45[MΩ]이었다. 이 경우 배전선의 합성 절연저항은 몇 [MΩ]인가?

(풀이) 합성저항은 R_0라고 하면 병렬접속이므로

$$R_0 = \frac{0.35 \times 0.45}{0.35 + 0.45} = 0.196[\mathrm{M\Omega}]$$

2.2 절연내력

사용전압이 높아짐에 따라 절연저항이 낮아지고 그 효력이 충분히 발휘하지 못하므로 절연내력 시험을 통하여 절연의 신뢰도를 유지하여야 한다. 절연내력은 전선로와 대지 간에 계속해서 10분간 인가했을 때 견딜 수 있어야 하며, 전압 종류별 시험전압이 <표 12-4>에 표시되었다.

〈표 12-4〉 고압 및 특별 고압전로 절연내력

전압구분＼종류	중성점 접지방식	비접지 방식
7,000[V] 이하	최대 사용전압 1.5배의 전압 (최저 500[V])	최대 사용전압의 1.5배의 전압 (최저 500[V])
7,000[V] 초과 25,000[V] 이하	최대 사용전압의 0.92배의 전압	최대 사용전압의 1.25배의 전압 (최저 10,500[V])
25,000[V] 초과 60,000[V] 이하	최대 사용전압의 1.25배의 전압 (최저 10,500[V])	최대 사용전압의 1.25배의 전압 (최저 10,500[V])
60,000[V] 초과	최대 사용전압의 1.1배의 전압 (최저 75,000[V])	최대 사용전압의 1.25배의 전압
60,000[V] 초과 170,000[V] 이하	최대 사용전압의 0.72배의 전압	최대 사용전압의 1.25배의 전압
170,000[V] 초과	최대 사용전압의 0.64배의 전압	최대 사용전압의 1.25배의 전압

인가전압은 전선로는 선로와 대지 사이, 변압기는 권선 사이, 권선과 외함 사이, 기구 등에는 충전부와 대지 사이에 연속 10분간 인가하여 이상이 없어야 한다.

3 접지공사

3.1 접지의 목적

접지공사는 감전, 누전사고의 방지, 이상전압의 억제, 보호계전기의 정확한 동작 등으로 사람, 건물, 설비 등을 보호하기 위하여 시행하는 것으로 접지의 종류로는 **계통접지**와 **기기접지**가 있다.

(1) 계통접지

전선로의 이상전압 및 낙뢰로 인한 이상전압 상승으로 송·배전 계통의 대지 전위 상승억제 및 절연강도를 저감하기 위해 시설한다.

(2) 기기접지

기기의 절연물이 열화 또는 손상되었을 경우 누설전류가 흘러 감전이나 누전으로 인한 인명사고, 누전화재 발생방지를 위해 시설한다.

3.2 접지의 종류

접지공사는 기기나 케이블의 금속외장 등 전류가 흐르지 않는 비충전 부분에 시설하는 제1종, 제3종, 특별 제3종이 있고, 변압기 특고압과 저압 혼촉을 방지하기 위한 제2종 접지공사가 있다.

(1) 제1종 접지공사

특고압 기기의 철대, 외함 등에 특고압 접촉 및 인체 감전사고를 예방하기 위하여 실시하는 접지로 접지저항값은 10[Ω] 이하이며, 접지선의 굵기는 2.6[mm] 이상이 되어야 한다.

〈표 12-5〉 접지공사의 접지저항 및 접지선의 굵기

접지종별	접지저항값	접지선의 굵기	특 성
제1종(E_1)	10[Ω] 이하	6[mm^2] 이상	①특별고압 계기용 변압기의 2차측 전로 ②고압전로에 시설하는 피뢰기 ③고압용 기계기구의 철대 및 금속제 외함
제2종(E_2)	변압기의 고압측 또는 특별고압측 전로의 1선 지락전류의 암페어수(최소 2[A] 이상)로 150(2초 이내에 자동적으로 고압전로를 차단하는 장치를 설치한 때에는 300)을 나눈 값과 같은 옴수(단, 특별고압→300[V] 이하의 저압의 경우는 10[Ω] 이하, 특별고압→300[V]를 넘는 저압의 경우는 5[Ω] 이하)	16[mm^2] 고압 또는 25[kV] 이하 다중접지식 전로와 저항결합시 6[mm^2] 이상	①고압 및 특별고압 전로와 저압전로를 결합하는 변압기 저압측의 중성점 또는 1단자 ②고압 및 특별고압 전로와 저압전로를 결합하는 변압기에서 고압 및 특별고압 권선과 저압 권선사이에 설치하는 금속제 혼촉방지판
제3종(E_3)	100[Ω](저압전로에서 당해 전로에 접지가 생긴 경우 0.5초 이내에 자동적으로 전로를 차단하는 장치를 시설하는 때에는 500[Ω]) 이하	2.5[mm^2] 이상	①고압 계기용 변압기의 2차측 전로 ②400[V] 미만인 저압용 기계기구의 철대 및 금속제 외함
특3종(E_{s3})	10[Ω](저압전로에서 당해 전로에 접지가 생긴 경우 0.5초 이내에 자동적으로 전로를 차단하는 장치를 시설하는 때에는 500[Ω]) 이하	2.5[mm^2] 이상	①400[V] 이상인 저압용 기계기구의 철대 및 금속제 외함

(2) 제2종 접지공사

변압기 특고압과 저압간에 혼촉사고가 우려되는 장소에서 저압측 선로단을 보호하기 위해 실시하는 접지공사이다. 혼촉사고 발생시 저압선로에 특고압 선로의 지락전류가 흘러 저압용 기기의 절연파괴 및 감전 등의 사고를 유발한다.

그러므로 접지선의 전위는 대지전압 150[V]가 초과되지 않도록 전기설비기술기준에 규정하고 있으며, 특고압-저압은 4.0[mm], 고압-저압인 경우에는 2.6[mm] 이상 접지선을 사용한다.

(3) 제3종 접지공사

400[V] 이하인 저압용 전기기기의 철대나 외함에 누전이 발생하였을 경우 감전의 위험성을 감소시키기 위하여 실시하는 접지공사이다.

(4) 특별 제3종 접지공사

400[V]를 초과하는 저압용 기기의 철대나 외함의 누전으로 감전의 위험이 큰 경우에 실시하는 접지공사이다.

4 보호개폐기 시설

전기선로에 과전류가 흐르면 자동적으로 전선로를 차단하여 회로를 보호하는 개폐기를 설치하여야 한다. 개폐기는 회로를 단순히 개폐하는 단로기와 부하전류, 고장전류 등을 차단하는 차단기가 있다.

차단기란 단락전류와 과부하전류를 차단할 수 있으며, 저압에서는 퓨즈와 **배선용 차단기**(NFB : No Fuse Breaker)가 있으며 특고압에서는 퓨즈 또는 계전기에 의해 동작되는 **차단기**(CB : Circuit Breaker)가 있다.

이러한 차단기는 저압, 특고압 선로 등의 간선의 전원측과 분기점 등에 시설하여야 한다.

전선로에 개폐기를 시설할 때에는 각 극에 설치하는 것을 원칙으로 한다. 그러나 사용전압이 400[V] 이하인 $1\phi2\omega$ 옥내 선로에는 단극을 사용할 수 있으며, 중성선을 접지한 $1\phi3\omega$와 $3\phi4\omega$의 분기개폐기는 중성선측의 개폐기를 생략할 수 있다. 차단용량은 [kVA] 또는 [MVA]로 표시하며, 단락전류를 표시하는 [A] 또는 [kA]로 단락 차단용량을 표시하는 수도 있다.

저압개폐장치의 사용개소는 다음과 같다.

① 인입구의 고장 · 수리를 위하여 전선로를 차단할 필요가 있을 때

② 퓨즈의 전원측

③ 과전류 차단기를 필요로 하는 곳

④ 부하전류를 단속(개 · 폐)할 필요가 있는 장소

4.1 차단기의 용량

〈표 12-6〉 부하전류별 차단기 정격

정격출력 [kW]	전부하전류 [A]	이동전선 케이블 굵기 [mm]	과전류 차단기 (배선용 차단기)[A]		접지선의 최소 굵기 [mm]
			직입기동	기동기 사용 (Y-Δ기동)	
0.2	1.8	0.75	15		1.6
0.4	3.2	0.75	15		1.6
0.75	4.8	0.75	15		1.6
1.5	8	1.25	30		1.6
2.2	11.1	2	30		1.6
3.7	17.4	3.5	50		2.0
5.5	26	5.5	75	40	5.5[mm^2]
7.5	34	8	100	50	5.5
11	48	14	125	75	8
15	65	22	125	100	8
18.5	79	30	125	125	8
22	93	38	150	125	8
30	124	60	200	175	14
37	152	80	250	225	22

단락전류의 크기는 공급 전원의 용량에 비례하고 전원에서 단락점까지의 임피던스에 반비례하므로 단락점 위치에 따라 그 크기는 다르다. 그러나 부하전류에 비해서는 대단히 크므로 이 큰 전류를 차단할 수 있는 능력을 **차단기 용량**이라 한다. 그러므로 전로에 시설하는 과전류 차단기는 그 차단기에 통과하는 단락전류를 차단하는 능력을 갖추어야 한다.

$$\text{단락전류}(I_s) = \frac{\text{대지전압}(E)}{\text{계통 임피던스}(Z)}$$

$$= \frac{100}{\%\text{임피던스}} \times \text{정격전류} \qquad (12 \cdot 9)$$

최근에는 전원설비 용량이 대단히 커지고 있기 때문에 단일 차단기로 전 영역을 차단하게 하려면 차단기의 차단 용량이 부족하거나 설비의 경제성 때문에 과전류 차단기 2대를 조합하여 하나의 과전류 차단기로 사용하는 방식이 인정되고 있다.

4.2 배선용 차단기

배선용 차단기(No Fuse Breaker)는 일반적으로 NFB라고 하며, 교류 600[V] 이하의 전선보호에 사용되고 과부하나 지락사고를 자동 차단한다. 과전류 차단기는 정격전류의 1배의 전류에 동작하지 않아야 하고, 또 정격전류의 1.25배 및 2배 전류를 흘렸을 때는 <표 12-7>에 표시한 시간 내에 자동적으로 동작해야 한다.

〈표 12-7〉 차단기 동작시간

정격전류의 구분	동 작 시 간	
	정격전류의 1.25배의 전류를 흘렸을 때	정격전류의 2배의 전류를 흘렸을 때
30[A] 이하	60분	2분
30[A]~50[A]	60분	4분
50[A]~100[A]	120분	6분
100[A]~225[A]	120분	8분

〈표 12-8〉 분기회로의 종류

분기회로의 종류	분기 과전류 차단기의 정격전류
15[A] 분기회로	15[A]
20[A] 배선용 차단기 분기회로	20[A](배선용 차단기에 한한다)
20[A] 분기회로	20[A](퓨즈에 한한다)
30[A] 분기회로	30[A]
50[A] 분기회로	50[A]
50[A] 초과하는 분기회로	배선의 허용전류 이하

[예제 4] 옥내배선의 분기회로 설계 시 사용전압이 220[V]이고, 15[A] 분기회로로 할 때 1회로의 분기회로 용량은 몇 [VA]인가?

풀이 전압이 220[V]이고 15[A] 분기회로이므로
1분기회로의 용량=220×15=3300[VA]

〈표 12-9〉 부하종류에 따른 전선규격 및 차단기 용량

구 분	부하의 종류(전동기 I_M, 전등 I_r)		전선의 허용전류(I_ω)	차단기용량(I_b)
간선	전동기가 없는 경우	$\Sigma I_{r1}, I_{r2}, I_{r3}$	$I_\omega \geq \Sigma I_r$	$I_b \leq I_w$
	전동기가 있는 경우	$\Sigma I_m \leq \Sigma I_r$ 일 경우	$I_\omega \geq \Sigma I_m + \leq \Sigma I_r$	$I_b \leq 3\Sigma I_m + \Sigma I_r$ 또는 $I_b \leq 2.5 I_\omega$
		$\Sigma I_m > \Sigma I_r$ 일 경우 $\Sigma I_m \leq 50$[A]일 경우	$I_\omega \geq 1.25\Sigma I_m + \Sigma I_r$	
		$\Sigma I_m > \Sigma I_r$ 일 경우 $\Sigma I_m > 50$[A]일 경우	$I_\omega \geq 1.1\Sigma I_m + \Sigma I_r$	
분기	50[A]를 넘는 기기의 경우	전등부하의 경우	$I_\omega \geq I_r$	$I_b \leq I_\omega$
	전동기용	$I_m \leq 50$[A]일 경우	$I_w \geq 1.25 I_m$	$I_b \leq 2.5 I_\omega$
		$I_m > 50$[A]일 경우	$I_w \geq 1.1 I_m$	

5 간선 구성

5.1 간선의 개요

건축물 내에서 사용하고 있는 전력은 전력회사의 송·배전 선로를 통하여 수전하는 전력, 자가용 발전기에 의한 전력, 축전지에서의 직류전력 등이 있으나 전력회사로부터 수전하는 전력이 대부분이다. 이러한 전력은 변압기·배전반 등을 경유하여 건물 내의 각 수용장소에 설치된 분전반·동력제어반 등으로 배전되고, 그곳에서 조명기구·콘센트·전동기 등의 부하로 공급된다.

이와 같이 전등·콘센트·전동기 설비에 보낼 때 일정 구역마다 큰 용량의 전선으로 배선하고 이것을 다시 분배하여 각각의 부하설비에 배전하는데 큰 용량을 가진 배선을 **간선**이라 한다.

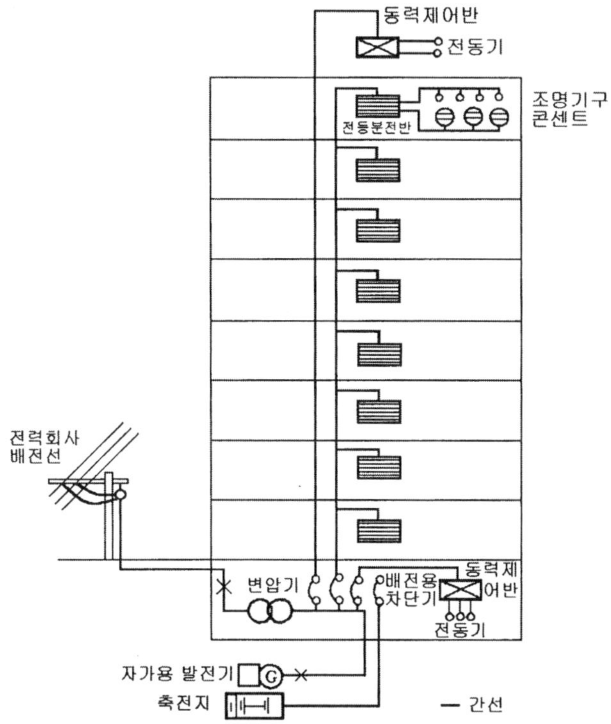

[그림 12-1] 간선결선도

[그림 12-1]에서 1개의 간선에는 많은 분기회로가 포함되어 있으므로 간선의 허용전류가 분기선의 허용전류보다 훨씬 크다. 따라서 간선에서의 고장은 분기회로의 고장보다 그 피해는 상당히 넓은 범위로 파급된다. 그러므로 간선설계는 높은 공급신뢰도를 갖도록 유의하여야 한다. 다음은 간선설계 시 유의사항이다.

① 전선의 허용전류

② 전선의 허용 전압강하

③ 전선의 기계적 강도

5.2 간선의 종류

간선을 분류하는 방법은 사용목적, 배전방식, 사용전압에 따라 구분하여 사용할 수 있다.

(1) 사용목적에 따른 분류

① 동력간선
- 일반 부하동력 : 급·배수 펌프, 공조 설비, 급·배기팬, 열원기기
- 비상 부하동력 : 소화전 펌프, 비상용 엘리베이터

② 전등간선
- 일반 전등부하 : 전등, 콘센트, 사무용기기
- 비상 전등부하 : 비상용 전등, 유도등

③ 특수용 간선 : 전산기기용, 의료기기, 기타 특수기기용 간선

(2) 배전방식에 따른 분류

① 고압·특별고압 간선 : 버스덕트

② 저압간선
- 케이블(금속 덕트, 케이블랙)
- 비닐전선(금속관, 금속 덕트)
- 버스덕트
- 나도체(동관, 알루미늄 관 또는 동대)

(3) 사용전압에 따른 분류

부하설비의 사용전압에 따라 분류한 것으로 $1\phi3\omega$은 기존의 110[V] 배전방식을 승압하여 110[V]와 220[V]급을 같이 사용하도록 한 것이다. $3\phi4\omega$은 전등·동력 공용의 간선으로 사용되는 것이며, 직류 110[V]는 비상조명등용 간선으로 사용된다.

고압간선은 주변전실을 접속하는 1차측 간선이나 대용량의 고압기기에 전력을 공급하는 간선이다. 특별고압 간선은 초고층 빌딩 등의 대규모 건물에서 하나의 구내에 2이상의 특별고압 변전실을 설치하는 경우에 그 변전실 간을 접속하는 간선이다.

① 저압간선
- 단상 2선식 : 110[V], 220[V]
- 단상 3선식 : 110/220[V]
- 3상 3선식 : 200[V]
- 3상 4선식 : 120/208[V], 220/380[V], 254/400[V]
- 직류 : 110[V]

② 고압간선 : 3상 4선식 : 3.3[kV], 6.6[kV]

③ 특별 고압간선 : 3상 4선식 : 22.9[kV] 다중 접지방식

5.3 간선의 용량

간선의 용량결정은 간선을 통해 공급되는 전력부하의 합계용량을 기준으로 한다. 그러나 일반적으로 모든 전력을 동시에 사용하는 경우는 거의 없기 때문에 총설비용량을 간선용량으로 고려하면 너무 과다하게 되어 비경제적으로 운용될 수 있다. 그러므로 총설비용량에 대한 최대 사용하는 전력의 비를 **수용률**(Demand Factor)이라 하며 다음과 같이 구할 수 있다.

$$\text{수용률} = \frac{\text{최대 수용전력}}{\text{설비용량}} \qquad (12 \cdot 10)$$

수용률은 사용부하, 건물규모, 용도 등에 따라 다르며 <표 12-10>과 같은 값을 참고하여 계산할 수 있다.

〈표 12-10〉 간선의 수용률

건축물의 종류	수용률[%]
주택, 여관, 호텔, 병원	50
학교, 사무실, 은행	70

5.4 간선의 배선방식

분전반이 2개소 이상 있는 곳에서는 배선방식에 따라 간선을 분류하면 [그림 12-2]에서와 같이 (a), (b) 나뭇가지식, (c), (d) 나뭇가지식과 평행식 병용, (e) 평행식으로 된다.

평행식은 용량이 큰 부하, 또는 분산되어 있는 부하에 대하여 단독회선으로 배선하는 것이다. 배전반으로부터 각 분전반마다 단독으로 배선되므로 전압강하가 평균화되고, 사고의 경우 파급되는 범위가 좁아지지만 배선의 혼잡과 설비비가 많아진다. 그러므로 대규모 건물에 적당하다.

나뭇가지식은 1개의 간선이 각각의 분전반을 거치며, 부하가 감소됨에 따라 간선의 굵기도 감소되므로 굵기가 변경되는 접속점에는 보안장치가 필요하다. 이 방식은 소규모 건물에 적당하다.

평행식과 나뭇가지식 병용식에는 집중되어 있는 부하의 중심부근에 분전반을 설치하고, 분전반에서 각 부하에 배선하는 것이며 일반적으로 병용식이 많이 사용된다.

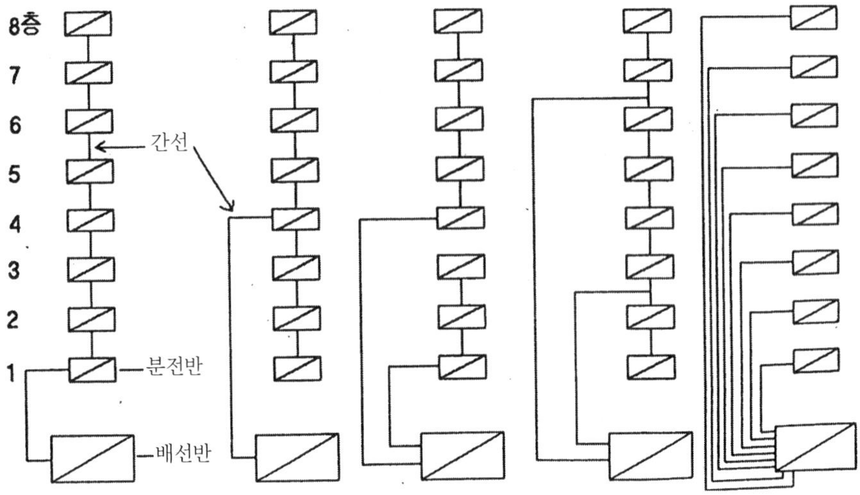

(a) 나뭇가지형 (b) 나뭇가지형 (c) 나뭇가지 평행형 (d) 나뭇가지 평행형 (e) 평행형

[그림 12-2] 간선의 배선방식

제12장 전력간선 구성

연습문제

1. 단상 3선식의 배전방식에서 나이프 스위치의 중성선에는?

㉮ 계전기 접점을 부착한다. ㉯ 퓨즈를 설치한다.
㉰ 동선으로 연결시킨다. ㉱ 차단기를 설치한다.

2. 저압옥내 배선의 준공검사의 조항으로서 적당한 것은?

㉮ 절연저항측정, 접지저항측정, 절연내력측정
㉯ 절연저항측정, 온도상승측정, 접지저항측정
㉰ 절연저항측정, 접지저항측정, 도통시험
㉱ 온도상승측정, 접지저항측정, 도통시험

3. 380[V] 전로에 시설하는 기계기구의 철대 또는 외함의 접지공사는?

㉮ 제1종 ㉯ 제2종 ㉰ 제3종 ㉱ 특별 제3종

4. 전로의 중성점을 접지하는 목적이 아닌 것은?

㉮ 대지전압의 저하 ㉯ 전선의 절약
㉰ 이상전압의 억제 ㉱ 보호장치의 확실한 동작확보

5. 다음 중 접지공사를 실시하는 목적으로 옳지 않은 것은?

㉮ 기기의 절연물이 열화 또는 손상되었을 때 흐르는 누설전류로 인한 감전방지
㉯ 1, 2차 혼촉사고가 발생하였을 때 인축에 위험을 주는 전류를 대지로 흘려 감전방지
㉰ 뇌해를 방지
㉱ 송전선, 배전선, 고저압 모선 등에서 지락사고가 발생하였을 경우 계전기의 동작방지

정답

1. ㉰ 2. ㉮ 3. ㉰ 4. ㉯ 5. ㉱

6. 이동식 전기기기의 감전 사고를 막기 위한 것은?

㉮ 인터록 장치 ㉯ 방전코일 설치
㉰ 직렬 리액터 설치 ㉱ 접지설비

7. 220[V], 3ϕ, 7.5[kW]인 제연용 배풍기 모터 외함의 접지공사 종류로 옳은 것은?

㉮ 제1종 접지공사 ㉯ 제2종 접지공사
㉰ 제3종 접지공사 ㉱ 특별 제3종 접지공사

8. 400[V]를 넘는 저압용 기기의 철대, 금속제 케이스, 금속관, 덕트 등에 시행하는 접지공사의 종류는?

㉮ 제1종 ㉯ 제2종 ㉰ 제3종 ㉱ 특별 제3종

9. 변압기, 차단기, 유입개폐기, 계기용변성기 등 고압기기의 철대, 금속제 케이스에 시행하는 접지공사의 종류는?

㉮ 제1종 ㉯ 제2종 ㉰ 제3종 ㉱ 특별 제3종

10. 사용전압이 100[V]인 옥내배선에서 백열전등, 형광등 및 소형 전기기구 등에 공급하는 분기회로는 일반적으로 몇 [A] 분기회로로 하는가?

㉮ 10 ㉯ 15 ㉰ 25 ㉱ 50

11. 과전류가 흐를 때 자동적으로 회로를 끊어서 보호하는 것으로 그 자신에 아무런 손상 없이 다시 사용가능한 것은?

㉮ 퓨즈(fuse) ㉯ 노퓨즈브레이커(NFB)
㉰ 계전기(relay) ㉱ 나이프스위치(KS)

12. 분전반에 주개폐기가 필요할 때에는 어떤 개폐기를 사용하는가?

㉮ 자동차단기 ㉯ 배선용 차단기 ㉰ 텀블러스위치 ㉱ 단로기

정답

6. ㉯ 7. ㉰ 8. ㉱ 9. ㉮ 10. ㉯ 11. ㉯ 12. ㉯

13. 옥내배선의 분기회로 보호용으로 사용되는 것은?

㉮ NFB ㉯ DS ㉰ ACB ㉱ OS

14. 부하전류가 흐르고 있는 상태에서 개폐할 수 없는 것은?

㉮ 단로기 ㉯ 차단기 ㉰ 컷아웃 스위치 ㉱ 유입개폐기

15. 저압 단상 3선식 회로의 중성선에는?

㉮ 퓨즈를 사용하면 안 된다.
㉯ 다른 선 퓨즈의 $\frac{1}{2}$배 용량의 퓨즈를 사용한다.
㉰ 다른 선 퓨즈의 2배 용량의 퓨즈를 사용한다.
㉱ 다른 선 퓨즈와 같은 용량의 퓨즈를 사용한다.

16. 저압간선에서는 그 전선을 보호하기 위하여 무엇을 설치하는가?

㉮ 영상변류기 ㉯ 열동계전기 ㉰ 절연저항계 ㉱ 과전류 차단기

17. 저압 옥내간선에서 분기하여 전기사용 기계 · 기구에 이르는 저압 옥내전로를 시설할 때, 저압 옥내간선과의 분기점에서 전선의 길이가 몇 [m] 이하인 곳에 개폐기 및 과전류 차단기를 시설하여야 하는가?

㉮ 1[m] ㉯ 3[m] ㉰ 5[m] ㉱ 8[m]

18. 단상 2선식보다 단상 3선식을 많이 쓰는 이유는? (단, 송전전력, 선로의 길이, 전선의 크기가 일정한 경우이다)

㉮ 2종의 전압의 얻을 수 있다. ㉯ 3상기를 사용할 수 있다.
㉰ 역률이 좋다. ㉱ 공사가 간단하다.

19. 직류 2선식 선로의 전압강하와 관련이 없는 것은 다음 중 어느 것인가?

㉮ 전선로의 전선단면적 ㉯ 전선로의 길이
㉰ 전선로를 흐르는 전류 ㉱ 부하의 역률

정답

13. ㉮ 14. ㉮ 15. ㉮ 16. ㉱ 17. ㉯ 18. ㉮ 19. ㉱

20. 절연저항 시험에서 대지전압 150[V] 이하인 경우 0.1[MΩ] 이상이란 뜻은?

㉮ 누설전류가 1.5[mA] 이하가 되어야 한다.
㉯ 누설전류가 0.15[A] 이하가 되어야 한다.
㉰ 누설전류가 15[mA] 이상이 되어야 한다.
㉱ 누설전류가 0.15[mA] 이상이 되어야 한다.

21. 분기회로의 종류가 아닌 것은?

㉮ 10[A] 분기회로 ㉯ 15[A] 분기회로 ㉰ 30[A] 분기회로 ㉱ 50[A] 분기회로

22. 옥내배선의 분기호로 보호용으로 사용되는 것은?

㉮ NFB ㉯ DS ㉰ ACB ㉱ OS

23. 저압 옥내간선으로부터 분기하는 곳에 반드시 설치하여야 하는 것으로 옳은 것은?

㉮ 개폐기와 과전류 차단기 ㉯ 개폐기와 계전기
㉰ 과전류 차단기와 비상조명등 ㉱ 비상조명등과 계전기

24. 교류 단상 3선식 배전방식은 교류 단상 2선식에 비해 어떠한가?

㉮ 전압강하가 작고 효율이 높다. ㉯ 전압강하가 크고 효율이 높다.
㉰ 전압강하가 작고 효율이 낮다. ㉱ 전압강하가 크고 효율이 낮다.

25. 직류 500[V]의 절연계로 절연저항을 측정하니 2[MΩ]이 되었다면 누설전류는 몇 [μA]인가?

㉮ 50 ㉯ 100 ㉰ 150 ㉱ 250

26. 전압의 구분이 잘못된 것은?

㉮ 직류 600[V] 이하는 저압이다.
㉯ 교류 600[V] 이하는 저압이다.
㉰ 교류 600[V]를 초과하고 7,000[V] 이하는 고압이다.
㉱ 7,000[V]를 초과하면 특별고압이다.

정답

20. ㉮ 21. ㉮ 22. ㉮ 23. ㉮ 24. ㉮ 25. ㉱ 26. ㉮

13장

방재 전원설비

1. 비상용 예비전원의 필요성
2. 예비전원의 분류
3. 설비별 비상전원
4. 자가용 발전설비
5. 축전지설비
6. 비상전원 수전설비

- 연습문제

1 비상용 예비전원의 필요성

빌딩 · 공장 등 모든 분야에서 전기설비는 중요한 기능을 발휘하고 있으므로, 전력회사로부터 공급받고 있는 상용전원에 정전사고가 생활에 불편뿐만 아니라 안전에도 큰 위협을 미치고 있다. 상용전원의 신뢰도는 설비의 개선을 통해서 날로 향상되고 있는 실정이지만, 태풍이나 풍수해 등 천재에 의한 예기하지 않았던 정전사고, 기기교체 등 보수작업으로 인한 정전 등을 생각한다면 완전한 무정전 공급이란 도저히 불가능하다.

따라서 상용전원이 정전된 경우에 자위상 최소한의 보안전력을 확보하기 위해서 예비전원으로서 자가용 발전장치나 축전지설비가 시설되어 왔다. 또한 각국마다 소방법 · 건축법을 통하여 예비전원의 설비확보를 규정하고 있다. 이러한 예비전원설비는 방재상 대단히 중요하다.

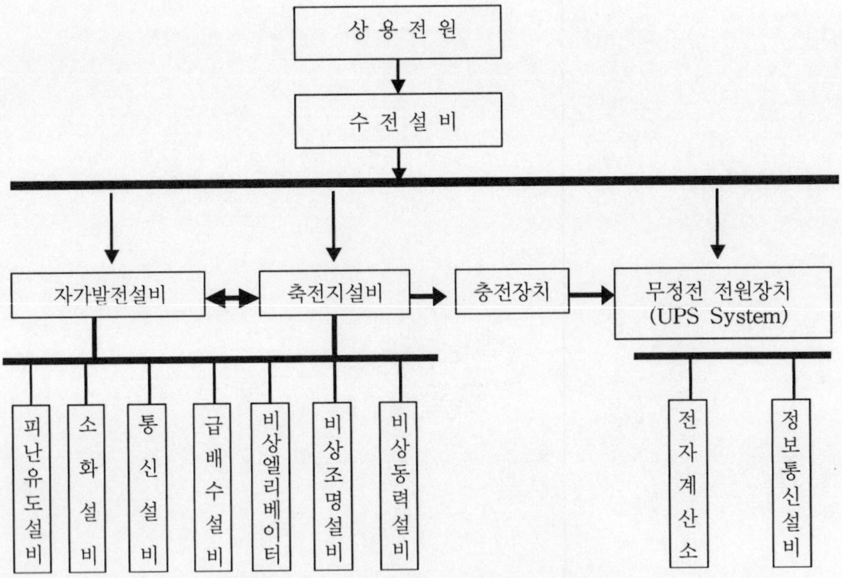

[그림 13-1] 비상용 예비전원설비의 개념도

법규에 의한 비상전원 설비로서는 **자가용 발전설비, 축전지설비, 무정전 전원장치, 비상전원 전용수전설비** 등이 인정되고 있다.

(1) 자가발전설비

자가발전장치는 상용전원이 차단된 경우에만 사용하는 것으로 내연기관 또는 가스터빈(이하 원동기라 한다)에 의하여 발전기를 구동하여 부하에 전력을 공급하는 장치로 원동기, 발전기, 제어장치 및 부속장치로 구성된다.

(2) 축전지설비

수변전설비의 조작용 전원, 비상용 조명장치, 방송통신장치의 비상전원으로 사용되는 것으로 상용전원 정전 시 즉시 전원을 공급할 수 있어 병원이나 소방법의 비상용 전원설비의 중요한 공급장치이며 정류장치와 축전지로 구성된다.

(3) 무정전 전원설비

일반적으로 UPS(Uninterruptible Power System)라 하며 정류기, 인버터, 축전지, 절환스위치로 구성된다.

(4) 비상전원 수전설비

연면적 1000[m^2] 이하 건축물에 시설하는 설비로서 제한적 특별 고압 · 고압 및 저압으로 수전할 수 있으며 소방법 설치규정에 따라 설치해야 한다.

비상용 예비전원은 보안상 또는 영업상 필요로 하는데, 보안상 필요한 경우는 자위상 또는 법규상(소방법 · 건축법 · 행자부 고시) 규제 때문에 <표 13-1>과 같이 설치되어야 한다.

〈표 13-1〉 예비전원을 필요로 하는 부하

용 도 / 구 분	예비전원 필요부하
법규상 필요전원	소방법, 건축법에 의한 설비 자탐설비, 경보설비, 비상조명, 소화설비, 제연설비 방화셔터, 비상용 승강기
자위상 필요전원	승강기용(대피 · 구조), 조명용(운전조작) 공조 · 환기용, 위생용(급 · 배수펌프), 제어용(중앙감시반) 보안 · 방재용(항공장애등 자가발전 보조기기)
영업용 대상전원	필요한 영업장소 (은행, 온라인 영업업체, 대중음식점, 체육시설, 양어장)

비상용 예비전원으로 축전지와 자가발전장치를 사용하는데 축전지는 장시간의 전력공급과 전력용량의 한계 등으로 발전설비와 조합하여 시설된다. 발전설비는 초기 투자비는 크지만 연료보급에 의하여 장시간 전력공급이 가능하다. 따라서 축전지는 단시간의 공급전원으로 발전설비는 장기간 공급전원으로 사용되며, 그 외 법규상 무정전 전원장치와 비상전원 수전설비 등이 예비전원설비로 인정되고 있다.

2 예비전원의 분류

〈표 13-2〉 법령상 인정되는 예비전원설비

법령 / 예비전원	소방법상 분류	건축법상 분류
자가발전설비	30분 이상 연속운전	비상사태 후 10초 이내 전원 확보하고 30분 이상 연속 공급 용량일 것
축전지설비	정전 후 충전하지 않고서 1시간 이상 감시상태 지속 후 30분 이상 방전할 수 있을 것	자동 충전장치 및 시한 충전장치를 가진 것으로 충전하지 않고 계속적으로 30분 이상 방전할 수 있을 것
축전지설비와 자가발전설비 공용	자가발전기는 정전 후 40초 이내 정격전압을 확보하고 30분 이상 계속 운전할 수 있을 것	정전 후 순간적으로 10분간은 축전지가 담당하고 40초 이내에 발전기 전압을 확립하여 30분 이상 연속 운전이 가능할 것
비상전원 전용 수전설비	연면적 1000[m^2] 미만	인정하지 않음

예비전원은 사용자의 분류에 따라 상용 예비전원과 비상용 예비전원으로 나누며 소방법, 건축법에 따라 분류방법이 약간씩 다르다.

① 상용 예비전원

② 비상용 예비전원

㉠ 예비전원(건축법) : 자가발전설비, 축전지설비, UPS
자가발전설비＋축전지설비 조합(병원설비)

㉡ 비상전원(소방법) : 자가발전설비, 축전지설비, 비상전원 수전설비

③ 일반 비상전원 : 상용전원 정지시 40초 이내 전력공급

④ 특별 비상전원 : 상용전원 정지 시 10초 이내 전력공급

⑤ 순간 특별 비상전원 : 상용전원 정지 시 순간적으로 전력공급

2.1 소방법 · 건축법 구분해석

건축법에 규정된 예비전원은 비상용 엘리베이터와 방화문에 관한 규정만이 명시되었고, 배연설비 및 비상용 조명장치에 관한 예비전원 사항은 소방법에 명시되어 있다.

소방법에서는 소방대상물에 화재가 발생하는 경우에 화재를 조기에 발견하여 소화 · 통보 · 피난 등을 신속하게 하기 위해 소방용 설비 설치에 대응하여 공급전원을 의무화하고 있다. 소방법에 의거한 비상전원은 비상전원 수전설비, 자가발전설비, 축전지설비로 규정되어 있으며, 건축법에 비해 비상전원 수전설비가 더 포함되어 있다.

우리나라에서는 현재 비상전원 수전설비가 설치되지 않는다고 볼 때 자동화재 탐지설비, 가스누설 경보설비, 비상경보 및 비상방송설비, 유도등, 무선통신보조설비 등은 축전지설비가 전용으로 사용된다고 볼 수 있다.

비상(예비)전원의 설치기준은 국가화재안전기준(NFSC 102)을 보면 다음과 같다.

“비상전원은 자가발전설비 또는 축전지설비로서 다음 각 호 기준에 의하여 설치해야 한다.”

① 점검에 편리하고 화재 및 침수 등의 재해로 인한 피해를 받을 우려가 없는 곳에 설치하여야 한다.

② 옥내소화전설비를 유효하게 20분 이상 작동할 수 있어야 한다.

③ 상용전원으로부터 전력이 중단된 때에는 자동으로 비상전원으로부터 전력을 공급받을 수 있도록 하여야 한다.

④ 비상전원 설치장소는 다른 장소와 방화구획하여야 하며, 그 장소에는 비상전원공급에 필요한 기구나 설비 외의 것을 두어서는 아니된다. 다만 열병합발전설비에 있어서 필요한 기구나 설비는 그렇지 아니하다.

⑤ 비상전원을 실내에 설치할 때에는 그 실내에 비상조명등을 설치해야 한다.

⑥ 그밖의 비상전원 설치에 관한 사항은 내무부장관이 정하여 고시한다.

2.2 예비전원 조건

예비전원이 비상 시에 그 기능을 완전히 발휘할 수 있게 하려면 다음과 같은 특성을 구비해야 한다.

① 축전지는 충전을 하지 않는 상태에서 30분 이상 방전할 수 있어야 한다.

② 자가용 발전설비는 비상시에 10초 이내에 기동하여 전압을 규정값으로 유지하고 30분 이상 안전하게 전력을 공급할 수 있어야 한다.

③ 충전기를 갖춘 축전지와 자가용 발전설비와 병용하는 경우에는 자가용 발전설비가 비상시에 45초 이내에 기동하여 30분 이상 안정된 전력을 공급할 수 있어야 하며, 축전지는 정전 후 10분 이상 방전에 견딜 수 있는 용량의 것을 필요로 한다. 또한 엘리베이터, 배연설비가 있을 때는 2시간 이상의 전원공급이 필요하다.

3 설비별 비상전원

법규로 규정된 비상전원의 종류는 <표 13-3>과 같다.

〈표 13-3〉 설비별 비상전원 종류

관계법	소방설비의 종류	비상전원의 종류			용 량
		축전지	자가발전	전용수전설비	
소방법	옥내·외 소화전, 스프링클러, 물분부, 포소화설비	○	○	△	20분, 40분, 60분
	CO_2, 할로겐, 분말소화설비	○	○		20분
	자동화재탐지설비	○			60분 상태감시 10분 경보(30층 이상은 30분)
	비상경보 및 방송설비	○			60분 상태감시 10분 경보(30층 이상은 30분)
	가스누설 화재경보설비	○			10분
	유도등	○			20분(60분)
	배연설비(특별피난계단, 비상승강장 로비)	○	○		20분
	비상콘센트		○	○	20분
	무선통신 보조설비	○			30분
	비상조명등(피난계단, 비상승강장 로비)	○	○		20분(60분)
건축법	비상용 엘리베이터		○		120분
	방화문	○	○		30분

① 비상전원전용 수전설비는 특정 방재대상물(여관, 호텔, 백화점, 병원, 영화관)에서 연면적 1000[m^2] 이상인 장소에서는 사용할 수 없다.

② 가스누설 화재경보기에서 자가발전사용은 지하층을 제외한 7층 이상이고 연면적 2000[m^2] 이상이어야 한다.

4 자가용 발전설비

자가용 발전설비는 전기사업법에 따른 비상용 예비전원 발전장치로서 적용하므로 산업자원부령으로 정하는 기술기준에 적합하도록 유지 · 관리되어야 한다. 이 설비는 부하에 대한 적응성, 전원용량의 크기, 전원의 독립성 등의 면에서 가장 적절한 예비전원설비이다.

사용여건에 따라 저압에서는 5[kW]~750[kW]의 디젤엔진이 사용되며, 고압인 1000[kW] 이상에서는 디젤과 가솔린 엔진이 사용된다. 자가발전설비가 건물 지하층에 시설하는 경우 디젤인 경우 라지에이터의 냉각시스템 선정방법 및 급 · 배기시설의 구성에 대하여 세심한 고려가 필요하다. 또한, 부하 절체 스위치(ATS 또는 ALTS)의 적절한 선정을 위한 기술적인 검토가 필요하다. [그림 13-2]는 디젤 발전기의 구성도를 나타낸다.

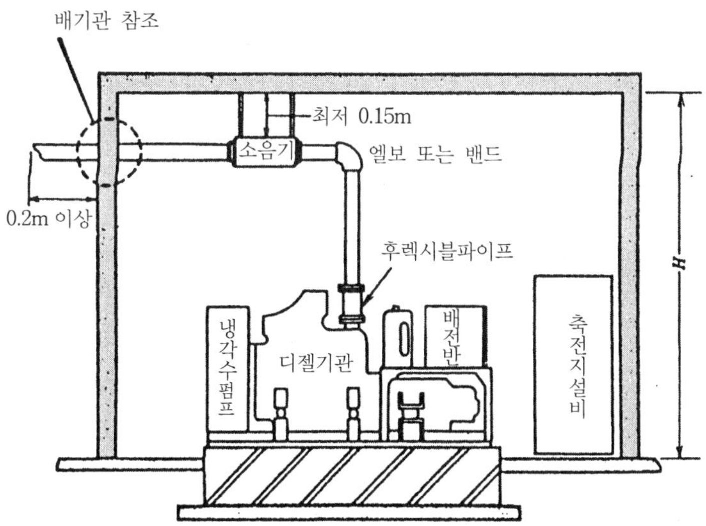

[그림 13-2] 디젤 발전기 구성도

자가발전설비는 사용목적에 따라 법령으로 정해진 방재용과 사용상 필요한 보안용 전원에 공급된다. 대부분 사용되는 디젤발전기는 연료를 직접 내부에서 연소시켜 그 압력을 출력측에 전달하여 동력을 얻는 장치이다.

4.1 디젤 발전기의 출력

발전기 출력은 부하의 종류와 용량을 산정하고 장래 예상되는 부하를 고려하여 여유를 두고 결정한다. 일반적인 부하인 경우에는 발전기에 걸리는 총 부하 합계에 수용률 또는 부하율을 곱한 값 이상으로 한다.

$$\text{발전기 용량[kVA]} > \text{총 부하용량} \times \text{수용률} \qquad (13 \cdot 1)$$

수용률은 전등, 동력 중 최대설비에서 최초 적용부하 1대는 100[%]를 적용하고 기타 부하는 80[%]를 적용한다.

기동용량이 큰 부하가 있는 경우 상시전원에서 공급시에는 기동전류가 커도 전원용량이 크기 때문에 문제가 없었지만 자가발전기인 경우에는 전동기의 기동전류가 발전기에 걸리게 되므로 발전기의 단자전압이 순간적으로 저하하여 접촉자가 개방되거나 엔진이 정지하는 등 사고를 유발하기도 한다. 이러한 것을 고려하여 발전기의 용량은 다음과 같이 구할 수 있다.

$$\text{발전기 용량[kVA]} > \left(\frac{1}{\Delta V} - 1\right) \times X_L \times P_n \text{[kVA]} \qquad (13 \cdot 2)$$

P_n[kVA] : 기동용량, ΔV : 부하투입시 허용 전압강하(0.2～0.25)

X_L : 발전기 과도 리액턴스(0.25～0.3)

4.2 발전기 기동용량

2대 이상의 전동기를 동시에 기동하는 경우 2대 이상의 기동전력을 합한 값과 1대의 기동용량을 비교하여 큰 값을 적용한다. 기동용량은 다음 식에 의해 구할 수 있다.

$$\text{기동용량}(P_n) = \sqrt{3} \times \text{정격전압} \times \text{기동전류} \times 10^{-3} \text{[kVA]} \qquad (13 \cdot 3)$$

발전기의 차단기의 용량은 다음과 같다.

$$P_S > \frac{P_n}{X_L} \times 1.25(\text{여유율}) \tag{13·4}$$

발전기실의 넓이는 다음 식으로 구할 수 있다.

$$S > 1.7\sqrt{P}\ [\mathrm{m}^2](\text{추천값} = 3\sqrt{P}[\mathrm{m}^2]) \tag{13·5}$$

[예제 1] 유도전동기에 사용할 비상발전기를 설치하려고 한다. 이 설비에 사용된 발전기의 조건을 보고 물음에 답하여라. 기동용량은 700[kVA]이고, 기동시 허용 전압강하는 20[%], 과도 리액턴스는 25[%]이다. 발전기 용량은 얼마인가?

풀이 $P > \left(\frac{1}{\Delta V} - 1\right) \times X_L \times P_n$ 에서 $\left(\frac{1}{0.2} - 1\right) \times 0.25 \times 700 = 700[\mathrm{kVA}]$

발전기용 차단기 용량은 다음과 같이 구할 수 있다.

$P_S > \frac{P_n}{X_L} \times 1.25(\text{여유율})$이므로 $P_S > \frac{700}{0.25} \times 1.25 = 3{,}500[\mathrm{kVA}]$

---

5 축전지설비

축전지설비는 소방설비의 비상전원에 있어서 중요한 설비로 인정되고 있다. 일본에서는 소방법에서 소방청 고시로 축전지 설비의 기준을 규정해 놓았지만 우리나라에서는 아직 별도로 고시되어 있지 않다. 예비전원으로 축전지설비는 상용전원이 정전되었을 경우 자가발전설비가 시동하여 정격전압을 확보할 때까지 중간전원으로 사용되며, 소방설비 중 경보설비에서는 축전지설비만 인정하므로 방재전원으로 매우 중요하다.

5.1 법령상 축전지설비

축전지와 정류기를 복합시킨 부동충전방식은 상용전원이 정전된 경우 무정전으로 다른 장치들과 조합하면 융통성 있게 사용할 수 있다. 비상전원으로서의 축전지설비는 중앙감시설비의 전원이나 수·변전설비의 각종 차단기의 조작전원, 감시용 표시등 전원으로 이용되고 있다. 또한 주전원이 정전되었을 때 자가발전설비가 시동되어 정격전압이 확보될 때까지 보조전원으로서, 혹은 처리 중인 작업의 응급조치에 필요한 최소한의 전원으로 사용된다. 축전지용량에 대해서는 건축법이나 소방법의 각 부하설비마다 사용할 시간이 정해져 있다. 사용할 시간에 충분히 설비를 작동시킬 수 있는 가능 용량이어야 한다.

그러나 축전지설비는 교류 비상설비보다 담당하는 부하의 종류가 적은데 그것은 축전지 자체만으로는 비용이나 공간적 제약으로 인하여 용량이 제한되기 때문이다.

따라서 비상용 직류계통은 비상조명, 감시 및 제어장치, 화재경보, 비상발전기 시동 및 통신용 전원으로 사용범위가 제한되는 것이 일반적이다. 또한 축전지설비를 효과적으로 사용하기 위해서는 법규 내에서 다른 전원으로 변경, 혹은 다른 전원과 병용을 검토한다.

예를 들면 비상용 예비전원설비로서 축전지와 발전기의 병용이 가능하다. 축전지용량은 일반적으로 발전기 설치유무가 결정조건이 된다. 발전기가 설치되어 있을 경우 정전에서 발전기의 송전까지 40～60초가 걸리므로 그 동안 축전지에서 전력공급을 할 수 있는 용량이면 좋다.

일반적으로 안전을 예상하여 10분간 전력공급가능 용량으로 하고 있다. 발전기가 없는 경우는 다른 법규 설비와의 겸용으로 30분간의 용량이 확보되어야 한다. 현재 사용되고 있는 축전지의 대표적인 형식에는 **연축전지**와 **알칼리 축전지** 두 가지가 있다.

연축전지는 거치용 및 엔진시동용으로 주로 사용되고 있으며, 기술진보에 의하여 현재는 이동식 장치도 널리 이용되고 있다. 산업용 프랜트에서 많이 사용되고 있는 알칼리 축전지는 연축전지에 비하여 비용이 크게 문제가 되지 않는 곳에 주로 채택되고 있다. 이 알칼리 축전지는 경량이면서도 장시간 동안 대출력을 낼 수 있기 때문에 이동식 장치에 종종 이용되고 있다. 이 축전지는 연축전지에 비하여 초기 투자비가 많이 드나 수명이 길고 구조가 튼튼하며, 정비면에서 유리하기 때문에 경우에 따라서는 초기비용을 상쇄시킬 수도 있다.

특히 현장에서 문제가 발생되는 직류 및 교류차단기의 선정에 있어서는 기술적인 세심한 검토가 요구되며, 특히 직류차단기 선정에 있어서는 잘 검토하여 적용하여야만 축전지의 파손을 방지할 수 있다. 축전지설비는 **축전지, 충전장치, 보안장치, 제어장치, 역변환장치**로 구성되어 있다.

5.2 축전지의 종류

전기를 발생하는 장치 중 화학에너지를 전기에너지로 변환해서 외부 회로에 전류를 공급하는 장치를 전지라 하며, **1차 전지**와 **2차 전지**로 나눈다.

(1) 1차 전지

한번 방전이 되면 충전을 하여도 구성물질이 재생이 불가능한 전지를 말하며, 양극 · 음극 · 감극제 · 전해액으로 구성된다.

〈표 13-4〉 축전지 특성

종 별		연축전기		알칼리 축전지	
형식별		클래드식 (CS형)	페이스트식 (HS형)	포켓식 (AL, AM, AMH AH형	소결식 (AHH, AH형)
작용물질	양극	이산화연(PbO_2)		수산화니켈(NiOOH)	
	음극	연(Pb)		카드뮴(Cd)	
	전해액	황산(H_2SO_4)		수산화칼륨(KOH)	
반응식		$PbO_2+2H_2SO_4+Pb \leftrightarrow$ $PbSO_4+2H_2O+PbSO_4$		$2NiOOH+2H_2O+Cd \leftrightarrow$ $2Ni(OH)_2+Cd(OH)_2$	
기전력		2.05~2.08[V]		1.32[V]	
공칭전압		2.0[V]		1.2[V]	
공칭용량		10시간율[Ah]		5시간율[Ah]	
셀수	100[V]	50~55셀		80~86셀	
	60[V]	30~31셀		50~52셀	
	48[V]	24~25셀		40~42셀	
	24[V]	12~13셀		20~21셀	
특징		• 공칭전압이 높다. • Ah당 단가가 낮다. • 축전지의 필요 셀수가 적어도 된다. • 충 · 방전 전압의 차이가 작다. • 전해액의 비중에 의해 충 · 방전 상태를 추정할 수 있다. • 수명이 짧다.		• 공칭전압이 낮다. • 극판의 기계적 강도가 강하다. • 과방전 · 과전류에 대하여 강하다. • 고율 방전특성이 좋다. • 부식성 가스가 발생하지 않는다. • 수명이 비교적 길다. • 보존이 용이하다.	

(2) 2차 전지

전기에너지를 화학에너지로 변환해서 저장하고 필요시 전기에너지를 뽑아 쓸 수 있는 장치이다. 즉, 1차 전지와는 다르게 2차 전지는 충전과 방전이 가능한 장치이다. 이것은 장기간 전지교환 없이 사용할 수 있기 때문에 용량이 큰 축전지는 방재설비, 자동차 등에 용량이 작은 Ni-Cd이나 소형알칼리 축전지는 라디오, 카세트, 핸드폰 등 소형 전기제품에 이용된다.

대표적인 2차 축전지는 납축전지와 알칼리 축전지가 있으며, <표 13-4>와 같은 특징이 있다.

[예제 2] 다음 그림에서 전지의 기전력은 몇 [V]인가?(단, 외부저항 R을 10[Ω]으로 교체하면 7[A]의 전류가 흐른다)

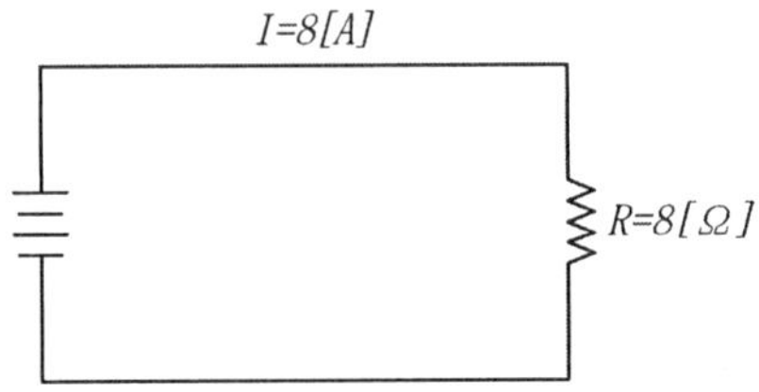

풀이 전지기전력을 E[V], 전지 내부저항을 r[Ω]이라 하면

$E = I \times (r+R)$[V]

8[A]일 때와 7[A]일 때의 기전력은 E[V]로서 일정하므로,

$8(r+8)=78(r+10)$, $8r+64=7r+70$

$r=6$[Ω]

$\therefore\ E=8\times(6+8)=78(6+10)=112$[V]

5.3 축전지 용량산출

축전지는 직류전원이므로 디젤 발전기에 비하여 부하 종류가 한정되어 있으며, 정전기간 중 연속적으로 사용되는 정상부하(비상등, 표시등) 이외에 차단기의 릴레이 조작 전원 같은 변동부하가 있다. 축전지 용량은 다음과 같은 순서로 산출한다.

① 부하용량에 필요한 방전전류를 구한다.

$$방전전류[A]=\frac{부하용량[VA]}{정격전압[V]} \tag{13·6}$$

② 방전시간[t]을 결정한다. 소방법 · 건축법에 의한 전원공급인 경우 약 30분으로 정하고 교류발전기와 동시 기동되는 경우는 약 10분으로 한다.

③ 방전전류, 방전시간 특성곡선을 작성한다. 비상조명, 릴레이 조작전원, 표시램프 등의 방전전류 및 방전시간 특성곡선을 작성한다. 여기서 유의사항은 방전의 마지막 시간에 큰 방전전류가 사용됨을 가정해두는 것이 좋다. 왜냐하면 방전 말기의 최저 조건시에 대전류가 필요한 경우에도 작동할 수 있어야 하기 때문이다.

④ 축전지 종류 결정 : 가격면에서는 연축전지의 급방전형(HS형)이 적정하고 성능 · 보수면에서 선정할 경우 알칼리 축전지의 포켓식 표준형(AM형)이 적정하고, 순간 대전류가 많을 때에는 알칼리 축전지의 포켓식 급방전형(AMH형)이 적당하다.

⑤ 축전지 셀 수량 결정 : 표준 셀 수로는 연축전지의 경우 54cell, 알칼리 축전지는 86cell로 한다.

㉠ 연축전지 : 54cell×2.0[V]=108[V]

㉡ 알칼리 축전지 : 86cell×1.2[V]=103[V]

〈표 13-5〉 연축전지의 용량 환산시간 *K*(상단은 900[Ah]~2000[Ah], 하단은 900[Ah] 이하)

형 식	온도[℃]	10분			30분		
		1.6V	1.7V	1.8V	1.6V	1.7V	1.8V
CS	25	0.9	1.15	1.6	1.41	1.6	2.0
		0.8	1.06	1.42	1.34	1.55	1.88
	5	1.15	1.35	2.0	1.75	1.85	2.45
		1.1	1.25	1.8	1.75	1.8	2.35
	-5	1.35	1.6	2.65	2.05	2.2	3.1
		1.25	1.5	2.25	2.05	2.2	3.0
HS	25	0.58	0.7	0.93	1.03	1.14	1.38
	5	0.62	0.74	1.05	1.11	1.22	1.54
	-5	0.68	0.82	1.15	1.2	1.35	1.68

⑥ 용량 환산시간 *K* 결정 : 전지의 최저온도 및 허용할 수 있는 최저전압에 의하여 결정되는 용량 환산시간으로 <표 13-5>는 연축전지의 경우 용량

환산시간을 나타낸다.

⑦ 축전지 최저 온도결정 : 축전지는 온도가 낮음에 따라 방전특성이 낮아지며 온도가 상승하면 특성이 양호해지지만 45[℃] 이상이 되면 다시 저하한다. 축전지의 최저 온도는 실내에서는 5℃, 옥외큐비클은 최저 5[℃]~10[℃], 추운지방에서는 −5[℃]로 하는 것이 좋다.

⑧ 허용 최저전압[V]

$$V=\frac{V_a+V_b}{n}[\text{V/cell}] \tag{13·7}$$

V_a : 부하 허용 최저전압, V_b : 축전지와 부하간의 전압간의 전압강하

n : 총 셀 수

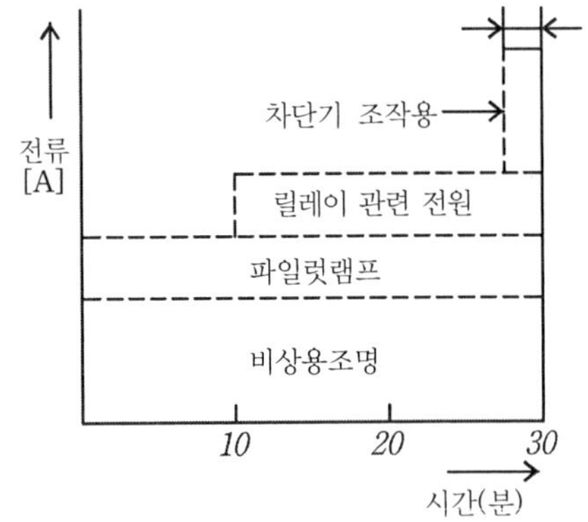

[그림 13-3] 축전지 부하특성 곡선

[예제 3] 부하 허용 최저전압이 95[V] 축전지와 부하간 접속선의 전압강하가 3[V]일 때 직렬로 접속한 축전지의 개수가 50개이면 축전지 1개의 허용 최저전압은 몇 [V]인가?

풀이 $V=\frac{V_a+V_b}{n}[\text{V/cell}]=\frac{95+3}{50}=1.96[\text{V/cell}]$

V_a : 부하 허용 최저전압, V_b : 축전지와 부하 간의 접속선 전압강하

n : 축전지 개수

그러므로 25[℃]에서 축전지의 정격 방전율 환산용량은 다음 식으로 구할 수 있다.

$$C=\frac{1}{L}[K_1I_1+K_2(I_2-I_1)+K_3(I_3-I_2)\ ...\ K_n(I_n-I_{n-1})][\mathrm{Ah}] \quad (13 \cdot 8)$$

L : 보수율(0.8), I : 방전전류, K : 방전용량 환산시간

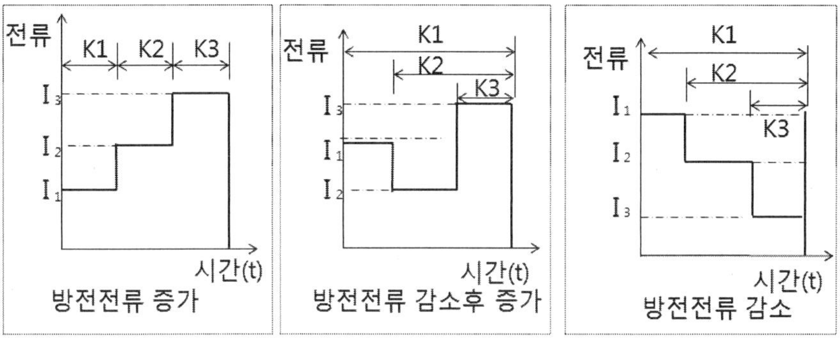

[그림 13-4] 부하특성에 따른 용량 계산방법

① 방전전류 증가 시

$$C=\frac{1}{L}[K_1I_1+K_2I_2+K_3I_3]$$

② 방전전류 감소 후 증가 시

$$WC_1=\frac{1}{L}[K_1I_1],\ C_2=\frac{1}{L}[K_1I_1+K_2(I_2-I_1)],$$

$$C_3=\frac{1}{L}[K_1I_1+K_2(I_2-I_1)+K_3(I_3-I_2)]$$

중 큰 용량을 선정한다.

③ 방전전류 감소 시

$$WC_1=\frac{1}{L}[K_1I_1],\ C_2=\frac{1}{L}[K_1I_1+K_2(I_2-I_1)],$$

$$C_3=\frac{1}{L}[K_1I_1+K_2(I_2-I_1)+K_3(I_3-I_2)]$$

중 큰 용량을 선정한다.

[예제 4] 그림과 같은 부하특성일 때 소결식 알칼리 축전지 용량저하율 $L=0.8$, 최저 축전지 온도 5[℃], 허용 최저전압 1.06[V/cell]일 때 축전지 용량은 얼마인가? (단, 여기서 용량 환산시간 $K_1=1.45$(30분), $K_2=0.69$(20분), $K_3=0.25$(10분)이다)

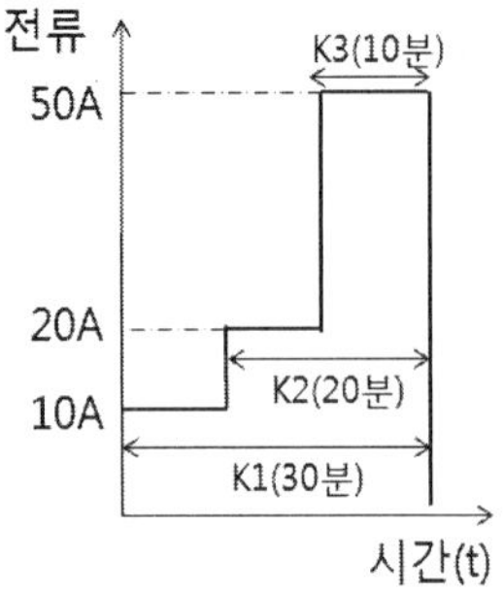

(풀이) 축전지의 용량(C)

$$C=\frac{1}{L}[K_1I_1+K_2(I_2-I_1)+K_3(I_3-I_2)]$$

여기서 L : 보수율(용량저하율)

K : 용량 환산시간[hr]

I : 방전전류[A](I_1=10[A], I_2=20[A], I_3=50[A])

$$\therefore\ C=\frac{1}{0.8}[1.45\times10+0.69\times(20-10)+0.25\times(50-20)]$$

$$=36.125[\text{Ah}]$$

[예제 5] 비상용 축전설비의 축전지로서 밀폐형 니켈 카드뮴 전지를 사용하고 있다. 부하가 25[V], 1.3[A]일 때 축전지의 필요한 용량은 몇 [Ah]인가? (단, 사용온도 20[℃], 보수율 0.8, 30분 정격에서의 용량 환산시간율 K는 0.7이며, 이 조건에서의 축전지 용량을 구하도록 한다.)

(풀이) 축전지의 용량

$$C=\frac{1}{L}KI[\text{Ah}]$$

L : 보수율(용량저하율), K : 용량 환산시간[hr], I : 방전전류[A]

$$\therefore\ C=\frac{1}{0.8}\times0.7\times1.3=1.14[\text{Ah}]$$

[예제 6] 비상용 조명부하, 표시등 총 7600[W] 부하가 있다. 방전시간 30분, 축전지 HS형 54cell, 허용 최저전압 90[V], 최저 축전지 온도 5[℃] 때의 축전지 용량을 구하여라(단, 정격전압은 100[V]이고, 보수율 0.8이다).

(풀이) 셀당 최저전압은 90[V]/54=1.7[V/cell]이고,

방전전류 I=7600/100=76[A]이다.

표에서 K=1.22이므로,

$$C = \frac{1}{L}(KI) = \frac{1}{0.8}(1.22 \times 76) = 115.9\,[\mathrm{Ah}]$$(단, L은 0.8을 적용)

그러므로 118.95[Ah] 이상의 HS형 120[Ah], 54셀을 사용한다.

[예제 7] 그림과 같은 부하특성인 경우 사용 축전지의 보수율 L=0.8, 최저 축전지 온도 5[℃], 허용 최저전압 90 / 86=1.06[V/cell]일 때 축전지의 용량 C를 계산하여라. (단, K_1=1.13, K_2=0.96)

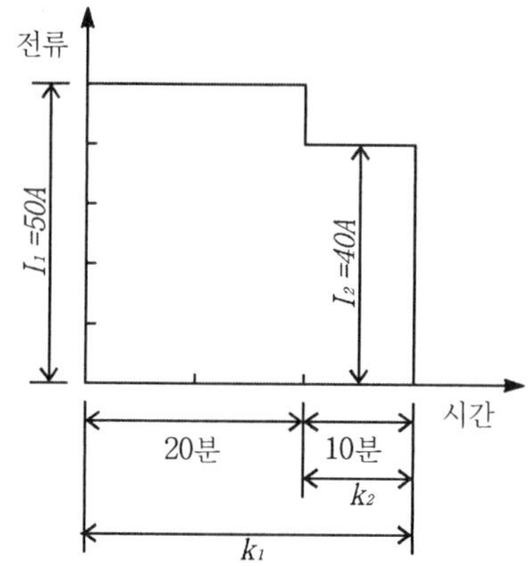

(풀이) $C = \frac{1}{L}[K_1I_1 + K_2(I_2 - I_1)] = \frac{1}{0.8}[1.17 \times 50 + 0.96(40 - 50)]$

$= 61.9[\mathrm{Ah}]$이므로 $\frac{1}{L}K_1I_1$으로 계산된 73.125[Ah]로 산정한다.

[예제 8] 정격용량 60[Ah]인 연축전지를 상시부하 6[kW], 표준전압 100[V]인 소방설비에 부동충전방식으로 시설하고자 한다. 충전기 2차 전류(충전전류)는 몇 [A]인가? (단, 연축전지 방전율은 10시간율로 한다)

(풀이) 2차 충전전류=충전전류+상시 부하전류

$$= \frac{\text{축전지의 정격용량(정격용량)}}{\text{축전지의 방전시간율(공칭용량)}} + \frac{\text{상시부하}}{\text{표준전압}}$$

$$= \frac{60}{10} + \frac{6000}{100} = 66[\mathrm{A}]$$

- 연축전지의 공칭용량(방전시간율) : 10[Ah]
- 알칼리 축전지의 공칭용량(방전시간율) : 5[Ah]

[예제 9] 알칼리 축전지의 정격용량은 60[Ah], 상시부하 3[kW], 표준전압 100[V]인 부동충전방식인 충전기의 2차 출력은 몇 [kVA]인가?

(풀이) 2차 충전전류 $= \frac{\text{축전지 정격용량}}{\text{축전지 공칭용량}} + \frac{\text{상시부하}}{\text{표준전압}}$

$$= \frac{60}{5} + \frac{3000}{100} = 42[A]$$

충전기 2차 출력=표준전압×2차 충전전류=100×42=4.2[kVA]

5.4 축전지의 충전방식

방전해 버린 축전지에 방전일 경우의 반대방향으로 외부에서 전류를 보내면 축전지 내에 화학변화를 일으켜 용량이 회복되어 다시 방전 전과 같은 상태로 된다. 이와 같이 외부에서 전기적 에너지를 주어 이것을 화학적 에너지로서 축전지에 축전하는 것을 **충전**이라 한다.

충전은 초기충전과 일상충전으로 나눌 수 있다.

(1) 초기충전

초기충전이란 축전지에 아직 전해액을 넣지 않은 미충전 상태의 축전지에 전해액을 주입하여 처음으로 행하는 충전을 말한다.

(2) 일상충전

사용과정에서의 충전을 말하여 다음과 같은 종류가 있다.

① 보통충전 : 필요할 때마다 표준 시간율로 소정의 충전을 하는 방식이다.

② 세류충전 : 자기방전량만을 항시 충전하는 부동충전방식이다.

③ 급속충전 : 비교적 단시간에 이루어지며 보통 충전전류의 2~3배의 전류로 충전하는 방식이다.

④ 부동충전 : 축전지의 자기방전을 보충함과 동시에 상용부하에 대한 전력공급은 충전기가 부담하도록 하되 부담하기 어려운 일시적인 대전류 부하는 축전지로 하여금 부담케 하는 방식이다. 일반적으로 거치용 축전지설비에서 가장 많이 채용하는 방식이며, [그림 13-5]는 부동충전방식을 나타내고 있다. 이 방식의 장점은 다음과 같다.

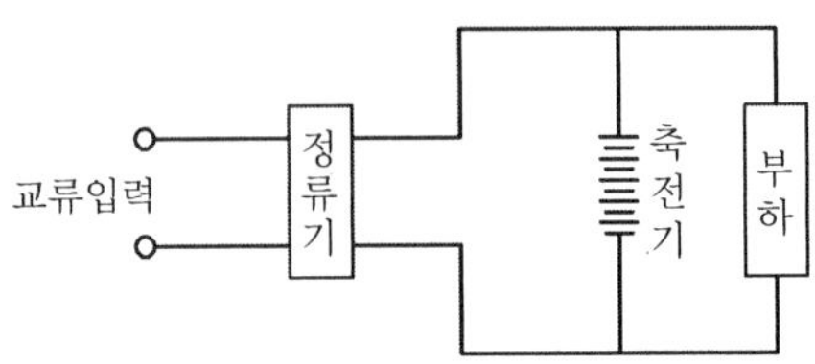

[그림 13-5] 부동충전방식

㉠ 축전지가 항상 완전 충전상태에 있으므로 방전전압을 일정하게 유지할 수 있다.

㉡ 정류기의 용량이 작아도 된다.

㉢ 축전지 수명에 좋은 영향을 준다.

⑤ 균등충전 : 각 축전지의 전위차를 보정하기 위해 1~3개월마다 10~12시간 1회 충전방식이다. 장기간에 걸친 충전으로 인하여 각 축전지 간에는 전압이 불균일하게 된다. 이것을 시정하기 위해 과충전을 하는 방식이다. 즉 각 전해조에서 일어나는 전위차를 보정하기 위하여 1~3개월마다 10~12시간 동안 1회 충전하는 방식이다.

⑥ 회복충전 : 축전자의 과방전 및 방전상태에서 장기간 방치하였거나 방전전류가 큰 경우 혹은 불충분한 충전이 반복되는 경우 발생한다. 가벼운 셀페이션이 생길 때 기능회복을 위해 실시하는 충전방식이다.

5.5 축전지실

과거에는 연축전지를 대상으로 했으므로 산무에 의한 부식을 방지할 목적으로 내산처리를 하기 위해 축전실이 필요했다. 그러나 현재는 연축전지의 경우 실드형, 벤디드형 등 밀폐화된 구조이므로 산무의 발산이 거의 문제시 되지 않고 있다. 또한 알칼리 축전지도 유해한 가스를 발산하지 않으므로 축전지실이 필요하지 않는 경향이 있다. 따라서 근래에는 축전지와 충전기를 동일 금속 케이스 속에 수납한 큐비클식 전원장치가 널리 채용되고 있으며, 변전실 · 기계실 등에 다른 기기와 함께 설치되어가고 있다.

6 비상전원 수전설비

소방기술기준에 관한 규칙으로 비상전원 수전설비에 관한 기준으로 우리나라 소방법에만 유일하며 비상전원설비로 고시되어 있다. 이 설비는 상용전원 수전방식과 같지만 별도의 전용선로로 구성되어야 하며, 특정 소방대상물의 연면적 1000[m^2] 이하의 소방대상물로 한정되어 있다. 일반 전기사업자(한전)로부터 특고압으로 수전하는 비상전원 수전설비와 저압으로 수전하는 방식이 있다.

6.1 특고압으로 수전하는 경우

비상전원 수전설비는 방화구획형 · 옥외개방형 · 큐비클형으로 하여야 하며, 방화구획형은 다음 각 호에 적합하게 설치되어야 한다.

① 전용의 방화구획 내에 설치하여야 한다.

② 소방회로 배선은 일반회로 배선과 불연성 격벽으로 구획해야 한다(다만, 소방회로 배선과 일반회로 배선을 15[cm] 이상 떨어져 설치한 경우는 그러하지 않는다).

③ 일반회로에서 과부하, 지락사고, 단락사고가 발생한 경우에도 이에 영향을 받지 않고 계속해서 소방회로에 전원을 공급시켜 줄 수 있어야 한다(소방용 개폐기 및 과전류 차단기에는 '소방시설용'이라는 표시를 하여야 한다).

6.2 저압으로 수전하는 경우

일반 전기사업자로부터 저압으로 수전하는 비상전원설비는 전용배전반 또는 공용으로 사용할 수 있으며, 개폐기 및 과전류 차단기에는 '소방시설용'이라는 표시를 하여야 한다.

제13장 방재 전원설비

연습문제

1. 패러데이 법칙을 설명한 것은?

㉮ 전극에서 석출되는 물질의 양은 통과한 전기량에 비례한다.
㉯ 전극에서 석출되는 물질의 양은 통과한 전기량에 반비례한다.
㉰ 전극에서 석출되는 물질의 양은 통과한 전기량의 제곱에 비례한다.
㉱ 전극에서 석출되는 물질의 양은 통과한 전기량의 제곱에 반비례한다.

2. 패러데이 법칙에서 같은 전기량에 의해서 석출되는 물질의 양은 각 물질의 무엇에 비례하는가?

㉮ 원자량 ㉯ 화학당량 ㉰ 원자가 ㉱ 전류의 세기

3. 수신기의 예비전원으로 DC 24[V] 인 Ni-Cd 축전지를 사용한다면 Ni-Cd 축전지의 셀수는 몇 개인가?

㉮ 10개 ㉯ 20개 ㉰ 30개 ㉱ 40개

4. 축전지의 자기방전을 보충하는 동시에 상용부하에 대한 전력공급은 충전기가 부담하되 충전기가 부담하기 어려운 일시적인 대전류 부하는 축전지가 부담하게 하는 충전방식을 무엇이라 하는가?

㉮ 부동충전 ㉯ 보통충전 ㉰ 세류충전 ㉱ 균등충전

정답

1. ㉮ 2. ㉯ 3. ㉯ 4. ㉮

5. 허용전압이 24±10[%][V]일 때 원통밀폐형 Ni-Cd 축전지는 몇 cell 정도 있어야 비상시 대처가 가능한가? (단, Ni-Cd 축전지의 공칭전압은 1.06[V/cell]이다)

㉮ 19 ㉯ 20 ㉰ 21 ㉱ 22

6. 연축전지의 양극 재질은?

㉮ 이산화연(PbO_2) ㉯ 연(Pb)
㉰ 수산화니켈(NiOH) ㉱ 카드뮴(Cd)

7. 연축전지 방전시 양극과 음극에서 발생하는 물질로 맞는 것은?

㉮ 양극 : 황산연, 음극 : 연
㉯ 양극 : 황산연, 음극 : 이산화연
㉰ 양극 : 이산화연, 음극 : 납
㉱ 양극 : 황산연, 음극 : 황산연

8. 납축전지의 방전이 완전히 끝나면 양극의 색깔은?

㉮ 황색 ㉯ 청색 ㉰ 적갈색 ㉱ 회백색

9. 같은 규격의 축전지 2개를 병렬로 연결하면?

㉮ 전압은 2배가 되고 용량은 1개인 때와 같다.
㉯ 전압은 1개일 때와 같고 용량은 2배가 되다.
㉰ 전압과 용량 모두가 2배가 된다.
㉱ 전압과 용량 모두가 1/2배로 된다.

10. 어떤 전지의 외부회로의 저항은 3[Ω]이고 전류는 5[A]가 흐른다. 외부회로에 3[Ω] 대신에 8[Ω]의 저항을 접속하는 전류는 2.5[A]로 떨어진다. 전지의 기전력은 몇 [V]인가?

㉮ 30 ㉯ 25 ㉰ 20 ㉱ 15

정답
5. ㉰ 6. ㉮ 7. ㉱ 8. ㉱ 9. ㉯ 10. ㉯

11. 방전방향과 반대방향으로 충전하면 몇 번이라도 반복 사용할 수 있는 전지는?

㉮ 납축전지 ㉯ 프클랑셰 전지 ㉰ 공기전지 ㉱ 표준전지

12. 충전시 납축전지의 양극은?

㉮ PbO_2 ㉯ $PbSO_4$ ㉰ PbO ㉱ Pb

13. 서로 다른 금속선으로 된 폐회로의 두 접합점의 온도를 다르게 하였을 때 전기가 발생하는 효과는?

㉮ Thomson 효과 ㉯ Pinch 효과
㉰ Peltier 효과 ㉱ Seeback 효과

14. 도체와 도체간의 접촉전기가 일어나면 두 도체간의 전위차가 생기는 이유는?

㉮ 압전기 현상 ㉯ 파이로 전기 현상
㉰ 볼타효과 ㉱ 펠티에 현상

15. 전극의 불순물로 인하여 기전력이 감소하는 것은 무엇 때문인가?

㉮ 국부작용 ㉯ 상극작용 ㉰ 전기분해 ㉱ 감극현상

16. 빛에너지를 전기에너지로 변환시에 발생하는 소자는?

㉮ 광전 다이오드 ㉯ 광전도 소자
㉰ 태양전지 ㉱ 광전 트랜지스터

17. 전지에 전류가 흐르면 양극에 수소가스가 생겨 기전력이 감소하는 현상을 무엇이라고 하는가?

㉮ 분극 ㉯ 보극 ㉰ 멸극 ㉱ 충극

정답

11. ㉮ 12. ㉮ 13. ㉱ 14. ㉰ 15. ㉮ 16. ㉰ 17. ㉮

18. 기전력 1.5[V] 내부저항 0.1[Ω]인 전지 10개를 직렬로 연결하고 2[Ω]의 저항을 가진 전구에 연결할 때 전류는 몇 [A]인가?

㉮ 2　　㉯ 3　　㉰ 4　　㉱ 5

19. 같은 규격의 축전지 2개를 병렬로 연결하면 어떻게 되는가?

㉮ 전압과 용량이 모두 2배가 된다.
㉯ 전압과 용량이 모두 1/2배가 된다.
㉰ 전압은 불변이고 용량은 2배가 된다.
㉱ 전압은 2배가 되고 용량은 불변이다.

20. 알칼리 축전지의 음극재료는?

㉮ 수산화니켈　　㉯ 카드뮴　　㉰ 이산화연　　㉱ 연

정답

18. ㉱ 19. ㉰ 20. ㉯

14장

동력설비

1. 유도전동기의 종류
2. 전동기의 절연종류와 온도
3. 전동기의 용량선정
4. 전동기의 역률개선
5. 전동기 출력
6. 전동기 제어
7. 유도전동기의 기동제어

- 연습문제

1 유도전동기의 종류

우리들이 일상 생활에서 사용되고 있는 엘리베이터, 급·배수펌프, 냉동기, 환풍기, 공기정화기 등 기계를 움직이는 원동력은 전동기이다. 이러한 전동기의 전력을 공급하는 배선과 감시·제어하는 설비를 **동력설비**라 한다.

동력원으로 사용되는 전동기는 유도전동기, 동기전동기, 직류전동기가 있으며 그 특징은 <표 14-1>과 같다.

〈표 14-1〉 전동기의 종류

전동기의 종류	전동기의 특징
유도전동기	가격이 싸고, 구조가 간단하며 보수·점검이 용이하지만 회전자계를 만드는 여자전류가 전원측으로부터 유입되어 역률이 나쁘다. 대부분의 전동기에 사용된다.
동기전동기	역률은 좋지만, 구조가 복잡하여 보수·점검이 불편하며 가격이 비싸다. 전력계통에서 역률조정과 같은 특수한 경우에만 사용된다.
직류전동기	직류전원이 필요로 하며 주기적인 정류자를 보수해야 하며 가격도 비싼 편이다.

유도전동기는 전원확보가 용이하고, 보수·점검이 거의 필요없고, 가격이 저렴하여 대부분 동력설비에 사용된다. 동력설비에 사용되는 유도전동기는 용도에 따라 아래와 같이 단상 유도전동기와 3상 유도전동기가 있다.

① 단상 유도전동기 : 분상기동형, 콘덴서형, 반발형, 세이딩형 전동기

② 3상 유도전동기
- 농형 전동기
  - 보통 농형 전동기
  - 특수 농형 전동기
    - 심구형
    - 2중 농형 전동기
- 권선형 전동기

1.1 농형 유도전동기

농형 유도전동기(Squirrel Cage Motor)는 구조가 간단하고 보수 점검이 용이하여 운전하기 쉽다. 그러나 기동전류가 커서 기동시 큰 전류가 흘러 전압강하가 발생하여 다른 기기에 나쁜 영향을 준다. 그러나 기동 후 정상운전 시에는 성능이 양호하다.

또한 속도조정이 불가능하여 정밀을 요하는 설비에는 사용할 수가 없다.

1.2 권선형 유도전동기

권선형 유도전동기(Wound motor)는 2차권선을 도선으로 권선한 전동기로 권선단자는 축에 있는 슬립링에 접속된 브러시를 통하여 외부에 있는 기동용 가변저항기에 접속하여 기동특성을 개선하고 속도조정이 가능하게 한 전동기이다.

또한 기동 시 기동전류를 작게 하고 기동토크를 크게 하여 기동 시 순간전압강하를 개선하고 큰 기동토크로 큰 부하를 용이하게 기동할 수 있다. 그러므로 권선형은 농형 전동기에 비해 효율은 떨어지지만 대형 전동기에 주로 사용된다.

1.3 전동기의 속도

주파수 f [Hz], 극수를 P극이라 할 때 고정자의 회전자장의 속도, 즉 회전자계의 속도(동기속도)는 다음과 같다.

$$N_s = \frac{120f}{P} \text{[rpm]} \qquad (14 \cdot 1)$$

무부하인 경우 회전자계와 회전자의 속도가 같지만 회전자에 부하가 있는 경우에는 회전자계와 회전자속도는 동기속도에서 벗어나게 된다. 이와 같이 동기속도에서 회전자가 얼마나 벗어나 있는가를 **슬립**(S : Slip)으로 표시하면 다음과 같다.

$$S = \frac{N_s - N}{N_s} \times 100 \qquad (14 \cdot 2)$$

N_s : 회전자계 속도(동기속도), N : 회전자속도

1.4 유도전동기의 속도제어

유도전동기는 구조가 간단하고 내구성이 강하지만 속도제어는 간단하지 않다.

유도전동기의 속도는 **주파수, 극수, 슬립, 2차 여자법**에 의해 제어된다.

① 주파수 : 공급전원의 주파수를 변경한다.

② 극수 : 주로 농형에서 사용되며 권선의 접속을 바꾸거나 별도의 독립된 권

선을 감아서 극수를 조정한다

③ 슬립 : 2차 저항으로 슬립을 변화시킨다.

④ 2차 여자법 : 권선형 전동기의 2차 회로에 2차 주파수 f_2와 같은 전압을 외부에서 인가하는 것을 2차 여자법이라 한다.

전동기의 회전자계 속도(동기속도)와 회전자속도는 다음 관계가 있다.

$$\text{회전자속도} : N = (1-S)N_S[\text{rpm}] \qquad (14 \cdot 3)$$

N_s : 동기속도, N : 회전자속도, f : 주파수

p : 극수, S : 슬립

[예제 1] 주파수 60[Hz], 6극인 교류발전기의 회전수는 얼마인가?

풀이 $\text{동기속도}(N_s) = \dfrac{120f}{P} = \dfrac{120 \times 60}{6} = 1{,}200[\text{rpm}]$

[예제 2] 옥내소화전 가압 펌프에서 3상 유도전동기의 극수가 4인 경우 유도전동기의 동기속도는 몇 [rpm]인가?(단, 전원주파수는 60[Hz]이다)

풀이 $N_s = \dfrac{120f}{P} = \dfrac{120 \times 60}{4} = 1800[\text{rpm}]$

---

2 전동기의 절연종류와 온도

전기기기의 절연종류는 <표 14-2>와 같이 구별되며 저압전동기는 E종, 고압전동기는 B종을 채용한다.

〈표 14-2〉 전기기기의 절연종류

절연의 종류	Y종	A종	E종	B종	F종	H종	C종
최고허용온도[℃]	90	105	120	130	155	180	180초과

3 전동기의 용량선정

전동기에 공급하는 전기배선, 차단기, 보호설비를 설치하기 위해서는 전동기 용량을 적정하게 산정하여야 한다. 다음은 용도별로 전동기 용량을 산정할 수 있는 식을 나타낸다.

3.1 펌프용 전동기

$$P = \gamma QH = 1{,}000[\mathrm{kg/m^3}] \times Q[\mathrm{m^3/s}] \times \mathrm{H[m]} \qquad (14 \cdot 3)$$

$$= 1{,}000\,QH[\mathrm{kgm/s}] = \frac{1{,}000\,QH}{102}[\mathrm{kW}] = 9.8\,QH[\mathrm{kW}]$$

$$= \frac{9.8\,QHK}{\eta}[\mathrm{kW}]$$

γ : 물비중[1,000kg/m^3], Q : 양수량[m^3/s], H : 양수길이[m]
K : 계수(1.1~1.2), η : 효율

일의 단위를 다음과 같이 전기의 단위로 환산할 수 있다.

$$1[\mathrm{kW}] = 1{,}000[\mathrm{W}] = 1{,}000[\mathrm{J/s}] = 1{,}000[\mathrm{Nm/s}] = 102[\mathrm{kgm/s}]$$

[예제 3] 유량 10[m^3 / min], 양정 50[m]인 소화전 펌프 전동기의 용량은 몇 [kW]인가? (단, 펌프효율 0.85, 여유계수 K=1.1이다) 또한, 전동기 역률이 0.8인 경우 전력공급을 위한 변압기 용량 [kVA]은 얼마인가?

풀이 $P = \dfrac{9.8\,QH}{\eta} = \dfrac{9.8 \times 10 \times 50 \times 1.1}{0.85 \times 60\text{초}} \fallingdotseq 106[\mathrm{kW}]$

변압기 용량 $= \dfrac{P}{\cos\theta} = \dfrac{106}{0.8} \fallingdotseq 132[\mathrm{kVA}]$

3.2 송풍기 출력

송풍기는 펌프양정 대신 압력 $P = \gamma H$으로 변환하고 유량 Q는 [m^3/s]으로 변환하여 송풍기 출력을 계산한다.

$$P = \gamma QH = PQ[\text{kgm/s}] = \frac{PQ}{102}[\text{kW}] = \frac{PQ[\text{m}^3/\text{분}]}{102 \times 60\text{초}}[\text{kW}]$$

$$= \frac{PQ}{6,120}[\text{kW}] \quad (14 \cdot 4)$$

γ : 공기비중[kg/m³], P : 풍압[kg/m²], [mmAq]
Q : 풍량[m³/s]

3.3 권상기 속도

$$P = WV[\text{kgm/s}] = \frac{WV}{102}[\text{kW}] = \frac{WV^{\circ}}{102 \times 60}[\text{kW}] = \frac{WV^{\circ}}{6,120}[\text{kW}] \quad (14 \cdot 5)$$

W : 권상하중[톤], V : 권상속도[m/min]

3.4 엘리베이터용 전동기

$$P = \frac{LVK}{4,500\eta} \times 0.746[\text{kW}] \quad (14 \cdot 6)$$

L : 적재하중[kg], V : 운행속도[m/min]
K : 평형추 계수(승용 : 0.6, 화물용 : 0.5)
η : 권상기 효율(기어유 : 0.4~0.55, 기어무 : 0.8~0.85)

4 전동기의 역률개선

전동기의 부하는 대부분 유도성 부하로 낮은 역률을 나타낸다. 역률이 낮으면 부하에 전력을 공급해야 하는 경우 다음 식과 같이 큰 전류를 필요로 한다.

$$I = \frac{P}{\sqrt{3}\, V\cos\theta} \quad (14 \cdot 7)$$

큰 전류가 흐르면 송·배전선로, 변압기 등에는 열손실(I^2R)이 증가되어 설비용량이 커져야 하며, 선로의 전압강하도 증가되어 전압변동률을 커지게 한다. 그러므로 부하역률을 개선하여 선로손실 감소와 설비용량 증가를 도모하고 있다.

역률 개선을 위해서는 지상역률을 가지는 유도성 부하와 병렬로 콘덴서를 접속하여 진상역률을 발생시키면 유도성 부하가 상쇄되어 역률이 개선된다.

입력이 P[kW]이고 역률이 $\cos\theta_1$인 전동기에 콘덴서 Q[kVar]를 병렬로 연결하여 역률을 $\cos\theta_2$로 개선하고자 할 때 필요한 콘덴서 용량은 다음과 같이 계산한다.

$$Q = P[\text{kW}](\tan\theta_1 - \tan\theta_2) = P[\text{kW}]\left(\frac{\sin\theta_1}{\cos\theta_1} - \frac{\sin\theta_2}{\cos\theta_2}\right) \qquad (14 \cdot 8)$$

$\cos\theta_1$: 개선 전 역률, $\cos\theta_2$: 개선 후 역률

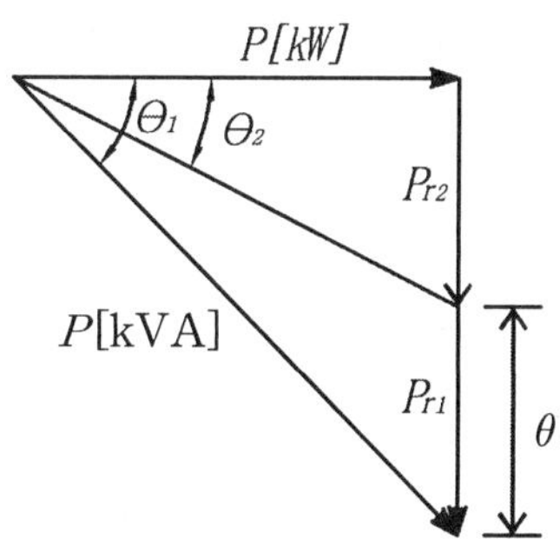

[그림 14-1] 역률개선 콘덴서 용량

[예제 4] 양수량이 매분 15[m³]이고, 총 양정이 20[m]인 펌프용 전동기에 대하여 다음 각 물음에 답하여라.

① 펌프의 효율이 65[%]이고, 여유계수가 1.15라고 하면 전동기의 용량은 몇 [kW]인가?

② 이 전동기의 전부하 역률이 60[%]이다. 역률 90[%]로 개선하려면 전력용 콘덴서는 몇 [kVA]가 필요한가?

③ 이 전동기의 주파수가 60[Hz], 극수가 4극일 때 동기속도는 몇 [rpm]인가?

풀이 ① 전동기 용량

$$P = \frac{9.8QHK}{\eta}$$

P : 전동기 용량[kW], Q : 양수량[m²/sec], H : 전 양정[m]

K : 여유계수 η : 효율[%]

$$\therefore P = \frac{9.8QHK}{\eta} = \frac{9.8 \times 15\ /\ 60 \times 20 \times 1.15}{0.65} = 86.69[\text{kW}]$$

② 전력용 콘덴서의 용량(Q_c)

$$\therefore Q_c = P\left(\frac{\sin\theta_1}{\cos\theta_1} - \frac{\sin\theta_2}{\cos\theta_2}\right) = P\left(\frac{\sqrt{1-(\cos\theta_1)^2}}{\cos\theta_1} - \sqrt{\frac{1-(\cos\theta_2)^2}{\cos\theta_2}}\right)$$

$$= 86.69 \times \left(\frac{\sqrt{1-0.6^2}}{0.6} - \frac{\sqrt{1-0.9^2}}{0.9}\right) = 73.60[\text{kVA}]$$

③ 동기속도 $N_s = \frac{120f}{P} = \frac{120 \times 60}{4} = 1{,}800[\text{rpm}]$

부하역률이 저하되면 전동기(변압기)의 여자전류가 증대되고 선로전류는 증대되어 선로손실도 크게 된다. 콘덴서 용량표시는 저압은 [μF], 고압은 [kVar]로 표시한다. 콘덴서를 Δ결선하면 Y결선 시보다 용량이 $\frac{1}{3}$로 감소된다.

$$Q_\triangle = 3VI_\triangle = 3\omega CV \cdot V = 3\omega CV^2 \text{(선에 흐르는 전류)} \tag{14 · 9}$$

$$Q_Y = \sqrt{3}\,VI_Y = \sqrt{3}\,\omega C\frac{V}{\sqrt{3}} \cdot V = \omega CV^2 \tag{14 · 10}$$

[예제 5] 전동기 제어센터에서 소화전 펌프에 전기를 공급하는 전동기에 대한 다음 물음에 답하여라(단, 전압은 3상 200[V]이고, 전동기 용량은 22[kW], 역률은 0.8이다).

(1) 모터의 전부하 전류는 몇 [A]인가?

(2) 모터의 역률은 95[%]로 개선하고자 할 때 필요한 콘덴서의 용량은 몇 [kVar]인가?

(3) 전동기 외함의 접지는 몇 종 접지공사를 하여야 하는가?

(4) 배관공사를 후강전선관으로 하고자 한다. 후강전선관 1본의 길이는 몇 [m]인가?

풀이 ① 3상 모터

전 부하전류 $I = \frac{P}{\sqrt{3}\,V\cos\theta} = \frac{22 \times 10^3}{\sqrt{3} \times 200 \times 0.8} = 79.39[\text{A}]$

② 역률개선용 전력용 콘덴서의 용량(Q_c)

$Q = P(\tan\theta_1 - \tan\theta_2)$

$$= P\left(\frac{\sin\theta_1}{\cos\theta_1} - \frac{\sin\theta_2}{\cos\theta_2}\right) = P\left(\frac{\sqrt{1-\cos^2\theta_1}}{\cos\theta_1} - \frac{\sqrt{1-\cos^2\theta_2}}{\cos\theta_2}\right)[\text{kVA}]$$

$$\therefore Q_c = P\left(\frac{\sqrt{1-\cos^2\theta_1}}{\cos\theta_1} - \frac{\sqrt{1-\cos^2\theta_2}}{\cos\theta_2}\right)$$

$$= 22 \times \left(\frac{\sqrt{1-0.8^2}}{0.8} - \frac{\sqrt{1-0.95^2}}{0.95} \right)$$

$$≒ 9.27[\text{kVA}]$$

③ 사용전압이 400[V] 미만이므로 전동기 외함의 접지공사는 제3종 접지공사

④ 금속전선관(후강, 박강) : 3.66[m]

[예제 6] 3상 유도전동기에 직결된 펌프가 있다. 펌프 출력은 100[HP], 효율 74.6[%], 전동기의 효율과 역률은 94[%]와 90[%]라고 하면 전동기의 입력 [kVA]은?

풀이 $P = \frac{[\text{HP}] \times 0.746}{\eta} = \frac{100 \times 0.746}{0.746} = 100[\text{kW}]$

전동기의 피상전력 P_1은

$\therefore P_1 = \frac{P}{\eta_m \cos\theta} = \frac{100}{0.94 \times 0.9} = 118.2[\text{kVA}]$

5 전동기 출력

전동기 입력전력을 P_2라 하고 기계적 출력은 P_0라 하면 출력은 ω(각속도)× T(힘)으로 표시할 수 있다. 그러므로 전동기의 출력부분에서 얻어지는 토크값은 다음 식으로 유도할 수 있다.

$$P_0 = \omega T = 2\pi \frac{N}{60} \times T \tag{14·11}$$

$$T = \frac{P_0}{2\pi \frac{N}{60}}[\text{Nm}] = 9.5\frac{P_0}{N}[\text{Nm}] \quad (1[\text{kg}]=9.8[\text{N}])$$

$$= \frac{1}{9.8} \times 9.5\frac{P_0}{N}[\text{kgm}] = 0.975\frac{P_0}{N}[\text{kgm}]$$

$$= 0.975\frac{P_2}{N_s}[\text{kgm}] \tag{14·12}$$

[예제 7] 3[kW], 1500[rpm] 유도전동기의 토크는?

풀이 $T = 0.975\frac{P_0}{N_s} = 0.975\frac{3000}{1500} = 1.95[\text{kgm}]$

6 전동기 제어

6.1 전동기 기동전류

기동전류는 정격전류의 3~6배의 큰 전류가 흐른다. 이러한 기동전류는 전기자 권선의 손상, 정류의 악화, 브러시의 손상이 생기며 기동토크가 극단적으로 크게 되어 부하의 관성이 큰 경우 축에 비틀림 응력이 걸려서 축을 파손시키게 된다. 그러므로 전동기 기동 시 적당한 저항을 전기자에 직렬로 넣고 회전수가 증가하면 E가 증가하게 되고, 그때 저항을 서서히 감소하게 되면 전류가 감소하게 된다.

이와 같이 전동기 기동 시 기동전류를 억제하기 위해 전동기와 전원측 사이에 삽입하여 사용하는 것을 기동장치라고 하며, 저항(기동저항기) 또는 코일(기동리액터) 등을 사용한다.

농형 유도전동기의 기동법에는 직입기동법, Y-Δ 기동법, 콘도르퍼(Kondorfer) 기동법, 1차직렬 임피던스 기동법 등이 있으며, 권선형 유도전동기에서는 2차 저항 기동법을 사용하고 있다.

전동기 기동 시 나타나는 전동기의 전류는 다음 식에 의해 구할 수 있다.

$$V = E + I_a R_a \qquad (14 \cdot 13)$$

$$I_a = (V - E) / R_a \qquad (14 \cdot 14)$$

V : 단자전압, E : 역기전력, R_a : 전기자저항

R_a(전기자저항)는 매우 작은 값이고 기동시 회전자는 정지하고 있으므로 역기전력 E는 0이므로 기동전류는 매우 큰 값이 되어 전기자권선이 파손될 수 있다.

7 유도전동기의 기동제어

7.1 농형 유도전동기의 기동법

(1) 직입기동법

전동기의 기동전류에 대하여 전원용량이 영향을 받지 않는 경우 유도전동기

를 직접 전원에 접속하여 기동하는 직입기동을 채용한다. 일반적으로 5 [kW] 이하의 전동기는 기동전류가 전 부하전류의 5~8배 정도이며, 관성도 작아 기동 시간이 짧으므로 전원에 미치는 영향은 적다. 심구형농형 등 특수 농형 유도전동기에서는 기동전류가 감소되고 기동토크는 크므로 보통 10 [kW] 정도까지 직입기동법이 사용된다.

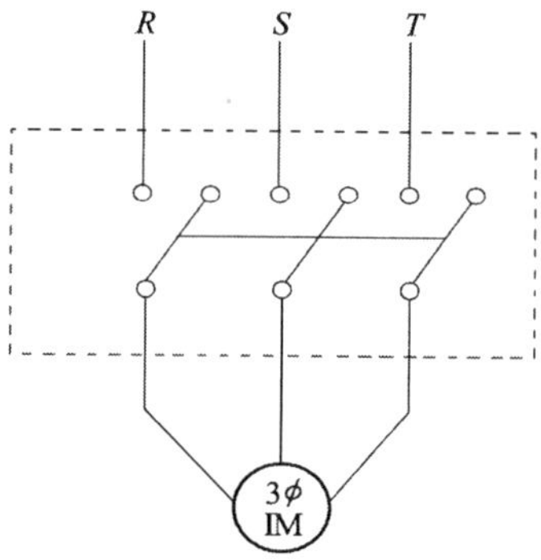

[그림 14-2] 직입기동법의 결선도

① 기동전류가 크므로 기동시 주의해야 한다.

② 사용용량은 200 [V]급은 7.5 [kW], 380 [V]급은 11 [kW]까지 적용 가능하다.

(2) Y-Δ 기동법

보통 5~37 [kW] 정도의 저압 유도전동기에서는 기동 시 Y접속으로 상전압을 $1/\sqrt{3}$로 감압하여 기동하고 속도가 증가되어 정상속도에 도달하였을 때 Δ접속으로 바꾸면 기동전류를 저감할 수 있다.

Y-Δ 기동 시 1차 각상의 권선에는 정격전압의 $1/\sqrt{3}$의 전압이 가해져 기동전류가 전 전압기동에 비하여 1/3이 되므로 기동전류는 전 부하전류의 200~250[%] 정도로 제한된다. 그러나 토크는 전압의 제곱에 비례하므로 기동토크도 1/3로 줄게 되어 작은 부하를 걸고 기동할 때만 사용한다.

Y-Δ 기동방식의 특징은 다음과 같다.

① 농형 유도전동기에 적용한다.

② 기동전류는 정격전류의 약 3배 정도이다.

③ 기동토크의 증가가 매우 적고, 최대 토크가 적으므로 기동토크에 문제없는 기기에 적용한다.

④ Y결선에서 Δ결선으로 절환기간은 보통 16 [sec] 이내로 한다.

절환시간 $=4+2\sqrt{\text{모터}[\text{kW}]}$ [sec]

⑤ 적용용량은 3상 200 [V]급에서는 7.5[kW] 이상, 380[V]에서는 15[kW] 이상의 용량에 사용되는 방식이다.

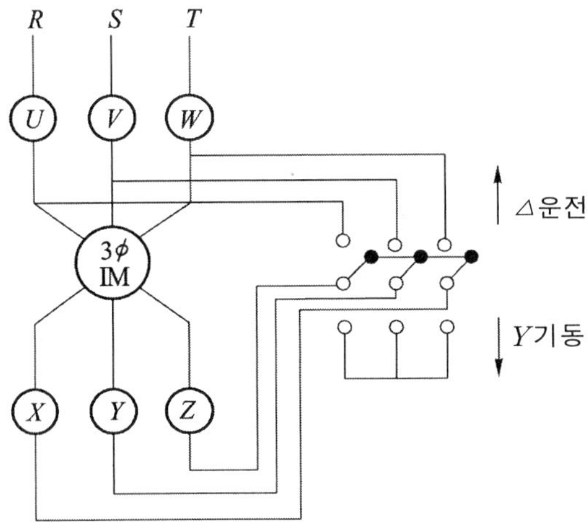

[그림 14-3] Y-Δ 기동법의 결선도

$$\frac{I_Y}{I_\Delta}=\frac{V}{\sqrt{3}Z}\times\frac{Z}{\sqrt{3}V}=\frac{1}{3}$$

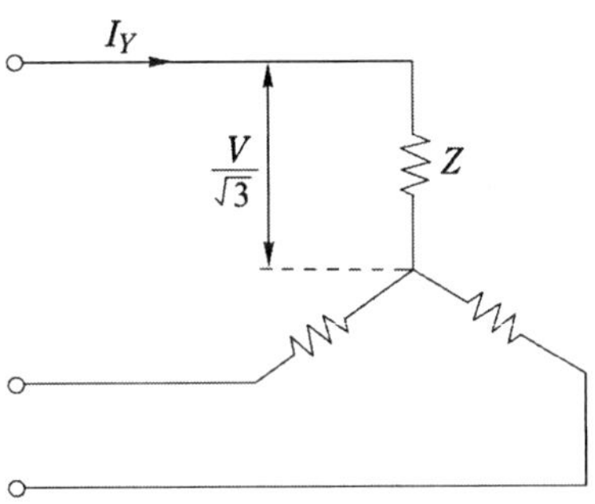

[그림 14-4] Y-Δ 결선 기동전류

(3) 콘도르퍼 기동법

[그림 14-6]에 나타낸 회로에서 전자접촉기 C와 S를 닫아 유도 전동기를 단권변압기 2차 측에 접속하여 기동하고 기동 후 S를 열어 단권변압기를 리액터 작용이 되도록 하여 충분히 속도가 상승되었을 때 M을 닫고 C를 열어 전동기가 직접전원에 접속된 상태에서 운전한다. 이 경우 단권변압기를 기동보상기(starting compensator)라 하며 이와 같은 기동법을 **기동보상기법**이라 한다.

기동보상기를 통하여 기동하게 되면 권수비를 $a=N_1/N_2$라 하면 기동보상기의 전원측의 전류 I_1은 직입기동일 때의 $1/a^2$로 되어 기동토크도 직입기동일 경우의 $1/a^2$로 된다. 기동보상기법은 저감 전압탭으로부터 전원 접속을 바꿀 때 큰 과도전류가 생기는 경우가 있다.

	C	S	M
기 동	On	On	Off
과 도	On	Off	Off
운 전	Off	Off	On

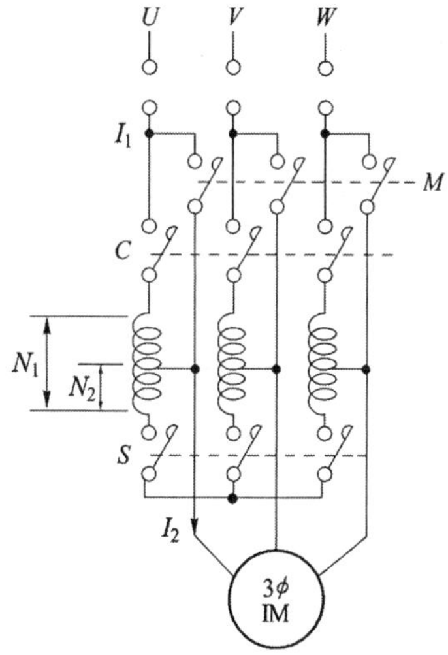

[그림 14-5] 콘도르퍼 기동방법

이 전류를 억제하기 위하여 기동보상기로서 기동된 후에 리액터를 통하여 운전하고 리액터를 단락한 후 전원에 접속을 바꾸는 **콘도르퍼 기동방식**(Kondorfer starting system)이 사용되고 있다. 이 기동방법은 기동전류를 단권변압기의 탭으로 바꿀 수 있으며, 기동토크도 요구에 따라서 설정되며 원활한 기동이 가능하지만 값이 비싸다.

(4) 1차 직렬 임피던스 기동법

기동보상기는 고가이고 조작이 복잡하므로 [그림 14-6]에 나타낸 바와 같이 유도전동기의 1차 권선과 전원 사이에 임피던스를 단락하여 직접 전원에 접속하는 방법을 1차 직렬 임피던스 기동법이라 하며, 임피던스 대신에 저항을 사용하는 방법을 1차 저항기동법이라 한다.

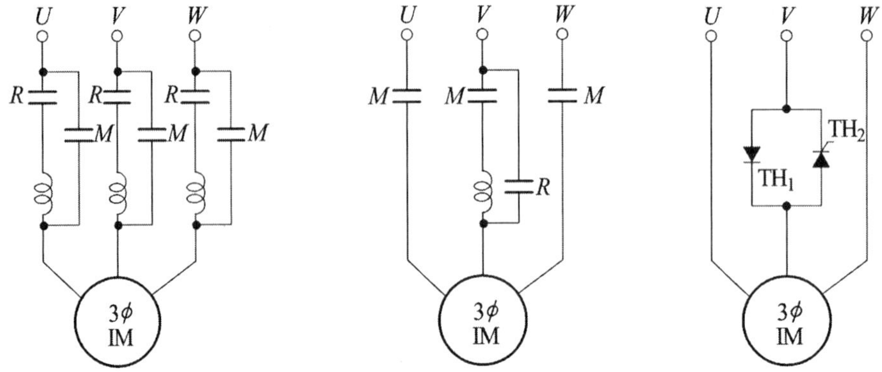

	R	M
기동	On	Off
운전	On	On

	R	M
기동	Off	On
운전	On	On

(a) 직렬 임피던스 기동　　(b) 쿠사 결선　　(c) 사이리스터를 쓴 쿠사 결선

[그림 14-6] 직렬 임피던스 기동법

7.2 권선형 유도전동기의 기동법

(1) 2차 저항기동법

유도전동기의 비례추이 특성을 이용하여 기동하는 방법으로 회전자 슬립링을 통하여 가변저항을 접속하고, 그 저항값을 속도의 상승과 더불어 순차적으로 저감하면서 기동하는 방식으로 **2차 저항기동법**이라 한다.

2차 삽입저항으로는 금속저항기가 많이 사용되지만 대용량의 전동기의 경우는 액체저항기를 사용한다.

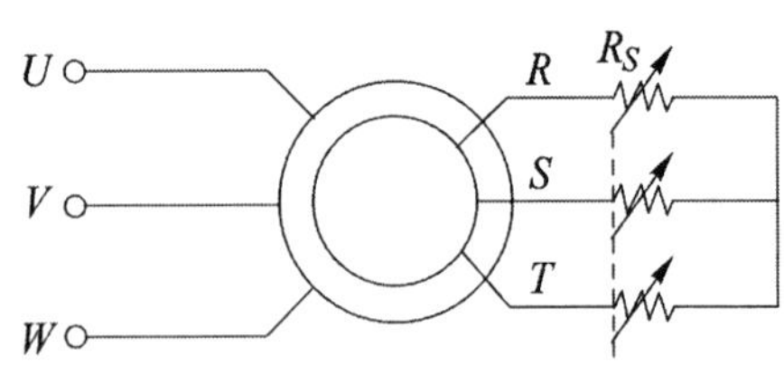

[그림 14-7] 2차 저항기동법

(2) 2차 임피던스 기동법

회전자회로에 고정저항 R_2와 리액터 L_2를 병렬로 삽입하는 방법으로 기동 시 슬립이 커서 회전자 회로의 주파수가 높기 때문에 리액터의 리액턴스가 크므로

대부분의 2차 전류는 저항에 흘러서 2차 저항기동의 상태로 기동한다. 이 때문에 기동초기에는 저전류 고토크로 기동하고 속도가 상승되면 리액턴스가 작아지므로 리액터 쪽으로 전류가 많이 흐르고 동기속도에서는 2차 단락의 상태로 되기 때문에 비교적 양호한 기동을 할 수 있다.

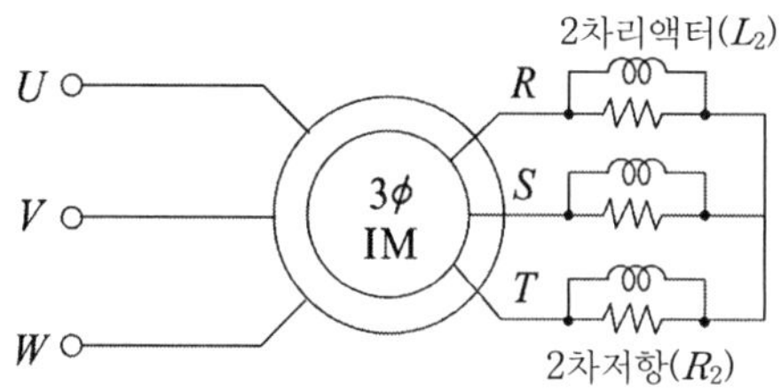

[그림 14-8] 2차 임피던스 기동법

제14장 동력설비

연습문제

1. 30[m^3]의 물을 지하 수조에서 50[m] 높이의 소방용 고가 수조에 물을 퍼올릴 때 10[kW]의 전동기를 사용하면 전동기가 운전되는 시간은 얼마인가? (단, 효율은 0.7이고, 여유계수는 1.2이다)

㉮ 40분　㉯ 41분　㉰ 42분　㉱ 43분

2. 역률 0.6, 출력 200[kW]인 유도전동기가 있다. 이것을 역률 0.9로 높이기 위해 소요되는 전력용 콘덴서의 용량은 몇 [kVA]인가?

㉮ 169.8　㉯ 179.8　㉰ 189.8　㉱ 199.8

3. 60[Hz]의 전원에 접속된 4극 3상 유도전동기에서 슬립이 0.05일 때의 회전속도 [rpm]은?

㉮ 1800　㉯ 1710　㉰ 1700　㉱ 1760

4. 단자 전압 200[V], 전류 50[A], 15[kW]를 소비한 3상 유도전동기의 역률 [%]은?

㉮ 86.6　㉯ 57.7　㉰ 66.6　㉱ 82.2

5. 어떤 유도전동기를 Y-Δ 기동기로 기동하였더니 기동전류가 30[A]였다. 이 전동기를 전전압 기동하면 기동전류는 몇 [A] 정도인가?

㉮ 10　㉯ 17.3　㉰ 52　㉱ 90

정답

1. ㉰ 2. ㉮ 3. ㉯ 4. ㉮ 5. ㉱

6. 3상 유도전동기에 직결된 직류발전기가 있다. 이 발전기에 100[kW]의 부하를 걸었을 때 발전기 효율은 80[%], 전동기의 효율과 역률은 95[%]와 90[%]라고 하면 전동기의 입력 [kVA]은?

㉮ 146.2 ㉯ 138.5 ㉰ 120.5 ㉱ 118.2

7. Y-Δ 기동기를 사용해서 기동하는 데 가장 적절한 것은?

㉮ 직류전동기
㉯ 단상 유도전동기
㉰ 3상 권선형 유도전동기
㉱ 3상 농형 유도전동기

8. 유도전동기의 기동법으로 사용되지 않는 것은?

㉮ 단권 변압기형 기동 보상기법
㉯ 2차 저항 조정에 의한 기동법
㉰ Y-Δ 기동법
㉱ 1차 저항 조정에 의한 기동법

9. 농형 유도전동기의 기동에 있어 다음 중 옳지 않은 방법은?

㉮ Y-Δ 기동
㉯ 2차 저항에 의한 기동
㉰ 전전압 기동
㉱ 단권변압기에 의한 기동

10. 다음 유도전동기의 속도제어법이 아닌 것은?

㉮ 주파수 ㉯ 극수 ㉰ 2차 저항 ㉱ 슬립

11. 전동기가 동력원으로 많이 사용되는 이유는?

㉮ 종류가 많고 설치가 용이하며, 개별운전이 편리하고 제어가 쉽다.
㉯ 종류가 많고 전압변동을 쉽게 하며, 개별운전이 편리하여 제어가 쉽다.
㉰ 단락 등의 고장처리가 간단하며, 무공해 동력원으로 제어가 쉽다.
㉱ 단락 등의 고장처리가 간단하며, 이동용 동력으로 적당하고 설치가 쉽다.

정답

6. ㉮ 7. ㉱ 8. ㉱ 9. ㉯ 10. ㉰ 11. ㉮

12. 3상 유도전동기의 정격속도를 변화시키려고 한다. 옳은 방법은?

㉮ 3상 유도전동기의 극수를 바꾸었다.
㉯ 3상 유도전동기의 공급전압을 바꾸었다.
㉰ 3상 유도전동기에 공급되는 전원의 상을 바꾸었다.
㉱ 3상 유도전동기의 입력전압단자에 콘덴서를 삽입하였다.

13. 유도전동기의 회전력은?

㉮ 단자전압의 1승에 비례한다. ㉯ 단자전압의 $\frac{1}{2}$승에 비례한다.
㉰ 단자전압의 2승에 비례한다. ㉱ 단자전압의 3승에 비례한다.

14. 3상 유도전동기의 출력이 10[HP]이고, 전압이 200[V]이며 효율이 90[%], 역률이 85[%]일 때 이 전동기에 유입되는 선 전류는 약 몇 [A]인가?

㉮ 16 ㉯ 18 ㉰ 20 ㉱ 28

15. 소화전 펌프에서 압력 기동방식의 최초 신호원에서 타당한 것은?

㉮ 소화전 박스 상부의 기동 On, Off 스위치
㉯ 소화전 펌프 모터 기동기의 써머릴레이
㉰ 소화전 배관과 연결된 압력챔버의 압력스위치
㉱ 소화전 펌프 모터 기동기의 타이머

16. 3상 유도전압 조정기의 1차 권선은 보통 어디에 감는가?

㉮ 정류자 ㉯ 고정자 ㉰ 회전자 ㉱ 전기자

17. 15[kW] 옥내소화전 펌프 전동기를 정격상태에서 30분간 사용했을 경우의 전력량을 열량으로 환산하면 몇 [kcal]인가?

㉮ 300 ㉯ 6480 ㉰ 8600 ㉱ 12960

정답

12. ㉮ 13. ㉰ 14. ㉱ 15. ㉰ 16. ㉯ 17. ㉯

18. 직류 분권전동기의 부하로 가장 적당한 것은?

㉮ 환기용 송풍기 ㉯ 권상용 엘리베이터
㉰ 전동차 ㉱ 크레인

19. 양수량 Q[m³/min] 총 양정 H[m], 펌프의 효율 η인 소방펌프용 전동기의 출력으로 옳은 것은? (단, K는 비례상수이다)

㉮ $K\frac{QH^2}{\eta}$ ㉯ $K\frac{QH}{\eta}$ ㉰ $K\frac{Q^2H}{\eta}$ ㉱ $K\frac{QH^3}{\eta}$

20. 배연용 송풍기를 가동하기 위하여 Y-Δ 마그넷 기동기를 설치하였다. 다음은 Y-Δ 마그넷 기동기의 구성품들을 열거하였는데, 이 중 구성품으로 타당하지 않은 것은 무엇인가?

㉮ 타이머 ㉯ 써머릴레이 ㉰ 마그넷 스위치 ㉱ 영상변류기

21. 전기기기에 생기는 손실 중 권선의 저항에 의하여 생기는 손실은?

㉮ 철손 ㉯ 동손 ㉰ 저항손 ㉱ 유전체손

22. 동일한 조건에서 전동기 중 기동토크가 가장 큰 것은?

㉮ 농형 유도전동기 ㉯ 권선형 유도전동기
㉰ 분상형 유도전동기 ㉱ 반발 기동전동기

23. 역률을 개선하기 위해 설치하는 진상용 콘덴서는 어느 위치에 설치하는 것이 가장 효과가 좋은가?

㉮ 수전점 ㉯ 고압모선 ㉰ 변압기 2차측 ㉱ 부하와 병렬

24. 3상 유도전동기의 회전자 철손이 작은 이유는?

㉮ 효율, 역률이 나쁘다. ㉯ 성층철심을 사용한다.
㉰ 주파수가 낮다. ㉱ 2차가 권선형이다.

정답

18. ㉮ 19. ㉯ 20. ㉱ 21. ㉯ 22. ㉱ 23. ㉱ 24. ㉰

25. Y-Δ 기동방식인 농형 유도전동기는 직입기동방식에 비해 기동전류가 몇 배로 되는가?

㉮ $\frac{1}{\sqrt{3}}$ ㉯ $\frac{1}{3}$ ㉰ $\sqrt{3}$ ㉱ 3

26. 단상 100[V]의 교류전원에 1500[W]의 전동기를 접속했더니 20[A]의 전류가 흘렀다면 이 전동기의 역률은 몇 [%]인가?

㉮ 65 ㉯ 70 ㉰ 75 ㉱ 80

정답

25. ㉯ 26. ㉰

▭ 참고문헌 ▭

1. 윤석호 외 2, ≪전기기초실습≫, 도서출판 상학당
2. 윤석호 외 4, ≪사고사례로 풀이한 전기와 안전≫, 도서출판 광명
3. 조규판 외 3, ≪전기안전공학≫, 도서출판 광명
4. 조규판 외 4, ≪전기응용≫, 엔트미디어
5. 김준현 외 2, ≪교류회로이론≫, 형설출판사
6. 이병효, ≪기초전기전자≫, 동일출판사
7. 육재호, ≪전기응용≫, 청문각
8. 박송배, ≪알기쉬운 회로이론≫, 문운당
9. 박종길 외 3, ≪일반전기공학≫, 세림사
10. 조강석 외 2, ≪전기전자계측≫, 도서출판 광명
11. 송현선 외 1, ≪알기쉬운 생활전기전자≫, 동일출판사
12. 오중민, ≪소방전기공학≫, 학문사
13. 윤석호, ≪최신전기공학개론≫, 도서출판 상학당

□ 찾아보기 □

■ 저자약력 ■

■ 윤 석 호

동국대학교 대학원(공학석사)
동국대학교 대학원(공학박사 수료)
한국전력공사(kepco) 서울지역본부 전력공급팀
대전세계박람회(대전 EXPO) 조직위원회 전기 · 소방설비 총감독
한국전력공사 전력연구원(kepri) 교류연구원
현) 김천대학교 소방학과 교수

〈저서〉
소방전기시설론(상학당)
소방전기실습(상학당)
소방전기설비공학(상학당)
소방공학개론(상학당)
재난관리론(예스미디어)
소방학개론(동화기술)

소방전기회로

2021년 3월 10일 1판 3쇄 발행

저 자 윤 석 호
발행인 남 승 우

발행처 도서출판 상尙 학學 당堂
서울시 동작구 사당로9가길 6(사당동)
TEL : 02) 595-1692~4
FAX : 02) 595-1394
E-mail : namdoo6@unitel.co.kr
신고 : 2-155호 (1968. 11. 29)

정가 29,000원

ISBN 978-89-6587-154-5 93560

〈디자인〉 편집 엄해숙 / 표지 토틀컴